Hermann von Helmholtz
Reden und Vorträge

Band 2

Helmholtz, Hermann von: Reden und Vorträge ; Band 2
Hamburg, SEVERUS Verlag 2013
Nachdruck der Originalausgabe, Braunschweig 1884

ISBN: 978-3-86347-561-1
Druck: SEVERUS Verlag, Hamburg, 2013

Bibliografische Information der Deutschen Nationalbibliothek:
Die Deutsche Nationalbibliothek verzeichnet diese Publikation in der Deutschen Nationalbibliografie; detaillierte bibliografische Daten sind im Internet über http://dnb.d-nb.de abrufbar.

© **SEVERUS Verlag**
http://www.severus-verlag.de, Hamburg 2013
Printed in Germany
Alle Rechte vorbehalten.

Der SEVERUS Verlag übernimmt keine juristische Verantwortung oder irgendeine Haftung für evtl. fehlerhafte Angaben und deren Folgen.

VORREDE ZUM ZWEITEN BANDE.

Ueber die einzelnen Vorträge dieses Bandes ist Folgendes zu bemerken:

1. **Ueber die Axiome der Geometrie.** Dieser Vortrag ist ein Versuch, den Inhalt einer in den „Göttinger gelehrten Anzeigen" vom 3. Juni 1868 veröffentlichten Untersuchung einem Kreise von Nicht-Mathematikern zugänglich zu machen, und giebt in stark überarbeiteter Form einen Vortrag wieder, den ich in diesem Sinne im Docentenverein zu Heidelberg 1869 gehalten hatte. Die zweite Hälfte namentlich wurde erst für die Veröffentlichung in den „Populären wissenschaftlichen Vorträgen", Heft III, hinzugefügt, und ist durch die unglaublichen Missverständnisse und Entstellungen veranlasst worden, denen Riemann's und meine Arbeit in der philosophischen Polemik begegnet war.

2. **Zum Gedächtniss an Gustav Magnus**, zuerst veröffentlicht in den „Denkschriften der Akademie der Wissenschaften zu Berlin", Jahrgang 1871, S. 1;

dann in den „Populären wissenschaftlichen Vorträgen", Heft III.

3. **Ueber die Entstehung des Planetensystems.** Dieser Aufsatz gehörte ursprünglich in denselben Cyclus von Vorlesungen, aus dem auch der im ersten Bande abgedruckte Aufsatz über die Erhaltung der Kraft entnommen ist, und wurde in dieser Gestalt 1876 für die „Populären wissenschaftlichen Vorträge", Heft III, ausgearbeitet. Das Thema ist in neuerer Zeit ein Lieblingsgegenstand populärer naturwissenschaftlicher und philosophischer Besprechungen gewesen. Dem Inhalte nach war nichts Neues darüber beizubringen, aber eine zusammenhängende Darstellung der thatsächlichen Grundlagen, die zu den verbreiteten Ansichten über diese Frage geführt haben, schien mir immer noch wünschenswerth zu sein. Dass vieles Einzelne darin sich mit Theilen des früher veröffentlichten Vortrages über die Wechselwirkung der Naturkräfte decken musste, liess sich leider nicht vermeiden. Ein zu den auf S. 91 ausgesprochenen Sätzen früher gemachter Zusatz, der eine Polemik J. C. F. Zoellner's abwehrte, und aus der Vorrede zu der Uebersetzung des „Handbuchs der theoretischen Physik" von W. Thomson und P. G. Tait entnommen war, ist hier weggelassen, weil diese Vorrede unter Nro. 11 vollständig abgedruckt ist.

4. **Optisches über Malerei.** Dieser Aufsatz ist eine Zusammenfassung mehrerer Einzelvorträge, die ich in verschiedenen Städten gehalten und worin ich das besprochene Thema nach verschiedenen Richtungen hin zu entwickeln versucht hatte. Dadurch ist es

gekommen, dass derselbe durch seine Länge die Grenzen eines mündlichen Vortrags bei Weitem überschreitet. Er wurde in dieser Form in den „Populären wissenschaftlichen Vorträgen", Heft III, 1876, veröffentlicht.

5. **Wirbelstürme und Gewitter**, früher veröffentlicht in der „Deutschen Rundschau" 1875.

6. **Das Denken in der Medicin.** Rede, gehalten am Stiftungstage des medicinisch-chirurgischen Friedrich-Wilhelms-Instituts am 2. August 1877, zuerst gedruckt als Programm des genannten Instituts, dann herausgegeben im Verlage von Aug. Hirschwald, Berlin, zweite Auflage mit Zusatz, 1878.

7. **Ueber die akademische Freiheit der deutschen Universitäten.** Rectoratsrede vom 15. October 1877, zuerst veröffentlicht als Programm der Universität, dann im Verlage von Aug. Hirschwald, Berlin 1878.

8. **Die Thatsachen in der Wahrnehmung.** Rectoratsrede vom 3. August 1878, zuerst veröffentlicht als Programm der Universität, dann überarbeitet und mit drei Beilagen im Verlage von Aug. Hirschwald. In der dritten Beilage sind einige Aenderungen angebracht, um den Ausdruck präciser zu machen und Missverständnisse abzuwehren, so viel an mir lag. Diese Beilage ist der wesentlichste Theil einer Antwort, die ich in dem englischen Journal „Mind", Vol. III, p. 212 bis 224, gegen Einwürfe des Herrn Professor Land gegeben hatte. Der deutsche Originaltext jenes englischen Aufsatzes ist dann in der Sammlung meiner „Wissenschaftlichen Abhandlungen", Bd. II, S. 640, Leipzig 1883, veröffentlicht.

9. **Die neuere Entwickelung von Faraday's Ideen über Elektricität.** Vortrag zu Faraday's Gedächtnissfeier, gehalten vor der Chemischen Gesellschaft zu London, 5. April 1881, veröffentlicht in englischer Sprache in „Journal of the Chemical Society, June 1881", hier zum ersten Male in deutscher Uebersetzung mit einigen durch die inzwischen vorgeschrittenen wissenschaftlichen Forschungen veranlassten Verbesserungen. Die Rede ist für Chemiker bestimmt, setzt also einen ziemlich weit gehenden Grad naturwissenschaftlicher, wenn auch nicht mathematischer Kenntnisse voraus.

10. **Ueber die elektrischen Maasseinheiten nach den Berathungen des Pariser Congresses 1881.** Vortrag, gehalten im hiesigen Elektrotechnischen Verein, zuerst abgedruckt in dessen Zeitschrift 1881. Der neue Abdruck ist stilistisch sehr stark durchgearbeitet, da der erste nur Correctur einer sehr unvollkommenen stenographischen Nachschrift war, und es ist eine Beilage über die neuesten Festsetzungen der Conferenz von 1884 beigefügt.

11. **Kritisches,** die schon in der Vorrede zum ersten Bande erwähnten Vorreden zu der deutschen Uebersetzung von W. Thomson and P. G. Tait: „A Treatise on Natural Philosophy" und J. Tyndall's „Fragments of Science."

Der unmittelbare Beweggrund zur Abfassung dieser Vorreden war durch die Angriffe J. C. F. Zoellner's gegen die englischen Autoren der genannten Bücher gegeben. Die in dem Anhange der zweiten Vorrede gegen Zoellner's eigene Behauptungen gerichtete, unverblümte Kritik mochte ich nicht unterdrücken, wenn auch dieser Autor inzwischen gestorben ist. Seit er sich in das Treiben der spiritistischen Kreise hineinziehen liess, ist es unter den Propheten dieser Lehre Sitte geworden, auf ihn als einen grossen Naturforscher hinzuweisen, um Laien dadurch zu verblüffen. Die genannte Vorrede ist geschrieben worden, ehe noch etwas von Zoellner's spiritistischen Neigungen bekannt geworden war, ja nach dem, was er über Tyndall's Beschreibung einer spiritistischen Sitzung bemerkt hatte, musste man ihn für einen überzeugten Gegner des Spiritismus halten. Die Vorrede mag also stehen bleiben als ein Zeugniss für das Urtheil, was man in naturwissenschaftlichen Kreisen über Zoellner's angeblich wissenschaftliche Leistungen ganz unabhängig von dem Streit über Spiritismus fällen musste. Dass er in diese letztere Verirrung fallen konnte, war allerdings die beste Rechtfertigung für die früher an ihm geübte Kritik.

INHALT DES ZWEITEN BANDES.

	Seite
Ueber den Ursprung und die Bedeutung der geometrischen Axiome (1870)	1
Zusatz: Mathematische Erläuterungen	32
Zum Gedächtniss an Gustav Magnus (1871)	35
Ueber die Entstehung des Planetensystems (1871)	55
Optisches über Malerei (1871 bis 1873)	95
I. Die Formen	99
II. Helligkeitsstufen	109
III. Die Farbe	119
IV. Die Farbenharmonie	128
Wirbelstürme und Gewitter (1875)	139
Das Denken in der Medicin (1877)	165
Anhang	191
Ueber die akademische Freiheit der deutschen Universitäten (1877)	195
Die Thatsachen in der Wahrnehmung (1878)	217
Beilagen:	
I. Ueber die Localisation der Empfindungen innerer Organe	252
II. Der Raum kann transcendental sein, ohne dass es die Axiome sind	256
III. Die Anwendbarkeit der Axiome auf die physische Welt	259
Die neuere Entwickelung von Faraday's Ideen über Elektricität (1881)	272
Anhang:	
I. Berechnung der elektrostatischen Wirkung der elektrolytischen Ladungen von einem Milligramm Wasser	315
II. Ueber ungesättigte Verbindungen	317

XII

Ueber die elektrischen Maasseinheiten nach den Berathungen des elektrischen Congresses, versammelt zu Paris 1881 319
    Zusatz 336
Kritisches:
    I. Induction und Deduction. Vorrede zum zweiten Theile des ersten Bandes der Uebersetzung von W. Thomson's und Tait's „Treatise on Natural Philosophy" (1873) . . 341
    II. Ueber das Streben nach Popularisirung der Wissenschaft. Vorrede zur Uebersetzung von J. Tyndall's „Fragments of Science" (1874) 350
Kritische Beilage: Zöllner contra Tyndall 365

ÜBER DEN
URSPRUNG UND DIE BEDEUTUNG
DER
GEOMETRISCHEN AXIOME.

Vortrag,

gehalten im Docentenverein zu Heidelberg

im

Jahre 1870.

Die Thatsache, dass eine Wissenschaft von der Art bestehen und in der Weise aufgebaut werden kann, wie es bei der Geometrie der Fall ist, hat von jeher die Aufmerksamkeit aller derer, welche für die principiellen Fragen der Erkenntnisstheorie Interesse fühlten, im höchsten Grade in Anspruch nehmen müssen. Unter allen Zweigen menschlicher Wissenschaft giebt es keine zweite, die gleich ihr fertig, wie eine erzgerüstete Minerva aus dem Haupte des Zeus, hervorgesprungen erscheint, keine vor deren vernichtender Aegis Widerspruch und Zweifel so wenig ihre Augen aufzuschlagen wagten. Dabei fällt ihr in keiner Weise die mühsame und langwierige Aufgabe zu, Erfahrungsthatsachen sammeln zu müssen, wie es die Naturwissenschaften im engeren Sinne zu thun haben, sondern die ausschliessliche Form ihres wissenschaftlichen Verfahrens ist die Deduction. Schluss wird aus Schluss entwickelt, und doch zweifelt schliesslich Niemand von gesunden Sinnen daran, dass diese geometrischen Sätze ihre sehr praktische Anwendung auf die uns umgebende Wirklichkeit finden müssen. Die Feldmesskunst wie die Architektur, die Maschinenbaukunst wie die mathematische Physik, sie berechnen fortdauernd Raumverhältnisse der verschiedensten Art nach geometrischen Sätzen, sie erwarten, dass der Erfolg ihrer Constructionen und Versuche sich diesen Rechnungen füge, und noch ist kein Fall bekannt geworden, wo sie sich in dieser Erwartung getäuscht hätten, vorausgesetzt, dass sie richtig und mit ausreichenden Daten gerechnet hatten.

In der That ist denn auch die Thatsache, dass Geometrie besteht und solches leistet, in dem Streite über diejenige Frage, welche gleichsam den Kernpunkt aller Gegensätze der philosophischen Systeme bildet, immer benutzt worden, um an einem im-

ponirenden Beispiele zu erweisen, dass ein Erkennen von Sätzen
realen Inhalts ohne entsprechende aus der Erfahrung hergenommene Grundlage möglich sei. Namentlich bilden bei der Beantwortung von Kant's berühmter Frage: „Wie sind synthetische
Sätze a priori möglich?" die geometrischen Axiome wohl diejenigen Beispiele, welche am evidentesten zu zeigen schienen, dass
überhaupt synthetische Sätze a priori möglich seien. Weiter gilt
ihm der Umstand, dass solche Sätze existiren und sich unserer
Ueberzeugung mit Nothwendigkeit aufdrängen, als Beweis dafür,
dass der Raum eine a priori gegebene Form aller äusseren Anschauung sei. Er scheint dadurch für diese a priori gegebene
Form nicht nur den Charakter eines rein formalen und an sich
inhaltsleeren Schema in Anspruch zu nehmen, in welches jeder
beliebige Inhalt der Erfahrung passen würde, sondern auch gewisse
Besonderheiten des Schema mit einzuschliessen, die bewirken, dass
eben nur ein in gewisser Weise gesetzmässig beschränkter Inhalt in
dasselbe eintreten und uns anschaubar werden könne [1]).

Eben dieses erkenntnisstheoretische Interesse der Geometrie
ist es nun, welches mir den Muth giebt in einer Versammlung,
deren Mitglieder nur zum kleinsten Theile tiefer, als es der Schulunterricht mit sich brachte, in mathematische Studien eingedrungen
sind, von geometrischen Dingen zu reden. Glücklicher Weise wird
auch das, was der Gymnasialunterricht an geometrischen Kenntnissen zu lehren pflegt, wie ich denke, genügen, um Ihnen wenigstens den Sinn der im Folgenden zu besprechenden Sätze verständlich zu machen.

Ich beabsichtige nämlich Ihnen Bericht zu erstatten über eine
Reihe sich aneinander schliessender neuerer mathematischer Arbeiten, welche die geometrischen Axiome, ihre Beziehungen zur

---

[1]) In seinem Buche „Ueber die Grenzen der Philosophie" behauptet
Herr W. Tobias, Sätze ähnlichen Sinnes, die ich früher ausgesprochen
hatte, seien ein Missverständniss von Kant's Meinung. Aber Kant führt
speciell die Sätze, dass die gerade Linie die kürzeste sei (Kritik d. r. Vernunft. Einleitung V, 2. Aufl. S. 16), dass der Raum drei Dimensionen
habe (Ebend. Th. I, Absch. 1. § 3, S. 41), dass nur eine gerade Linie zwischen zwei Punkten möglich sei (Ebend. Th. II, Abth. I, von den Axiomen
der Anschauung S. 204), als Sätze an, „welche die Bedingungen der sinnlichen Anschauung a priori ausdrücken." Ob diese Sätze aber ursprünglich
in der Raumanschauung gegeben sind, oder diese nur die Anhaltspunkte
giebt, aus denen der Verstand solche Sätze a priori entwickeln kann, worauf mein Kritiker Gewicht legt, darauf kommt es hier gar nicht an.

Erfahrung und die logische Möglichkeit, sie durch andere zu ersetzen, betreffen. Da die darauf bezüglichen Originalarbeiten der Mathematiker, zunächst nur bestimmt Beweise für den Sachverständigen in einem Gebiete zu führen, welches eine höhere Kraft der Abstraction in Anspruch nimmt, als fast irgend ein anderes, dem Nichtmathematiker ziemlich unzugänglich sind, so will ich versuchen auch für einen solchen anschaulich zu machen, um was es sich handelt. Ich brauche wohl nicht zu bemerken, dass meine Auseinandersetzung keinen Beweis von der Richtigkeit der neuen Einsichten geben soll. Wer einen solchen sucht, der muss sich schon die Mühe nehmen die Originalarbeiten zu studiren.

Wer einmal durch die Pforten der ersten elementaren Sätze in die Geometrie, das heisst die mathematische Lehre vom Raume, eingetreten ist, der findet vor sich auf seinem weiteren Wege jene lückenlosen Ketten von Schlüssen, von denen ich vorher gesprochen habe, durch welche immer mannigfachere und verwickeltere Raumformen ihre Gesetze empfangen. Aber in jenen ersten Elementen werden einige Sätze aufgestellt, von denen die Geometrie selbst erklärt, dass sie sie nicht beweisen könne, dass sie nur darauf rechnen müsse, Jeder, der den Sinn dieser Sätze verstehe, werde ihre Richtigkeit zugeben. Das sind die sogenannten Axiome der Geometrie. Zu diesen gehört zunächst der Satz, dass, wenn man die kürzeste Linie, die zwischen zwei Punkten gezogen werden kann, eine gerade Linie nennt, es zwischen zwei Punkten nur eine und nicht zwei verschiedene solche gerade Linien geben könne. Es ist ferner ein Axiom, dass durch je drei Punkte des Raumes, die nicht in einer geraden Linie liegen, eine Ebene gelegt werden kann, das heisst eine Fläche, in welche jede gerade Linie, die zwei ihrer Punkte verbindet, ganz hinein fällt. Ein anderes vielbesprochenes Axiom sagt aus, dass durch einen ausserhalb einer geraden Linie liegenden Punkt nur eine einzige und nicht zwei verschiedene jener ersten parallele Linien gelegt werden können. Parallel aber nennt man zwei Linien, die in ein und derselben Ebene liegen und sich niemals schneiden, so weit sie auch verlängert werden mögen. Ausserdem sprechen die geometrischen Axiome Sätze aus, welche die Anzahl der Dimensionen sowohl des Raumes als seiner Flächen, Linien, Punkte bestimmen, und den Begriff der Continuität dieser Gebilde erläutern, wie die Sätze, dass die Grenze eines Körpers eine Fläche, die einer Fläche eine Linie, die einer Linie ein Punkt, und der Punkt untheilbar ist, und die Sätze, dass durch Bewegung eines Punktes eine Linie, durch Bewegung einer Linie eine Linie oder Fläche, durch die einer Fläche eine Fläche oder ein Körper, durch Bewegung eines Körpers aber immer nur wieder ein Körper beschrieben werde.

Woher kommen nun solche Sätze, unbeweisbar und doch unzweifelhaft richtig im Felde einer Wissenschaft, wo sich alles Andere der Herrschaft des Schlusses hat unterwerfen lassen? Sind sie ein Erbtheil aus der göttlichen Quelle unserer Vernunft, wie die idealistischen Philosophen meinen, oder ist der Scharfsinn der bisher aufgetretenen Generationen von Mathematikern nur noch nicht ausreichend gewesen den Beweis zu finden? Natürlich versucht jeder neue Jünger der Geometrie, der mit frischem Eifer an diese Wissenschaft herantritt, der Glückliche zu sein, welcher alle Vorgänger überflügelt. Auch ist es ganz recht, dass ein Jeder sich von Neuem daran versucht; denn nur durch die Fruchtlosigkeit der eigenen Versuche konnte man sich bei der bisherigen Sachlage von der Unmöglichkeit des Beweises überzeugen. Leider finden sich von Zeit zu Zeit auch immer wieder einzelne Grübler, welche sich so lange und tief in verwickelte Schlussfolgen verstricken, bis sie die begangenen Fehler nicht mehr entdecken können und die Sache gelöst zu haben glauben. Namentlich der Satz von den Parallelen hat eine grosse Zahl scheinbarer Beweise hervorgerufen.

Die grösste Schwierigkeit in diesen Untersuchungen bestand und besteht immer darin, dass sich mit den logischen Begriffsentwickelungen gar zu leicht Ergebnisse der alltäglichen Erfahrung als scheinbare Denknothwendigkeiten vermischten, so lange die einzige Methode der Geometrie die von Euklides gelehrte Methode der Anschauung war. Namentlich ist es ausserordentlich schwer, auf diesem Wege vorschreitend sich überall klar zu machen, ob man in den Schritten, die man für die Beweisführung nach einander vorschreibt, nicht unwillkürlich und unwissentlich gewisse allgemeinste Ergebnisse der Erfahrung zu Hilfe nimmt, welche die Ausführbarkeit gewisser vorgeschriebener Theile des Verfahrens uns schon praktisch gelehrt haben. Der wohlgeschulte Geometer fragt bei jeder Hilfslinie, die er für irgend einen Beweis zieht, ob es auch immer möglich sein wird eine Linie von der verlangten Art zu ziehen. Bekanntlich spielen die Constructionsaufgaben in dem Systeme der Geometrie eine wesentliche Rolle. Oberflächlich betrachtet sehen dieselben aus wie praktische Anwendungen, welche man zur Einübung der Schüler hineingesetzt hat. In Wahrheit aber stellen sie die Existenz gewisser Gebilde fest. Sie zeigen, dass Punkte, gerade Linien oder Kreise von der Art, wie sie in der Aufgabe zu construiren verlangt werden, entweder unter allen Bedingungen möglich sind, oder bestimmen die etwa vorhandenen Ausnahmsfälle. Der Punkt, um den sich die im Folgenden zu besprechenden Untersuchungen drehen, ist wesentlich dieser Art. Die Grundlage aller Beweise in der Euklidischen Methode ist der Nachweis der Congruenz der betreffenden Linien, Winkel, ebenen Figuren, Körper u. s. w. Um die Congruenz anschaulich zu machen, stellt man sich vor, dass die betreffenden geometrischen Gebilde zu einander hinbewegt werden, natürlich ohne ihre Form und Dimensionen zu verändern. Dass dies in der That möglich und ausführbar sei, haben wir alle von frühester Jugend an erfahren. Wenn wir aber Denknothwendigkeiten auf diese Annahme freier Beweglichkeit fester Raumgebilde mit unveränderter Form nach jeder Stelle des Raumes hin bauen wollen, so müssen wir die Frage aufwerfen, ob diese Annahme keine logisch unerwiesene Voraussetzung einschliesst. Wir werden gleich nachher sehen, dass sie in der That eine solche einschliesst, und zwar eine sehr folgenreiche. Wenn sie das aber thut, so ist jeder Congruenzbeweis auf eine nur aus der Erfahrung genommene Thatsache gestützt.

Ich führe diese Ueberlegungen hier zunächst nur an, um klar zu machen, auf welche Schwierigkeiten wir bei der vollständigen Analyse aller von uns gemachten Voraussetzungen nach der Methode der Anschauung stossen. Ihnen entgehen wir, wenn wir die von der neueren rechnenden Geometrie ausgearbeitete analytische Methode auf die Untersuchung der Principien anwenden. Die ganze Ausführung der Rechnung ist eine rein logische Operation, sie kann keine Beziehung zwischen den der Rechnung unterworfenen Grössen ergeben, die nicht schon in den Gleichungen, welche den Ansatz der Rechnung bilden, enthalten ist. Die erwähnten neueren Untersuchungen sind deshalb fast ausschliesslich mittels der rein abstracten Methoden der analytischen Geometrie geführt worden.

Uebrigens lässt sich nun doch, nachdem die abstracte Methode die Punkte kennen gelehrt hat, auf die es ankommt, einigermaassen eine Anschauung dieser Punkte geben, am besten, wenn wir in ein engeres Gebiet herabsteigen, als unsere eigene Raumwelt ist. Denken wir uns — darin liegt keine logische Unmöglichkeit — verstandbegabte Wesen von nur zwei Dimensionen, die an der Oberfläche irgend eines unserer festen Körper leben und sich bewegen. Wir nehmen an, dass sie nicht die Fähigkeit haben, irgend etwas ausserhalb dieser Oberfläche wahrzunehmen, wohl aber Wahrnehmungen, ähnlich den unserigen, innerhalb der Ausdehnung der Fläche, in der sie sich bewegen, zu machen. Wenn sich solche Wesen ihre Geometrie ausbilden, so würden sie ihrem Raume natürlich nur zwei Dimensionen zuschreiben. Sie würden ermitteln, dass ein Punkt, der sich bewegt, eine Linie beschreibt, und eine Linie, die sich bewegt, eine Fläche, was für sie das vollständigste Raumgebilde wäre, was sie kennen. Aber sie würden sich ebenso wenig von einem weiteren räumlichen Gebilde, was entstände, wenn eine Fläche sich aus ihrem flächenhaften Raume herausbewegte, eine Vorstellung machen können, als wir es können von einem Gebilde, das durch Herausbewegung eines Körpers aus dem uns bekannten Raume entstände. Unter dem viel gemissbrauchten Ausdrucke „sich vorstellen" oder „sich denken können, wie etwas geschieht" verstehe ich — und ich sehe nicht, wie man etwas Anderes darunter verstehen könne, ohne allen Sinn des Ausdrucks aufzugeben —, dass man sich die Reihe der sinnlichen Eindrücke ausmalen könne, die man haben würde, wenn so etwas in einem einzelnen Falle vor sich ginge. Ist nun gar kein sinnlicher Eindruck bekannt, der sich auf einen solchen nie beobachteten Vorgang bezöge, wie für uns eine Bewegung nach einer vierten, für jene Flächenwesen eine Bewegung nach der uns bekannten dritten Dimension des Raumes wäre, so ist ein solches „Vorstellen" nicht möglich, ebenso wenig als ein von Jugend auf absolut Blinder sich wird die Farben „vorstellen" können, wenn man ihm auch eine begriffliche Beschreibung derselben geben könnte.

Jene Flächenwesen würden ferner auch kürzeste Linien in ihrem flächenhaften Raume ziehen können. Das wären nicht nothwendig gerade Linien in unserem Sinne, sondern was wir nach geometrischer Terminologie geodätische Linien der Fläche, auf der jene leben, nennen würden, Linien, wie sie ein gespannter Faden beschreibt, den man an die Fläche anlegt, und der ungehindert an ihr gleiten kann. Ich will mir erlauben, im Folgenden dergleichen Linien als die geradesten Linien der bezeichneten Fläche (beziehlich eines gegebenen Raumes) zu bezeichnen, um dadurch ihre Analogie mit der geraden Linie in der Ebene hervorzuheben. Ich hoffe den Begriff durch diesen Ausdruck der Anschauung meiner nicht mathematischen Zuhörer näher zu rücken, ohne doch Verwechselungen zu veranlassen.

Wenn nun Wesen dieser Art auf einer unendlichen Ebene lebten, so würden sie genau dieselbe Geometrie aufstellen, welche in unserer Planimetrie enthalten ist. Sie würden behaupten, dass zwischen zwei Punkten nur eine gerade Linie möglich ist, dass durch einen dritten, ausserhalb derselben liegenden Punkt nur eine Parallele mit der ersten geführt werden kann, dass übrigens gerade Linien in das Unendliche verlängert werden können, ohne dass ihre Enden sich wieder begegnen, und so weiter. Ihr Raum könnte unendlich ausgedehnt sein, aber auch wenn sie an Grenzen ihrer Bewegung und Wahrnehmung stiessen, so würden sie sich eine Fortsetzung jenseits dieser Grenzen anschaulich vorstellen können, und in dieser Vorstellung würde ihr Raum ihnen unendlich ausgedehnt erscheinen, gerade wie uns der unserige, obgleich auch wir mit unserem Leibe nicht unsere Erde verlassen können, und unser Blick nur so weit reicht, als sichtbare Fixsterne vorhanden sind.

Nun könnten aber intelligente Wesen dieser Art auch an der Oberfläche einer Kugel leben. Ihre kürzeste oder geradeste Linie zwischen zwei Punkten würde dann ein Bogen des grössten Kreises sein, der durch die betreffenden Punkte zu legen ist. Jeder grösste Kreis, der durch zwei gegebene Punkte geht, zerfällt dabei in zwei Theile. Wenn beide ungleich lang sind, ist das kleinere allerdings die einzige kürzeste Linie auf der Kugel, die zwischen diesen beiden Punkten besteht. Aber auch der andere grössere Bogen desselben grössten Kreises ist eine geodätische oder geradeste Linie, d. h. jedes kleinere Stück desselben ist eine kürzeste Linie zwischen seinen beiden Endpunkten. Wegen dieses Umstandes können wir den Begriff der geodätischen oder geradesten Linie nicht kurzweg mit dem der kürzesten Linie identificiren. Wenn nun die beiden gegebenen Punkte Endpunkte desselben Durchmessers der Kugel sind, so schneiden alle durch diesen Durchmesser gelegten Ebenen Halbkreise aus der Kugelfläche, welche alle kürzeste Linien zwischen den beiden Endpunkten sind. In einem solchen Falle giebt es also unendlich viele unter einander gleiche kürzeste Linien zwischen den beiden gegebenen Punkten. Somit würde das Axiom, dass nur eine kürzeste Linie zwischen zwei Punkten bestehe, für die Kugelbewohner nicht ohne eine gewisse Ausnahme giltig sein.

Parallele Linien würden die Bewohner der Kugel gar nicht kennen. Sie würden behaupten, dass jede beliebige zwei geradeste Linien, gehörig verlängert, sich schliesslich nicht nur in einem, sondern in zwei Punkten schneiden müssten. Die Summe der

Winkel in einem Dreieck würde immer grösser sein als zwei Rechte, und um so grösser, je grösser die Fläche des Dreiecks. Eben deshalb würde ihnen auch der Begriff der geometrischen Aehnlichkeit der Form zwischen grösseren und kleineren Figuren derselben Art fehlen. Denn ein grösseres Dreieck muss nothwendig andere Winkel haben als ein kleineres. Ihr Raum würde allerdings unbegrenzt, aber endlich ausgedehnt gefunden oder mindestens vorgestellt werden müssen.

Es ist klar, dass die Wesen auf der Kugel bei denselben logischen Fähigkeiten, wie die auf der Ebene, doch ein ganz anderes System geometrischer Axiome aufstellen müssten, als jene und wir selbst in unserem Raume von drei Dimensionen. Diese Beispiele zeigen uns schon, dass je nach der Art des Wohnraumes verschiedene geometrische Axiome aufgestellt werden müssten von Wesen, deren Verstandeskräfte den unserigen ganz entsprechend sein könnten.

Aber gehen wir weiter. Denken wir uns vernünftige Wesen existirend an der Oberfläche eines eiförmigen Körpers. Zwischen je drei Punkten einer solchen Oberfläche könnte man kürzeste Linien ziehen und so ein Dreieck construiren. Wenn man aber versuchte an verschiedenen Stellen dieser Fläche congruente Dreiecke zu construiren, so würde sich zeigen, dass, wenn zwei Dreiecke gleich lange Seiten haben, ihre Winkel nicht gleich gross ausfallen. An dem spitzeren Ende des Eies gezeichnet, würde die Winkelsumme des Dreiecks sich mehr von zwei Rechten unterscheiden, als wenn ein Dreieck mit denselben Seiten an dem stumpferen Ende gezeichnet würde; daraus geht hervor, dass an einer solchen Fläche sich nicht einmal ein so einfaches Raumgebilde, wie ein Dreieck ist, ohne Aenderung seiner Form von einem Orte nach jedem anderen fortbewegen lassen würde. Ebenso würde sich zeigen, dass wenn an verschiedenen Stellen einer solchen Oberfläche Kreise mit gleichen Radien construirt würden (die Länge der Radien immer durch kürzeste Linien längs der Fläche gemessen), deren Peripherie am stumpfen Ende grösser ausfallen würde, als am spitzeren Ende.

Daraus folgt weiter, dass es eine besondere geometrische Eigenschaft einer Fläche ist, wenn sich in ihr liegende Figuren ohne Veränderung ihrer sämmtlichen längs der Fläche gemessenen Linien und Winkel frei verschieben lassen, und dass dies nicht auf jeder Art von Fläche der Fall sein wird. Die Bedingung dafür, dass eine Fläche diese wichtige Eigenschaft habe, hatte schon Gauss in seiner berühmten Abhandlung über die Krümmung der Flächen nachgewiesen. Sie ist, dass das, was er das „Maass der Krümmung" genannt hat (nämlich der reciproke Werth des Products der beiden Hauptkrümmungsradien), überall längs der ganzen Ausdehnung der Fläche gleiche Grösse habe. Gauss hat gleichzeitig nachgewiesen, dass dieses Maass der Krümmung sich nicht verändert, wenn die Fläche gebogen wird, ohne dass sie dabei in irgend einem Theile eine Dehnung oder Zusammenziehung erleidet. So können wir ein ebenes Papierblatt zu einem Cylinder oder einem Kegel (Düte) aufrollen, ohne dass die längs der Fläche des Blattes genommenen Abmessungen seiner Figuren sich verändern. Und ebenso können wir die halbkugelförmige geschlossene Hälfte einer Schweinsblase in Spindelform zusammenrollen, ohne die Abmessungen in dieser Fläche selbst zu verändern. Es wird also auch die Geometrie auf einer Ebene dieselbe sein wie in einer Cylinderfläche. Wir müssen uns nur im letzteren Falle vorstellen, dass unbegrenzt viele Lagen dieser Fläche, wie die Lagen eines umgewickelten Papierblatts, über einander liegen, und dass man bei jedem ganzen Umgang um den Cylinderumfang in eine andere Lage hineinkommt, verschieden von derjenigen, in der man sich früher befand.

Diese Bemerkungen sind nöthig, um Ihnen eine Vorstellung von einer Art von Fläche geben zu können, deren Geometrie der der Ebene im Ganzen ähnlich ist, für welche aber das Axiom von den Parallellinien nicht gilt. Es ist dies eine Art gekrümmter Fläche, welche sich in geometrischer Beziehung wie das Gegentheil einer Kugel verhält, und die deshalb von dem ausgezeichneten italienischen Mathematiker E. Beltrami[1]), der ihre Eigenschaften untersucht hat, die pseudosphärische Fläche genannt worden ist. Es ist eine sattelförmige Fläche, von der in unserem Raume nur begrenzte Stücke oder Streifen zusammenhängend dargestellt werden können, die man aber doch sich nach allen Richtungen in das Unendliche fortgesetzt denken kann, da man jedes an der Grenze des construirten Flächentheils liegende Stück nach der Mitte desselben zurückgeschoben und dann fortgesetzt denken kann. Das verschobene Flächenstück muss dabei seine Biegung, aber nicht seine Dimensionen ändern, gerade so wie man auf einem

---

[1]) Saggio di Interpretazione della Geometria Non-Euclidea. Napoli 1868. — Teoria fondamentale degli Spazij di Curvatura costante. Annali di Matematica. Ser. II, Tomo II, p. 232—255.

durch dütenförmiges Zusammenrollen einer Ebene entstandenen Kegel ein Papierblatt hin- und herschieben kann. Ein solches passt sich der Kegelfläche überall an, aber muss der Spitze des Kegels näher stärker gebogen werden und kann über die Spitze hinaus nicht so verschoben werden, dass es dem existirenden Kegel und seiner idealen Fortsetzung jenseits der Spitze angepasst bliebe.

Wie die Ebene und die Kugel sind die pseudosphärischen Flächen von constanter Krümmung, so dass sich jedes Stück der-

Fig. 1.

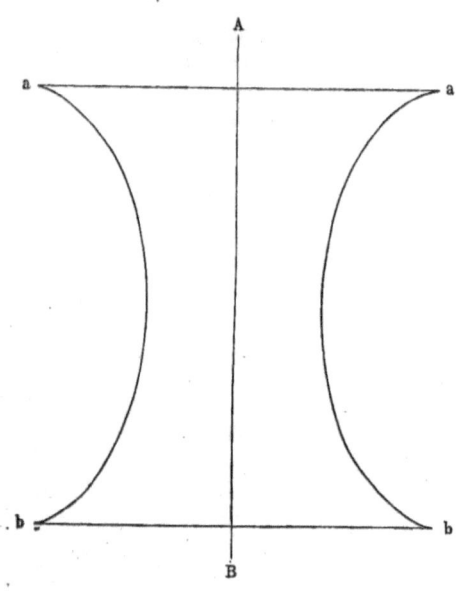

selben an jede andere Stelle der Fläche vollkommen anschliessend anlegen kann, und also alle an einem Orte in der Fläche construirten Figuren an jeden anderen Ort in vollkommen congruenter Form und mit vollkommener Gleichheit aller in der Fläche selbst liegenden Dimensionen übertragen werden können. Das von Gauss aufgestellte Maass der Krümmung, was für die Kugel positiv und für die Ebene gleich Null ist, würde für die pseudosphärischen Flächen einen constanten, negativen Werth haben, weil die beiden

Hauptkrümmungen einer sattelförmigen Fläche ihre Concavität nach entgegengesetzten Seiten kehren.

Ein Streifen einer pseudosphärischen Fläche kann zum Beispiel aufgewickelt als Oberfläche eines Ringes dargestellt werden. Denken Sie sich eine Fläche wie $aabb$, Fig. 1, um ihre Symmetrie-

Fig. 2.

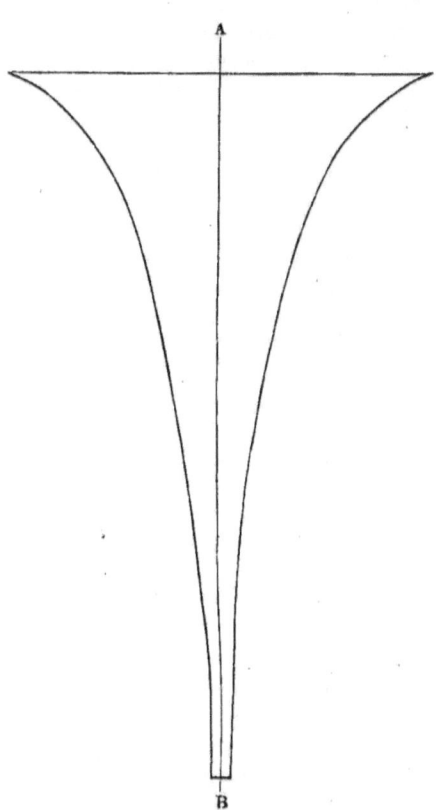

axe AB gedreht, so würden die beiden Bogen ab eine solche pseudosphärische Ringfläche beschreiben. Die beiden Ränder der Fläche oben bei aa und unten bei bb würden sich mit immer schärfer werdender Biegung nach aussen wenden, bis die Fläche senkrecht zur Axe steht, und dort würde sie mit einer unendlich starken Krümmung an der Kante enden. Auch zu einem kelchförmigen Champagnerglase mit unendlich verlängertem, immer dünner werdendem Stiele wie Fig. 2 (a. v. S.) könnte eine Hälfte einer pseudosphärischen Fläche aufgewickelt werden. Aber an einer Seite ist sie nothwendig immer durch einen scharf abbrechenden Rand begrenzt, über den hinaus eine continuirliche Fortsetzung der Fläche nicht unmittelbar ausgeführt werden kann. Nur dadurch, dass man jedes einzelne Stück des Randes losgeschnitten und längs der Fläche des Ringes oder Kelchglases verschoben denkt, kann man es zu Stellen von anderer Biegung bringen, an denen weitere Fortsetzung dieses Flächenstücks möglich ist.

In dieser Weise lassen sich denn auch die geradesten Linien der pseudosphärischen Fläche unendlich verlängern. Sie laufen nicht wie die der Kugel in sich zurück, sondern wie auf der Ebene ist zwischen zwei gegebenen Punkten immer nur eine einzige kürzeste Linie möglich. Aber das Axiom von den Parallelen trifft nicht zu. Wenn eine geradeste Linie auf der Fläche gegeben ist und ein Punkt ausserhalb derselben, so lässt sich ein ganzes Bündel von geradesten Linien durch den Punkt legen, welche alle die erstgenannte Linie nicht schneiden, auch wenn sie ins Unendliche verlängert werden. Es sind dies alle Linien, welche zwischen zwei das Bündel begrenzenden geradesten Linien liegen. Die eine von diesen, unendlich verlängert, trifft die erstgenannte Linie im Unendlichen bei Verlängerung nach einer Seite, die andere bei Verlängerung nach der anderen Seite.

Eine solche Geometrie, welche das Axiom von den Parallelen fallen lässt, ist übrigens schon im Jahre 1829 nach der synthetischen Methode des Euklid von N. J. Lobatschewsky, Professor der Mathematik zu Kasan, vollständig ausgearbeitet worden [1]). Es zeigte sich, dass deren System ebenso consequent und ohne Widerspruch durchzuführen sei, wie das des Euklides. Diese Geometrie ist in vollständiger Uebereinstimmung mit der der pseudosphärischen Flächen, wie sie Beltrami neuerdings ausgebildet hat.

Wir sehen daraus, dass in der Geometrie zweier Dimensionen die Voraussetzung, jede Figur könne ohne irgend welche Aenderung ihrer in der Fläche liegenden Dimensionen nach allen Rich-

---

[1]) Principien der Geometrie. Kasan, 1829 bis 1830.

tungen hin fortbewegt werden, die betreffende Fläche charakterisirt als Ebene oder Kugel oder pseudosphärische Fläche. Das Axiom, dass zwischen je zwei Punkten immer nur eine kürzeste Linie bestehe, trennt die Ebene und pseudosphärische Fläche von der Kugel, und das Axiom von den Parallelen scheidet die Ebene von der Pseudosphäre. Diese drei Axiome sind in der That also nothwendig und hinreichend, um die Fläche, auf welche sich die Euklidische Planimetrie bezieht, als Ebene zu charakterisiren, im Gegensatz zu allen anderen Raumgebilden zweier Dimensionen.

Der Unterschied zwischen der Geometrie in der Ebene und derjenigen auf der Kugelfläche ist längst klar und anschaulich gewesen, aber der Sinn des Axioms von den Parallelen konnte erst verstanden werden, nachdem von Gauss der Begriff der ohne Dehnung biegsamen Flächen und damit der möglichen unendlichen Fortsetzung der pseudosphärischen Flächen entwickelt worden war. Wir als Bewohner eines Raumes von drei Dimensionen und begabt mit Sinneswerkzeugen, um alle diese Dimensionen wahrzunehmen, können uns die verschiedenen Fälle, in denen flächenhafte Wesen ihre Raumanschauung auszubilden hätten, allerdings anschaulich vorstellen, weil wir zu diesem Ende nur unsere eigenen Anschauungen auf ein engeres Gebiet zu beschränken haben. Anschauungen, die man hat, sich wegdenken ist leicht; aber Anschauungen, für die man nie ein Analogon gehabt hat, sich sinnlich vorstellen ist sehr schwer. Wenn wir deshalb zum Raume von drei Dimensionen übergehen, so sind wir in unserem Vorstellungsvermögen gehemmt durch den Bau unserer Organe und die damit gewonnenen Erfahrungen, welche nur zu dem Raume passen, in dem wir leben.

Nun haben wir aber noch einen anderen Weg zur wissenschaftlichen Behandlung der Geometrie. Es sind nämlich alle uns bekannten Raumverhältnisse messbar, das heisst sie können auf Bestimmung von Grössen (von Linienlängen, Winkeln, Flächen, Volumina) zurückgeführt werden. Eben deshalb können die Aufgaben der Geometrie auch dadurch gelöst werden, dass man die Rechnungsmethoden aufsucht, mittels deren man die unbekannten Raumgrössen aus den bekannten herzuleiten hat. Dies geschieht in der analytischen Geometrie, in welcher die sämmtlichen Gebilde des Raumes nur als Grössen behandelt und durch andere Grössen bestimmt werden. Auch sprechen schon unsere Axiome von Raumgrössen. Die gerade Linie wird als die kürzeste zwischen zwei Punkten definirt, was eine Grössenbestimmung ist.

Das Axiom von den Parallelen sagt aus, dass, wenn zwei gerade Linien in derselben Ebene sich nicht schneiden (parallel sind), die Wechselwinkel, beziehlich die Gegenwinkel, an einer dritten sie schneidenden paarweise gleich sind. Oder dafür wird der Satz gesetzt, dass die Summe der Winkel in jedem Dreieck gleich zwei Rechten ist. Auch dies sind Grössenbestimmungen.

Man kann nun also auch von dieser Seite des Raumbegriffs ausgehen, wonach die Lage jedes Punktes, in Bezug auf irgend welches als fest angesehenes Raumgebilde (Coordinatensystem), durch Messungen irgend welcher Grössen bestimmt werden kann, und dann zusehen, welche besonderen Bestimmungen unserem Raume, wie er bei den thatsächlich auszuführenden Messungen sich darstellt, zukommen, und ob solche da sind, durch welche er sich von ähnlich mannigfaltig ausgedehnten Grössen unterscheidet. Diesen Weg hat zuerst der der Wissenschaft leider zu früh entrissene B. Riemann in Göttingen[1]) eingeschlagen. Dieser Weg hat den eigenthümlichen Vorzug, dass alle Operationen, die in ihm vorkommen, reine rechnende Grössenbestimmungen sind, wobei die Gefahr, dass sich gewohnte Anschauungsthatsachen als Denknothwendigkeiten unterschieben könnten, ganz wegfällt.

Die Zahl der Abmessungen, welche nöthig ist, um die Lage eines Punktes zu geben, ist gleich der Anzahl der Dimensionen des betreffenden Raumes. In einer Linie genügt der Abstand von einem festen Punkte, also eine Grösse; in einer Fläche muss man schon die Abstände von zwei festen Punkten angeben, im Raum von dreien, um die Lage des Punktes zu fixiren; oder wir brauchen, wie auf der Erde, geographische Länge, Breite und Höhe über dem Meere, oder, wie in der analytischen Geometrie gewöhnlich, die Abstände von drei Coordinatebenen. Riemann nennt ein System von Unterschieden, in welchem das Einzelne durch n Abmessungen bestimmt werden kann, eine $n$fach ausgedehnte Mannigfaltigkeit oder eine Mannigfaltigkeit von n Dimensionen. Somit ist also der uns bekannte Raum, in dem wir leben, eine dreifach ausgedehnte Mannigfaltigkeit von Punkten, eine Fläche eine zweifache, eine Linie eine einfache, die Zeit ebenso eine einfache. Auch das System der Farben bildet eine dreifache Mannigfaltigkeit, insofern jede Farbe nach Th. Young's und

---

[1]) „Ueber die Hypothesen, welche der Geometrie zu Grunde liegen", Habilitationsschrift vom 10. Juni 1854. Veröffentlicht in Bd. XIII der Abhandlungen der Königl. Gesellschaft zu Göttingen.

Cl. Maxwell's[1]) Untersuchungen dargestellt werden kann, als die Mischung dreier Grundfarben, von deren jeder ein bestimmtes Quantum anzuwenden ist. Mit dem Farbenkreisel kann man solche Mischungen und Abmessungen wirklich ausführen.

Ebenso könnten wir das Reich der einfachen Töne[2]) als eine Mannigfaltigkeit von zwei Dimensionen betrachten, wenn wir sie nur nach Tonhöhe und Tonstärke verschieden nehmen und die Verschiedenheiten der Klangfarbe bei Seite lassen. Diese Verallgemeinerung des Begriffs ist sehr geeignet, um hervortreten zu lassen, wodurch sich der Raum von anderen Mannigfaltigkeiten dreier Dimensionen unterscheidet. Wir können, wie Sie alle aus alltäglicher Erfahrung wissen, im Raume den Abstand zweier über einander gelegener Punkte vergleichen mit dem horizontalen Abstande zweier Punkte des Fussbodens, weil wir einen Maassstab bald an das eine, bald an das andere Paar anlegen können. Aber wir können nicht den Abstand zweier Töne von gleicher Höhe und verschiedener Intensität vergleichen mit dem zweier Töne von gleicher Intensität und verschiedener Höhe. Riemann zeigte durch Betrachtungen dieser Art, dass die wesentliche Grundlage jeder Geometrie der Ausdruck sei, durch welchen die Entfernung zweier in beliebiger Richtung von einander liegender Punkte, und zwar zunächst zweier unendlich wenig von einander entfernten, gegeben wird. Für diesen Ausdruck nahm er aus der analytischen Geometrie die allgemeinste Form[3]), welche derselbe erhält, wenn man die Art der Abmessungen, durch welche der Ort jedes Punktes gegeben wird, ganz beliebig lässt. Er zeigte dann, dass diejenige Art der Bewegungsfreiheit bei unveränderter Form, welche den Körpern in unserem Raume zukommt, nur bestehen kann, wenn gewisse, aus der Rechnung hervorgehende Grössen[4]), die bezogen auf die Verhältnisse an Flächen sich auf das Gauss'sche Maass der Flächenkrümmung reduciren, überall den gleichen Werth haben. Eben deshalb nennt Riemann diese Rechnungsgrössen, wenn sie für eine bestimmte Stelle nach allen Richtungen hin denselben Werth haben, das Krümmungsmaass des betreffenden Raumes an

---

[1]) Siehe Bd. I., S. 274.
[2]) Siehe Bd. I., S. 101.
[3]) Nämlich für das Quadrat des Abstandes zweier unendlich naher Punkte eine homogene Function zweiten Grades der Differentiale ihrer Coordinaten.
[4]) Es ist ein algebraïscher Ausdruck, zusammengesetzt aus den Coëfficienten der einzelnen Glieder in dem Ausdruck für das Quadrat der Entfernung zweier benachbarter Punkte und deren Differentialquotienten.

dieser Stelle. Um Missverständnisse abzuwehren[1]), will ich hier nur noch hervorheben, dass dieses sogenannte Krümmungsmaass des Raums eine auf rein analytischem Wege gefundene Rechnungsgrösse ist, und dass seine Einführung keineswegs auf einer Unterschiebung von Verhältnissen, die nur in der sinnlichen Anschauung Sinn hätten, beruht. Der Name ist nur als kurze Bezeichnung eines verwickelten Verhältnisses von dem einen Falle hergenommen, wo der bezeichneten Grösse eine sinnliche Anschauung entspricht.

Wenn nun dieses Krümmungsmaass des Raumes überall den Werth Null hat, entspricht ein solcher Raum überall den Axiomen des Euklides. Wir können ihn in diesem Falle einen ebenen Raum nennen, im Gegensatz zu anderen analytisch construirbaren Räumen, die man gekrümmte nennen könnte, weil ihr Krümmungsmaass einen von Null verschiedenen Werth hat. Indessen lässt sich die analytische Geometrie für Räume der letzteren Art ebenso vollständig und in sich consequent durchführen, wie die gewöhnliche Geometrie unseres thatsächlich bestehenden ebenen Raumes.

Ist das Krümmungsmaass positiv, so erhalten wir den sphärischen Raum, in welchem die geradesten Linien in sich zurücklaufen, und in welchem es keine Parallelen giebt. Ein solcher Raum wäre wie die Oberfläche einer Kugel unbegrenzt, aber nicht unendlich gross. Ein negatives constantes Krümmungsmaass dagegen giebt den pseudosphärischen Raum, in welchem die geradesten Linien in das Unendliche auslaufen, und in jeder ebensten Fläche durch jeden Punkt ein Bündel von geradesten Linien zu legen ist, die eine gegebene andere geradeste Linie jener Fläche nicht schneiden.

Diese letzteren Verhältnisse hat Herr Beltrami[2]) dadurch der Anschauung zugänglich gemacht, dass er zeigte, wie man die Punkte, Linien und Flächen eines pseudosphärischen Raumes von drei Dimensionen im Innern einer Kugel des Euklides'schen Raumes so abbilden kann, dass jede geradeste Linie des pseudosphärischen Raumes in der Kugel durch eine gerade Linie vertreten wird, jede ebenste Fläche des ersteren durch eine Ebene in der letzteren. Die Kugeloberfläche selbst entspricht dabei den unendlich entfernten Punkten des pseudosphärischen Raumes; die verschiedenen Theile desselben sind in ihrem Kugelabbild um so mehr

---

[1]) Wie ein solches z. B. in dem oben citirten Buche von Herrn W. Tobias begangen ist. S. 70 u. a. m.

[2]) Teoria fondamentale degli Spazii di Curvatura costante. Annali di Matematica. Ser. II, Tom. II, Fasc. III, p. 232—255.

verkleinert, je näher sie der Kugeloberfläche liegen und zwar in der Richtung der Kugelradien stärker als in den Richtungen senkrecht darauf. Gerade Linien in der Kugel, die sich erst ausserhalb der Kugeloberfläche schneiden, entsprechen geradesten Linien des pseudosphärischen Raumes, die sich nirgends schneiden. Somit zeigte sich, dass der Raum, als Gebiet messbarer Grössen betrachtet, keineswegs dem allgemeinsten Begriffe einer Mannigfaltigkeit von drei Dimensionen entspricht, sondern noch besondere Bestimmungen erhält, welche bedingt sind durch die vollkommen freie Beweglichkeit der festen Körper mit unveränderter Form nach allen Orten hin und bei allen möglichen Richtungsänderungen, und ferner durch den besonderen Werth des Krümmungsmaasses, welches für den thatsächlich vorliegenden Raum gleich Null zu setzen ist, oder sich wenigstens in seinem Werthe nicht merklich von Null unterscheidet. Diese letztere Festsetzung ist in den Axiomen von den geraden Linien und von den Parallelen gegeben.

Während Riemann von den allgemeinsten Grundfragen der analytischen Geometrie her dieses neue Gebiet betrat, war ich selbst theils durch Untersuchungen über die räumliche Darstellung des Systems der Farben, also durch Vergleichung einer dreifach ausgedehnten Mannigfaltigkeit mit einer anderen, theils durch Untersuchungen über den Ursprung unseres Augenmaasses für Abmessungen des Gesichtsfeldes zu ähnlichen Betrachtungen, wie Riemann, gekommen. Während dieser von dem oben erwähnten algebraïschen Ausdrucke, welcher die Entfernung zweier einander unendlich naher Punkte in allgemeinster Form darstellt, als seiner Grundannahme ausgeht, und daraus die Sätze über Beweglichkeit fester Raumgebilde herleitet, bin ich andererseits von der Thatsache der Beobachtung ausgegangen, dass in unserem Raume die Bewegung fester Raumgebilde mit demjenigen Grade von Freiheit möglich ist, den wir kennen, und habe aus dieser Thatsache die Nothwendigkeit jenes algebraïschen Ausdrucks hergeleitet, den Riemann als Axiom hinstellt. Die Annahmen, welche ich der Rechnung zu Grunde legen musste, waren die folgenden.

Zuerst, um überhaupt rechnende Behandlung möglich zu machen, muss vorausgesetzt werden, dass die Lage jedes Punktes A gegen gewisse als unveränderlich und fest betrachtete Raumgebilde durch Messungen von irgend welchen Raumgrössen, seien es Linien, oder Winkel zwischen Linien, oder Winkel zwischen Flächen u. s. w., bestimmt werden könne. Bekanntlich nennt man die zur Bestimmung der Lage des Punktes A nöthigen Abmessungen seine Coordinaten. Die Anzahl der im Allgemeinen zur vollständigen Bestimmung der Lage eines jeden Punktes nöthigen Coordinaten bestimmt die Anzahl der Dimensionen des betreffenden Raumes. Es wird weiter vorausgesetzt, dass bei Bewegung des Punktes A sich die als Coordinaten gebrauchten Raumgrössen continuirlich verändern.

Zweitens ist die Definition eines festen Körpers, beziehlich festen Punktsystems zu geben, wie sie nöthig ist, um Vergleichung von Raumgrössen durch Congruenz vornehmen zu können. Da wir hier noch keine speciellen Methoden zur Messung der Raumgrössen voraussetzen dürfen, so kann die Definition eines festen Körpers nur erst durch folgendes Merkmal gegeben werden: Zwischen den Coordinaten je zweier Punkte, die einem festen Körper angehören, muss eine Gleichung bestehen, die eine bei jeder Bewegung des Körpers unveränderte Raumbeziehung zwischen den beiden Punkten (welche sich schliesslich als ihre Entfernung ergiebt) ausspricht, und welche für congruente Punktpaare die gleiche ist. Congruent aber sind solche Punktpaare, die nach einander mit demselben im Raume festen Punktpaare zusammenfallen können.

Trotz ihrer anscheinend so unbestimmten Fassung ist diese Bestimmung äusserst folgenreich, weil bei Vermehrung der Punktzahl die Anzahl der Gleichungen viel schneller wächst, als die Zahl der durch sie bestimmten Coordinaten der Punkte. Fünf Punkte, A, B, C, D, E, geben zehn verschiedene Punktpaare:

$$AB, \ AC, \ AD, \ AE,$$
$$BC, \ BD, \ BE,$$
$$CD, \ CE,$$
$$DE,$$

also zehn Gleichungen, die im Raume von drei Dimensionen fünfzehn veränderliche Coordinaten enthalten, von denen aber sechs frei verfügbar bleiben müssen, wenn das System der fünf Punkte frei beweglich und drehbar sein soll. Es dürfen also nur neun Coordinaten durch jene zehn Gleichungen bestimmt werden, als abhängig von jenen sechs veränderlichen. Bei sechs Punkten bekommen wir fünfzehn Gleichungen für zwölf veränderliche Grössen, bei 7 Punkten 21 Gleichungen für 15 Grössen u. s. w. Nun können wir aber aus n von einander unabhängigen Gleichungen n darin vorkommende Grössen bestimmen. Haben wir mehr als n Gleichungen, so müssen die überzähligen selbst herzuleiten sein aus den n ersten derselben. Daraus folgt, dass jene Gleichungen, welche zwischen den Coordinaten jedes Punktpaares eines festen Körpers bestehen, von besonderer Art sein müssen, so dass, wenn sie im Raume von drei Dimensionen für neun aus je fünf Punkten gebildete Punktpaare erfüllt sind, aus ihnen die Gleichung für das zehnte Paar identisch folgt. Auf diesem Umstande beruht es, dass die genannte Annahme für die Definition der Festigkeit doch genügt, um die Art der Gleichungen zu bestimmen, welche zwischen den Coordinaten zweier fest miteinander verbundener Punkte bestehen.

Drittens ergab sich, dass noch eine besondere Eigenthümlichkeit der Bewegung fester Körper der Rechnung als Thatsache zu Grunde gelegt werden musste, eine Eigenthümlichkeit, welche uns so geläufig ist, dass wir ohne diese Untersuchung vielleicht nie darauf gefallen wären, sie als etwas zu betrachten, was auch nicht sein könnte. Wenn wir nämlich in unserem Raume von drei Dimensionen zwei Punkte eines festen Körpers festhalten, so kann er nur noch Drehungen um deren gerade Verbindungslinie als Drehungsaxe machen. Drehen wir ihn einmal ganz um, so kommt er genau wieder in die Lage, in der er sich zuerst befunden hatte. Dass nun Drehung ohne Umkehr jeden festen Körper immer wieder in seine Anfangslage zurückführt, muss besonders erwähnt werden. Es wäre eine Geometrie möglich, wo es nicht so wäre. Am einfachsten ist dies für die Geometrie der Ebene einzusehen. Man denke sich, dass bei jeder Drehung jeder ebenen Figur ihre linearen Dimensionen dem Drehungswinkel proportional wüchsen, so würde nach einer ganzen Drehung um 360 Grad die Figur nicht mehr ihrem Anfangszustande congruent sein. Uebrigens würde ihr aber jede zweite Figur, die ihr in der Anfangslage congruent war, auch in der zweiten Lage congruent gemacht werden können, wenn auch die zweite Figur um 360 Grad gedreht wird. Es würde ein consequentes System der Geometrie auch unter dieser Annahme möglich sein, welches nicht unter die Riemann'sche Form fällt.

Andererseits habe ich gezeigt, dass die aufgezählten drei Annahmen zusammengenommen ausreichend sind, um den von Riemann angenommenen Ausgangspunkt der Untersuchung zu begründen, und damit auch alle weiteren Ergebnisse von dessen Arbeit, die sich auf den Unterschied der verschiedenen Räume nach ihrem Krümmungsmaass beziehen.

Es liesse sich nun noch fragen, ob auch die Gesetze der Bewegung und ihrer Abhängigkeit von den bewegenden Kräften ohne Widerspruch auf die sphärischen oder pseudosphärischen Räume übertragen werden können. Diese Untersuchung ist von Herrn

Professor Lipschitz[1]) in Bonn durchgeführt worden. Es lässt sich in der That der zusammenfassende Ausdruck aller Gesetze der Dynamik, das Hamilton'sche Princip, direct auf Räume, deren Krümmungsmaass nicht gleich Null ist, übertragen. Also auch nach dieser Seite hin verfallen die abweichenden Systeme der Geometrie in keinen Widerspruch.

Wir werden nun weiter zu fragen haben, wo diese besonderen Bestimmungen herkommen, welche unseren Raum als ebenen Raum charakterisiren, da dieselben, wie sich gezeigt hat, nicht in dem allgemeinen Begriffe einer ausgedehnten Grösse von drei Dimensionen und freier Beweglichkeit der in ihr enthaltenen begrenzten Gebilde enthalten sind. Denknothwendigkeiten, die aus dem Begriffe einer solchen Mannigfaltigkeit und ihrer Messbarkeit, oder aus dem aller allgemeinsten Begriffe eines festen in ihr enthaltenen Gebildes und seiner freiesten Beweglichkeit herfliessen, sind sie nicht.

Wir wollen nun die entgegengesetzte Annahme, die sich über ihren Ursprung machen lässt, untersuchen, die Frage nämlich, ob sie empirischen Ursprungs seien, ob sie aus Erfahrungsthatsachen abzuleiten, durch solche zu erweisen, beziehlich zu prüfen und vielleicht auch zu widerlegen seien. Die letztere Eventualität würde dann auch einschliessen, dass wir uns Reihen beobachtbarer Erfahrungsthatsachen müssten vorstellen können, durch welche ein anderer Werth des Krümmungsmaasses angezeigt würde, als derjenige ist, den der ebene Raum des Euklides hat. Wenn aber Räume anderer Art in dem angegebenen Sinne vorstellbar sind, so wäre damit auch widerlegt, dass die Axiome der Geometrie nothwendige Folgen einer a priori gegebenen transcendentalen Form unserer Anschauungen im Kant'schen Sinne seien.

Der Unterschied der Euklidischen, sphärischen und pseudosphärischen Geometrie beruht, wie oben bemerkt, auf dem Werthe einer gewissen Constante, welche Riemann das Krümmungsmaass des betreffenden Raumes nennt, und deren Werth gleich Null sein muss, wenn die Axiome des Euklides gelten. Ist sie nicht gleich Null, so würden Dreiecke von grossem Flächeninhalte eine andere Winkelsumme haben müssen, als kleine, erstere im sphärischen Raume eine grössere, im pseudosphärischen eine kleinere. Ferner ist geometrische Aehnlichkeit grosser und kleiner Körper oder

---

[1]) Untersuchungen über die ganzen homogenen Functionen von n Differentialen. Borchardt's Journal für Mathematik, Bd. LXX, S. 71 und Bd. LXXII, S. 1. — Untersuchung eines Problems der Variationsrechnung, ebendas., Bd. LXXIV.

Figuren nur möglich im Euklidischen Raume. Alle Systeme praktisch ausgeführter geometrischer Messungen, bei denen die drei Winkel grosser geradliniger Dreiecke einzeln gemessen worden sind, also auch namentlich alle Systeme astronomischer Messungen, welche die Parallaxe der unmessbar weit entfernten Fixsterne gleich Null ergeben (im pseudosphärischen Raum müssten auch die unendlich entfernten Punkte positive Parallaxe haben), bestätigen empirisch das Axiom von den Parallelen, und zeigen, dass in unserem Raume und bei Anwendung unserer Messungsmethoden das Krümmungsmaass des Raumes als von Null ununterscheidbar erscheint. Freilich muss mit Riemann die Frage aufgeworfen werden, ob das sich nicht vielleicht anders verhalten würde, wenn wir statt unserer begrenzten Standlinien, deren grösste die grosse Axe der Erdbahn ist, grössere benutzen könnten.

Aber wir dürfen dabei nicht vergessen, dass alle geometrischen Messungen schliesslich auf dem Principe der Congruenz beruhen. Wir messen Entfernungen von Punkten, indem wir den Zirkel oder den Maassstab oder die Messkette zu ihnen hinbewegen. Wir messen Winkel, indem wir den getheilten Kreis oder den Theodolithen an den Scheitel des Winkels bringen. Daneben bestimmen wir gerade Linien auch durch den unserer Erfahrung nach geradlinigen Gang der Lichtstrahlen; aber dass das Licht sich längs kürzester Linien ausbreitet, so lange es in einem ungeänderten brechenden Medium bleibt, würde sich ebenso auch auf Räume von anderem Krümmungsmaass übertragen lassen. Alle unsere geometrischen Messungen beruhen also auf der Voraussetzung, dass unsere von uns für fest gehaltenen Messwerkzeuge wirklich Körper von unveränderlicher Form sind, oder dass sie wenigstens keine anderen Arten von Formveränderung erleiden, als diejenigen, die wir an ihnen kennen, wie z. B. die von geänderter Temperatur, oder von der bei geänderter Stellung anders wirkenden Schwere herrührenden kleinen Dehnungen.

Wenn wir messen, so führen wir nur mit den besten und zuverlässigsten uns bekannten Hilfsmitteln dasselbe aus, was wir sonst durch Beobachtung nach dem Augenmaass, dem Tastsinn, oder durch Abschreiten zu ermitteln pflegen. In den letzteren Fällen ist unser eigener Körper mit seinen Organen das Messwerkzeug, welches wir im Raume herumtragen. Bald ist die Hand, bald sind die Beine unser Zirkel, oder das nach allen Richtungen sich wendende Auge der Theodolith, mit dem wir Bogenlängen oder Flächenwinkel im Gesichtsfelde abmessen.

Jede Grössen vergleichende, sei es Schätzung, sei es Messung räumlicher Verhältnisse geht also von einer Voraussetzung über das physikalische Verhalten gewisser Naturkörper aus, sei es unseres eigenen Leibes, sei es der angewendeten Messinstrumente, welche Voraussetzung übrigens den höchsten Grad von Wahrscheinlichkeit haben und mit allen uns sonst bekannten physikalischen Verhältnissen in der besten Uebereinstimmung stehen mag, aber jedenfalls über das Gebiet der reinen Raumanschauungen hinausgreift.

Ja, es lässt sich ein bestimmtes Verhalten der uns als fest erscheinenden Körper angeben, bei welchem die Messungen im Euklidischen Raume so ausfallen würden, als wären sie im pseudosphärischen oder sphärischen Raume angestellt. Um dies einzusehen, erinnere ich zunächst daran, dass, wenn die sämmtlichen linearen Dimensionen der uns umgebenden Körper und die unseres eigenen Leibes mit ihnen in gleichem Verhältnisse, z. B. alle auf die Hälfte, verkleinert oder alle auf das Doppelte vergrössert würden, wir eine solche Aenderung durch unsere Mittel der Raumanschauung gar nicht würden bemerken können. Dasselbe würde aber auch der Fall sein, wenn die Dehnung oder Zusammenziehung nach verschiedenen Richtungen hin verschieden wäre, vorausgesetzt, dass unser eigener Leib in derselben Weise sich veränderte, und vorausgesetzt ferner, dass ein Körper, der sich drehte, in jedem Augenblick ohne mechanischen Widerstand zu erleiden oder auszuüben denjenigen Grad der Dehnung seiner verschiedenen Dimensionen annähme, der seiner zeitigen Lage entspricht. Man denke an das Abbild der Welt in einem Convexspiegel. Die bekannten versilberten Kugeln, welche in Gärten aufgestellt zu werden pflegen, zeigen die wesentlichen Erscheinungen eines solchen Bildes, wenn auch gestört durch einige optische Unregelmässigkeiten. Ein gut gearbeiteter Convexspiegel von nicht zu grosser Oeffnung zeigt das Spiegelbild jedes vor ihm liegenden Gegenstandes scheinbar körperlich und in bestimmter Lage und Entfernung hinter seiner Fläche. Aber die Bilder des fernen Horizontes und der Sonne am Himmel liegen in begrenzter Entfernung, welche der Brennweite des Spiegels gleich ist, hinter dem Spiegel. Zwischen diesen Bildern und der Oberfläche des Spiegels sind die Bilder aller anderen vor letzterem liegenden Objecte enthalten, aber so, dass die Bilder um so mehr verkleinert und um so mehr abgeplattet sind, je ferner ihre Objecte vom Spiegel liegen. Die Abplattung, das heisst die Verkleinerung der Tiefendimension, ist verhältnissmässig bedeutender als die Verkleinerung der Flächendimensionen. Dennoch wird jede gerade Linie der Aussenwelt durch eine gerade Linie im Bilde, jede Ebene durch eine Ebene dargestellt. Das Bild eines Mannes, der mit einem Maassstab eine von dem Spiegel sich entfernende gerade Linie abmisst, würde immer mehr zusammenschrumpfen, je mehr das Original sich entfernt, aber mit seinem ebenfalls zusammenschrumpfenden Maassstab würde der Mann im Bilde genau dieselbe Zahl von Centimetern herauszählen, wie der Mann in der Wirklichkeit; überhaupt würden alle geometrischen Messungen, von Linien oder Winkeln mit den gesetzmässig veränderlichen Spiegelbildern der wirklichen Instrumente ausgeführt, genau dieselben Resultate ergeben wie die in der Aussenwelt, alle Congruenzen würden in den Bildern bei wirklicher Aneinanderlagerung der betreffenden Körper ebenso passen wie in der Aussenwelt, alle Visirlinien der Aussenwelt durch gerade Visirlinien im Spiegel ersetzt sein. Kurz, ich sehe nicht, wie die Männer im Spiegel herausbringen sollten, dass ihre Körper nicht feste Körper seien und ihre Erfahrungen gute Beispiele für die Richtigkeit der Axiome des Euklides. Könnten sie aber hinausschauen in unsere Welt, wie wir hineinschauen in die ihrige, ohne die Grenze überschreiten zu können, so würden sie unsere Welt für das Bild eines Convexspiegels erklären müssen und von uns gerade so reden, wie wir von ihnen, und wenn sich die Männer beider Welten mit einander besprechen könnten, so würde, soweit ich sehe, keiner den anderen überzeugen können, dass er die wahren Verhältnisse habe, der andere die verzerrten; ja ich kann nicht erkennen, dass eine solche Frage überhaupt einen Sinn hätte, so lange wir keine mechanischen Betrachtungen einmischen.

Nun ist Herrn Beltrami's Abbildung des pseudosphärischen Raumes in einer Vollkugel des Euklidischen Raumes von ganz ähnlicher Art, nur dass die Fläche des Hintergrundes nicht eine Ebene, wie bei dem Convexspiegel, sondern eine Kugelfläche ist, und das Verhältniss, in welchem sich die der Kugelfläche näher kommenden Bilder zusammenziehen, einen anderen mathematischen Ausdruck[1]) hat. Denkt man sich also umgekehrt, dass in der Kugel, für deren Innenraum die Axiome des Euklides gelten, sich Körper bewegen, die, wenn sie sich vom Mittelpunkte entfernen, sich jedesmal zusammenziehen, ähnlich den Bildern im Convexspiegel, und zwar sich in der Weise zusammenziehen, dass ihre im pseudosphärischen Raum construirten Abbilder unveränderte Di-

---

[1]) Siehe den Zusatz am Ende dieser Vorlesung.

mensionen behalten, so würden Beobachter, deren Leiber selbst dieser Veränderung regelmässig unterworfen wären, bei geometrischen Messungen, wie sie sie ausführen könnten, Ergebnisse erhalten, als lebten sie selbst im pseudosphärischen Raume.

Wir können von hier aus sogar noch einen Schritt weiter gehen; wir können daraus ableiten, wie einem Beobachter, dessen Augenmaass und Raumerfahrungen sich gleich den unserigen im ebenen Raume ausgebildet haben, die Gegenstände einer pseudosphärischen Welt erscheinen würden, falls er in eine solche eintreten könnte. Ein solcher Beobachter würde die Linien der Lichtstrahlen oder die Visirlinien seines Auges fortfahren als gerade Linien anzusehen, wie solche im ebenen Raume vorkommen, und wie sie in dem kugeligen Abbild des pseudosphärischen Raumes wirklich sind. Das Gesichtsbild der Objecte im pseudosphärischen Raume würde ihm deshalb denselben Eindruck machen, als befände er sich im Mittelpunkte des Beltrami'schen Kugelbildes. Er würde die entferntesten Gegenstände dieses Raumes in endlicher Entfernung[1] rings um sich zu erblicken glauben, nehmen wir beispielsweise an, in hundert Fuss Abstand. Ginge er aber auf diese entfernten Gegenstände zu, so würden sie sich vor ihm dehnen, und zwar noch mehr nach der Tiefe, als nach der Fläche; hinter ihm aber würden sie sich zusammenziehen. Er würde erkennen, dass er nach dem Augenmaass falsch geurtheilt hat. Sähe er zwei gerade Linien, die sich nach seiner Schätzung miteinander parallel bis auf diese Entfernung von 100 Fuss, wo ihm die Welt abgeschlossen erscheint, hinausziehen, so würde er, ihnen nachgehend, erkennen, dass sie bei dieser Dehnung der Gegenstände, denen er sich nähert, aus einander rücken, je mehr er an ihnen vorschreitet; hinter ihm dagegen würde ihr Abstand zu schwinden scheinen, so dass sie ihm beim Vorschreiten immer mehr divergent und immer entfernter von einander erscheinen würden. Zwei gerade Linien aber, die vom ersten Standpunkte aus nach einem und demselben Punkte des Hintergrundes in hundert Fuss Entfernung zu convergiren scheinen, würden dies immer thun, so weit er ginge und er würde ihren Schnittpunkt nie erreichen.

Nun können wir ganz ähnliche Bilder unserer wirklichen Welt erhalten, wenn wir eine grosse Convexlinse von entsprechender negativer Brennweite vor die Augen nehmen, oder auch nur zwei convexe Brillengläser, die etwas prismatisch geschliffen sein müss-

---

[1] Das reciproke, negative Quadrat dieser Entfernung wäre das Krümmungsmaass des pseudosphärischen Raumes.

ten, als wären sie Stücke aus einer zusamm[en]ängenden grösseren Linse. Solche zeigen uns ebenso, wie die oben erwähnten Convexspiegel, die fernen Gegenstände genähert, die fernsten bis zur Entfernung des Brennpunktes der Linse. Wenn wir mit einer solchen Linse vor den Augen herumgehen, gehen ganz ähnliche Dehnungen der Gegenstände vor, auf die wir zugehen, wie ich sie für den pseudosphärischen Raum beschrieben habe. Wenn nun Jemand eine solche Linse vor die Augen nimmt, nicht einmal von hundert Fuss, sondern eine viel stärkere von nur sechzig Zoll Brennweite, so merkt er im ersten Augenblicke vielleicht, dass er die Gegenstände genähert sieht. Aber nach wenigem Hin- und Hergehen schwindet die Täuschung, und er beurtheilt trotz der falschen Bilder die Entfernungen richtig. Wir haben allen Grund zu vermuthen, dass es uns im pseudosphärischen Raume bald genug ebenso gehen würde, wie es bei einem angehenden Brillenträger nach wenigen Stunden schon der Fall ist; kurz der pseudosphärische Raum würde uns verhältnissmässig gar nicht sehr fremdartig erscheinen, wir würden uns nur in der ersten Zeit bei der Abmessung der Grösse und Entfernung fernerer Gegenstände nach ihrem Gesichtseindruck Täuschungen unterworfen finden.

Die entgegengesetzten Täuschungen würde ein sphärischer Raum von drei Dimensionen mit sich bringen, wenn wir mit dem im Euklidischen Raume erworbenen Augenmaasse in ihn eintreten. Wir würden entferntere Gegenstände für entfernter und grösser halten, als sie sind; wir würden auf sie zugehend finden, dass wir sie schneller erreichen, als wir nach dem Gesichtsbilde annehmen mussten. Wir würden aber auch Gegenstände vor uns sehen, die wir nur mit divergirenden Gesichtslinien fixiren können; dies würde bei allen denjenigen der Fall sein, welche von uns weiter als ein Quadrant eines grössten Kreises entfernt sind. Diese Art des Anblicks würde uns kaum sehr ungewöhnlich vorkommen, denn wir können denselben auch für irdische Gegenstände hervorbringen, wenn wir vor das eine Auge ein schwach prismatisches Glas nehmen, dessen dickere Seite zur Nase gekehrt ist. Auch dann müssen wir die Augen divergent stellen, um entfernte Gegenstände zu fixiren. Das erregt ein gewisses Gefühl ungewohnter Anstrengung in den Augen, ändert aber nicht merklich den Anblick der so gesehenen Gegenstände. Den seltsamsten Theil des Anblicks der sphärischen Welt würde aber unser eigener Hinterkopf bilden, in dem alle unsere Gesichtslinien wieder zusammenlaufen würden, so weit sie zwischen anderen Gegenständen frei durchgehen können, und welcher den äussersten Hintergrund des ganzen perspectivischen Bildes ausfüllen müsste.

Dabei ist freilich noch weiter zu bemerken, dass, wie eine kleine ebene elastische Scheibe, etwa eine kleine ebene Kautschukplatte, einer schwach gewölbten Kugelfläche nur unter relativer Contraction ihres Randes und Dehnung ihrer Mitte angepasst werden kann, so auch unser im Euklidischen ebenen Raum gewachsener Körper nicht in einen gekrümmten Raum übergehen könnte ohne ähnliche Dehnungen und Zusammenpressungen seiner Theile zu erleiden, deren Zusammenhang natürlich nur so weit erhalten bleiben könnte, als die Elasticität der Theile ein Nachgeben ohne Reissen und Brechen erlaubte. Die Art der Dehnung würde dieselbe sein müssen, als wenn wir uns im Mittelpunkte von Beltrami's Kugel einen kleinen Körper dächten, und von diesem dann auf sein pseudosphärisches oder sphärisches Abbild übergingen. Damit ein solcher Uebergang als möglich erscheine, wird immer vorausgesetzt werden müssen, dass der übergehende Körper hinreichend elastisch und klein sei im Vergleich mit dem reellen oder imaginären Krümmungsradius des gekrümmten Raumes, in den er übergehen soll.

Es wird dies genügen um zu zeigen, wie man auf dem eingeschlagenen Wege aus den bekannten Gesetzen unserer sinnlichen Wahrnehmungen die Reihe der sinnlichen Eindrücke herleiten kann, welche eine sphärische oder pseudosphärische Welt uns geben würde, wenn sie existirte. Auch dabei treffen wir nirgends auf eine Unfolgerichtigkeit oder Unmöglichkeit, ebenso wenig wie in der rechnenden Behandlung der Maassverhältnisse. Wir können uns den Anblick einer pseudosphärischen Welt ebenso gut nach allen Richtungen hin ausmalen, wie wir ihren Begriff entwickeln können. Wir können deshalb auch nicht zugeben, dass die Axiome unserer Geometrie in der gegebenen Form unseres Anschauungsvermögens begründet wären, oder mit einer solchen irgendwie zusammenhingen.

Anders ist es mit den drei Dimensionen des Raumes. Da alle unsere Mittel sinnlicher Anschauung sich nur auf einen Raum von drei Dimensionen erstrecken, und die vierte Dimension nicht bloss eine Abänderung von Vorhandenem, sondern etwas vollkommen Neues wäre, so befinden wir uns schon wegen unserer körperlichen Organisation in der absoluten Unmöglichkeit, uns eine Anschauungsweise einer vierten Dimension vorzustellen.

Schliesslich möchte ich nun noch hervorheben, dass die geometrischen Axiome gar nicht Sätze sind, die nur der reinen Raumlehre angehörten. Sie sprechen, wie ich schon erwähnt habe, von Grössen. Von Grössen kann man nur reden, wenn man irgend welches Verfahren kennt und im Sinne hat, nach dem man diese Grössen vergleichen, in Theile zerlegen und messen kann. Alle Raummessung und daher überhaupt alle auf den Raum angewendeten Grössenbegriffe setzen also die Möglichkeit der Bewegung von Raumgebilden voraus, deren Form und Grösse man trotz der Bewegung für unveränderlich halten darf. Solche Raumformen pflegt man in der Geometrie allerdings nur als geometrische Körper, Flächen, Winkel, Linien zu bezeichnen, weil man von allen anderen Unterschieden physikalischer und chemischer Art, welche die Naturkörper zeigen, abstrahirt; aber man bewahrt doch die eine physikalische Eigenschaft derselben, die Festigkeit. Für die Festigkeit der Körper und Raumgebilde haben wir aber kein anderes Merkmal, als dass sie, zu jeder Zeit und an jedem Orte und nach jeder Drehung aneinandergelegt, immer wieder dieselben Congruenzen zeigen, wie vorher. Ob sich aber die aneinander gelegten Körper nicht selbst beide in gleichem Sinne verändert haben, können wir auf rein geometrischem Wege, ohne mechanische Betrachtungen hinzuzunehmen, gar nicht entscheiden.

Wenn wir es zu irgend einem Zwecke nützlich fänden, könnten wir in vollkommen folgerichtiger Weise den Raum, in welchem wir leben, als den scheinbaren Raum hinter einem Convexspiegel mit verkürztem und zusammengezogenem Hintergrunde betrachten; oder wir könnten eine abgegrenzte Kugel unseres Raumes, jenseits deren Grenzen wir nichts mehr wahrnehmen, als den unendlichen pseudosphärischen Raum betrachten. Wir müssten dann nur den Körpern, welche uns als fest erscheinen, und ebenso unserem eigenen Leibe gleichzeitig die entsprechenden Dehnungen und Verkürzungen zuschreiben, und würden allerdings das System unserer mechanischen Principien gleichzeitig gänzlich verändern müssen; denn schon der Satz, dass jeder bewegte Punkt, auf den keine Kraft wirkt, sich in gerader Linie mit unveränderter Geschwindigkeit fortbewegt, passt auf das Abbild der Welt im Convexspiegel nicht mehr. Die Bahnlinie wäre zwar noch gerade, aber die Geschwindigkeit abhängig vom Orte.

Die geometrischen Axiome sprechen also gar nicht über Verhältnisse des Raumes allein, sondern gleichzeitig auch über das mechanische Verhalten unserer festesten Körper bei Bewegungen. Man könnte freilich auch den Begriff des festen geometrischen Raumgebildes als einen transcendentalen Begriff auffassen, der unabhängig von wirklichen Erfahrungen gebildet wäre, und dem diese nicht nothwendig zu entsprechen brauchten, wie ja unsere Naturkörper thatsächlich ganz rein und ungestört nicht einmal denjenigen Begriffen entsprechen, die wir auf dem Wege der Induction von ihnen abstrahirt haben. Unter Hinzunahme eines solchen nur als Ideal concipirten Begriffs der Festigkeit könnte dann ein strenger Kantianer allerdings die geometrischen Axiome als a priori durch transcendentale Anschauung gegebene Sätze betrachten, die durch keine Erfahrung bestätigt oder widerlegt werden könnten, weil man erst nach ihnen zu entscheiden hätte, ob irgend welche Naturkörper als feste Körper zu betrachten seien. Dann müssten wir aber behaupten, dass unter dieser Auffassung die geometrischen Axiome gar keine synthetischen Sätze im Sinne Kant's wären. Denn sie würden dann nur etwas aussagen, was aus dem Begriffe der zur Messung nothwendigen festen geometrischen Gebilde analytisch folgen würde, da als feste Gebilde nur solche anerkannt werden könnten, die jenen Axiomen genügen.

Nehmen wir aber zu den geometrischen Axiomen noch Sätze hinzu, die sich auf die mechanischen Eigenschaften der Naturkörper beziehen, wenn auch nur den Satz von der Trägheit, oder den Satz, dass die mechanischen und physikalischen Eigenschaften der Körper unter übrigens gleichbleibenden Einflüssen nicht vom Orte, wo sie sich befinden, abhängen können, dann erhält ein solches System von Sätzen einen wirklichen Inhalt, der durch Erfahrung bestätigt oder widerlegt werden, eben deshalb aber auch durch Erfahrung gewonnen werden kann.

Uebrigens ist es natürlich nicht meine Absicht, zu behaupten, dass die Menschheit erst durch sorgfältig ausgeführte Systeme genauer geometrischer Messungen Anschauungen des Raumes, die den Axiomen des Euklides entsprechen, gewonnen habe. Es musste vielmehr eine Reihe alltäglicher Erfahrungen, namentlich die Anschauung von der geometrischen Aehnlichkeit grosser und kleiner Körper, welche nur im ebenen Raume möglich ist, darauf führen jede geometrische Anschauung, die dieser Thatsache widersprach, als unmöglich zu verwerfen. Dazu war keine Erkenntniss des begrifflichen Zusammenhanges zwischen der beobachteten Thatsache geometrischer Aehnlichkeit und den Axiomen nöthig, sondern nur durch zahlreiche und genaue Beobachtungen von Raumverhältnissen gewonnene anschauliche Kenntniss ihres typischen Verhaltens, eine solche Art der Anschauung, wie sie der Künstler von den darzustellenden Gegenständen besitzt, und mittels deren er sicher und fein entscheidet, ob eine versuchte neue Combination der Natur des darzustellenden Gegenstandes entspricht, oder nicht. Das wissen wir zwar in unserer Sprache auch mit keinem anderen Namen als dem der „Anschauung" zu bezeichnen; aber es ist dies eine empirische durch Häufung und Verstärkung gleichartig wiederkehrender Eindrücke in unserem Gedächtniss gewonnene Kenntniss, keine transcendentale und vor aller Erfahrung gegebene Anschauungsform. Dass dergleichen empirisch erlangte und noch nicht zur Klarheit des bestimmt ausgesprochenen Begriffs durchgearbeitete Anschauungen eines typischen gesetzlichen Verhaltens häufig genug den Metaphysikern als a priori gegebene Sätze imponirt haben, brauche ich hier nicht weiter zu erörtern.

Zusatz.

Mathematische Erläuterungen.

Die Grundzüge der Geometrie der sphärischen Räume von drei Dimensionen erhält man am leichtesten, wenn man für den Raum von vier Dimensionen die der Kugel entsprechende Gleichung aufstellt:

$$x^2 + y^2 + z^2 + t^2 = R^2 \quad \ldots \ldots \quad 1)$$

und für die Entfernung ds zwischen den Punkten $[x, y, z, t]$ und $[(x + dx), (y + dy), (z + dz), (t + dt)]$ den Werth

$$ds^2 = dx^2 + dy^2 + dz^2 + dt^2 \quad \ldots \ldots \quad 2)$$

Man überzeugt sich leicht mittels derselben Methoden, welche man für drei Dimensionen anwendet, dass kürzeste Linien gegeben sind durch Gleichungen von der Form

$$\left. \begin{array}{l} ax + by + cz + ft = 0 \\ \alpha x + \beta y + \gamma z + \varphi t = 0 \end{array} \right\} \quad \ldots \ldots \quad 3)$$

wo a, b, c, f ebenso wie $\alpha, \beta, \gamma, \varphi$ Constanten sind.

Die Länge des kürzesten Bogens s zwischen den Punkten (x, y, z, t) und (ξ, η, ζ, τ) ergiebt sich, wie auf der Kugel, durch die Gleichung

$$\cos\left(\frac{s}{R}\right) = \frac{x\xi + y\eta + z\zeta + t\tau}{R^2} \quad \ldots \quad 4)$$

Aus den in 2) bis 4) gegebenen Werthen ist eine der Coordinaten durch die Gleichung 1) zu eliminiren, dann beziehen sich die Ausdrücke auf einen sphärischen Raum von drei Dimensionen.

Nimmt man die Entfernungen von dem Punkte
$$\xi = \eta = \zeta = 0,$$
woraus wegen der Gleichung 1) folgt $\tau = R$, so wird
$$sin\left(\frac{s_0}{R}\right) = \frac{\sigma}{R},$$
worin
$$\sigma = \sqrt{x^2 + y^2 + z^2}$$
oder
$$s_0 = R \cdot arc. \; sin. \left(\frac{\sigma}{R}\right) = R \cdot arc. \; tang. \left(\frac{\sigma}{t}\right). \quad . \quad 5)$$

Hierin bezeichnet s_0 die vom Anfangspunkt der Coordinaten ab gemessene Entfernung des Punktes x, y, z.

Wenn wir nun den Punkt x, y, z des sphärischen Raumes uns abgebildet denken in dem Punkte eines ebenen Raumes, dessen Coordinaten beziehlich sind
$$\mathfrak{x} = \frac{Rx}{t}, \mathfrak{y} = \frac{Ry}{t}, \mathfrak{z} = \frac{Rz}{t},$$
$$\mathfrak{x}^2 + \mathfrak{y}^2 + \mathfrak{z}^2 = \mathfrak{r}^2 = \frac{R^2 \sigma^2}{t^2},$$
so sind in diesem ebenen Raume die Gleichungen 3), welche kürzesten Linien des sphärischen Raumes angehören, Gleichungen gerader Linien. Es sind also die kürzesten Linien des sphärischen Raumes in dem System der $\mathfrak{x}, \mathfrak{y}, \mathfrak{z}$ durch gerade Linien abgebildet. Für sehr kleine Werthe von x, y, z wird $t = R$ und
$$\mathfrak{x} = x, \mathfrak{y} = y, \mathfrak{z} = z.$$

Unmittelbar um den Anfangspunkt der Coordinaten also fallen die Abmessungen beider Räume zusammen. Andererseits ergiebt sich für die Abstände vom Mittelpunkt
$$s_0 = R \cdot arc. \; tang. \left(\pm \frac{\mathfrak{r}}{R}\right) \cdot \; \cdot \; \cdot \; \cdot \; \cdot \; \cdot \; 6)$$

Es kann hierin $\mathfrak{r}$ unendlich werden, aber jeder Punkt des ebenen Raumes muss zwei Punkte der Kugel abbilden, einen, für den $s_0 < \frac{1}{2} R\pi$ ist, und einen, für den $s_0 > \frac{1}{2} R\pi$ ist. Die Dehnung in Richtung des $\mathfrak{r}$ ist dabei
$$\frac{ds_0}{d\mathfrak{r}} = \frac{R^2}{R^2 + \mathfrak{r}^2}.$$

Um die entsprechenden Ausdrücke für den pseudosphärischen Raum zu erhalten, setze man R und t imaginär, nämlich $R = \Re i$ und $t = \mathfrak{t} i$. Dann ergiebt Gleichung 6)

$$tang. \frac{s_0}{i\Re} = \pm \frac{\mathfrak{r}}{i\Re},$$

was nach Beseitigung der imaginären Form ergiebt

$$s_0 = \tfrac{1}{2} \Re \, log.\, nat. \left(\frac{\Re + \mathfrak{r}}{\Re - \mathfrak{r}} \right).$$

Hierin hat s_0 reelle Werthe nur so lange, als $\mathfrak{r} < \Re$, für $\mathfrak{r} = \Re$ wird die Entfernung s_0 im pseudosphärischen Raume unendlich gross. Das Bild im ebenen Raume ist dagegen nur in der Kugel vom Radius $\Re$ enthalten, und jeder Punkt dieser Kugel bildet nur einen Punkt des unendlichen pseudosphärischen Raumes ab. Die Dehnung in Richtung des $\mathfrak{r}$ ist

$$\frac{d s_0}{d \mathfrak{r}} = \frac{\Re^2}{\Re^2 - \mathfrak{r}^2}.$$

Für Linienelemente dagegen, deren Richtung senkrecht zu $\mathfrak{r}$ ist, für welche also t unverändert bleibt, wird in beiden Fällen

$$\frac{\sqrt{dx^2 + dy^2 + dz^2}}{\sqrt{d\mathfrak{x}^2 + d\mathfrak{y}^2 + d\mathfrak{z}^2}} = \frac{t}{R} = \frac{\mathfrak{t}}{\Re} = \frac{\sigma}{\mathfrak{r}}$$
$$= \frac{\sqrt{x^2 + y^2 + z^2}}{\sqrt{\mathfrak{x}^2 + \mathfrak{y}^2 + \mathfrak{z}^2}}.$$

ZUM GEDÄCHTNISS

AN

GUSTAV MAGNUS.

Rede,

gehalten in der Leibnitzsitzung

der

Akademie der Wissenschaften zu Berlin

am

6. Juli 1871.

Es ist mir der ehrenvolle Auftrag geworden, im Namen dieser Akademie auszusprechen, was sie an Gustav Magnus verlor, der ihr dreissig Jahre lang angehörte. Als dankbarem Schüler, als Freund, endlich als dem Amtsnachfolger des Geschiedenen war es mir eine Freude, wie eine Pflicht, einer solchen Aufforderung nachzukommen. Aber ich finde den besten Theil meines Werkes bereits gethan durch unseren Collegen Hofmann im Auftrage der Deutschen chemischen Gesellschaft, deren Vorsitzender er ist. Er hat die Aufgabe von Magnus' Leben und Wirken ein Bild zu geben in eingehendster und liebevollster Weise gelöst. Er ist mir nicht nur der Zeit nach zuvorgekommen, sondern er hat zu dem Geschiedenen auch in viel engeren und häufigeren persönlichen Beziehungen gestanden, als ich; anderntheils ist er für eine Hauptseite von Magnus' Thätigkeit, nämlich die chemische, viel mehr als ich berechtigt, ein sachverständiges Urtheil abzugeben.

Dadurch beschränkt sich erheblich das, was für mich zu thun noch übrig bleibt. Ich werde kaum noch als Biograph von Magnus reden dürfen, sondern nur noch davon, was Magnus uns war, und davon, was er der Wissenschaft war, deren Vertretung die uns zugewiesene Aufgabe ist.

Auch war in der That sein Leben nicht gerade reich an äusseren Ereignissen und Wechselfällen; es war das friedliche Leben eines Mannes, der in sorgenfreien äusseren Verhältnissen, erst als Glied, dann als Leiter einer geachteten, begabten und liebenswürdigen Familie, seine Befriedigung in wissenschaftlicher Arbeit, in der Verwerthung wissenschaftlicher Ergebnisse zur Lehre und zum Nutzen der Menschen suchte und reichlich fand. Am 2. Mai 1802 wurde Heinrich Gustav Magnus zu Berlin geboren, als der vierte von sechs Brüdern, die sich nach mannigfachen Richtungen hin durch ihre Fähigkeiten ausgezeichnet haben. Der Vater, Johann Matthias, war der Chef eines wohlhabenden Handlungshauses, und suchte seinen Kindern vor Allem eine freie Entwickelung ihrer individuellen Anlagen und Neigungen zu gewähren. Unser geschiedener Freund zeigte schon früh grössere Neigung zu mathematischen und naturwissenschaftlichen Studien, als zu sprachlichen. Der Vater regelte seinen Unterricht dem entsprechend, indem er ihn von dem Werder'schen Gymnasium wegnahm und an das Cauer'sche Privat-Institut sendete, in welchem den realistischen Fächern mehr Rechnung getragen wurde. Später von 1822 bis 1827 widmete sich Magnus an der Berliner Universität ganz dem naturwissenschaftlichen Studium. Ehe er seine ursprüngliche Absicht, sich für Technologie zu habilitiren, ausführte, wendete er noch zwei Jahre dazu an sich auf Reisen fortzubilden, vorzugsweise bei Berzelius längere Zeit in Stockholm verweilend, dann in Paris bei Dulong, Thénard, Gay-Lussac. Auf diese Weise ungewöhnlich gut und reich vorbereitet, habilitirte er sich 1831 an der hiesigen Universität zunächst für Technologie, später auch für Physik, wurde 1834 zum ausserordentlichen, 1845 zum ordentlichen Professor ernannt, und zeichnete sich durch seine wissenschaftlichen Arbeiten in dieser Zeit so aus, dass er schon neun Jahre nach seiner Habilitation, am 27. Januar 1840, zum Mitgliede dieser Akademie erwählt wurde. Von 1832 bis 1840 hat er auch an der Artillerie- und Ingenieurschule Physik gelehrt, von 1850 bis 1856 an dem Gewerbe-Institut chemische Technologie. Lange Zeit hielt er die Vorlesungen in seinem eigenen Hause mit seinen eigenen Instrumenten, die allmälig zu einer der stattlichsten physikalischen Sammlungen anwuchsen, wie sie zur Zeit existirten, und die später vom Staate für die Universität angekauft wurden. Dann verlegte auch Magnus seine Vorlesungen in das Universitätsgebäude, und behielt nur das Laboratorium für seine eigenen und die Arbeiten seiner Schüler im eigenen Hause.

So floss sein Leben in ruhiger aber unablässiger Wirksamkeit für seine Wissenschaft ungestört dahin; Reisen, bald für wissenschaftliche oder technische Studien, mehrere Male auch im Auftrage des Staats unternommen, bald der Erholung gewidmet, unterbrachen von Zeit zu Zeit seine hiesige Arbeit. Daneben wurde seine sachverständige Erfahrung und seine Geschäftskenntniss vom Staate in mancherlei Commissionen in Anspruch genommen; unter diesen ist namentlich seine Theilnahme an den chemischen Berathungen des Landes-Oekonomie-Collegiums zu erwähnen, denen er grosses Interesse und viel von seiner Zeit widmete, vor Allem in Bezug auf die grossen praktischen Fragen der Agriculturchemie.

Nach 67 Jahren fast ungestörter Gesundheit verfiel er gegen Ende des Jahres 1869 in eine schmerzhafte Krankheit[1]). Bis zum 25. Februar 1870 hat er noch seine Vorlesungen über Physik fortgesetzt, im Laufe des März aber kaum mehr sein Lager verlassen können; am 4. April verschied er.

Magnus ist eine reich angelegte Natur gewesen, welche unter glücklichen äusseren Umständen sich nach ihrer Eigenart entwickeln und sich ihre Thätigkeit frei nach eigenem Sinne wählen durfte. Dieser Sinn aber war so beherrscht von Besonnenheit und erfüllt, ich möchte sagen, von künstlerischer Harmonie, die das Maasslose und Unreine scheute, dass er die Ziele seiner Arbeit weise zu wählen und deshalb auch fast immer zu erreichen wusste. Ebendarum stimmt auch die Richtung und die Art von Magnus' Thätigkeit mit seiner geistigen Eigenart so vollkommen zusammen, wie das bei nur wenigen Glücklichen unter den Sterblichen der Fall zu sein pflegt. Die harmonische Anlage und Ausbildung seines Geistes gab sich auch äusserlich in der natürlichen Anmuth seines Betragens, in der wohlthuenden Heiterkeit und Sicherheit seines Wesens, in der warmen Liebenswürdigkeit seines Verkehrs mit Anderen zu erkennen. Es lag in allem diesem viel mehr, als die blosse Erlernung der äusseren Formen der Höflichkeit jemals erreichen kann, wo sie nicht von warmer Theilnahme und feinem Gefühl für das Schöne durchleuchtet wird.

Von früh her gewöhnt an die geregelte und besonnene Thätigkeit des kaufmännischen Hauses, in dem er aufwuchs, behielt er von diesem die Gewandtheit in Geschäften, die er so oft in den Verwaltungsangelegenheiten dieser Akademie, der philosophischen Facultät und verschiedener staatlicher Commissionen zu bethätigen hatte. Er behielt von daher die saubere Ordnungsliebe, die Richtung auf die Wirklichkeit und das Praktisch-Erreichbare, wenn auch das Hauptziel seiner Thätigkeit ein ideales wurde. Er hatte begriffen, dass nicht der behagliche Genuss einer sorgenfreien Existenz und des Verkehrs in dem liebenswürdigsten Kreise von Angehörigen und Freunden eine dauernde Befriedigung giebt, sondern nur die Arbeit, und zwar nur die uneigennützige Arbeit für ein ideales Ziel. So arbeitete er, nicht für die Vermehrung seiner

---

[1]) Carcinoma Recti.

Reichthümer, sondern für die Wissenschaft; nicht dilettantisch und launisch, sondern nach einem festen Ziel und unermüdlich; nicht in Eitelkeit nach auffallenden Entdeckungen haschend, die seinen Namen hätten schnell berühmt machen können, sondern er wurde im Gegentheil ein Meister der treuen, geduldigen und bescheidenen Arbeit, welche ihr Werk immer wieder prüft und nicht eher davon ablässt, als bis sie nichts mehr daran zu bessern weiss. Solche Arbeit ist es aber auch, die durch die classische Vollendung ihrer Methode, durch die Genauigkeit und Zuverlässigkeit ihrer Resultate den besten und dauerndsten Ruhm verdient und erringt. Meisterstücke mustergiltiger Vollendung sind unter den Arbeiten von Magnus namentlich die über die Ausdehnung der Gase durch die Wärme, und über die Spannkraft der Dämpfe. Ohne von Magnus zu wissen, arbeitete damals gleichzeitig mit ihm ein anderer Meister in solcher Arbeit, und zwar der erfahrensten und berühmtesten einer, nämlich Regnault in Paris, an den gleichen Aufgaben. Die Resultate beider Forscher wurden fast gleichzeitig veröffentlicht und zeigten durch ihre ausserordentlich nahe Uebereinstimmung, mit welcher Treue und mit welchem Geschick beide gearbeitet hatten. Wo aber noch Differenzen sich zeigten, wurden diese schliesslich zu Magnus' Gunsten entschieden.

In ganz besonders charakteristischer Weise aber zeigte sich die Reinheit und Uneigennützigkeit, mit der Magnus den idealen Zweck seines Strebens festhielt, in der Art und Weise, wie er jüngere Männer zu wissenschaftlichen Arbeiten heranzog, und sobald er bei ihnen Eifer und Fähigkeit für wissenschaftliche Arbeiten zu entdecken glaubte, ihnen seine Instrumente und die Hilfsmittel seines Privatlaboratoriums zur Verfügung stellte. Dies war die Art, wie ich selbst einst in nähere Beziehung zu ihm getreten bin, als ich mich zur Absolvirung der medicinischen Staatsprüfungen in Berlin befand. Er forderte mich damals auf — ich selbst würde nicht gewagt haben ihn darum zu bitten — meine Versuche über Gährung und Fäulniss noch nach neuen Richtungen hin auszudehnen und andere Methoden, die grössere Hilfsmittel erforderten, als ein junger von seinem Sold lebender Militärarzt sich verschaffen konnte, dazu anzuwenden. Ich habe damals etwa drei Monate bei ihm fast täglich gearbeitet und habe dadurch einen tiefen und bleibenden Eindruck von seiner Güte, seiner Uneigennützigkeit, seiner vollkommenen Freiheit von wissenschaftlicher Eifersucht gewonnen. Nicht allein, dass er durch ein solches Verfahren den äusserlichen Vortheil aufgab, den einem ehrgeizigen Manne der Besitz einer der reichsten Instrumentensammlungen vor allen Mitbewerbern gesichert haben würde; er nahm auch mit freundlichem Gleichmuth alle die kleinen Aergerlichkeiten und Belästigungen hin, welche die Ungeschicklichkeit und Hastigkeit jugendlicher Experimentatoren beim Gebrauche kostbarer und in peinlichster Sauberkeit gehaltener Instrumente mit sich bringt. Noch weniger war die Rede davon, dass er nach der Sitte der Gelehrten anderer Nationen die Arbeitskräfte der Jüngeren für seine eigenen Zwecke und zur Verherrlichung seines eigenen Namens ausgebeutet hätte. Chemische Laboratorien nach Liebig's Vorgang fingen damals an eingerichtet zu werden; von physikalischen, die übrigens sehr viel schwerer zu organisiren sind, bestand meines Wissens damals kein einziges. Ihre Gründung ist von Magnus in der That ausgegangen.

In diesem Verhältnisse besonders zeigt sich ein wesentlicher Theil von der inneren Richtung des Mannes, den wir bei der Beurtheilung seines Werthes nicht vernachlässigen dürfen; er war nicht nur ein Forscher, er war auch ein Lehrer der Wissenschaft, diesen Begriff im höchsten und weitesten Sinne genommen. Er wollte sie nicht in der Studirstube und im Hörsaale abgeschlossen wissen, er wollte, dass sie direct hinauswirke in alle Verhältnisse des Lebens; in seinem regen Interesse für die Technologie, in seiner eifrigen Theilnahme an den Arbeiten des Landes-Oekonomie-Collegiums spiegelt sich diese Seite seines Strebens deutlich ab, ebenso in der grossen Sorgfalt, die er auf die Vorbereitung der Vorlesungsversuche verwendete, wie in der sinnreichen Ausbildung des instrumentalen Apparats für diese Art von Versuchen. Hierfür ist die von ihm gegründete, später in den Besitz der Universität übergegangene und jetzt mir als seinem Nachfolger zur Benutzung überwiesene Sammlung seiner Instrumente der beredteste Zeuge. Alles ist in sauberster Haltung und in vortrefflichster Leistungsfähigkeit; wo zu dem auszuführenden Versuche ein seidener Faden, eine Glasröhre oder ein Kork nöthig sind, kann man darauf rechnen, sie neben dem Instrumente zu finden. Alle von ihm herrührenden Apparate sind gebaut mit den besten Mitteln, die dazu herbeigeschafft werden konnten, ohne am Material oder an der Arbeit des Mechanikers zu sparen, so dass der Erfolg des Versuchs möglichst gesichert wird, und derselbe in nicht zu kleinem Maassstabe und möglichst weithin sichtbar in die Augen fällt.

Ich weiss mich aber auch sehr wohl noch des Erstaunens und

der Bewunderung zu erinnern, mit der wir, als Studenten, ihn experimentiren sahen. Nicht bloss, dass alle Experimente glänzend und vollständig gelangen, sondern sie störten und beschäftigten ihn scheinbar gar nicht in seinen Gedanken. Der ruhige und klare Fluss seiner Rede ging ohne Unterbrechung vorwärts; jeder Versuch trat an seiner Stelle ein, vollendete sich rasch, ohne Hast und ohne Stocken und wurde wieder verlassen.

Dass die kostbare Sammlung der Demonstrationsapparate noch während seines Lebens in den Besitz der Universität überging, habe ich schon erwähnt. Er wollte aber überhaupt nicht, dass, was er als Hilfsmittel wissenschaftlicher Arbeit gesammelt und construirt hatte, zerstreut und dem Zwecke entfremdet würde, dem er sein Leben gewidmet hatte. In diesem Sinne hat er denn auch den Rest der Apparate aus seinem Laboratorium, die eigentlichen Arbeitsinstrumente, sowie seine sehr reiche und werthvolle Bibliothek testamentarisch der Universität vermacht, und so einen kostbaren Grund zur weiteren Entwickelung eines öffentlichen physikalischen Instituts gelegt.

Es wird genügen, in diesen wenigen Zügen die geistige Individualität des geschiedenen Freundes zurückgerufen zu haben, so weit in ihnen die Quellen für die Richtung seiner Thätigkeit zu finden sind. Ein lebhafteres Bild wird Ihnen allen, die Sie dreissig Jahre mit ihm zusammenwirkten, die persönliche Erinnerung gewähren.

Wenn wir uns nun zur Besprechung der Ergebnisse und Erfolge seiner Arbeiten wenden, so genügt es dazu nicht, dass wir die Reihe seiner akademischen und wissenschaftlichen Schriften durchgehen und zu beurtheilen suchen. Ich habe schon hervorgehoben, dass ein hervorragender Theil seiner Wirksamkeit auf die Mitlebenden gerichtet war; und dazu kommt, dass sein Leben in eine Zeitperiode fällt, in welcher die Naturwissenschaften einen Entwickelungsprocess von einer solchen Schnelligkeit durchgemacht haben, wie ein ähnlicher in der Geschichte der Wissenschaften wohl in keinem anderen Falle vorgekommen ist. Die Männer aber, welche einer solchen Zeit angehören und an einer solchen Entwickelung mit gearbeitet haben, erscheinen ihren Nachfolgern, denen sie den Platz bereitet, leicht in falscher Perspective, weil der beste Theil ihrer Arbeit diesen schon als etwas fast Selbstverständliches erscheint, von dem zu sprechen kaum noch der Mühe lohnt.

Es wird uns jetzt schwer, uns zurückzuversetzen in den Zustand der naturwissenschaftlichen Bildung, wie er in den ersten zwanzig Jahren dieses Jahrhunderts in Deutschland wenigstens bestand. Magnus wurde 1802 geboren, ich selbst 19 Jahre später; aber wenn ich auf meine frühesten Jugenderinnerungen zurückgreife, als ich aus den im Besitze meines Vaters, der selbst einst im Cauer'schen Institute unterrichtet hatte, befindlichen Lehrbüchern anfing Physik zu studiren, so taucht mir noch ein dunkles Bild eines Vorstellungskreises auf, der uns jetzt ganz mittelalterlich alchymistisch anmuthen würde. Von Lavoisier's und von H. Davy's umwälzenden Entdeckungen war noch nicht viel in die Schulbücher gedrungen. Obgleich man den Sauerstoff schon kannte, spielte daneben doch auch das Phlogiston, der Feuerstoff, seine Rolle. Das Chlor war noch die oxygenirte Salzsäure, das Kali und die Kalkerde waren noch Elemente. Die wirbellosen Thiere theilten sich noch in Insecten und Würmer, und in der Botanik zählte man Staubfäden.

Es ist seltsam zu sehen, wie spät und zögernd sich die Deutschen in unserem Jahrhundert dem Studium der Naturwissenschaften zugewendet haben, während sie doch an deren früherer Entwickelung hervorragenden Antheil genommen hatten. Ich brauche nur Copernicus, Kepler, Leibnitz, Stahl zu nennen.

Wir dürfen uns doch sonst einer leidenschaftlichen, rücksichtslosen und uneigennützigen Liebe zur Wahrheit rühmen, die vor keiner Autorität und vor keinem Scheine Halt macht, kein Opfer und keine Arbeit scheut und sehr genügsam in ihren Ansprüchen auf äusseren Erfolg ist. Aber eben deshalb treibt sie uns immer an, vor Allem die principiellen Fragen bis in ihre tiefsten Gründe zu verfolgen und uns wenig zu kümmern um das, was mit den letzten Gründen der Dinge keinen deutlichen Zusammenhang hat, namentlich auch wenig um die praktischen Consequenzen und die nützlichen Anwendungen. Dazu kam aber wohl noch ein äusserer Grund, nämlich der, dass die selbständige geistige Entwickelung der letzten drei Jahrhunderte unter politischen Zuständen begann, die das Hauptgewicht auf die theologischen Studien fallen liessen. Deutschland hat Europa von der Zwingherrschaft der alten Kirche befreit; aber es hat auch einen viel theureren Preis für diese Befreiung zahlen müssen, als die anderen Nationen. Es blieb nach den Religionskriegen zurück, verwüstet, verarmt, politisch zerbrochen, an seinen Grenzen beschädigt, wehrlos übermüthig gewordenen Nachbarn preisgegeben. Um die Consequenzen der neuen sittlichen Anschauungen zu ziehen, sie wissenschaftlich zu prüfen, in alle Gebiete des Geisteslebens hinein durchzuarbeiten, dazu war während der Stürme des Krieges keine Zeit gewesen; da musste jeder zu seiner Partei halten, jeder Anfang von Meinungsverschiedenheit erschien als Verrath und erregte bittern Zorn. Das geistige Leben hatte durch die Reformation seinen alten Halt und seinen alten Zusammenhang verloren, alles musste in neuem Lichte erscheinen und neue Fragen aufregen. Mit äusserlicher Uniformität konnte sich der deutsche Geist nicht beruhigen; wo er nicht überzeugt und befriedigt war, liess er seine Zweifel nicht schweigen. So war es die Theologie, neben ihr die classische Philologie und die Philosophie, welche theils als Hilfswissenschaften der Theologie, theils durch das, was sie selbst für die Lösung der neu auftauchenden sittlichen, ästhetischen und metaphysischen Probleme leisten konnten, das Interesse der wissenschaftlich Gebildeten fast ausschliesslich in Anspruch nahmen. Deshalb erklärt es sich wohl, dass die protestantischen Nationen, sowie der Theil der Katholiken, welcher, in seinem alten Glauben wankend gemacht, nur äusserlich bei seiner Kirche blieb, sich mit verzehrendem Eifer auf die Philosophie stürzten. Man hatte ja hauptsächlich ethische und metaphysische Probleme zu lösen; auch die Kritik der Erkenntnissquellen musste vorgenommen werden, und sie wurde es mit viel tieferem Ernst als früher. Ich brauche an die wirklichen Resultate, die das vorige Jahrhundert aus dieser Arbeit gewann, hier nicht zu erinnern. Sie erregten schwungvolle Hoffnungen, und die Metaphysik hat, wie sich nicht leugnen lässt, eine gefährliche Anziehung für den deutschen Geist; er konnte nicht eher von ihr wieder ablassen, als bis er alle ihre Schlupfwinkel durchsucht und sich überzeugt hatte, dass dort für jetzt nichts mehr zu finden sei.

Daneben fing in der zweiten Hälfte des vorigen Jahrhunderts das verjüngte geistige Leben der Nation an seine künstlerischen Blüthen zu treiben, die unbeholfene Sprache bildete sich zu einem der ausdruckvollsten Werkzeuge des menschlichen Geistes um; aus den meist noch harten, ärmlichen und unerquicklichen bürgerlichen und politischen Zuständen, den Folgen der Religionskriege, in welche die Gestalt des preussischen Heldenkönigs nur eben die erste Hoffnung einer besseren Zukunft geworfen, denen dann freilich wieder das Elend der Napoleonischen Kriege gefolgt war, aus dieser freudlosen Existenz flüchteten sich alle empfindsamen Gemüther gern in das Blüthenland, welches die deutsche

Poesie, mit den Besten aller Zeiten und Völker wetteifernd, aufschloss, oder in die erhabenen Aussichten der Philosophie; man suchte die Wirklichkeit durch Vergessen zu überwinden.

Und die Naturwissenschaften lagen auf der Seite dieser gern übersehenen Wirklichkeit. Nur die Astronomie konnte schon damals grosse und erhabene Ausblicke bieten; in allen anderen Zweigen war noch lange und geduldige Arbeit nöthig, ehe sie zu grossen Principien aufsteigen, ehe sie mitsprechen konnten in den grossen Problemen des menschlichen Lebens, oder ehe sie das gewaltige Mittel der Herrschaft des Menschen über die Naturmächte wurden, welches sie seitdem geworden sind. Die Arbeit des Naturforschers erschien eng, niedrig, gleichgiltig neben den grossen Conceptionen der Philosophen und Dichter; höchstens solche Naturforscher, welche, wie Oken, sich in philosophisch-dichterischer Anschauungsform bewegten, fanden williges Gehör.

Fern sei es von mir in einseitiger Betonung der naturwissenschaftlichen Interessen diese Zeit begeisterten Rausches schelten zu wollen; in der That verdanken wir ihr die sittliche Kraft, welche das Napoleonische Joch brach, wir verdanken ihr die grossen Dichtungen, welche der edelste Schatz unserer Nation sind; aber die Wirklichkeit behält ihr Recht gegen jeden Schein, auch gegen den schönsten, und Individuen wie Nationen, welche zur Mannesreife sich entwickeln wollen, müssen lernen der Wirklichkeit in das Gesicht zu schauen, um die Wirklichkeit unter die Zwecke des Geistes zu beugen. Sich in eine ideale Welt flüchten, ist eine falsche Hilfe von kurzdauerndem Erfolge, sie erleichtert nur den Gegnern ihr Spiel; und wenn das Wissen immer nur sich selbst spiegelt, so wird es gegenstandslos und leer, oder löst sich in Illusionen und Phrasen auf.

Die Reaction gegen die Verirrungen einer Geistesrichtung, die anfangs dem natürlichen Schwung eines jugendfrischen Anlaufs entsprach, dann aber im Epigonenzeitalter der romantischen Schule und der Identitätsphilosophie in sentimentales Haschen nach Erhabenheit und Begeisterung verfiel, ist, wie wir Alle wissen, eingetreten und durchgeführt worden, nicht bloss im Gebiete der Naturwissenschaften, sondern auch im Kreise der Geschichte, der Kunstwissenschaft, der Sprachforschung. Auch in den letztgenannten Gebieten, wo man mit Thätigkeitsäusserungen des menschlichen Geistes direct zu thun hat, und wo deshalb eine Construction a priori aus den psychologischen Gesetzen viel eher möglich erscheint als der Natur gegenüber, hat man begriffen, dass man erst die Thatsachen kennen muss, ehe man ihre Gesetze aufstellen kann.

Gustav Magnus' Entwickelung fällt in die Zeit dieses Kampfes hinein; es lag in der ganzen Richtung seines Geistes, dass er, so sehr er sonst nach seiner milden Art Gegensätze zu versöhnen suchte, entschieden Partei ergriff, und zwar zu Gunsten der reinen Erfahrung gegen die Speculation. Wenn er auch vermied Personen zu verletzen, so muss man anerkennen, dass er von dem Princip, was er mit sicherem Tact als das Richtige erkannt hatte, nicht ein Jota nachliess; und er kämpfte an entscheidendster Stelle in doppeltem Sinne; einmal weil es sich in der Physik um die Grundlagen der ganzen Naturwissenschaft handelt, und dann, weil die zahlreich besuchte Universität Berlin die am längsten gehaltene Festung der Speculation war. Er predigte seinen Schülern fortdauernd, dass der Wirklichkeit gegenüber kein Raisonnement, und sähe es noch so plausibel aus, dass vielmehr nur die Beobachtung und der Versuch entscheidet; und er verlangte stets, dass jeder ausführbare Versuch, der eine thatsächliche Bestätigung oder Widerlegung eines hingestellten Gesetzes oder einer Erklärung geben könne, gemacht werde. Er selbst ging hierin mit dem besten Beispiele voran. Er beschränkte auch die Anwendbarkeit der ächten naturwissenschaftlichen Methode keineswegs auf die Erforschung der leblosen Natur, sondern er führte in seiner Arbeit über die Gase des Blutes (1837) einen Stoss bis in das Herz der vitalistischen Theorien; er führte die Physik bis in den Mittelpunkt des organischen Stoffwechsels ein, indem er den wissenschaftlichen Grund für die richtige Theorie der Athmung legte, einen Grund, auf dem eine grosse Anzahl späterer Forscher weiter gearbeitet haben, und auf dem sich eines der wichtigsten und folgenreichsten Capitel der Physiologie entwickelt hat.

Nicht zu wenig Entschiedenheit in der Durchführung seines Princips konnte man ihm vorwerfen; wohl aber muss ich gestehen, dass ich selbst und manche meiner Genossen früher der Meinung waren, dass Magnus sein Misstrauen gegen die Speculation namentlich in Bezug auf die mathematische Physik zu weit triebe. Er hatte sich in mathematisch-physikalische Studien wohl niemals sehr vertieft, und das bestärkte uns damals in unserem Zweifel. Dennoch, wenn wir uns von dem Standpunkte, den jetzt die Wissenschaft erreicht hat, umsehen, muss man anerkennen, dass auch sein Misstrauen gegen die damalige mathematische Physik nicht unbegründet war. Auch in ihr war noch nicht rein geschieden, was erfahrungsmässige Thatsache, was blosse Wortdefinition und was nur Hypothese war. Das unklare Gemisch aus diesen Elementen, welches die Grundlagen der Rechnung bildete, suchte man für Axiome von metaphysischer Nothwendigkeit auszugeben und nahm eine ähnliche Art der Nothwendigkeit auch für die Folgerungen in Anspruch. Ich brauche nur daran zu erinnern, eine wie grosse Rolle in den mathematisch durchgeführten Theorien aus der ersten Hälfte dieses Jahrhunderts die Hypothesen über den atomistischen Bau der Körper spielten, während man von den Atomen noch so gut wie nichts wusste, und zum Beispiel den ausserordentlich wichtigen Einfluss, den die Wärmebewegung auf die Molecularkräfte hat, noch kaum ahnte. Jetzt wissen wir zum Beispiel, dass das Ausdehnungsstreben der Gase nur auf der Wärmebewegung beruht; in jener Periode galt die Wärme noch bei weitem den meisten Physikern als ein imponderabler Stoff. Ueber die Atome in der theoretischen Physik sagt Sir W. Thomson sehr bezeichnend, dass ihre Annahme keine Eigenschaft der Körper erklären kann, die man nicht vorher den Atomen selbst beigelegt hat. Ich will mich, indem ich diesem Ausspruch beipflichte, hiermit keineswegs gegen die Existenz der Atome erklären, sondern nur gegen das Streben aus rein hypothetischen Annahmen über Atombau der Naturkörper die Grundlagen der theoretischen Physik herzuleiten. Wir wissen jetzt, dass manche von diesen Hypothesen, die ihrer Zeit viel Beifall fanden, weit bei der Wahrheit vorbeischossen. Auch die mathematische Physik hat einen andern Charakter angenommen unter den Händen von Gauss, von F. E. Neumann und ihren Schülern unter den Deutschen, sowie von denjenigen Mathematikern, die sich in England an Faraday anschlossen, Stokes, W. Thomson, Cl. Maxwell. Man hat begriffen, dass auch die mathematische Physik eine reine Erfahrungswissenschaft ist; dass sie keine anderen Principien zu befolgen hat, als die experimentelle Physik. Unmittelbar in der Erfahrung finden wir nur ausgedehnte mannigfach gestaltete und zusammengesetzte Körper vor uns; nur an solchen können wir unsere Beobachtungen und Versuche machen. Deren Wirkungen sind zusammengesetzt aus den Wirkungen, welche alle ihre Theile zu der Summe des Ganzen beitragen, und wenn wir also die einfachsten und allgemeinsten Wirkungsgesetze der in der Natur vorgefundenen Massen und Stoffe auf einander kennen lernen wollen, diese Gesetze namentlich befreien wollen von den Zufälligkeiten der Form, der Grösse und Lage der zusammenwirkenden Körper, so müssen wir zurückgehen auf die Wirkungsgesetze der kleinsten Volumtheile, oder wie die Mathematiker es bezeichnen, der Volumelemente. Diese aber sind nicht, wie die Atome, disparat und verschiedenartig, sondern continuirlich und gleichartig.

Die charakteristischen Eigenschaften der Volumelemente verschiedener Körper sind auf dem Wege der Erfahrung zu finden, entweder direct, wo die Kenntniss der Summe genügt, um die Summanden zu finden, oder hypothetisch, wo dann die berechnete Summe der Wirkungen in möglichst verschiedenartigen Fällen durch Beobachtung und Versuch mit der Wirklichkeit verglichen werden muss. Somit ist anerkannt, dass die mathematische Physik nur die einfachen, von den Zufälligkeiten der Körperform befreiten Wirkungsgesetze der Körperelemente auf rein empirischem Wege zu suchen hat und der Controle der Erfahrung genau ebenso unterworfen ist, wie die sogenannte experimentelle Physik; ja dass beide principiell gar nicht geschieden sind und die erstere nur das Geschäft der letzteren fortsetzt, um immer einfachere und allgemeinere Gesetze der Erscheinungen zu entdecken.

Es ist unverkennbar, dass auch diese analysirende Richtung der physikalischen Forschung einen anderen Charakter angenommen hat, dass sie gerade das abgelegt hat, was Magnus zu ihr in einen, wenn auch meist nur leise angedeuteten inneren Widerspruch brachte. Er pflegte, wenigstens in früheren Jahren, darauf zu bestehen, dass das Geschäft des mathematischen und des experimentellen Physikers ganz von einander zu trennen sei; dass ein junger Mann, der Physik betreiben wolle, sich zwischen der einen und der andern Richtung zu entscheiden habe. Gegenwärtig scheint es mir, als wenn immer mehr und mit Recht die Ueberzeugung Boden gewönne, dass in dem entwickelteren Zustande der Wissenschaft nur derjenige fruchtbar experimentiren könne, der eine eindringende Kenntniss der Theorie hat und ihr gemäss die rechten Fragen zu stellen und zu verfolgen weiss; und andererseits, dass nur derjenige fruchtbar theoretisiren könne, der eine breite praktische Erfahrung im Experiment habe. Die Entdeckung der Spectralanalyse war eines der glänzendsten Beispiele einer solchen Durchdringung des theoretischen Verständnisses und der Experimentirkunst, was unserer Erinnerung noch ganz nahe liegt.

Ich weiss nicht, ob Magnus in späterer Zeit sich über das Verhältniss der experimentellen und mathematischen Physik anders als früher geäussert hat. Jedenfalls müssen auch die, welche seine frühere Abwendung von der mathematischen Physik als eine etwas zu weit getriebene Reaction gegen den Missbrauch der Speculation auffassen möchten, anerkennen, dass ihm die ältere mathematische Physik wohl manchen Grund zu einer solchen Abwendung gab, und dass er andererseits mit der grössten Freudigkeit aufnahm, was Kirchhoff, W. Thomson und Andere aus theoretischen Ausgangspunkten von neuen Thatsachen entwickelt hatten. Es sei mir erlaubt, in dieser Beziehung hier mein eigenes persönliches Zeugniss abzulegen. Meine eigenen Arbeiten sind meist auf die Weise erwachsen, gegen welche Magnus Verwahrung einzulegen pflegte; dennoch habe ich bei ihm nie etwas anderes als die bereitwilligste und freundlichste Anerkennung gefunden.

Aber natürlich ist es, dass jeder, auf seine eigene Erfahrung gestützt, den Weg, der seiner eigenen Natur am besten entsprach, auf dem er selbst am schnellsten vorwärts gekommen ist, auch Anderen als den förderlichsten empfiehlt. Und wenn wir nur alle darüber einig sind, dass die Wissenschaft zur Aufgabe hat die Gesetze der Thatsachen zu finden, so kann man es jedem überlassen, je nach seiner Neigung sich entweder frisch in die Thatsachen zu stürzen und zu suchen, wo ihm die Spuren noch unbekannter Gesetze aufstossen mögen, oder aber von den schon bekannten Gesetzen her die Punkte aufzusuchen, wo neue Thatsachen zu entdecken sein werden. Aber ebenso gut, wie wir alle mit Magnus Widerspruch einlegen werden gegen den Theoretiker, der nicht für nöthig hält, die Folgerungen aus seinen ihm als Axiome erscheinenden Hypothesen an der Erfahrung zu prüfen, so würde sich Magnus — das zeigen seine Arbeiten entschieden — mit uns gegen diejenige Art des modernsten übertriebenen Empirismus erklären, welche darauf ausgeht, Thatsachen zu entdecken, die sich unter keine Regel sollen fügen lassen, und die es auch sorgfältig zu vermeiden pflegt, nach einem Gesetze oder möglichen Zusammenhange der etwa neu entdeckten Thatsachen zu suchen.

Zu erwähnen ist hier, dass genau in demselben Sinne und mit dem gleichen Zwecke in England ein anderer grosser Physiker, Faraday, wirkte, mit dem Magnus daher auch in dem herzlichsten Einvernehmen verbunden war. Bei Faraday sprach sich der Gegensatz gegen die bisherigen physikalischen Theorien, welche mit Atomen und in die Ferne wirkenden Kräften operiren, sogar noch schärfer aus als bei Magnus.

Wir müssen übrigens anerkennen, dass Magnus meist mit Erfolg auch da gearbeitet hat, wo er zu Aufgaben hingeführt wurde, die anscheinend überwiegend für eine mathematische Behandlung geeignet waren; so zum Beispiel in seiner Arbeit über die Abweichung der rotirenden Geschosse aus gezogenen Läufen; so in seiner Abhandlung über die Form der Wasserstrahlen und ihren Zerfall in Tropfen. In der ersteren hat er durch sehr geschickt angelegte Versuche nachgewiesen, wie der von der unteren Seite gegen die Kugel wirkende Luftwiderstand sie als rotirenden Körper nach einer Seite hin ablenken muss, — nach welcher, hängt von der Richtung der Rotation ab, — und wie in Folge dessen auch die Flugbahn in demselben Sinne abgelenkt wird. In der zweiten Abhandlung hat er die verschiedenen Formen der ausfliessenden Wasserstrahlen untersucht, wie sie theils durch die Form der Oeffnung, aus der sie fliessen, theils durch die Art des Zuflusses zu dieser verändert werden, und wie von aussen hinzukommende Erschütterungen ihr Zerfallen in Tropfen bedingen. Dabei hat er zur ruhigen Beobachtung der Erscheinungen eine sehr glückliche Anwendung vom Princip der stroboskopischen Scheiben gemacht, indem er den Strahl durch eine rotirende Scheibe mit schmalen Ausschnitten beobachtete. Mit eigenthümlicher Kunst gruppirt er die äusserst mannigfaltigen Erscheinungen, so dass das Aehnliche in ihnen übersichtlich heraustritt und eine die andere erläutert. Und wenn auch das letzte mechanische Verständniss nicht immer gewonnen wird, so wird doch der Grund für eine grosse Anzahl charakteristischer Züge der einzelnen Erscheinungen deutlich. In dieser Beziehung sind viele seiner Arbeiten — ich möchte hier namentlich gerade die über die ausfliessenden Wasserstrahlen rühmen — vortreffliche Muster für das, was Göthe theoretisch richtig forderte und in seinen physikalischen Arbeiten zu leisten trachtete, aber freilich nur mit theilweisem Erfolge.

Aber auch wo Magnus sich von seinem Standpunkte aus und mit den Kenntnissen seiner Zeit ausgerüstet vergebens abmüht den Kern der Lösung einer schwierigen Frage zu fassen, wird immer eine Fülle neuer werthvoller Thatsachen an das Licht gefördert. So in der Arbeit über die thermoelektrischen Ketten, wo er richtig sah, dass eine principielle Frage zu lösen war, und selbst am Schlusse erklärt: „Als ich die eben beschriebenen Versuche begann, hoffte ich zuversichtlich zu finden, dass die thermoelektrischen Ströme von einer Bewegung der Wärme herrührten." In diesem Sinne prüfte er namentlich die Fälle, wo die thermoelektrische Kette aus einem einzigen Metalle bestand, welches aber abwechselnd harte und durch Wärme weich gemachte Abtheilungen darbot, oder dessen zur Berührung gebrachte Stücke sehr verschiedene Temperatur hatten. Er überzeugt sich, dass weder das Wärme-Ausstrahlungsvermögen noch die Leitungsfähigkeit für Wärme (diesen Begriff im gewöhnlichen Sinne genommen) den thermoelektrischen Strom bedingen, und muss sich schliesslich mit der ihn selbst offenbar nicht befriedigenden Erklärung beruhigen, dass sich zwei ungleich warme Stücke desselben Metalls wie zwei ungleichartige Leiter, die nach Art der Flüssigkeiten dem galvanischen Spannungsgesetze nicht folgen, zu einander verhalten. Erst die beiden allgemeinen Gesetze der mechanischen Wärmetheorie führten später zur Lösung. Magnus' Hoffnung war nicht falsch gewesen; W. Thomson erkannte, dass Aenderungen in der Leitungsgeschwindigkeit der Wärme, aber solche, die durch die elektrischen Ströme selbst erst hervorgebracht werden, die Quelle dieser Ströme sind.

Es liegt in der Natur der wissenschaftlichen Richtung, der Magnus in seinen Arbeiten folgte, dass sie viele Steine zu dem grossen Gebäude der Wissenschaft hinzuführt, die ihm immer breitere Stützung und immer höheren Wuchs geben, ohne dass nothwendig dem neu hinzutretenden Beschauer sogleich ein abgesonderter und sich auszeichnender Theil des Gebäudes als das alleinige Werk dieses oder jenes Forschers nachgewiesen werden könnte; und will man im Einzelnen erklären, wie wichtig jeder einzelne Stein an seiner Stelle ist, wie schwer er zu beschaffen war, wie sinnreich bearbeitet er ist, so muss man bei dem Hörer entweder die Kenntniss der ganzen Geschichte des Baues voraussetzen oder sie ihm erst auseinandersetzen, wozu mehr Zeit gebraucht wird, als ich heute und hier in Anspruch nehmen darf.

So ist es auch mit den Arbeiten von Magnus. Ueberall, wo er angegriffen hat, hat er eine Fülle neuer und oft überraschender Thatsachen hervorgeholt, er hat sie sorgfältig und zuverlässig beobachtet und in den Zusammenhang des grossen Baues der Wissenschaft eingefügt. Er hat ferner als einen für die Wissenschaft ebenso werthvollen Schatz eine grosse Zahl sinnreich erfundener und fein ausgebildeter neuer Methoden hinterlassen, als Instrumente, mit denen auch künftige Generationen fortfahren werden, verborgene Adern edlen Metalls ewiger Gesetze in dem scheinbar wüsten und wilden Spiele des Zufalls aufzudecken. Magnus' Namen wird immer mit in erster Linie zu nennen sein, wenn die genannt werden, auf deren Arbeit der stolze Bau der Wissenschaft von der Natur beruht, dieser Wissenschaft, welche das Leben der modernen Menschheit so eingreifend umgestaltet hat, sowohl durch ihren geistigen Einfluss, wie durch die Unterwerfung der Naturkräfte unter die Zwecke des Geistes.

Ich habe nur von Magnus' physikalischen Arbeiten geredet und auch von diesen nur diejenigen genannt, welche mir charakteristisch für seine Individualität erschienen. Aber die Zahl seiner Arbeiten ist sehr gross und sie erstrecken sich über weitere Gebiete, als gegenwärtig noch von einem einzelnen Forscher umfasst werden können. Er fing als Chemiker an, bevorzugte aber damals schon Fälle, welche auffallende physikalische Verhältnisse zeigten; später wurde er ganz Physiker. Daneben her lief ein ausserordentlich ausgedehntes Studium der Technologie, wie es für sich allein schon ein Menschenleben auszufüllen im Stande wäre.

Er ist geschieden nach einem reichen Leben und einer reichen Thätigkeit. Das alte Gesetz, dass keines Menschen Leben frei von Schmerz sei, wird wohl auch ihn getroffen haben; und doch erscheint sein Leben als ein bevorzugt glückliches. Was die Menschen gewöhnlich am meisten beneiden, war ihm zugefallen; aber er wusste die äusseren Güter zu adeln, indem er sie in den Dienst eines uneigennützigen Zwecks stellte. Was dem Gemüthe eines edlen Menschen am theuersten ist, war ihm vergönnt, in der Mitte einer liebenswürdigen Familie, in einem Kreise treuer und bedeutender Freunde sich zu erwärmen. Als das seltenste Glück aber möchte ich es preisen, dass er in reiner Begeisterung für ein ideales Princip arbeiten durfte und dass er die Sache, der er diente, siegreich wachsen und sich entfalten sah zu ungeahntem Reichthum und zu breithin wirkendem Segen.

Und schliesslich müssen wir hinzufügen: soweit Besonnenheit, Reinheit der Absicht, sittlicher und intellectueller Tact, Bescheidenheit und echte Humanität die Launen des Glücks und der Menschen beherrschen können, so weit war Magnus selbst der Schmied seines Glücks; eine der seltenen befriedigenden und in sich befriedigten Naturen, denen die Liebe und die Gunst der Menschen entgegenkommt, die mit sicherer Ahnung die rechte Stelle für ihre Thätigkeit zu finden wissen, und von denen man sagen möchte: der Neid des Schicksals verkümmert ihnen ihre Erfolge nicht, weil sie für reine Zwecke und mit reinen Wünschen arbeitend, auch ohne äussere Erfolge ihre Befriedigung finden würden.

ÜBER DIE

ENTSTEHUNG DES PLANETENSYSTEMS.

Vortrag,

gehalten in Heidelberg und Köln am Rhein

im

Jahre 1871.

Hochgeehrte Versammlung!

Ich habe die Absicht, heute vor Ihnen die vielbesprochene Kant-Laplace'sche Hypothese über die Bildung der Weltkörper, namentlich unseres Planetensystems, auseinander zu setzen. Die Wahl dieses Themas bedarf wohl einer Rechtfertigung. In populären Vorlesungen, wie die heutige eine ist, haben die Zuhörer das Recht von dem Vortragenden zu erwarten, dass er ihnen wohlgesicherte Thatsachen und fertige Ergebnisse der Forschung vorlege, nicht aber unreife Vermuthungen, Hypothesen oder Träume. Unter allen Gegenständen, denen menschliches Nachdenken und menschliche Phantasie sich zuwenden können, ist die Frage über den Ursprung der Welt vorzugsweise und seit urältester Zeit bei allen Nationen am meisten der Tummelplatz ausschweifendster Speculationen gewesen. Wohlthätige und zerstörende Göttergestalten, Giganten, Kronos, der seine Kinder frisst, Niflheim mit dem Eisriesen Ymer, den die himmlischen Asen tödten, um die Welt aus ihm zu bauen, sind Gestalten, wie sie die kosmogonischen Systeme der verhältnissmässig besonneneren Volksstämme bevölkern. Aber in der Allgemeinheit der Thatsache, dass jedes Volk sich seine kosmogonischen Ansichten ausgebildet und diese theilweise sehr in das Einzelne ausgemalt hat, spricht sich auch unverkennbar das von allen gefühlte Interesse aus zu wissen, woher ist unser Ursprung, woher der letzte Ursprung der Dinge, die uns umgeben? Und mit der Frage nach dem Anfange ist wiederum eng die nach dem Ende verknüpft; denn was entstehen konnte, kann auch vergehen. Diese Frage nach dem Ende hat vielleicht sogar noch grösseres praktisches Interesse als die nach dem Anfange.

Nun muss ich gleich von vornherein bemerken, dass auch die Theorie, die ich heute zu besprechen beabsichtige, zuerst aufgestellt wurde von einem Manne, dessen Name vorzugsweise als der des abstractesten philosophischen Denkers bekannt geworden ist, von dem Urheber des transscendentalen Idealismus und des kategorischen Imperativs, von Immanuel Kant. Die Schrift, in der er sie vortrug, die „Allgemeine Naturgeschichte und Theorie des Himmels" (1755) ist eine seiner ersten Veröffentlichungen und rührt aus seinem 31. Lebensjahre her. Ueberblickt man die Schriften aus dieser ersten Periode seiner wissenschaftlichen Thätigkeit, die etwa bis zum 40. Jahre seines Alters dauerte, so findet man, dass dieselben grösstentheils naturwissenschaftlichen Inhalts sind und mit einer Anzahl der glücklichsten Gedanken ihrer Zeit weit vorauseilen, während die eigentlich philosophischen Arbeiten noch gering an Zahl, zum Theil, wie die Habilitationsschrift, direct durch äussere Veranlassung hervorgerufen, dabei verhältnissmässig unselbständig in ihrem positiven Inhalt, und nur bedeutend durch vernichtende, zum Theil spottende Kritik sind. Man kann nicht verkennen, dass der jugendliche Kant seiner Neigung und seiner Anlage nach vorzugsweise Naturforscher war und vielleicht nur durch die Macht der äusseren Verhältnisse, durch den Mangel der für selbständige naturwissenschaftliche Arbeit nöthigen Hilfsmittel und durch die Sinnesweise seiner Zeit an der Philosophie festgehalten wurde, in der er erst viel später zu selbständigen und bedeutenden Leistungen gelangte; denn die Kritik der reinen Vernunft fällt in sein 57. Jahr. Er hat übrigens auch in späteren Perioden seines Lebens zwischen seinen grossen philosophischen Werken einzelne naturwissenschaftliche Aufsätze geschrieben und regelmässig eine Vorlesung über physische Geographie gehalten, in welcher er zwar auf das enge Maass von Kenntnissen und Hilfsmitteln seiner Zeit und seines abgelegenen Wohnortes beschränkt blieb, aber doch mit grossem und verständigem Sinne ähnlich umfassenden Gesichtspunkten, wie später A. v. Humboldt, nachstrebte. Es ist geradezu eine Verkehrung des historischen Zusammenhanges, wenn Kant's Namen zuweilen gemissbraucht wird um zu empfehlen, dass die Naturwissenschaft die inductive Methode, durch welche sie gross geworden ist, wieder verlassen müsse, um zu den luftigen Speculationen einer angeblich „deductiven Methode" zurückzukehren. Gegen solchen Missbrauch würde sich Niemand schärfer und schneidiger gewendet haben, als Kant selbst, wenn er noch unter uns weilte.

Ganz unabhängig von Kant, wie es scheint, ist dieselbe Hypothese über die Bildung unseres Planetensystemes ein zweites Mal von dem berühmtesten der französischen Astronomen, Pierre Simon Marquis de Laplace, gleichsam als das Schlussresultat seiner mit riesigem Fleisse und grossem mathematischen Scharfsinne durchgeführten vollständigen Bearbeitung der Mechanik unseres Systems aufgestellt worden. Sie sehen schon aus den Namen dieser beiden Männer, die wir als wohlerfahrene und wohlerprobte Führer auf unserem Wege treffen, dass wir bei einer von ihnen übereinstimmend aufgestellten Ansicht es nicht mit einer leichtfertigen Reise in das Blaue zu thun haben, sondern mit einem vorsichtigen und wohl überlegten Versuche, aus den bekannten Verhältnissen der Gegenwart Rückschlüsse auf die unbekannte Vergangenheit zu ziehen.

Es liegt nun in der Natur der Sache, dass eine Hypothese über den Ursprung des Theiles der Welt, den wir selbst bewohnen, und die also von Dingen der fernsten Vergangenheit redet, nicht durch directe Beobachtung verificirt werden kann; wohl aber kann sie mittelbare Bestätigungen erfahren, wenn beim Fortschritte der wissenschaftlichen Kenntnisse sich neue Thatsachen den früher bekannten anreihen und wie diese aus ihr ihre Erklärung empfangen, namentlich wenn sich Reste der für die Bildung der Weltkörper angenommenen Vorgänge auch noch in der Gegenwart nachweisen lassen. Dergleichen mittelbare Bestätigungen von mannigfacher Art haben sich in der That für die hier zu besprechende Ansicht gefunden, und das Gewicht ihrer Wahrscheinlichkeit ganz erheblich gesteigert.

Theils dieser Umstand, theils der andere, dass die genannte Hypothese in neuerer Zeit in populären und in wissenschaftlichen Büchern vielfältig in Verbindung mit philosophischen, ethischen, theologischen Fragen erwähnt worden ist, geben mir den Muth, heute hier davon zu reden. Ich beabsichtige dabei nicht sowohl Ihnen dem Inhalte nach wesentlich Neues zu berichten, als vielmehr zu versuchen Ihnen eine möglichst zusammenhängende Uebersicht der Gründe zu geben, die zu ihr geführt und sie befestigt haben.

Diese Entschuldigungen, welche ich vorausschicken musste, gelten übrigens nur dem Umstande, dass ich in einer populären Vorlesung ein Thema dieser Art behandle. Die Wissenschaft ist vollständig berechtigt und auch verpflichtet eine solche Untersuchung anzustellen. Für sie handelt es sich um eine ganz bestimmte und gewichtige Frage, die Frage nämlich nach der Existenz von Grenzen für die Tragweite der Naturgesetze, welche den Verlauf alles gegenwärtig Geschehenden beherrschen; ob diese auch in der Vorzeit von jeher gültig gewesen sein können, und ob sie es auch in der Zukunft immer werden sein können, oder ob bei Voraussetzung einer ewig gleichmässigen Gesetzmässigkeit der Natur unsere Rückschlüsse aus den gegenwärtigen Zuständen auf die der Vergangenheit und Zukunft uns nothwendig auf unmögliche Zustände und die Nothwendigkeit einer Durchbrechung der Naturgesetze, eines Anfanges, der nicht mehr durch die uns bekannten Vorgänge herbeigeführt sein könnte, zurückleiten. Die Anstellung einer solchen Untersuchung über die mögliche oder wahrscheinliche Vorgeschichte der jetzt bestehenden Welt ist also von Seiten der Wissenschaft keine müssige Speculation, sondern eine Frage über die Grenzen ihrer Methoden und die Tragweite der zur Zeit gefundenen Gesetze.

Vielleicht mag es vermessen erscheinen, dass wir, begrenzt wie wir sind, im Kreise unserer Beobachtungen, räumlich durch unseren Standpunkt auf der kleinen Erde, die nur ein Stäubchen in unserem Milchstrassensystem ist, zeitlich durch die Dauer der kurzen Menschengeschichte, es unternehmen die Gesetze, welche wir aus dem kleinen uns zugänglichen Bereich von Thatsachen herausgelesen haben, geltend zu machen für die ganze Ausdehnung des unermesslichen Raumes und der Zeit von Ewigkeit zu Ewigkeit. Aber all unser Denken und Thun im Grössten wie im Kleinsten ist gegründet auf das Vertrauen zu der unabänderlichen Gesetzmässigkeit der Natur, und dieses Vertrauen hat sich bisher desto mehr gerechtfertigt, je tiefer wir in den Zusammenhang der Naturerscheinungen eindrangen. Und für die Gültigkeit der von uns gefundenen allgemeinen Gesetze durch die weitesten Erstreckungen des Raumes hin hat uns das letzte halbe Jahrhundert wichtige thatsächliche Bestätigungen gebracht.

Voran unter diesen steht das Gesetz der Schwere. Die Himmelskörper schweben, wie Sie alle wissen, und bewegen sich in dem unermesslichen Raume. Verglichen mit den ungeheuren Entfernungen, die zwischen ihnen liegen, sind sie alle, auch die grössten unter ihnen, nur wie Stäubchen von Materie zu betrachten. Auch die uns nächsten Fixsterne erscheinen selbst in den stärksten Vergrösserungen ohne sichtbaren Durchmesser, und wir können sicher sein, dass auch unsere Sonne, von den nächsten Fixsternen aus gesehen, nicht anders als ein untheilbarer lichter Punkt erscheint, da sich die Massen jener Sterne in den Fällen, wo es gelungen ist, sie zu bestimmen, als nicht sehr abweichend von der der Sonne ergeben haben. Trotz dieser ungeheuren Entfernungen aber besteht zwischen ihnen ein unsichtbares Band, welches sie aneinander fesselt und sie in gegenseitige Abhängigkeit bringt. Es ist dies die Gravitationskraft, mit der alle schweren Massen sich gegenseitig anziehen. Wir kennen diese Kraft aus unserer täglichen Erfahrung als Schwere, wenn sie zwischen einem irdischen Körper und der Masse unserer Erde wirksam wird. Die Kraft, welche einen Stein zu Boden fallen macht, ist keine andere als die, welche den Mond zwingt fortdauernd die Erde in ihrer Bahn um die Sonne zu begleiten, und keine andere als die, welche die Erde selbst verhindert in den weiten Raum hinaus zu fliehen und sich von der Sonne zu entfernen.

Sie können sich den Vorgang der Planetenbewegung an einem einfachen mechanischen Modell versinnlichen. Befestigen Sie möglichst hoch an einem Baumast oder an einem aus der Wand herausragenden festen Arme einen seidenen Faden, an dessen unteres Ende Sie, möglichst tief unten, einen kleinen schweren Körper, etwa eine Bleikugel, binden. Wenn Sie diese ruhig hängen lassen, so zieht sie den Faden vertical nach unten. Dies ist die Gleichgewichtslage der Kugel. Um dieselbe zu bezeichnen und dem Auge fortdauernd sichtbar zu machen, bringen Sie an diese Stelle, wo die Bleikugel im Gleichgewicht zu ruhen strebt, irgend einen feststehenden Körper, etwa einen Erdglobus auf Stativ. Die Bleikugel muss zu dem Ende bei Seite geschoben werden; aber sie legt sich nun dem Globus an, und wenn man sie von ihm fortzieht, so strebt sie wieder zu ihm hin, weil die Schwere sie gegen ihre im Innern des Globus befindliche Gleichgewichtslage hintreibt. Auf welcher Seite des Globus man die Kugel auch von ihm abziehen mag, immer geschieht dasselbe. Diese Kraft, welche die Bleikugel gegen den Globus treibt, vertritt in unserem Modell die Anziehung, welche die Erde gegen den Mond, oder die Sonne gegen die Planeten ausübt. Nachdem Sie sich von den beschriebenen Thatsachen überzeugt haben, versuchen Sie der Bleikugel in einigem Abstande vom Globus eine mässige Wurfbewegung nach der Seite zu geben. Haben Sie die Stärke des Wurfes richtig getroffen, so umschwebt die kleine Kugel in kreisförmiger Bahn die grosse und kann lange Zeit in dieser Bewegung beharren, gerade so, wie der Mond in seinem Umlaufe um die Erde, die Planeten in dem um die Sonne beharren. Nur werden allerdings in unserem

Modell die Kreise, welche die Bleikugel zieht, mit der Zeit immer enger und enger, weil wir widerstehende Kräfte, Luftwiderstand, Steifigkeit des Fadens, Reibung, nicht in dem Maasse ausschliessen können, wie sie in dem Planetensysteme ausgeschlossen sind.

Bei genau kreisförmiger Bahn um den anziehenden Mittelpunkt wirkt die anziehende Kraft auf Planeten oder Bleikugel natürlich immer in gleicher Stärke. Dann ist es gleichgültig, nach welchem Gesetz die Kraft ab- oder zunehmen würde in anderen Abständen vom Centrum, in welche der bewegte Körper ja gar nicht kommt. Ist aber der ursprüngliche Stoss nicht von richtiger Stärke gewesen, so werden in beiden Fällen die Bahnen nicht kreisförmig, sondern elliptisch von der Form der in Fig. 3 gezeichneten krummen Linie. Aber diese Ellipsen liegen in beiden Fällen verschieden gegen das anziehende Centrum. In unserem Modell wird die an-

Fig. 3.

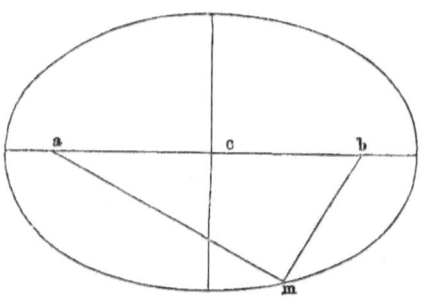

ziehende Kraft desto stärker, je weiter wir die Bleikugel von ihrer Gleichgewichtslage entfernen. Die Ellipse der Bahn erhält unter diesen Umständen eine solche Lage gegen das anziehende Centrum, dass dieses in den Mittelpunkt c der Ellipse fällt. Für den Planeten wird im Gegentheil die anziehende Kraft desto schwächer, je weiter er sich von dem anziehenden Körper entfernt, und dies bewirkt, dass eine Ellipse beschrieben wird, deren einer Brennpunkt in das Anziehungscentrum fällt. Die beiden Brennpunkte a und b sind zwei symmetrisch gegen die Enden der Ellipse hin liegende Punkte, die durch die Eigenschaft ausgezeichnet sind, dass die Summe ihrer Abstände $am + bm$ für jeden beliebigen Punkt in der Ellipse die gleiche Grösse hat.

Dass die Planetenbahnen Ellipsen von solcher Art sind, hatte Kepler erkannt, und da, wie das eben angeführte Beispiel zeigt, die Form und Lage der Bahn von dem Gesetze, nach welchem die Grösse der anziehenden Kraft sich ändert, abhängt, so konnte Newton aus der Form der Planetenbahnen das bekannte Gesetz der Gravitationskraft, welche die Planeten zur Sonne zieht, ableiten, wonach diese Kraft bei wachsender Entfernung in dem Maasse abnimmt, wie das Quadrat der Entfernung wächst. Die irdische Schwere musste diesem Gesetze sich einfügen, und Newton hatte die bewundernswerthe Entsagung seine folgenschwere Entdeckung erst zu veröffentlichen, nachdem auch hierfür eine directe Bestätigung gelungen war, als sich nämlich aus den Beobachtungen nachweisen liess, dass die Kraft, welche den Mond gegen die Erde zieht, gerade in demjenigen Verhältniss zur Schwere eines irdischen Körpers steht, wie es das von ihm erkannte Gesetz forderte.

Im Laufe des 18. Jahrhunderts stiegen die Mittel der mathematischen Analyse und die Methoden der astronomischen Beobachtung so weit, dass alle die verwickelten Wechselwirkungen, welche zwischen allen Planeten und allen ihren Trabanten durch die gegenseitige Attraction jedes gegen jeden erzeugt werden, und welche die Astronomen als Störungen bezeichnen, — Störungen nämlich der einfachen elliptischen Bewegung um die Sonne, die jeder von ihnen machen würde, wenn die anderen nicht da wären —, dass alle diese Wechselwirkungen aus Newton's Gesetze theoretisch vorausbestimmt und mit den wirklichen Vorgängen am Himmel genau verglichen werden konnten. Die Ausbildung dieser Theorie der Planetenbewegungen bis in das Einzelnste war, wie schon erwähnt, hauptsächlich das Verdienst von Laplace. Die Uebereinstimmung zwischen der Theorie, die aus dem so einfachen Gesetze der Gravitationskraft entwickelt war, und den äusserst complicirten und mannigfaltigen Erscheinungen, die daraus folgten, war eine so vollständige und so genaue, wie sie bisher in keinem anderen Zweige menschlichen Wissens erreicht worden ist. Kühner geworden durch diese Uebereinstimmung schloss man bald, dass da, wo kleine Mängel derselben sich constant herausstellten, noch unbekannte Ursachen wirksam sein müssten. So wurde aus Abweichungen zwischen der wirklichen und der berechneten Bewegung des Uranus von Bessel die Vermuthung hergeleitet, dass ein weiterer Planet existire. Von Leverrier und Adams wurde der Ort dieses Planeten berechnet, und so der Neptun, der entfernteste der bis jetzt bekannten, gefunden.

Aber nicht bloss im Bereiche der Attractionskraft unserer Sonne zeigte sich das Gravitationsgesetz als wirksam; am Fixsternhimmel erkannte man, dass auch Doppelsterne in elliptischen Bahnen um einander kreisen, dass auch zwischen ihnen dasselbe Gesetz der Gravitation wirksam sei, welches unser Planetensystem beherrscht. Von einzelnen derselben kennen wir die Entfernung. Der nächste von ihnen α im Sternbild des Centauren ist 226 000 Mal weiter von der Sonne entfernt, als die Erde. Das Licht, welches die ungeheure Strecke von 40 000 Meilen in der Secunde durchläuft, welches in 8 Minuten von der Sonne zur Erde gelangt, braucht 3 Jahre, um von α Centauri zu uns zu kommen. Die verfeinerten Messungsmethoden der neueren Astronomie haben es möglich gemacht Entfernungen von Sternen zu bestimmen, zu deren Durchmessung das Licht 35 Jahre braucht, wie zum Beispiel vom Polarstern: aber das Gravitationsgesetz zeigt sich, die Bewegungen von Doppelsternen beherrschend, auch noch in solchen Tiefen des Sternenhimmels, an deren Ausmessung bisher die uns zu Gebote stehenden Messungsmethoden gescheitert sind.

Auch hier hat die Kenntniss des Gravitationsgesetzes schon zur Entdeckung neuer Körper geführt, wie im Falle des Neptun. Peters in Altona fand in Bestätigung einer ebenfalls schon von Bessel ausgesprochenen Vermuthung, dass der Sirius, der glänzendste unserer Fixsterne, in elliptischer Bahn sich um ein unsichtbares Centrum bewege. Er musste einen dunkeln Begleiter haben; und in der That liess sich dieser nach Aufstellung des ausgezeichneten und mächtigen Fernrohres der Universität Cambridge in Nordamerika auch durch das Auge entdecken. Er ist nicht ganz dunkel, aber so lichtschwach, dass er nur durch die allervollkommensten Instrumente gesehen werden kann. Die Masse des Sirius ergiebt sich dabei gleich 13,76, die des Begleiters zu 6,71 Sonnenmassen, ihre gegenseitige Entfernung gleich 37 Erdbahnhalbmesser, also etwas grösser, als die Entfernung des Neptun von der Sonne.

Ein anderer Fixstern, der Procyon, ist im gleichen Falle, wie der Sirius, aber sein Begleiter ist noch nicht gesehen.

Sie sehen, dass wir in der Gravitation eine aller schweren Materie gemeinsame Eigenschaft entdeckt haben, die sich nicht auf die Körper unseres Systemes beschränkt, sondern so weit hinaus in die Himmelsräume sich zu erkennen giebt, als unsere Beobachtungsmittel bisher vordringen konnten.

Aber nicht nur diese allgemeine Eigenschaft aller Masse kommt den entferntesten Himmelskörpern wie den irdischen Körpern zu, sondern die Spectralanalyse hat uns gelehrt, dass eine grosse

Anzahl wohlbekannter irdischer Elemente in den Atmosphären der Fixsterne und selbst der Nebelflecke wiederkehren.

Sie wissen, dass eine feine helle Linie, durch ein Glasprisma betrachtet, als ein farbiger Streif, am einen Rande roth und gelb, am anderen blau und violett, in der Mitte grün erscheint. Man nennt ein solches farbiges Bild ein Farbenspectrum; der Regenbogen ist ein solches, durch Lichtbrechung, wenn auch nicht gerade durch ein Prisma, erzeugt; und er zeigt daher die Reihe der Farben, welche durch eine solche Zerlegung aus dem weissen Sonnenlicht ausgeschieden werden können. Die Erzeugung des prismatischen Spectrum beruht darauf, dass das Licht der Sonne und der meisten glühenden Körper aus verschiedenen Arten von Licht zusammengesetzt ist, welche unserem Auge verschieden farbig erscheinen, und welche bei der Brechung der Strahlen im Prisma von einander getrennt werden.

Macht man nun einen festen oder flüssigen Körper glühend heiss, so dass er leuchtet, so ist das Spectrum, welches sein Licht giebt, ähnlich dem Regenbogen, ein breiter farbiger Streifen ohne Unterbrechungen mit der bekannten Farbenreihe Roth, Gelb, Grün, Blau, Violett und in keiner Weise charakteristisch für die Beschaffenheit des Körpers, der das Licht aussendet.

Anders verhält es sich, wenn ein glühendes Gas oder ein glühender Dampf, d. h. ein durch Wärme in gasförmigen Zustand gebrachter Stoff, das Licht aussendet. Dann besteht nämlich das Spectrum eines solchen Körpers aus einer oder einigen oder auch sehr vielen, aber durchaus getrennten hellen Linien, deren Ort und Gruppirung im Spectrum charakteristisch ist für die Substanzen, aus denen das Gas oder der Dampf besteht, so dass man durch die spectrale Analyse des Lichtes erkennen kann, welches die chemische Zusammensetzung des glühenden gasförmigen Körpers ist. Solche Gasspectra zeigen uns im Weltenraume viele Nebelflecke, und zwar Spectra, welche die hellen Linien glühenden Wasserstoffs und Stickstoffs zeigen und daneben meist noch eine Linie, die bisher in dem Spectrum keines irdischen Elementes wiedergefunden ist. Abgesehen von dem Nachweis zweier wohlbekannter irdischer Elemente war diese Entdeckung auch deshalb von grösster Wichtigkeit, weil sie es war, die den ersten unzweifelhaften Nachweis dafür gab, dass die kosmischen Nebel meistentheils keine Haufen feiner Sterne sind, sondern dass der grösste Theil ihres Lichtes wirklich von gasigen Körpern ausgesendet wird.

In anderer Weise erscheinen die Gasspectra, wenn das Gas

vor einem glühenden festen Körper liegt, dessen Temperatur viel höher ist, als die des Gases. Dann sieht der Beobachter das continuirliche Spectrum eines festen Körpers, dieses aber durchschnitten von feinen dunkeln Linien, die gerade an den Orten sichtbar werden, wo das Gas allein, vor dunklem Hintergrunde gesehen, helle Linien zeigen würde. Dass beide Erscheinungsweisen der Gasspectra sich nothwendig bedingen, hat Kirchhoff nachgewiesen. Man kann deshalb auch aus solchen dunkeln Linien im Spectrum erkennen, welche Gase sich vor dem glühenden Körper befinden. Von dieser Art ist nun das Spectrum der Sonne und das einer grossen Anzahl von Fixsternen. Die dunkeln Linien des Sonnenspectrums, von Wollaston entdeckt, sind von Fraunhofer zuerst genau untersucht und gemessen und deshalb unter dem Namen Fraunhofer'sche Linien bekannt geworden.

Später sind, und zwar zuerst von Kirchhoff, dann namentlich von Ångström viel mächtigere Apparate angewendet worden, um die Zerlegung des Lichtes möglichst weit zu treiben. Fig. 4 stellt den

Fig. 4.

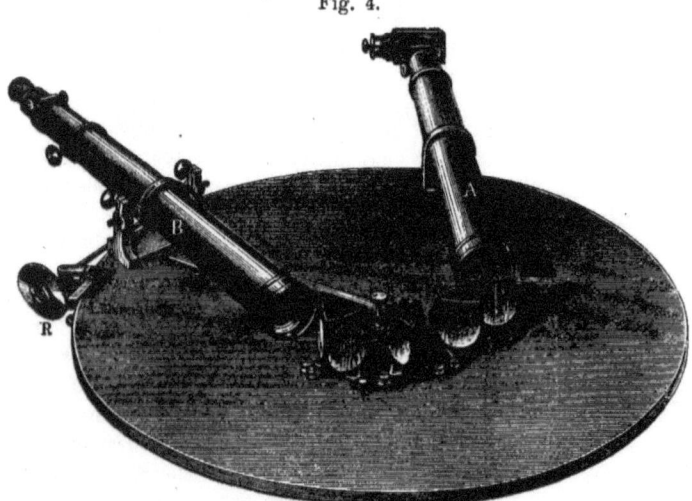

von Steinheil für Kirchhoff construirten Apparat mit vier Prismen dar. Am abgewendeten Ende des Fernrohres A befindet sich ein Schirm mit einem feinen Spalt, der die feine Lichtlinie bildet, durch die dargestellte kleine Schraube verengert und erweitert werden kann, und durch den man das zu untersuchende

Licht eintreten lässt. Es passirt dann das Fernrohr A, nachher die vier Prismen, endlich das Fernrohr B, und gelangt so zum Auge des Beobachters. In Fig. 5, 6, 7 sind kleine Stücke von Kirchhoff's Zeichnung des Sonnenspectrums nachgebildet, aus dem Grün,

Fig. 5.

Fig. 6.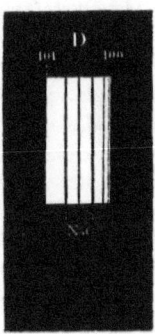

Gelb und Goldgelb, an denen unten durch die chemischen Zeichen Fe (Eisen), Ca (Metall des Kalks), Na (Metall des Natrons), Pb (Blei) und die zugesetzten Linien angezeigt ist, an welchen Stellen die

Fig. 7.

glühenden Dämpfe dieser Metalle, sei es in den Flammen, sei es im elektrischen Funken, helle Linien zeigen. Die darüber gesetzten Scalentheile lassen erkennen, wie weit diese Bruchstücke der über das ganze Sonnenspectrum ausgedehnten Kirchhoff'schen Zeichnung auseinander liegen. Schon hier bemerkt man überwiegend viele Eisenlinien. Im ganzen Spectrum fand Kirchhoff nicht weniger als 450.

Daraus folgt, dass die Atmosphäre der Sonne reichliche Dämpfe von Eisen enthält, was unter anderem einen Schluss auf die über alle Maassen hohe Temperatur ziehen lässt, welche dort herrschen muss. Ausserdem verräth sich in gleicher Weise, wie unsere Figuren 5, 6, 7 Eisen, Calcium, Natrium anzeigen, auch die Anwesenheit des Wasserstoffs, des Zinks, des Kupfers, der Metalle aus dem Magnesia, der Thonerde, der Baryterde und anderer irdischer Elemente. Dagegen fehlen Blei (s. Fig. 7 Pb.), Gold, Silber, Quecksilber, Zinn, Spiessglanz, Arsen und andere.

Die Spectra vieler Fixsterne sind ähnlich beschaffen, sie zeigen Systeme feiner Linien, die sich mit denen irdischer Elemente identificiren lassen. In der Atmosphäre des Aldebaran im Stier zeigt sich wiederum Wasserstoff, Eisen, Magnesia, Kalk, Natron, aber auch Quecksilber, Antimon, Wismuth, im α Orionis (Beteigeuze) nach H. C. Vogel das auf Erden seltene Thallium, und so weiter.

Noch können wir nicht sagen, dass wir alle Sternspectra gedeutet hätten; viele Fixsterne zeigen eigenthümlich gebänderte Spectra, die wahrscheinlich Gasen angehören, deren Molekeln nicht vollständig durch die hohe Temperatur in ihre elementaren Atome aufgelöst sind. Auch im Spectrum der Sonne finden sich viele Linien, die wir mit solchen irdischer Elemente noch nicht identificiren konnten. Möglich, dass sie von uns unbekannten Stoffen herrühren, möglich auch, dass sie durch die höhere, unseren irdischen Hilfsmitteln weit überlegene Temperatur der Sonne bedingt sind. Aber so viel steht schon fest, dass bekannte irdische Elemente durch den Weltraum weit verbreitet sind, vor allen der Stickstoff, der den grösseren Theil unserer Atmosphäre ausmacht, und der Wasserstoff, der Grundstoff des Wassers, welches durch Verbrennung aus ihm entsteht. Beide fanden sich in den eigentlichen unauflösbaren Nebelflecken, und diese müssen, wie aus der Unveränderlichkeit ihrer Gestalt zu schliessen ist, Gebilde von ungeheuren Dimensionen und ungeheurer Entfernung von uns sein. Schon W. Herschel betrachtete sie aus diesem Grunde als unserem Fixsternsysteme nicht angehörig, sondern als die Erscheinungsweise anderer Milchstrassensysteme.

Und Weiteres haben wir durch die Spectralanalyse über unsere Sonne erfahren, wodurch sie den uns bekannten Verhältnissen doch einigermaassen näher tritt, als es früher scheinen mochte.

Sie wissen, dass sie ein ungeheurer Ball, im Durchmesser 112 Mal grösser als die Erde ist. Was wir als ihre Oberfläche erblicken, dürfen wir als eine Schicht glühenden Nebels betrachten, welche, nach den Erscheinungen der Sonnenflecke zu schliessen, eine Tiefe von annähernd 100 Meilen hat. Diese Nebelschicht, welche nach aussen hin fortdauernd Wärme verliert, und also jedenfalls kühler ist als die inneren Massen der Sonne, ist dennoch heisser als alle unsere irdischen Flammen, heisser selbst als die glühenden Kohlenspitzen der elektrischen Lampe, welche das Maximum der durch irdische Hilfsmittel zu erreichenden Temperatur geben. Dies kann mit Sicherheit nach dem von Kirchhoff erwiesenen Gesetze für die Strahlung undurchsichtiger Körper aus der überlegenen Lichtintensität der Sonne geschlossen werden. Die ältere Annahme, wonach die Sonne ein dunkler kühler Körper, umgeben von einer nur nach aussen Wärme und Licht strahlenden Photosphäre sein sollte, enthält eine physikalische Unmöglichkeit.

Nach aussen von der undurchsichtigen Photosphäre erscheint rings um den Sonnenkörper eine Schicht durchsichtiger Gase, welche heiss genug sind, um im Spectrum helle farbige Linien zu zeigen, und deshalb als Chromosphäre bezeichnet werden. Sie zeigen die hellen Linien des Wasserstoffs, des Natrium, Magnesium, Eisen. In diesen Gas- und Nebelschichten der Sonne finden ungeheure Stürme statt, an Ausdehnung und Geschwindigkeit denen unserer Erde in ähnlichem Maasse überlegen, wie die Grösse der Sonne der der Erde. Ströme glühenden Wasserstoffs werden in Form von riesigen Springbrunnen oder züngelnden Flammen mit darüber schwebenden Rauchwolken viele tausend Meilen hoch emporgeblasen [1]). Früher konnte man diese Gebilde nur zur Zeit der totalen Sonnenfinsternisse als die sogenannten rosigen Protuberanzen der Sonne sehen. Jetzt ist durch die Herren Jansen und Lockyer eine Methode gefunden worden, um sie mit Hilfe des Spectroskopes alltäglich zu beobachten.

Andererseits findet man in der Regel auch einzelne dunklere Stellen, die sogenannten Sonnenflecken, auf der Oberfläche der Sonne, die schon von Galilei gesehen worden sind. Sie sind trichterförmig vertieft, die Wände des Trichters sind weniger dunkel als die tiefste Stelle, der Kern. Fig. 8 (a. f. S.) zeigt eine

---

[1]) Bis zu 15 000 geogr. Meilen nach Herrn H. C. Vogel's Beobachtungen in Bothkamp. Die spectroskopische Verschiebung der Linien zeigte Geschwindigkeiten bis zu 4 oder 5 Meilen in der Secunde, nach Lockyer sogar bis zu 8 und 9 Meilen.

Abbildung eines solchen Fleckes nach Padre Secchi, wie er bei sehr starker Vergrösserung erscheint. Ihr Durchmesser beträgt oft viele tausend Meilen, so dass zwei oder drei Erden darin neben einander liegen könnten. Diese Flecken können Wochen und

Fig. 8.

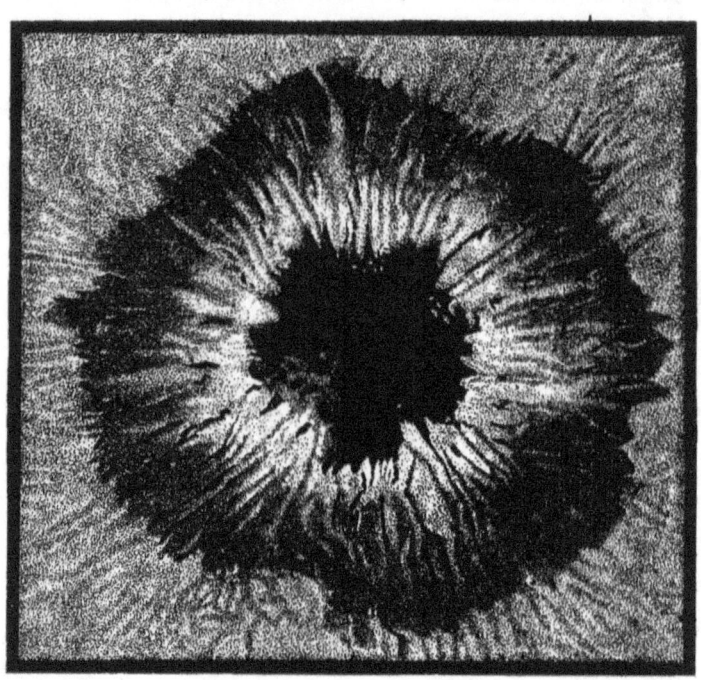

Monate lang unter langsamer Veränderung bestehen, ehe sie sich wieder auflösen, und können bis dahin mehrere Rotationen des Sonnenkörpers mitmachen. Zuweilen treten aber auch sehr schnelle Revolutionen in ihnen auf. Dass der Kern derselben tiefer liegt als der Rand des umgebenden Halbschattens, geht aus der gegenseitigen Verschiebung beider hervor, wenn sie sich dem Sonnenrande nähern und deshalb in sehr schräger Richtung gesehen werden. Figur 9 stellt in 1 bis 5 das verschiedene Ansehen eines solchen Fleckes dar, der sich dem Sonnenrande nähert.

Gerade an dem Rande dieser Flecke findet man die spectroskopischen Zeichen heftigster Bewegung und in ihrer Nähe oft grosse Protuberanzen; verhältnissmässig oft zeigen sie wirbelnde Bewegung und eine auf eine solche hindeutende Zeichnung. Man kann sie, für Stellen halten, wo die kühler gewordenen Gase aus den äusseren Schichten der Sonnenatmosphäre herabsinken und

Fig. 9.

vielleicht auch locale oberflächliche Abkühlungen der Sonnenmasse selbst hervorbringen. Zur Erklärung dieser Erscheinungen muss man bedenken, dass die von dem heissen Sonnenkörper neu aufsteigenden Gase mit Dämpfen schwer flüchtiger Metalle überladen sind, beim Aufsteigen selbst aber sich ausdehnen und theils durch die Dehnung, theils durch die Strahlung gegen den Weltraum gekühlt werden müssen. Dabei werden sie ihre schwerflüchtigeren Bestandtheile als Nebel oder Wolken ausscheiden. Diese Kühlung muss natürlich immer nur als eine verhältnissmässige aufgefasst werden; ihre Temperatur bleibt wahrscheinlich immer noch höher als alle irdisch erreichbaren Temperaturen. Wenn nun die obersten von schwereren Dämpfen befreiten und am meisten gekühlten Schichten niedersinken, werden sie nebelfrei bis zum Sonnenkörper bleiben können. Als Vertiefungen erscheinen sie, weil rings umher die bis zu 100 Meilen hohen Schichten glühenden Nebels liegen.

Heftige Bewegungen in der Sonnenatmosphäre können nicht fehlen, weil dieselbe von aussen gekühlt wird, und die kühlsten und deshalb verhältnissmässig dichtesten und schwersten Theile derselben über den heisseren und leichteren zu liegen kommen. Aus dem gleichen Grunde haben wir ja fortdauernde und zum Theil plötzliche und gewaltsame Bewegungen auch in der Erdatmosphäre, weil auch diese von dem sonnigen Boden her erwärmt, von oben gekühlt wird. Nur sind bei der viel colossaleren Grösse und Temperatur der Sonne auch ihre meteorologischen Processe viel grösser und gewaltsamer.

Wir wollen jetzt übergehen zu der Frage nach der Beständigkeit des jetzigen Zustandes unseres Systems. Lange Zeit hindurch wurde ziemlich allgemein die Ansicht vorgetragen, dasselbe sei, in seinen wesentlichen Eigenthümlichkeiten wenigstens, absolut unveränderlich. Es gründete sich diese Meinung hauptsächlich auf die Aussprüche, welche Laplace als die Endergebnisse seiner langen und mühsamen Untersuchungen über den Einfluss der planetarischen Störungen hingestellt hatte. Unter Störungen der Planetenbewegungen verstehen die Astronomen, wie ich schon erwähnt habe, diejenigen Abweichungen von der reinen elliptischen Bewegung, welche bedingt sind durch die Anziehungen der verschiedenen Planeten und Trabanten auf einander. Die Anziehung der Sonne, als des bei Weitem grössten Körpers unseres Systems, ist allerdings die hauptsächlichste und überwiegende Kraft, welche die Bewegung der Planeten bestimmt. Wenn sie allein wirkte, würde jeder der Planeten fortdauernd in einer ganz constant bleibenden Ellipse, deren Axen unverändert gleiche Richtung und gleiche Grösse behielten, in unveränderlichen Umlaufzeiten sich bewegen. In Wahrheit wirken aber auf jeden neben der Anziehung von der Sonne aus auch noch die Anziehungen aller anderen Planeten, die, obgleich sie klein sind, doch in längeren Zeiträumen langsame Veränderungen in der Ebene, der Richtung und Grösse der Axen seiner elliptischen Bahn hervorrufen. Man hatte die Frage aufgeworfen, ob vielleicht diese Veränderungen der Bahnen so weit gehen könnten, dass zwei benachbarte Planeten zusammenstiessen, oder einzelne wohl gar in die Sonne fielen. Darauf konnte Laplace antworten, dass das nicht der Fall sein würde, dass alle durch diese Art von Störungen hervorgebrachten Veränderungen in den Planetenbahnen periodisch ab- und zunehmen und immer wieder zu einem mittleren Zustande zurückkehren müssen. Aber was wohl zu merken ist, dieses Resultat von Laplace's Untersuchungen gilt nur für die Störungen, welche durch die gegenseitigen Anziehungen der Planeten unter einander hervorgebracht werden, und unter der Voraussetzung, dass keine Kräfte anderer Art auf ihre Bewegungen Einfluss haben.

Hier auf Erden können wir eine solche ewig dauernde Bewegung nicht herstellen, wie die der Planeten für unsere Beobachtungsmittel zu sein scheint, weil jeder Bewegung irdischer Körper sich fortdauernd widerstehende Kräfte entgegensetzen. Die bekanntesten derselben bezeichnen wir als Reibung, als Luftwiderstand, als unelastischen Stoss.

So kommt das Grundgesetz der Mechanik, wonach jede Bewegung eines Körpers, auf den keine Kraft einwirkt, ewig in gerader Linie mit unveränderter Geschwindigkeit fortgeht, niemals zur ungestörten Erscheinung. Auch wenn wir den Einfluss der Schwere beseitigen, bei einer Kugel zum Beispiel, die auf ebener Bahn fortrollt, sehen wir dieselbe zwar eine Strecke vorwärts gehen, desto weiter, je glatter die Bahn, aber wir hören gleichzeitig die rollende Kugel klappern, das heisst Schallerschütterungen an die umgebenden Körper abgeben; sie reibt sich auch an der glattesten Bahn, sie muss die umgebende Luft mit in Bewegung setzen und an diese einen Theil ihrer Bewegung abgeben. So geschieht es, dass ihre Geschwindigkeit immer geringer wird, bis sie endlich ganz aufhört. Ebenso bleibt auch das sorgfältigst gearbeitete Rad, welches auf feinen Spitzen läuft, einmal in Drehung gesetzt, zwar einige Zeit im Schwunge und dreht sich allenfalls eine Viertelstunde lang oder selbst noch länger, endlich aber hört es doch auf. Denn immer hat es etwas Reibung an den Zapfen und daneben noch den Widerstand der Luft zu überwinden, welcher Widerstand übrigens auch hauptsächlich durch die Reibung der verschiedenen vom Rade mitbewegten Lufttheilchen an einander hervorgebracht wird.

Könnten wir einen Körper in Drehung versetzen und gegen das Fallen schützen, ohne dass er auf einem anderen ruht, und könnten wir ihn in einen absolut leeren Raum versetzen, so würde sich derselbe allerdings in alle Ewigkeit mit unverminderter Geschwindigkeit weiter bewegen können. In diesem Falle, der sich an irdischen Körpern nicht herstellen lässt, schienen nun die Planeten mit ihren Trabanten zu sein. Sie schienen sich in dem ganz leeren Weltraume zu bewegen ohne Berührung mit einem anderen Körper, gegen den sie reiben könnten, und somit schien ihre Bewegung eine niemals abnehmende sein zu können.

Aber Sie sehen, die Berechtigung zu diesem Schlusse beruht auf der Frage: Ist der Weltraum wirklich ganz leer? Entsteht bei der Bewegung der Planeten nirgend Reibung?

Beide Fragen müssen wir jetzt nach den Fortschritten, welche die Naturkenntniss seit Laplace gemacht hat, mit Nein beantworten.

Der Weltraum ist nicht ganz leer. Erstens ist in ihm dasjenige Medium continuirlich verbreitet, dessen Erschütterungen das Licht und die strahlende Wärme ausmachen, und welches die Physik als den Lichtäther bezeichnet. Zweitens sind grosse und kleine Bruchstücke schwerer Masse von der Grösse riesiger Steine bis zu der von Staub noch jetzt, wenigstens in den Theilen des Raumes, welche unsere Erde durchläuft, überall verbreitet.

Was zunächst den Lichtäther betrifft, so ist die Existenz desselben nicht zweifelhaft zu nennen. Dass das Licht und die strahlende Wärme eine sich wellenförmig ausbreitende Bewegung sei, ist genügend bewiesen. Damit eine solche Bewegung sich durch die Welträume ausbreiten könne, muss etwas da sein, was sich bewegt. Ja aus der Grösse der Wirkungen dieser Bewegung, oder aus dem, was die Mechanik die lebendige Kraft derselben nennt, können wir sogar gewisse Grenzen für die Dichtigkeit des Medium, welches sich bewegt, herleiten. Eine solche Rechnung ist von Sir W. Thomson, dem berühmten Physiker von Glasgow, für den Lichtäther durchgeführt worden und hat ergeben, dass seine Dichtigkeit möglicher Weise ausserordentlich viel kleiner als die der Luft in dem sogenannten Vacuum einer guten Luftpumpe sein mag; aber absolut gleich Null kann die Masse des Aethers nicht sein. Ein Volumen gleich dem der Erde kann nicht unter 2775 Pfund Lichtäther enthalten [1]).

Dem entsprechen die Erscheinungen im Weltraum. So wie ein schwerer Stein, durch die Luft geworfen, kaum einen Einfluss des Luftwiderstandes bemerken lässt, eine leichte Feder aber sehr merklich aufgehalten wird, so ist auch das den Weltraum füllende Medium viel zu dünn, als dass die schweren Planeten seit der Zeit, wo wir astronomische Beobachtungen ihres Laufes haben, irgend eine Verminderung ihrer Bewegung erkennen liessen. Anders ist es mit den kleineren Körpern unseres Systems. Namentlich hat Encke an dem nach ihm benannten kleinen Kometen festgestellt, dass derselbe sich in immer engeren Bahnen um die Sonne bewegt und in immer kürzeren Umlaufszeiten. Er führt also dieselbe Art von Bewegung aus, die Sie an dem erwähnten kreisförmig umlaufenden Pendel beobachten können, welches, allmälig durch den Luftwiderstand in seiner Geschwindigkeit verzögert, seine Kreise immer enger und enger um sein Attractionscentrum beschreibt. Der Grund davon ist folgender. Die Kraft, welche der Anziehung der Sonne auf alle Planeten und Kometen Widerstand leistet und dieselben verhindert sich der Sonne mehr und mehr zu nähern, ist die sogenannte Centrifugalkraft, das heisst das Bestreben, die ihnen einwohnende Bewegung geradlinig längs der Tangente ihrer Bahn fortzusetzen. So wie sich die Kraft ihrer Bewegung vermindert,

---

[1]) Die Grundlagen würden dieser Rechnung allerdings entzogen werden, wenn sich die Maxwell'sche Hypothese bestätigen sollte, wonach das Licht auf elektrischen und magnetischen Oscillationen beruht.

geben sie der Anziehung der Sonne um ein Entsprechendes nach, und nähern sich dieser. Dauert der Widerstand fort, so werden sie fortfahren sich der Sonne zu nähern, bis sie in diese hineinstürzen. Auf diesem Wege befindet sich offenbar der Encke'sche Komet. Aber der Widerstand, dessen Vorhandensein im Weltraume hierdurch angezeigt wird, muss in demselben Sinne, wenn auch erheblich langsamer, auf die viel grösseren Körper der Planeten wirken und längst schon gewirkt haben.

Sehr viel deutlicher als durch den Reibungswiderstand verräth sich aber die Anwesenheit theils fein, theils grob vertheilter schwerer Masse im Weltraum durch die Erscheinungen der Sternschnuppen und der Meteorsteine. Wir wissen jetzt bestimmt, dass dies Körper sind, die im Weltraum herumschwärmten, ehe sie in den Bereich unserer irdischen Atmosphäre geriethen. In dem stärker widerstehenden Mittel, was diese darbietet, wurden sie demnächst in ihrer Bewegung verzögert und gleichzeitig durch die damit verbundene Reibung erhitzt. Viele von ihnen mögen noch wieder den Ausweg aus der irdischen Atmosphäre finden und mit veränderter und verzögerter Bewegung ihren Weg durch den Weltraum fortsetzen. Andere stürzen zur Erde, die grösseren als Meteorsteine, die kleineren werden durch die Hitze wahrscheinlich in Staub zersprengt und mögen als solcher unsichtbar herabfallen. Nach Alexander Herschel's Schätzungen dürfen wir uns die Sternschnuppen im Durchschnitt von der Grösse der Chausseesteine denken. Ihr Aufglühen geschieht meist schon in den höchsten und dünnsten Theilen der Atmosphäre, vier und mehr Meilen über der Erdoberfläche. Da sie sich im Weltraume gerade nach denselben Gesetzen wie Planeten und Kometen bewegt haben, so haben sie auch planetarische Geschwindigkeit von vier bis neun Meilen in der Secunde. Auch daran erkennen wir, dass sie in der That *stelle cadenti*, fallende Sterne, sind, wie sie von den Dichtern längst genannt wurden.

Diese ihre ungeheure Geschwindigkeit, womit sie in unsere Atmosphäre eindringen, ist auch zweifelsohne der Grund ihrer Erhitzung. Sie wissen alle, dass Reibung die geriebenen Körper erwärmt. Jedes Streichhölzchen, welches wir anzünden, jedes schlecht geschmierte Wagenrad, jeder Bohrer, den wir in hartes Holz treiben, lehrt dies. Die Luft erhitzt sich wie feste Körper durch Reibung, aber auch durch die zu ihrer Compression verbrauchte Arbeit. Eines der bedeutendsten Ergebnisse der neueren Physik, dessen thatsächlichen Nachweis wir vorzugsweise dem Engländer

Joule[1]) verdanken, ist es, dass die in einem solchen Falle entwickelte Wärmemenge genau proportional ist der zu dem Ende aufgewendeten mechanischen Arbeit. Messen wir mit den Maschinentechnikern die Arbeit durch das Gewicht, welches nöthig wäre um sie hervorzubringen, multiplicirt mit der Höhe, von der es herabsinken müsste, so hat Joule gezeigt, dass die Arbeit, welche dadurch erzeugt werden kann, dass ein gewisses Gewicht Wasser von 425 Meter Höhe herabfliesst, gerade zureicht dasselbe Gewicht Wasser durch Reibung um einen Centesimalgrad zu erwärmen. Welches Arbeitsäquivalent eine Geschwindigkeit von 4 bis 6 Meilen in der Secunde hat, lässt sich nach bekannten mechanischen Gesetzen leicht berechnen, und diese in Wärme verwandelt, würde hinreichen, ein Stück Meteoreisen bis zu 900 000 und 2 500 000° C. zu erhitzen, vorausgesetzt, dass sie ganz dem Eisen verbliebe, und nicht, wie es jedenfalls der Fall ist, zum grossen Theil an die Luft überginge. Wenigstens zeigt diese Rechnung, dass die den Sternschnuppen einwohnende Geschwindigkeit eine vollkommen hinreichende Ursache ist, um sie in das allerheftigste Glühen zu versetzen. Die durch unsere irdischen Mittel zu erreichenden Temperaturen steigen kaum über 2000 Grad. In der That lässt die äussere Rinde der gefallenen Meteorsteine meistens die Spuren beginnender Schmelzung erkennen; und wo Beobachter schnell genug den gefallenen Stein untersuchten, fanden sie ihn oberflächlich heiss, während das Innere an losgetrennten Bruchstücken zuweilen noch die intensive Kälte des Weltraumes zu zeigen scheint.

Dem einzelnen Beobachter, der gelegentlich nach dem gestirnten Himmel blickt, erscheinen die Sternschnuppen als ein sparsam und ausnahmsweise vorkommendes Phänomen. Wenn man aber anhaltend beobachtet, sieht man sie ziemlich regelmässig, namentlich gegen Morgen, wo am meisten fallen. Aber der einzelne Beobachter übersieht nur einen kleinen Theil der Atmosphäre, und berechnet man sie für die ganze Erdoberfläche, so ergiebt sich, dass täglich etwa $7^1/_2$ Millionen fallen! An und für sich sind sie in unseren Gegenden des Weltraumes ziemlich sparsam und weit entfernt von einander. Man kann nach A. Herschel's Schätzungen rechnen, dass jedes Steinchen im Durchschnitt hundert Meilen von seinen Nachbarn entfernt ist. Aber die Erde bewegt sich in jeder Secunde vier Meilen vorwärts und hat 1700 Meilen

---

[1]) Siehe Bd. I, S. 176.

Durchmesser, fegt also in jeder Secunde 9 Millionen Cubikmeilen des Weltraumes ab und nimmt mit, was ihr von Steinchen darin begegnet.

Viele Sternschnuppen sind regellos im Weltraum vertheilt; es sind dies wahrscheinlich solche, die schon Störungen durch die Planeten erlitten haben. Daneben giebt es aber auch dichtere Schwärme, die in regelmässig elliptischen Bahnen einherziehen und den Weg der Erde an bestimmten Stellen schneiden, deshalb an besonderen Jahrestagen immer wieder auftauchen. So ist jedes Jahr ausgezeichnet der 10. August, und alle 33 Jahre für einige Jahre sich wiederholend das prachtvolle Feuerwerk des 12. bis 14. November. Merkwürdig ist, dass auf den Bahnen dieser Schwärme gewisse Kometen laufen, und daher die Vermuthung entsteht, dass sich die Kometen allmälig in Meteorschwärme zersplittern.

Dies ist ein bedeutsamer Process. Was die Erde thut, thun unzweifelhaft auch die anderen Planeten und in noch viel höherem Maasse die Sonne, der alle die kleineren und dem Einflusse des widerstehenden Mittels mehr unterworfenen Körper unseres Systems desto schneller zusinken müssen, je kleiner sie sind. Die Erde und die Planeten fegen seit Millionen von Jahren die lose Masse des Weltraumes zusammen, und halten fest, was sie einmal an sich gezogen haben. Daraus folgt aber, dass Erde und Planeten einst kleiner waren, als sie jetzt sind, und dass mehr Masse im Weltraum verstreut war; und wenn wir diese Betrachtung zu Ende denken, so führt uns dies auf einen Zustand, wo vielleicht alle Masse, die jetzt in der Sonne und den Planeten angehäuft ist, in loser Zerstreuung durch den Weltraum schwärmte. Denken wir daran, dass die kleinen Massen der Meteoriten, wie sie jetzt fallen, auch vielleicht durch allmälige Aneignung feineren Staubes gewachsen sein mögen, so würden wir uns auf einen Urzustand feiner nebelartiger Massenvertheilung hingewiesen sehen.

Unter diesem Gesichtspunkte, dass der Fall der Sternschnuppen und Meteorsteine vielleicht ein kleiner Rest eines Processes ist, der einst unsere Welten gebildet hat, gewinnt er eine sehr erhöhte Bedeutung.

Dies wäre nun eine Vermuthung, die nur ihre Möglichkeit für sich hätte, aber vielleicht noch nicht viel Wahrscheinlichkeit für sich in Anspruch nehmen würde, wenn wir nicht fänden, dass schon längst, von ganz anderen Betrachtungen ausgehend, unsere Vorgänger zu ganz derselben Hypothese gekommen sind.

Sie wissen, dass eine beträchtliche Anzahl von Planeten um die Sonne kreisen; ausser den acht grösseren, Merkur, Venus, Erde, Mars, Jupiter, Saturn, Uranus, Neptun, laufen in dem Zwischenraum zwischen Mars und Jupiter, so weit bis jetzt bekannt, 156 kleine Planeten oder Planetoiden. Um die grösseren Planeten, nämlich um die Erde und die vier entferntesten, Jupiter, Saturn, Uranus, Neptun, laufen auch Monde, und endlich drehen sich die Sonne und wenigstens die grösseren Planeten um ihre eigene Axe. Zunächst ist nun auffallend, dass alle Bahnebenen der Planeten und ihrer Trabanten, sowie die Aequatorialebenen der Planeten nicht sehr weit von einander abweichen, und dass in diesen Ebenen alle Rotationen in demselben Sinne geschehen. Die einzige erhebliche Ausnahme, die man kennt, sind die Monde des Uranus, deren Bahnebene nahehin rechtwinklig gegen die Bahnebenen der grösseren Planeten ist. Dabei ist hervorzuheben, dass die Uebereinstimmung in der Richtung dieser Ebenen im Allgemeinen um so grösser ist, um je grössere Körper und um je längere Bahnen es sich handelt, während an den kleineren Körpern und für die kleineren Bahnen, namentlich auch für die Drehungen der Planeten um ihre eigenen Axen, erheblichere Abweichungen vorkommen. So haben die Bahnebenen aller Planeten mit Ausnahme des Merkur und der kleinen zwischen Mars und Jupiter, höchstens 3^0 Abweichung (Venus) von der Erdbahn. Auch die Aequatorialebene der Sonne weicht nur um $7^{1}/_{2}^{0}$ ab, die des Jupiter nur halb so viel. Die Aequatorialebene der Erde weicht freilich um $23^{1}/_{2}^{0}$ ab, die des Mars um $28^{1}/_{2}^{0}$, mehr noch einzelne Bahnen der kleinen Planeten und Trabanten. Aber in diesen Bahnen bewegen sie sich alle rechtläufig, alle in demselben Sinne um die Sonne, und so weit man erkennen kann, auch um ihre eigene Axe, wie die Erde, nämlich von Westen nach Osten. Wären sie nun unabhängig von einander entstanden und zusammengekommen, so wäre eine jede Richtung der Bahnebenen für jeden einzelnen von ihnen gleich wahrscheinlich gewesen, rückläufige Richtung des Umlaufes ebenso wahrscheinlich, wie rechtläufige; stark elliptische Bahnen ebenso wahrscheinlich, als die nahe kreisförmigen, welche wir bei allen den genannten Körpern finden. In der That herrscht vollkommene Regellosigkeit bei den Kometen und Meteorschwärmen, für welche wir mancherlei Gründe haben, sie nur als zufällig in den Anziehungskreis unserer Sonne gerathene Gebilde anzusehen.

Die Zahl der übereinstimmenden Fälle bei den Planeten und ihren Trabanten ist zu gross, als dass man sie für Zufall halten könnte. Man muss nach einer Ursache dieser Uebereinstimmung fragen, und diese kann nur in einem ursprünglichen Zusammenhange der ganzen Masse gesucht werden. Nun kennen wir wohl Kräfte und Vorgänge, die eine anfänglich zerstreute Masse sammeln, aber keine, welche grosse Körper, wie die Planeten, so weit in den Raum hinaustreiben konnte, wie wir sie jetzt finden. Ausserdem müssten sie stark elliptische Bahn haben, wenn sie sich an einem der Sonne viel näheren Orte von der gemeinsamen Masse gelöst hätten. Wir müssen also annehmen, dass diese Masse in ihrem Anfangszustande mindestens bis an die Bahn des äussersten Planeten hinausgereicht hat.

Dies waren im Wesentlichen die Betrachtungen, welche Kant und Laplace zu ihrer Hypothese führten. Unser System war nach ihrer Ansicht ursprünglich ein chaotischer Nebelball, in welchem anfangs, als er noch bis zur Bahn der äussersten Planeten reichte, viele Billionen Cubikmeilen kaum ein Gramm Masse enthalten konnten. Dieser Ball besass, als er sich von den Nebelballen der benachbarten Fixsterne getrennt hatte, eine langsame Rotationsbewegung. Er verdichtete sich unter dem Einfluss der gegenseitigen Anziehung seiner Theile und in dem Maasse, wie er sich verdichtete, musste die Rotationsbewegung zunehmen und ihn zu einer flachen Scheibe auseinander treiben. Von Zeit zu Zeit trennten sich die Massen am Umfang dieser Scheibe unter dem Einfluss der zunehmenden Centrifugalkraft, und was sich trennte, ballte sich wiederum in einen rotirenden Nebelball zusammen, der sich entweder einfach zu einem Planeten verdichtete, oder während dieser Verdichtung auch seinerseits noch wieder peripherische Massen abstiess, die zu Trabanten wurden, oder in einem Fall am Saturn als zusammenhängender Ring stehen blieben. In einem anderen Falle zerfiel die Masse, die sich vom Umfang des Hauptballes abschied, in viele von einander getrennte Theile und lieferte den Schwarm der kleinen Planeten zwischen Mars und Jupiter.

Unsere neueren Erfahrungen über die Natur der Sternschnuppen lassen uns nun erkennen, dass dieser Process der Verdichtung lose zerstreuter Masse zu grösseren Körpern noch gar nicht vollendet ist, sondern, wenn auch in schwachen Resten, noch immer fortgeht; vielleicht nur dadurch in der Erscheinungsform etwas geändert, dass inzwischen auch die gasartig oder staubartig zerstreute Masse des Weltraumes sich unter dem Einfluss der Attractionskraft und Krystallisationskraft ihrer Elemente in grössere Bröckel vereinigt hat, als deren im Anfang existirten.

Die Sternschnuppenfälle, als die jetzt vor sich gehenden Beispiele des Processes, der die Weltkörper gebildet hat, sind noch in anderer Beziehung wichtig. Sie entwickeln Licht und Wärme, und das leitet uns auf eine dritte Reihe von Ueberlegungen, die wieder zu demselben Ziele führt.

Alles Leben und alle Bewegung auf unserer Erde wird mit wenigen Ausnahmen unterhalten durch eine einzige Triebkraft, die der Sonnenstrahlen, welche uns Licht und Wärme bringen. Sie wärmen die Luft der heissen Zone, diese wird leichter und steigt auf, kältere fliesst den Polen nach. So entsteht die grosse Luftcirculation der Passatwinde. Locale Temperaturunterschiede über Land und Meer, Ebene und Gebirge greifen mannigfaltig abändernd ein in diese grosse Bewegung und bringen uns den launenhaften Wechsel des Windes. Warme Wasserdämpfe steigen mit der warmen Luft auf, verdichten sich als Wolken und fallen in kälteren Zonen und auf die schneeigen Häupter der Berge als Regen, als Schnee. Das Wasser sammelt sich in Bächen, in Flüssen, tränkt die Ebene und macht Leben möglich, zerbröckelt die Steine, schleppt ihre Trümmer mit fort und arbeitet so an dem geologischen Umbau der Erdoberfläche. Nur unter dem Einfluss der Sonnenstrahlen wächst die bunte Pflanzendecke der Erde auf, und während sie wachsen, häufen sie in ihrem Körper organische Substanz an, die wiederum dem ganzen Thierreich als Nahrung, und dem Menschen insbesondere auch noch als Brennmaterial dient. Sogar die Steinkohlen und Braunkohlen, die Kraftquellen unserer Dampfmaschinen, sind Reste urweltlicher Pflanzen; alte Erzeugnisse der Sonnenstrahlen.

Dürfen wir uns wundern, wenn unseren Urvätern arischen Stammes in Indien und Persien die Sonne als das geeignetste Symbol der Gottheit erschien. Sie hatten Recht, wenn sie sie als die Spenderin alles Lebens, als die letzte Quelle von fast allem irdischen Geschehen ansahen.

Aber woher kommt der Sonne diese Kraft? Sie strahlt intensiveres Licht aus, als mit irgend welchen irdischen Mitteln zu erzeugen ist. Sie liefert so viel Wärme, als wenn in jeder Stunde 1500 Pfund Kohle auf jedem Quadratfuss ihrer Oberfläche verbrannt würden. Von dieser Wärme, die ihr entströmt, leistet der kleine Bruchtheil, der in unsere Atmosphäre eintritt, eine grosse mechanische Arbeit. Dass Wärme im Stande sei, eine solche zu leisten, lehrt uns jede Dampfmaschine. In der That treibt die Sonne hier auf Erden eine Art von Dampfmaschine, deren Leistungen denen der künstlich construirten Maschinen bei weitem überlegen sind. Die Wassercirculation in der Atmosphäre nämlich schafft, wie schon erwähnt, das aus den warmen tropischen Meeren verdampfende Wasser auf die Höhe der Berge; sie stellt gleichsam eine Wasserhebungsmaschine grösster Art dar, mit deren Leistungsgrösse keine künstliche Maschine sich auch nur im entferntesten messen kann. Ich habe vorher schon das mechanische Aequivalent der Wärme angegeben. Danach berechnet, ist die Arbeit, welche die Sonne durch ihre Wärmeausstrahlung leistet, gleichwerthig der fortdauernden Arbeit von 7000 Pferdekräften für jeden Quadratfuss der Sonnenoberfläche.

Längst hatte sich den Technikern die Erfahrung aufgedrängt, dass man eine Triebkraft nicht aus Nichts erzeugen kann, dass man sie nur aus dem uns dargebotenen, fest begrenzten und nicht willkürlich zu vergrössernden Vorrathe der Natur nehmen kann, sei es vom strömenden Wasser oder vom Winde, sei es aus den Steinkohlenlagern oder von Menschen und Thieren, die nicht arbeiten können ohne Lebensmittel zu verbrauchen. Diese Erfahrungen hat die neuere Physik allgemeingültig zu machen gewusst, anwendbar für das grosse Ganze aller Naturprocesse und unabhängig von den besonderen Interessen der Menschen. Sie sind verallgemeinert und zusammengefasst in dem allbeherrschenden Naturgesetze von der Erhaltung der Kraft. Es ist kein Naturprocess und keine Reihenfolge von Naturprocessen aufzufinden, so mannigfache Wechselverhältnisse auch zwischen ihnen stattfinden mögen, durch welchen eine Triebkraft fortdauernd ohne entsprechenden Verbrauch gewonnen werden könnte. Wie das Menschengeschlecht hier auf Erden nur einen begrenzten Vorrath von arbeitsfähigen Triebkräften vorfindet, den es benutzen, aber nicht vermehren kann, so muss es auch im grossen Ganzen der Natur sein. Auch das Weltall hat seinen begrenzten Vorrath an Kraft, der in ihm arbeitet unter immer wechselnden Formen der Erscheinung, unzerstörbar, unvermehrbar, ewig und unveränderlich, wie die Materie. Es ist, als hätte Goethe eine Ahnung davon gehabt, wenn er den Erdgeist als den Vertreter der Naturkraft von sich sagen lässt:

> In Lebensfluthen, im Thatensturm
> Wall ich auf und ab,
> Webe hin und her,
> Geburt und Grab,
> Ein ewiges Meer,
> Ein wechselnd Weben,
> Ein glühend Leben.
> So schaff ich am sausenden Webstuhl der Zeit,
> Und wirke der Gottheit lebendiges Kleid.

Wenden wir uns also zurück zu der besonderen Frage, die uns hier beschäftigte, woher hat die Sonne diesen ungeheuren Kraftvorrath, den sie ausströmt?

Auf Erden sind die Verbrennungsprocesse die reichlichste Quelle von Wärme. Kann vielleicht die Sonnenwärme durch einen Verbrennungsprocess entstehen? Diese Frage kann vollständig und sicher mit Nein beantwortet werden; denn wir wissen jetzt, dass die Sonne die uns bekannten irdischen Elemente enthält. Wählen wir aus diesen die beiden, welche bei kleinster Masse durch ihre Vereinigung die grösste Menge Wärme erzeugen können, nehmen wir an, dass die Sonne aus Wasserstoff und Sauerstoff bestände, in dem Verhältnisse gemischt, wie diese bei der Verbrennung sich zu Wasser vereinigen. Die Masse der Sonne ist bekannt, die Wärmemenge ebenfalls, welche durch Verbindung bekannter Gewichte von Wasserstoff und Sauerstoff entsteht. Die Rechnung ergiebt, dass unter der gemachten Voraussetzung die durch deren Verbrennung entstehende Wärme hinreichen würde, die Wärmeausstrahlung der Sonne auf 3021 Jahre zu unterhalten. Das ist freilich eine lange Zeit; aber schon die Menschengeschichte lehrt, dass die Sonne viel länger als 3000 Jahre geleuchtet und gewärmt hat, und die Geologie lässt keinen Zweifel darüber, dass diese Frist auf Millionen von Jahren auszudehnen ist.

Die uns bekannten chemischen Kräfte sind also in so hohem Grade unzureichend, auch bei den günstigsten Annahmen, eine solche Wärmeerzeugung zu erklären, wie sie in der Sonne stattfindet, dass wir diese Hypothese gänzlich fallen lassen müssen.

Wir müssen nach Kräften von viel mächtigeren Dimensionen suchen; und da finden wir nur noch die kosmischen Anziehungskräfte. Wir haben schon gesehen, dass die beziehlich kleinen Massen der Sternschnuppen und Meteore, wenn ihre kosmischen Geschwindigkeiten durch unsere Atmosphäre gehemmt werden, ganz ausserordentlich grosse Wärmemengen erzeugen können. Die Kraft aber, welche diese grossen Geschwindigkeiten erzeugt hat, ist die Gravitation. Wir kennen diese Kraft schon als eine wirksame Triebkraft an der Oberfläche unseres Planeten, wo sie als irdische Schwere erscheint. Wir wissen, dass ein von der Erde abgehobenes Gewicht unsere Uhren treiben kann, dass ebenso die Schwere des von den Bergen herabkommenden Wassers unsere Mühlen treibt.

Wenn ein Gewicht von der Höhe herabstürzt und auf den Boden schlägt, so verliert die Masse desselben allerdings die sichtbare Bewegung, welche sie als Ganzes hatte; aber in Wahrheit ist diese Bewegung nicht verloren, sondern sie geht nur auf die kleinsten elementaren Theilchen der Masse über, und diese unsichtbare Vibration der Molekeln ist Wärmebewegung. Die sichtbare Bewegung wird beim Stosse in Wärmebewegung verwandelt.

Was in dieser Beziehung für die Schwere gilt, gilt ebenso für die Gravitation. Eine schwere Masse, welcher Art sie auch sein möge, die von einer anderen schweren Masse getrennt im Raume schwebt, stellt eine arbeitsfähige Kraft dar. Denn beide Massen ziehen sich an, und wenn sie ungehemmt durch eine Centrifugalkraft unter Einfluss dieser Anziehung sich einander nähern, so geschieht dies mit immer wachsender Geschwindigkeit; und wenn diese Geschwindigkeit schliesslich, sei es plötzlich durch den Zusammenstoss, sei es allmälig durch Reibung beweglicher Theile vernichtet wird, so giebt sie entsprechende Mengen von Wärmebewegung, deren Betrag nach dem vorher angegebenen Aequivalentverhältniss zwischen Wärme und mechanischer Arbeit zu berechnen ist.

Wir dürfen nun wohl mit grosser Wahrscheinlichkeit annehmen, dass auf die Sonne sehr viel mehr Meteore fallen, als auf die Erde und mit grösserer Geschwindigkeit fallen, also auch mehr Wärme geben. Die Hypothese indessen, dass der ganze Betrag der Sonnenwärme fortdauernd der Ausstrahlung entsprechend durch Meteorfälle erzeugt werde, eine Hypothese, welche von Robert Mayer aufgestellt und von mehreren anderen Physikern günstig aufgenommen wurde, stösst nach Sir W. Thomson's Untersuchungen auf Schwierigkeiten, indem die Masse der Sonne in diesem Falle so schnell zunehmen müsste, dass die Folgen davon sich schon in der beschleunigten Bewegung der Planeten verrathen haben würden. Wenigstens kann nicht die ganze Wärmeausgabe der Sonne auf diese Weise erzeugt werden, höchstens ein Theil, der aber vielleicht nicht unbedeutend sein mag.

Wenn nun keine gegenwärtige uns bekannte Kraftleistung

ausreicht, die Ausgabe der Sonnenwärme zu decken, so muss die Sonne von alter Zeit her einen Vorrath von Wärme haben, den sie allmälig ausgiebt. Aber woher dieser Vorrath? Wir wissen schon, nur kosmische Kräfte können ihn erzeugt haben. Da kommt uns die vorher besprochene Hypothese über den Ursprung der Sonne zu Hilfe. Wenn die Stoffmasse der Sonne einst in den kosmischen Räumen zerstreut war, sich dann verdichtet hat, das heisst unter dem Einfluss der himmlischen Schwere auf einander gefallen ist, wenn dann die entstandene Bewegung durch Reibung und Stoss vernichtet wurde, indem sie Wärme erzeugte, so mussten die durch solche Verdichtung entstandenen jungen Weltkörper einen Vorrath von Wärme mitbekommen von nicht bloss bedeutender, sondern zum Theil von colossaler Grösse.

Die Rechnung ergiebt, dass bei Annahme der Wärmecapacität des Wassers für die Sonne die Temperatur auf 28 Millionen [1]) Grade hätte gesteigert werden können, wenn diese ganze Wärmemenge jemals ohne Verlust in der Sonne zusammen gewesen wäre. Das dürfen wir nicht annehmen; denn eine solche Temperatursteigerung wäre das stärkste Hinderniss der Verdichtung gewesen. Es ist vielmehr wahrscheinlich, dass ein guter Theil dieser Wärme, der durch die Verdichtung erzeugt wurde, noch ehe diese vollendet war, anfing hinauszustrahlen in den Raum. Aber die Wärme, welche die Sonne bisher durch ihre Verdichtung hat entwickeln können, würde zugereicht haben um ihre gegenwärtige Wärmeausgabe auf nicht weniger denn 22 Millionen Jahre der Vergangenheit zu decken.

Und die Sonne ist offenbar noch nicht so dicht, wie sie werden kann. Die Spectralanalyse zeigt uns die Anwesenheit grosser Eisenmassen und anderer bekannter irdischer Gebirgsbestandtheile in ihr an. Der Druck, der ihr Inneres zu verdichten strebt, ist etwa 800 Mal so gross, als der im Kern der Erde, und doch beträgt die Dichtigkeit der Sonne, wahrscheinlich in Folge ihrer ungeheuer hohen Temperatur, weniger als ein Viertel von der mittleren Dichtigkeit der Erde.

Wir dürfen es deshalb wohl für sehr wahrscheinlich halten, dass die Sonne noch fortschreiten wird in ihrer Verdichtung, und wenn sie auch nur bis zur Dichtigkeit der Erde gelangt, — wahrscheinlich aber wird sie wegen des ungeheuren Druckes in ihrem

---

[1]) Siehe die Nachweise zu diesen Zahlen Bd. I, S. 46 und 75.

Inneren viel dichter werden, — so würde dies neue Wärmemengen entwickeln, welche genügen würden für noch weitere 17 Millionen Jahre dieselbe Intensität des Sonnenscheins zu unterhalten, welche jetzt die Quelle alles irdischen Lebens ist.

Die kleineren Körper unseres Systemes konnten sich weniger erhitzen als die Sonne, weil die Anziehung der neu hinzukommenden Massen bei ihnen schwächer war. Ein Körper wie die Erde konnte sich indessen, wenn wir auch ihre Wärmecapacität so hoch wie die des Wassers setzen, immerhin noch auf 9000 Grad erhitzen, auf mehr als unsere Flammen zu Stande bringen. Die kleineren Körper mussten sich auch schneller abkühlen, wenigstens so lange sie noch flüssig waren. Noch zeigt die mit der Tiefe steigende Wärme in Bohrlöchern, Bergwerken, die Existenz der heissen Quellen und der vulcanischen Ausbrüche, dass im Inneren der Erde eine sehr hohe Temperatur herrscht, welche kaum etwas anders sein kann, als ein Rest des alten Wärmevorrathes von der Zeit ihrer Entstehung her. Wenigstens sind die Versuche, für die innere Erdwärme eine jüngere Entstehung aus chemischen Processen aufzufinden, bisher nur auf sehr willkürliche Annahmen gestützt und der allgemeinen gleichmässigen Verbreitung der inneren Erdwärme gegenüber ziemlich ungenügend.

Dagegen fällt bei den grossen Massen des Jupiter, des Saturn, des Uranus, des Neptun die geringe Dichtigkeit auf, wie bei der Sonne, während die kleineren Planeten und der Mond sich der Dichtigkeit der Erde nähern. Man darf auch hier wohl an die höhere Anfangstemperatur und die langsamere Abkühlung denken, wie sie grösseren Massen eigenthümlich ist [1]. Der Mond dagegen zeigt an seiner Oberfläche Bildungen, die in auffallendster Weise an vulcanische Krater erinnern, und ihrerseits ebenfalls auf alte Glühhitze unseres Trabanten hinweisen. Wie denn auch ferner die Art seiner Rotation, dass er nämlich der Erde immer dieselbe Seite zukehrt, eine Eigenthümlichkeit ist, die durch die Reibung einer Flüssigkeit hervorgebracht werden konnte. Auf seiner Oberfläche ist von einer solchen jetzt nichts mehr wahrzunehmen.

Sie sehen, wie verschiedene Wege uns immer auf denselben Anfangszustand zurückgeführt haben. Die Kant-Laplace'sche Hypothese erweist sich als einer der glücklichen Griffe in der Wissenschaft, die uns anfangs durch ihre Kühnheit erstaunen

---

[1] Herr Zoellner schliesst aus photometrischen Messungen, die aber wohl noch der Bestätigung bedürfen, dass der Jupiter noch jetzt eigenes Glühlicht habe.

machen, sich dann nach allen Seiten hin mit anderen Entdeckungen in Wechselbeziehungen setzen und in ihren Folgerungen bestätigen, bis sie uns vertraut werden. Dazu hat in diesem Falle nun noch ein anderer Umstand beigetragen, nämlich die Wahrnehmung, dass diese Umbildungsprocesse, welche die besprochene Theorie voraussetzt, auch jetzt immer noch, wenn auch in verringertem Maassstabe, vor sich gehen, wie alle Stadien jener Umbildung auch jetzt noch existiren.

Fig. 10.

Denn, wie wir anfangs gesehen haben, wachsen auch jetzt noch die schon gebildeten grossen Körper durch Anziehung der im Weltraum zerstreuten meteorischen Massen unter Feuererscheinung. Auch jetzt noch werden die kleineren Körper langsam durch den Widerstand im Weltraum der Sonne zugetrieben. Auch jetzt noch finden wir am Fixsternhimmel nach J. Herschel's neuestem Kataloge über 5000 Nebelflecke, von

Fig. 11.

denen die hinreichend lichtstarken meistens ein Farbenspectrum von feinen hellen Linien geben, wie sie in den Spectren der glühenden Gase erscheinen. Die Nebelflecke sind theils rundliche Gebilde, sogenannte **planetarische Nebel** (Fig. 10), theils von ganz unregelmässiger Form, wie der in Fig. 11 dargestellte grosse Nebel aus

Fig. 12.

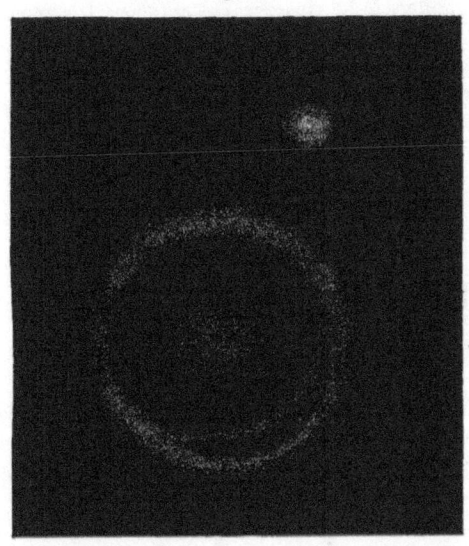

dem Orion; zum Theil sind sie ringförmig, wie in Fig. 12 aus den Jagdhunden. Sie sind meist nur schwach, aber mit ihrer ganzen

Fig. 13. Fig. 14.

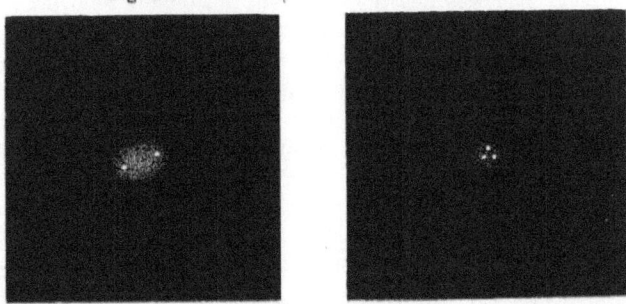

Fläche leuchtend, während die Fixsterne immer nur als leuchtende Punkte erscheinen.

In vielen Nebeln unterscheidet man kleine Sterne, wie in Fig. 13 und Fig. 14 (a. v. S.) aus dem Schützen und Fuhrmann. Man unterschied immer mehr Sterne in ihnen, je bessere Teleskope man zu ihrer Analyse anwandte. So konnte vor der Erfindung der Spectralanalyse W. Herschel's frühere Ansicht als die wahrscheinlichste angesehen werden, dass, was wir als Nebel sähen, nur Haufen sehr feiner Sterne, andere Milchstrassensysteme seien. Die Spectralanalyse hat nun aber auch an vielen Nebelflecken, welche Sterne enthalten, ein Gasspectrum gezeigt, während wirkliche Sternhaufen das continuirliche Spectrum glühender fester Körper zeigen. Der Regel nach hat das der Nebelflecke drei deutlich erkennbare Linien, deren eine im Blau dem Wasserstoff angehört, eine zweite im Blaugrün dem Stickstoff[1]), die dritte zwischen beiden unbekannten Ursprunges ist. Fig. 15 zeigt ein solches Spectrum eines kleinen aber hellen

Fig. 15.

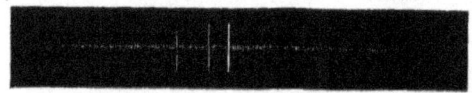

Nebels im Drachen. Spuren von anderen hellen Linien zeigen sich daneben, zuweilen auch wie in Fig. 15 Spuren eines continuirlichen Spectrum, welche aber alle zu lichtschwach sind, um genaue Untersuchung zuzulassen. Zu bemerken ist hierbei, dass das Licht sehr lichtschwacher Objecte, welche ein continuirliches Spectrum geben, durch das Spectroskop über eine grosse Fläche ausgebreitet, und deshalb äusserst geschwächt oder selbst ausgelöscht wird, während das unzerlegbare Licht heller Gaslinien beisammen bleibt, und deshalb noch gesehen werden kann. Jedenfalls zeigt die Zerlegung des Lichtes der Nebelflecke an, dass der bei weitem grösste Theil ihrer leuchtenden Fläche glühenden Gasen angehört, unter denen Wasserstoffgas einen hervorragenden Bestandtheil ausmacht. Bei den planetarischen, kugelförmigen oder scheibenförmigen könnte man glauben, dass die Gasmasse einen Zustand von Gleichgewicht erreicht hat; aber die meisten anderen Nebelflecke zeigen höchst unregelmässige Formen, welche in keiner Weise einem solchen Gleichgewichtszustande entsprechen. Da sie dessen ungeachtet ihre Gestalt nicht oder wenigstens nur in unmerklicher Weise ver-

---

[1]) Oder vielleicht auch dem Sauerstoff? Die Linie kommt im Spectrum der atmosphärischen Luft vor, und fehlte bei H. C. Vogel's Beobachtungen im Spectrum des reinen Sauerstoffs.

ändert haben, seit man sie kennt und beobachtet, so müssen sie entweder sehr wenig Masse haben, oder colossal gross und entfernt sein. Die erstere Alternative erscheint nicht sehr wahrscheinlich, weil kleine Massen auch ihre Wärme sehr bald ausgeben würden, und es bleibt also nur die zweite Annahme stehen, dass sie ungeheure Dimensionen und Entfernungen haben. Denselben Schluss hatte übrigens schon W. Herschel unter der Voraussetzung, dass die Nebelflecken Sternhaufen seien, gezogen.

An diejenigen Nebelflecke, welche ausser den Gaslinien auch noch das continuirliche Spectrum glühender dichterer Körper zeigen, schliessen sich theils unaufgelöste, theils in Sternhaufen auflösbare Flecke an, welche nur noch das Licht der letzteren Art zeigen.

Zu diesem Anfangsstadium der sich bildenden Welten gesellen sich die unzähligen leuchtenden Sterne des Himmelsgewölbes, deren Anzahl sich in jedem neuen vollkommenen Teleskope immer noch vermehrt. Sie sind ähnlich unserer Sonne an Grösse, an Leuchtkraft und im Ganzen auch in der chemischen Beschaffenheit ihrer Oberfläche, wenn auch in dem Gehalt an einzelnen Elementen Unterschiede bestehen.

Aber wir finden im Weltenraume auch ein drittes Stadium, das der erloschenen Sonnen; auch dafür sind die thatsächlichen Belege da. Erstens sind im Laufe der Geschichte ziemlich häufige Beispiele von auftauchenden neuen Sternen vorgekommen. 1572 beobachtete Tycho de Brahe einen solchen, der allmälig erblassend zwei Jahre lang sichtbar blieb, fest stand, wie ein Fixstern, und endlich in das Dunkel zurückkehrte, aus dem er so plötzlich aufgetaucht war. Der grösste unter allen scheint der im Jahre 1604 von Kepler beobachtete gewesen zu sein, der heller als ein Stern erster Grösse war, und vom 27. September 1604 bis März 1606 beobachtet wurde. Vielleicht war der Grund ihres Aufleuchtens ein Zusammenstoss mit einem kleineren Weltkörper. In einem neueren Falle, wo am 12. Mai 1866 ein kleiner Stern zehnter Grösse in der Corona schnell zu einem zweiter Grösse aufleuchtete, war es, wie die Spectralanalyse lehrte, ein Ausbruch glühenden Wasserstoffgases gewesen, welcher das Licht erzeugte. Dieser leuchtete nur 12 Tage.

In anderen Fällen haben sich die dunkeln Weltkörper verrathen durch ihre Anziehungskraft auf benachbarte helle Sterne, und die dadurch bedingten Bewegungen der letzteren. Solchen Einfluss beobachtete man am Sirius und Procyon. Im Falle des

Sirius ist wirklich 1862 mit einem neuen Refractor im amerikanischen Cambridge von den Herren Alvan Clarke und Pond ein kaum sichtbarer Stern gefunden worden, welcher zwar sehr geringe Leuchtkraft hat, aber beinahe sieben Mal schwerer ist als unsere Sonne, etwa halb so grosse Masse hat als Sirius, und dessen Entfernung vom Sirius etwa der des Neptun von der Sonne gleichkommt. Der Begleiter des Procyon dagegen ist noch nicht mit Augen gesehen worden, er scheint ganz dunkel zu sein.

Auch erloschene Sonnen! Die Thatsache, dass solche existiren, giebt den Gründen neues Gewicht, welche uns schliessen liessen, dass auch unsere Sonne ein Körper ist, der den einwohnenden Wärmevorrath langsam ausgiebt und also einst erlöschen wird.

Die Frist, die ich vorher angegeben habe, von 17 Millionen Jahren wird vielleicht noch beträchtlich verlängert werden können durch allmäligen Nachlass der Strahlung, durch neuen Zuschuss von hineinstürzenden Meteoren, durch noch weitere Verdichtung, als ich sie bei jener Berechnung angenommen habe. Aber wir kennen bisher keinen Naturprocess, der unserer Sonne das Schicksal ersparen könnte, welches andere Sonnen offenbar schon getroffen hat. Es ist dies ein Gedanke, dem wir uns nur mit Widerstreben hingeben; er erscheint uns wie eine Verletzung der wohlthätigen Schöpferkraft, die wir sonst in allen, namentlich die lebenden Wesen betreffenden Verhältnissen wirksam finden. Aber wir müssen uns eben in den Gedanken finden lernen, dass wir, die wir uns gern als den Mittelpunkt und Endzweck der Schöpfung betrachten möchten, Stäubchen sind auf der Erde, die selbst ein Stäubchen ist im ungeheuren Weltraume, und dass die bisherige Dauer unseres Geschlechtes, wenn wir sie auch über die geschriebene Geschichte weit hinaus zurück verfolgen bis in die Zeiten der Pfahlbauten oder der Mammuths, doch nur ein Augenblick ist verglichen mit den Urzeiten unseres Planeten, wo lebende Wesen auf ihm gehaust haben, deren Reste uns noch aus ihren alten Gräbern fremdartig und unheimlich anschauen. Aber noch viel mehr verschwindet die Dauer der Menschengeschichte im Verhältniss zu den ungeheuren Zeiträumen, während welcher Welten sich gebildet haben und auch wohl noch fortfahren werden sich zu bilden, wenn unsere Sonne erloschen ist und unsere Erde, sei es in Kälte erstarrt oder mit dem glühenden Centralkörper unseres Systems vereinigt ist.

Aber wer weiss zu sagen, ob die ersten lebenden Bewohner des warmen Meeres auf der jugendlichen Erde, die wir vielleicht als unsere Stammeltern verehren müssen, den jetzigen kühleren Zustand nicht mit ebenso viel Grauen betrachten würden, wie wir eine Welt ohne Sonne? Wer weiss zu sagen, zu welcher Stufe der Vollendung bei dem wunderbaren Anpassungsvermögen an die Bedingungen des Lebens, welches allen Organismen zukommt, unsere Nachkommen nach 17 Millionen Jahren sich ausgebildet haben werden; ob unsere Knochenreste ihnen nicht vielleicht ebenso ungeheuerlich vorkommen möchten, wie die der Ichthyosauren uns jetzt, und ob sie, eingerichtet für ein feineres Gleichgewicht, nicht die Temperaturextreme, zwischen denen wir uns bewegen, für ebenso gewaltsam und zerstörend halten werden, wie uns die der ältesten geologischen Perioden erscheinen würden. Ja, wenn Erde und Sonne regungslos erstarren sollten, wer weiss zu sagen, welche neue Welten bereit sein werden, Leben aufzunehmen. Die Meteorsteine enthalten zuweilen Kohlenwasserstoffverbindungen; das eigene Licht der Kometenköpfe zeigt ein Spectrum, welches dem des elektrischen Glimmlichtes in kohlenwasserstoffhaltigen Gasen am ähnlichsten ist. Kohlenstoff aber ist das für die organischen Verbindungen, aus denen die lebenden Körper aufgebaut sind, charakteristische Element. Wer weiss zu sagen, ob diese Körper, die überall den Weltraum durchschwärmen, nicht auch Keime des Lebens ausstreuen, so oft irgendwo ein neuer Weltkörper fähig geworden ist organischen Geschöpfen eine Wohnstätte zu gewähren[1]). Und dieses Leben würden wir sogar vielleicht dem unserigen im Keime verwandt halten dürfen, in so abweichenden Formen es sich auch den Zuständen seiner neuen Wohnstätte anpassen möchte.

Aber wie es damit auch sein möge, was unser sittliches Gefühl bei dem Gedanken eines einstigen, wenn noch so fernen Unterganges der lebenden Schöpfung auf dieser Erde aufregt, ist vorzugsweise die Frage, ob all dies Leben nur ein zielloses Spiel sei, was endlich wieder der Zerstörung durch rohe Gewalt anheimfallen werde. Wir beginnen einzusehen unter dem Lichte von Darwin's grossen Gedanken, dass nicht bloss Lust und Freude, sondern auch Schmerz, Kampf und Tod die mächtigen Mittel sind, durch welche die Natur ihre feineren und vollendeteren Lebensformen herausbildet. Und wir Menschen insbesondere wissen, dass wir in unserer Intelligenz, staatlichen Ordnung, Gesittung von dem Erbtheil zehren, welches unsere Vorfahren durch Arbeit, Kampf und

---

[1]) Ueber einen sich daran knüpfenden Streit siehe unten S. 347 dieses Bandes.

Opfermuth uns erworben haben, und dass, was wir in gleichem Sinne erringen, das Leben unserer Nachkommen veredeln wird. So kann der Einzelne, der für die idealen Zwecke der Menschheit, wenn auch an bescheidener Stelle und in engem Wirkungskreise arbeitet, den Gedanken, dass der Faden seines eigenen Bewusstseins einst abreissen wird, ohne Furcht ertragen. Aber mit dem Gedanken an eine endliche Vernichtung des Geschlechts der Lebenden und damit aller Früchte des Strebens aller vergangenen Generationen konnten auch Männer von so freier und grosser Gesinnung, wie Lessing und David Strauss, sich nicht versöhnen.

Bisher kennen wir noch keine durch wissenschaftliche Beobachtung feststellbare Thatsache, welche uns anzeigt, dass die feine und verwickelte Bewegungsform des Lebens anders als an dem schweren Stoffe des organischen Körpers bestehen, dass sie sich in ähnlicher Weise verpflanzen könnte, wie die Schallbewegung einer Saite ihre ursprüngliche enge und feste Wohnung verlassen und sich im Luftmeere ausbreiten kann, und dabei doch ihre Tonhöhe und die feinsten Eigenthümlichkeiten ihrer Klangfarbe bewahrt, und gelegentlich auch, wo sie eine andere gleichgestimmte Saite trifft, in diese wieder einzieht, oder eine zum Singen bereite Flamme zu gleichgestimmter Tönung erregt. Auch die Flamme, dieses ähnlichste Abbild des Lebens unter den Vorgängen der leblosen Natur, kann erlöschen, aber die von ihr erzeugte Wärme besteht weiter, unzerstörbar und unvergänglich, als unsichtbare Bewegung, bald die Molekeln wägbaren Stoffes erschütternd, bald als Aetherschwingung hinausstrahlend in die unbegrenzten Tiefen des Raumes. Und auch dann noch bewahrt sie die charakteristischen Eigenthümlichkeiten ihres Ursprungs, und dem Beobachter, der sie durch das Spectroskop befragt, erzählt sie ihre Geschichte. Neu vereinigt aber können ihre Strahlen eine neue Flamme entzünden, und so gleichsam neues körperliches Leben gewinnen.

Wie die Flamme dem Anscheine nach dieselbe bleibt, und in derselben Gestalt und Beschaffenheit weiter besteht, trotzdem sie in jedem Augenblick neu hinzutretende verbrennliche Dämpfe und neuen Sauerstoff der Atmosphäre in den Strudel ihres aufsteigenden Luftstromes hineinzieht, und wie die Welle forteilt in unveränderter Form und doch in jedem Augenblick sich aus neuen Wassertheilchen aufbaut, so ist auch in den lebenden Wesen nicht die bestimmte Masse des Stoffes, die jetzt den Körper zusammensetzt, dasjenige, an dem das Fortbestehen der Individualität haftet.

Denn das Material des Körpers ist wie das der Flamme fortdauerndem und verhältnissmässig schnellem Wechsel unterworfen, desto schnellerem, je lebhafter die Lebensthätigkeit der betreffenden Organe ist. Einige Bestandtheile des Körpers sind nach Tagen, andere nach Monaten, andere nach Jahren erneuert. Was als das besondere Individuum fortbesteht, ist wie bei der Flamme und bei der Welle nur die Bewegungsform, welche unablässig neuen Stoff in ihren Wirbel hineinzieht und den alten wieder ausstösst. Der Beobachter mit taubem Ohre kennt die Schallschwingung nur, so lange sie sichtbar und fühlbar an schwererem Stoff haftet. Sind unsere Sinne dem Leben gegenüber hierin dem tauben Ohre ähnlich?

OPTISCHES ÜBER MALEREI.

Umarbeitung

von

Vorträgen, die in Berlin, Düsseldorf und Cöln in den Jahren
1871 bis 1873 gehalten worden sind.

Hochgeehrte Versammlung!

Ich fürchte, dass meine Ankündigung, über einen Zweig der bildenden Kunst sprechen zu wollen, bei manchen meiner Zuhörer ein gewisses Befremden erregt hat. In der That muss ich voraussetzen, dass Viele unter Ihnen sich reichere Anschauungen von Kunstwerken eingesammelt, eingehendere kunsthistorische Studien gemacht haben, als ich für mich in Anspruch nehmen kann, oder dass sie sogar in eigenhändiger Ausübung der Kunst sich praktische Erfahrung erworben haben, welche mir gänzlich abgeht. Ich bin zu meinen Kunststudien auf einem wenig betretenen Umwege, nämlich durch die Physiologie der Sinne, gelangt und kann also denen gegenüber, welche schon längst wohl bekannt und wohl bewandert in dem schönen Lande der Kunst sind, mich nur mit einem Wanderer vergleichen, der seinen Eintritt über ein steiles und steiniges Grenzgebirge gemacht, dabei aber auch manchen Aussichtspunkt erreicht hat, von dem herab sich eine gute Ueberschau darbot. Wenn ich Ihnen also berichte, was ich erkannt zu haben glaube, so geschieht es meinerseits unter dem Vorbehalte, jeder Belehrung durch Erfahrenere zugänglich bleiben zu wollen.

In der That bietet das physiologische Studium der Art und Weise, wie unsere Sinneswahrnehmungen zu Stande kommen, wie die von aussen kommenden Eindrücke in unseren Nerven verlaufen, wie der Zustand der letzteren selbst dadurch verändert wird, mannigfache Berührungspunkte mit der Theorie der schönen Künste. Ich habe bei einer früheren Gelegenheit versucht solche Beziehungen zwischen der Physiologie des Gehörsinns und der Theorie der Musik darzulegen. Da sind dieselben besonders auffällig und deutlich, weil die elementaren Formen der musikalischen Gestaltung viel reiner von dem Wesen und den Eigenthümlichkeiten unserer Empfindungen abhängen, als dies in den übrigen Künsten der Fall ist, bei denen die Art des zu verwendenden Materials und der darzustellenden Gegenstände sich viel einflussreicher geltend macht. Doch ist auch in diesen anderen Zweigen der Kunst die besondere Empfindungsweise desjenigen Sinnesorgans, durch welches der Eindruck aufgenommen wird, nicht ohne Bedeutung, und die theoretische Einsicht in die Leistungen derselben und in die Motive ihres Verfahrens wird nicht vollständig sein können, wenn man dieses physiologische Element nicht berücksichtigt. Nächst der Musik scheint es mir in der Malerei besonders hervorzutreten, und dies ist der Grund, warum ich mir die Malerei heute zum Gegenstande meines Vortrags gewählt habe.

Der nächste Zweck des Malers ist, durch seine farbige Tafel in uns eine lebhafte Gesichtsanschauung derjenigen Gegenstände hervorzurufen, die er darzustellen versucht hat. Es handelt sich also darum eine Art optischer Täuschung zu Stande zu bringen, nicht zwar in dem Maasse, dass wir wie die Vögel, die an den gemalten Weinbeeren des Apelles pickten, glauben sollen, es sei in Wirklichkeit nicht das Gemälde, sondern es seien die dargestellten Gegenstände vorhanden, aber doch in so weit, dass die künstlerische Darstellung in uns eine Vorstellung dieser Gegenstände hervorrufe, so lebensvoll und sinnlich kräftig, als hätten wir sie in Wirklichkeit vor uns. Das Studium der sogenannten Sinnestäuschungen ist aber ein hervorragend wichtiger Theil der Physiologie der Sinne, weil gerade solche Fälle, wo äussere Eindrücke in uns Vorstellungen erregen, die der Wirklichkeit nicht entsprechen, besonders lehrreich sind für die Auffindung der Gesetze derjenigen Vorgänge und Mittel, durch welche die normalen Wahrnehmungen zu Stande kommen. Wir müssen die Künstler als Individuen betrachten, deren Beobachtung sinnlicher Eindrücke vorzugsweise fein und genau, deren Gedächtniss für die Bewahrung der Erinnerungsbilder solcher Eindrücke vorzugsweise treu ist. Was die in dieser Hinsicht bestbegabten Männer in langer Ueberlieferung und durch zahllose nach allen Richtungen hin gewendete Versuche an Mitteln und Methoden der Darstellung gefunden haben, bildet eine Reihe wichtiger und bedeutsamer Thatsachen, welche der Physiolog, der hier vom Künstler zu lernen hat, nicht vernachlässigen darf. Namentlich über die Frage, welche Theile und Verhältnisse unserer Gesichtseindrücke es vorzugsweise sind, die unsere Vorstellung von dem Gesehenen bestimmen, welche andere dagegen zurücktreten, wird das Studium der Kunstwerke wichtige Aufschlüsse geben können. Erstere wird der Künstler, soweit es innerhalb der Schranken seines Thuns möglich ist, zu bewahren suchen müssen auf Kosten der letzteren.

In diesem Sinne wird aufmerksame Betrachtung der Werke grosser Meister ebenso der physiologischen Optik, als die Aufsuchung der Gesetze der Sinnesempfindungen und sinnlichen Wahrnehmungen der Theorie der Kunst, d. h. dem Verständniss ihrer Wirkungen, förderlich sein können.

Allerdings handelt es sich bei diesen Untersuchungen nicht um eine Besprechung der letzten Aufgaben und Ziele der Kunst, sondern nur um eine Erörterung der Wirksamkeit der elementaren Mittel, mit denen sie arbeitet. Aber selbstverständlich wird die Kenntniss der letzteren die unumgängliche Grundlage auch für die Lösung der tiefer eindringenden Fragen bilden müssen, wenn man die Aufgaben, welche die Künstler zu lösen haben, und die Wege, auf welchen sie ihr Ziel zu erreichen suchen, verstehen will.

Ich brauche auch wohl nicht hervorzuheben, weil es sich nach dem Gesagten von selbst versteht, dass es meine Absicht nicht ist Vorschriften zu finden, nach denen die Künstler handeln sollten. Ich halte es überhaupt für ein Missverständniss, dass irgend welche ästhetische Untersuchungen dies jemals leisten könnten, aber es ist ein Missverständniss, welches diejenigen, die nur für praktische Ziele Sinn haben, sehr gewöhnlich begehen.

I. Die Formen.

Der Maler sucht im Gemälde ein Bild äusserer Gegenstände zu geben. Die erste Aufgabe unserer Untersuchung wird sein nachzusehen, welchen Grad und welche Art von Aehnlichkeit er denn überhaupt erreichen kann, und welche Grenzen ihm darin durch die Natur seines Verfahrens gesteckt sind. Der ungebildete Beschauer verlangt in der Regel Nichts, als täuschende Naturwahrheit; je mehr diese erreicht ist, desto mehr ergötzt er sich an dem Gemälde. Ein Beschauer dagegen, der seinen Geschmack an Kunstwerken feiner ausgebildet hat, wird, sei es bewusst oder unbewusst, Mehr und Anderes verlangen. Er wird eine getreue Copie roher Natur höchstens als ein Kunststück betrachten. Um ihn zu befriedigen wird eine künstlerische Auswahl, Anordnung und selbst

Idealisirung der dargestellten Gegenstände nöthig sein. Die menschlichen Figuren im Kunstwerk werden nicht die alltäglicher Menschen sein dürfen, wie wir sie auf Photographien sehen, sondern ausdrucksvoll und charakteristisch entwickelte, wo möglich schöne Gestalten, die vielleicht keinem lebenden oder gelebt habenden Individuum angehören, sondern nur einem solchen, wie es leben könnte, und wie es sein müsste, um irgend eine Seite des menschlichen Wesens in recht voller und ungestörter Entwickelung zur lebendigen Anschauung zu bringen.

Wenn aber auch der Künstler nur solche idealisirte Typen, sei es von Menschen, sei es von anderen Naturobjecten, in ausgewählter Anordnung darzustellen hat, sollte das Gemälde nicht wenigstens eine wirklich vollkommen und unmittelbar getreue Abbildung derselben sein müssen, wie sie erscheinen würden, wenn sie irgendwo und wann in das Leben träten?

Diese getreue Abbildung kann, da das Gemälde auf ebener Fläche auszuführen ist, selbstverständlich nur eine getreue perspectivische Ansicht der darzustellenden Objecte sein. Indessen unser Auge, welches seinen optischen Leistungen nach einer Camera obscura, dem bekannten Instrumente der Photographen, gleich steht, giebt auf der Netzhaut, die seine lichtempfindliche Platte ist, auch nur perspectivische Ansichten der Aussenwelt, welche feststehen, wie die Zeichnung auf einem Gemälde, so lange der Standpunkt des sehenden Auges nicht verändert wird. Und so kann man denn in der That, wenn wir zunächst bei den Formen der gesehenen Gegenstände stehen bleiben und von der Betrachtung der Farben vorläufig absehen, durch eine richtig ausgeführte perspectivische Zeichnung einem Auge des Beschauers, welches sie von einem richtig gewählten Standpunkte aus betrachtet, dieselben Formen des Gesichtsbildes zeigen, wie die Betrachtung der dargestellten Objecte von entsprechendem Standpunkte aus demselben Auge gewähren würde.

Aber abgesehen davon, dass jede Bewegung des Beobachters, wobei sein Auge den Ort ändert, andere Verschiebungen des gesehenen Netzhautbildes hervorbringen wird, wenn er vor den Objecten, als wenn er vor dem Gemälde steht, so konnte ich soeben nur immer von einem Auge des Beschauers sprechen, für welches die Gleichheit des Eindrucks herzustellen ist; wir sehen aber die Welt mit zwei Augen an, welche etwas verschiedene Orte im Raume einnehmen und für welche sich deshalb die vor uns befindlichen Gegenstände in zwei etwas verschiedenen perspectivischen Ansichten zeigen. Gerade in dieser Verschiedenheit der Bilder beider Augen liegt eines der wichtigsten Momente zur richtigen Beurtheilung der Entfernung der Gegenstände von unserem Auge und ihrer nach der Tiefe des Raumes hin sich erstreckenden Ausdehnung und gerade dieses fehlt dem Maler oder kehrt sich selbst wider ihn, indem bei zweiäugigem Sehen das Gemälde sich unserer Wahrnehmung unzweideutig als ebene Tafel aufdrängt.

Sie werden Alle die wunderbare Lebendigkeit kennen, welche die körperliche Form der dargestellten Gegenstände bei der Betrachtung guter stereoskopischer Bilder im Stereoskop gewinnt, eine Art der Lebendigkeit, welche jedem einzelnen dieser Bilder, ausserhalb des Stereoskops gesehen, nicht zukommt. Am auffallendsten und lehrreichsten ist die Täuschung an einfachen Linienfiguren, Krystallmodellen und dergleichen, bei denen jedes andere Moment der Täuschung wegfällt. Der Grund für diese Täuschung durch das Stereoskop liegt eben darin, dass wir mit zwei Augen sehend die Welt gleichzeitig von etwas verschiedenen Standpunkten betrachten und dadurch zwei etwas verschiedene perspectivische Bilder derselben gewinnen. Wir sehen mit dem rechten Auge von der rechten Seite eines vor uns liegenden Objectes etwas mehr und auch von den rechts hinter ihm liegenden Gegenständen etwas mehr als mit dem linken Auge, und umgekehrt mit diesem mehr von der linken Seite jedes Objects und von dem hinter seinem linken Rande liegenden, theilweise verdeckten Hintergrunde. Ein flaches Gemälde aber zeigt dem rechten Auge absolut dasselbe Bild und alle darauf dargestellten Gegenstände ebenso wie dem linken. Verfertigt man dagegen für jedes Auge ein anderes Bild, wie das betreffende Auge nach dem Gegenstande selbst blickend es sehen würde, und combinirt beide Bilder im Stereoskop, so dass jedes Auge das ihm zukommende Bild sieht, so entsteht, was die Formen des Gegenstandes betrifft, genau derselbe sinnliche Eindruck in beiden Augen, wie ihn dieser selbst geben würde. Indem wir mit beiden Augen dagegen nach einer Zeichnung oder einem Gemälde sehen, erkennen wir ebenso sicher, dass dies eine Darstellung auf ebener Fläche sei, unterschieden von derjenigen, die der wirkliche Gegenstand beiden Augen zugleich zeigen würde. Daher die bekannte Steigerung der Lebendigkeit eines Gemäldes, wenn man es nur mit einem Auge betrachtet, und zugleich still stehend und durch eine dunkle Röhre blickend die Vergleichung seiner Entfernung mit der anderer benachbarter Gegenstände des Zimmers ausschliesst. Zu bemerken ist nämlich, dass, wie man gleichzeitig mit beiden Augen gesehene verschiedene Bilder zur Tiefenwahrnehmung benutzt, so auch die bei Bewegungen des Körpers nach einander von verschiedenen Orten aus gesehenen Bilder desselben Auges zu demselben Zwecke dienen. So wie man sich bewegt, sei es gehend, sei es fahrend, verschieben sich die näheren Gegenstände scheinbar gegen die ferneren; jene scheinen rückwärts zu eilen, diese mit uns zu gehen. Dadurch kommt eine viel bestimmtere Unterscheidung des Nahen und Fernen zu Stande, als uns das einäugige Sehen von unveränderter Stelle aus jemals gewähren kann. Wenn wir uns aber dem Gemälde gegenüber bewegen, so drängt sich uns eben deshalb stärker die sinnliche Wahrnehmung auf, dass es eine ebene Tafel, an der Wand hängend, sei, als wenn wir es stillstehend betrachten. Einem entfernteren grossen Gemälde gegenüber werden alle diese Momente, welche im zweiäugigen Sehen und in der Bewegung des Körpers liegen, unwirksamer, weil bei sehr entfernten Objecten die Unterschiede zwischen den Bildern beider Augen oder zwischen den Ansichten von benachbarten Standpunkten aus kleiner werden. Grosse Gemälde geben deshalb eine weniger gestörte Anschauung ihres Gegenstandes, als kleine, während doch der Eindruck auf das einzelne ruhende unbewegte Auge von einem kleinen nahen Gemälde genau der gleiche sein könnte, wie von einem grossen und fernen. Nur drängt sich bei dem nahen die Wirklichkeit, dass es eine ebene Tafel sei, fortdauernd viel kräftiger und deutlicher unserer Wahrnehmung auf.

Hiermit hängt es auch, wie ich glaube, zusammen, dass perspectivische Zeichnungen, die von einem dem Gegenstande zu nahen Standpunkte aus aufgenommen sind, so leicht einen verzerrten Eindruck machen. Dabei wird nämlich der Mangel der zweiten für das andere Auge bestimmten Darstellung, welche stark abweichen würde, zu auffallend. Dagegen geben sogenannte geometrische Projectionen, d. h. perspectivische Zeichnungen, welche eine aus unendlich grosser Entfernung genommene Ansicht darstellen, in vielen Fällen eine besonders günstige Anschauung der Objecte, obgleich sie einer in Wirklichkeit nicht vorkommenden Weise ihres Anblicks entsprechen. Für solche nämlich sind die Bilder beider Augen einander gleich.

Sie sehen, dass in diesen Verhältnissen eine erste nicht zu beseitigende Incongruenz zwischen dem Anblick eines Gemäldes und dem Anblicke der Wirklichkeit besteht. Dieselbe kann wohl abgeschwächt, aber nicht vollkommen überwunden werden. Durch die mangelnde Wirkung des zweiäugigen Sehens fällt zugleich das wichtigste natürliche Mittel fort, um den Beschauer die Tiefe der dargestellten Gegenstände im Gemälde beurtheilen zu machen. Es bleiben dem Maler nur eine Reihe untergeordneter Hilfsmittel übrig, theils von beschränkter Anwendbarkeit, theils von geringer Wirksamkeit, um die verschiedenen Abstände nach der Tiefe auszudrücken. Es ist nicht uninteressant diese Momente, wie sie sich aus der wissenschaftlichen Theorie ergeben, kennen zu lernen, da dieselben offenbar auch in der malerischen Praxis einen grossen Einfluss auf die Anordnung, Auswahl, Beleuchtungsweise der darzustellenden Gegenstände ausgeübt haben. Die Deutlichkeit des Dargestellten ist allerdings den idealen Zwecken der Kunst gegenüber scheinbar nur eine untergeordnete Rücksicht, aber man darf ihre Wichtigkeit nicht unterschätzen, denn sie ist die erste Bedingung, um mühelose und sich dem Beschauer gleichsam aufdrängende Verständlichkeit der Darstellung zu erreichen. Diese unmittelbare Verständlichkeit aber ist wiederum die Vorbedingung für eine ungestörte und lebendige Wirkung des Gemäldes auf das Gefühl und die Stimmung des Beobachters.

Die erwähnten untergeordneten Hilfsmittel für den Ausdruck der Tiefendimensionen liegen zunächst in den Verhältnissen der Perspective. Nähere Gegenstände verdecken theilweise fernere, können aber nie von letzteren verdeckt werden. Gruppirt der Maler daher seine Gegenstände geschickt, so dass das genannte Moment in Geltung kommt, so giebt dies schon eine sehr sichere Abstufung zwischen Näherem und Fernerem. Dieses gegenseitige Verdecken ist sogar im Stande die zweiäugige Tiefenwahrnehmung zu besiegen, wenn man absichtlich stereoskopische Bilder herstellt, in welchen Beides einander widerspricht. Ferner sind an Körpern von regelmässiger oder bekannter Gestalt die Formen der perspectivischen Projection meist charakteristisch auch für die Tiefenausdehnung, die dem Gegenstande zukommt. Wenn wir Häuser oder andere Producte des menschlichen Kunstfleisses sehen, so wissen wir von vornherein, dass ihre Formen überwiegend ebene rechtwinkelig gegen einander gestellte Grenzflächen haben, allenfalls verbunden mit Theilen von drehrunden und kugelrunden Flächen. Und, in der That, wenn wir nur soviel wissen, genügt in der Regel eine richtige perspectivische Zeichnung, um daraus die gesammte Körperform unzweideutig zu erkennen. Ebenso für Gestalten von Menschen und Thieren, welche uns wohl bekannt sind, und deren Körper ausserdem zwei symmetrische seitliche Hälften zeigt. Dagegen nützt die beste perspectivische Darstellung nicht viel bei ganz unregelmässigen Formen, rohen Stein- und Eisblöcken, Laubmassen durcheinander geschobener Baumwipfel, wie am besten photographische Bilder von solchen zeigen, in denen Perspective und Schattirung absolut richtig sein können und doch der Eindruck undeutlich und wirr.

Werden menschliche Wohnungen in einem Gemälde sichtbar, so bezeichnen sie dem Zuschauer namentlich auch die Richtung der Horizontalflächen an der Stelle, wo sie stehen, und im Vergleich dazu die Neigung des Terrains, welche ohne sie oft schwer auszudrücken ist.

Weiter kommt in Betracht die scheinbare Grösse, in der Gegenstände von bekannter wirklicher Grösse in den verschiedenen Theilen eines Gemäldes erscheinen. Menschen und Thiere, auch Bäume bekannter Art, dienen dem Maler in dieser Weise. In dem entfernteren Mittelgrunde der Landschaft erscheinen sie kleiner als im Vordergrunde, und so geben sie andererseits durch ihre scheinbare Grösse einen Maasstab für die Entfernung des Ortes, wo sie sich befinden.

Weiter sind von hervorragender Wichtigkeit die Schatten, und namentlich die Schlagschatten. Wie viel deutlichere Anschauung eine gut schattirte Zeichnung giebt als ein Linienumriss, werden Sie alle wissen; eben deshalb ist die Kunst der Schattirung eine der schwierigsten und wirksamsten Seiten in der Leistungsfähigkeit des Zeichners und Malers. Er hat die ausserordentlich feinen Abstufungen und Uebergänge der Beleuchtung und Beschattung auf gerundeten Flächen nachzuahmen, welche das Hauptmittel sind, um die Modellirung derselben mit allen ihren feinen Krümmungsänderungen auszudrücken, er muss dabei die Ausbreitung oder Beschränkung der Lichtquelle, die gegenseitigen Reflexe der Flächen auf einander berücksichtigen. Vorzugsweise wirksam sind auch die Schlagschatten. Während die Modificationen der Beleuchtung an den Körperflächen selbst oft zweideutig sind, ein Hohlabguss einer Medaille bei bestimmter Beleuchtung z. B. den Eindruck vorspringender Formen machen kann, die nur von der anderen Seite her beleuchtet sind: so sind dagegen die Schlagschatten unzweideutige Anzeichen, dass der schattenwerfende Körper der Lichtquelle näher liegt, als der, welcher den Schatten empfängt. Diese Regel ist so ausnahmslos, dass selbst in stereoskopischen Ansichten ein falsch gelegter Schlagschatten die ganze Täuschung aufheben oder in Verwirrung bringen kann.

Um die Schatten in ihrer Bedeutung gut benutzen zu können, ist nicht jede Beleuchtung gleich günstig. Wenn der Beschauer in derselben Richtung auf die Gegenstände sieht, wie das Licht auf sie fällt, so sieht er nur ihre beleuchteten Seiten, und nichts vom Schatten; dann fällt fast die ganze Modellirung weg, welche die Schatten geben könnten. Steht der Gegenstand zwischen der Lichtquelle und dem Beschauer, so sieht dieser nur die Schatten. Also brauchen wir seitliche Beleuchtung für eine malerisch wirksame Beschattung, und namentlich über Flächen, die wie die Oberfläche ebenen oder hügeligen Landes nur schwach bewegte Formen zeigen, eine fast in der Richtung der Fläche streifende Beleuchtung, weil nur eine solche überhaupt noch Schatten giebt. Dies ist eine der Ursachen, welche die Beleuchtung durch die aufgehende und untergehende Sonne so wirksam machen. Die Formen der Landschaft werden deutlicher. Dazu kommt dann freilich noch der später zu besprechende Einfluss der Farben und des Luftlichtes.

Directe Beleuchtung von der Sonne oder einer Flamme macht die Schatten scharf begrenzt und hart. Beleuchtung von einer sehr breiten leuchtenden Fläche, wie vom wolkigen Himmel aus, macht sie verwaschen oder beseitigt sie fast ganz. Dazwischen giebt es Uebergänge; Beleuchtung durch ein Stück der Himmelsfläche, abgegrenzt durch ein Fenster oder Bäume u. s. w. lässt die Schatten je nach der Art des Gegenstandes in erwünschter Weise mehr oder weniger hervortreten. Wie wichtig das ist, werden Sie bei den Photographen gesehen haben, die ihr Licht durch allerlei Schirme und Vorhänge abgrenzen müssen, um gut modellirte Portraits zu erhalten.

Viel wichtiger aber als die bisher aufgezählten Momente für die Darstellung der Tiefenausdehnung, welche mehr von localer und zufälliger Bedeutung sind, ist die sogenannte Luftperspective. Darunter versteht man die optische Wirkung des Lichtscheines, den die zwischen dem Beschauer und entfernten Gegenständen liegenden beleuchteten Luftmassen geben. Dieser Schein rührt von einer nie ganz schwindenden feinen Trübung der Atmosphäre her. Sind in einem durchsichtigen Mittel feine durchsichtige Theilchen von abweichender Dichtigkeit und abweichendem Lichtbrechungsvermögen vertheilt, so lenken sie das durch ein solches Mittel hindurchgehende Licht, so weit sie davon getroffen werden, theils durch Zurückwerfung, theils durch Brechung von seinem geradlinigen Wege ab und zerstreuen es, wie es die Optik ausdrückt, nach allen Seiten hin. Sind die trübenden Partikelchen sparsam vertheilt, so dass ein grosser Theil des Lichtes zwischen ihnen durchgehen kann, ohne abgelenkt zu werden, so sieht man ferne Gegenstände noch in guten und deutlichen Umrissen durch ein solches Medium, daneben aber auch einen Theil des Lichtes, nämlich den abgelenkten, als trübenden Lichtschein in der durchsichtigen Substanz selbst verbreitet. Wasser, welches durch wenige Tropfen Milch getrübt ist, zeigt eine solche Zerstreuung des Lichtes und nebelige Trübung sehr deutlich. Die mikroskopischen Tröpfchen des Butterfettes, die in der Milch schwimmen, sind es hier, die das Licht ablenken.

In der gewöhnlichen Luft unserer Zimmer wird die Trübung bekanntlich deutlich sichtbar, wenn wir das Zimmer schliessen und einen Sonnenstrahl durch eine enge Oeffnung eintreten lassen. Wir sehen dann die Sonnenstäubchen, theils grössere für unser Auge wahrnehmbare, theils eine feine nicht auflösbare Trübung. Aber auch die letztere muss der Hauptsache nach von schwebenden Staubtheilchen organischer Stoffe herrühren, denn sie kann nach einer Bemerkung von Tyndall verbrannt werden. Bringt man eine Spiritusflamme dicht unter den Weg der Sonnenstrahlen, so zeichnet die von der Flamme aufsteigende Luft ihren Weg ganz dunkel in die helle Trübung hinein; das heisst: die durch die Flamme aufsteigende Luft ist vollkommen staubfrei geworden. Im Freien kommt neben dem Staub oder gelegentlichem Rauch auch die Trübung durch beginnende Wasserniederschläge häufig in Betracht, wo die Temperatur feuchter Luft so weit sinkt, dass die in ihr enthaltene Wassermenge nicht mehr als unsichtbarer Dunst bestehen kann. Dann scheidet sich ein Theil des Wassers in Form feinster Tröpfchen (Bläschen?) aus, als eine Art feinsten Wasserstaubes, und bildet feinere oder dichtere Nebel, beziehlich Wolken. Die Trübung, welche bei heissem Sonnenschein und trockener Luft entsteht, mag theils von Staub herrühren, den die aufsteigenden warmen Luftströme aufwirbeln, theils von der unregelmässigen Durchmischung kühlerer und wärmerer Luftschichten von verschiedener Dichtigkeit, wie sie sich auch in dem Zittern der unteren Luftschichten über sonnenbestrahlten Flächen verräth. Wovon endlich die auch in der reinsten und trockenen Luft der höheren Schichten der Atmosphäre zurückbleibende Trübung herrührt, welche das Blau des Himmels hervorbringt, ob wir es auch da mit schwebenden Stäubchen fremder Substanzen zu thun haben, oder ob die Molekeln der Luft selbst als trübende Theilchen im Lichtäther wirken, darüber weiss die Wissenschaft noch keine sichere Auskunft zu geben.

Was nun die Farbe des durch die trübenden Theilchen zurückgeworfenen Lichtes betrifft, so hängt diese wesentlich von der

Grösse derselben ab. Wenn ein Scheit Holz im Wasser schwimmt, und wir in seiner Nähe durch einen fallenden Tropfen kleine Wellenringe erregen, so werden diese von dem schwimmenden Holz zurückgeworfen, als wäre es eine feste Wand. In den langen Meereswogen aber würde ein Scheit Holz mitgeschaukelt werden, ohne dass die Wellen dadurch merklich in ihrem Fortschreiten gestört werden. Nun ist das Licht bekanntlich auch eine wellenartig sich ausbreitende Bewegung in dem den Weltraum füllenden Aether. Die rothen und gelben Lichtstrahlen haben die längsten Wellen, die violetten und blauen die kürzesten. Sehr feine Körperchen, welche die Gleichmässigkeit des Aethers stören, werden daher merklicher die letztgenannten Strahlen zurückwerfen als die rothen und gelben. In der That ist das Licht trüber Medien desto blauer, je feiner die trübenden Theilchen, während grössere Theilchen gleichmässiger Licht jeder Farbe zurückwerfen und deshalb weisslichere Trübung geben. Solcher Art ist das Blau des Himmels, das heisst der trüben Atmosphäre, gesehen gegen den dunklen Weltraum. Je reiner und durchsichtiger die Luft ist, desto blauer ist der Himmel. Ebenso wird er blauer und dunkler, wenn man auf hohe Berge steigt, theils weil die Luft in der Höhe freier von Trübung ist, theils weil man überhaupt weniger Luft noch über sich hat. Aber dasselbe Blau, was man vor dem dunklen Weltraume erscheinen sieht, tritt auch vor dunklen irdischen Objecten, z. B. fernen beschatteten oder bewaldeten Bergen auf, wenn eine tiefe Schicht beleuchteter Luft zwischen ihnen und uns liegt. Es ist dasselbe Luftlicht, was den Himmel, wie die Berge blau macht, nur dass es vor ersterem rein, vor letzteren mit anderem von den hinterliegenden Gegenständen ausgehendem Lichte gemischt ist, und ausserdem der gröberen Trübung der unteren Schichten der Atmosphäre angehört, weshalb es weisslicher ist. In wärmeren Ländern bei trockener Luft ist die Lufttrübung feiner auch in den unteren Schichten der Atmosphäre, und daher das Blau vor entfernten irdischen Gegenständen dem des Himmels ähnlicher. Die Klarheit und die Farbensättigung italienischer Landschaften rührt wesentlich von diesem Umstande her. Auf hohen Bergen dagegen ist namentlich des Morgens die Lufttrübung oft so gering, dass die Farben der fernsten Objecte sich kaum von denen der nächsten unterscheiden. Dann kann auch der Himmel fast schwarzblau erscheinen.

Umgekehrt sind dichtere Trübungen auch meist aus gröberen Theilchen gebildet, und deshalb weisslicher. Dies ist in der Regel in den unteren Luftschichten der Fall und bei Witterungszuständen, wo der in der Luft enthaltene Wasserdunst dem Punkte seiner Verdichtung nahe kommt.

Andererseits ist dem Lichte, was geraden Weges von fernen Gegenständen hin durch eine lange Luftschicht in das Auge des Beobachters gelangt, ein Theil seines Violett und Blau durch zerstreuende Reflexion entzogen, es erscheint deshalb gelblich bis rothgelb oder roth, ersteres bei feinerer Trübung, letzteres bei gröberer. So erscheinen Sonne und Mond bei ihrem Auf- und Untergange und ebenso ferne hell beleuchtete Bergspitzen, namentlich Schneeberge gefärbt.

Diese Färbungen sind übrigens nicht nur der Luft eigenthümlich, sondern kommen bei allen Trübungen einer durchsichtigen Substanz durch fein vertheilte Partikelchen einer anderen durchsichtigen Substanz vor. Wir sehen sie, wie bemerkt, in verdünnter Milch und in Wasser, dem man einige Tropfen Kölnischen Wassers zugesetzt hat, wobei die im Alkohol des letzteren aufgelösten ätherischen Oele und Harze sich ausscheiden und die Trübung bilden. Ausserordentlich feine blaue Trübungen, noch blauer, als die Luft, kann man nach Tyndall's Beobachtungen hervorbringen, wenn man Sonnenlicht auf Dämpfe gewisser kohlenstoffhaltiger Substanzen zersetzend einwirken lässt. Goethe hat schon auf die Allgemeinheit der Erscheinung aufmerksam gemacht, und suchte seine Farbentheorie auf sie zu gründen.

Als Luftperspective nun bezeichnet man die künstlerische Darstellung der Lufttrübung, weil durch das stärkere oder geringere Hervortreten der Luftfarbe über der Farbe der Gegenstände auch die verschiedene Entfernung dieser sehr bestimmt angezeigt wird, und namentlich Landschaften dadurch wesentlich ihre Tiefe erhalten. Je nach der Witterung kann die Lufttrübung grösser oder kleiner sein, weisslicher oder blauer. Sehr klare Luft, wie sie nach längerem Regen zuweilen vorkommt, lässt die fernen Berge nahe und klein erscheinen, dunstigere fern und gross.

Dem Maler ist das letztere entschieden vortheilhafter. Die hohen klaren Landschaften des Hochgebirges, wie sie den Bergwanderer so häufig die Entfernung und Grösse der vorliegenden Bergspitzen zu unterschätzen verleiten, sind auch malerisch schwer zu verwerthen, desto besser die Ansichten von unten aus den Thälern, von den Seen und Ebenen her, wo die Luftbeleuchtung zart aber merklich entwickelt ist und ebenso wohl die verschiedenen Entfernungen und Grössen des Gesehenen deutlich hervortreten lässt, als sie andererseits der künstlerischen Einheit der Färbung günstig ist.

Obgleich vor den grösseren Tiefen der Landschaft die Luftfarbe deutlicher hervortritt, fehlt sie doch auch bei hinreichend intensiver Beleuchtung nicht ganz vor den nahen Gegenständen eines Zimmers. Was man isolirt und wohlabgegrenzt sieht, wenn in ein verdunkeltes Zimmer Sonnenlicht durch eine Oeffnung des Ladens fällt, fehlt natürlich nicht ganz, wenn das ganze Zimmer beleuchtet ist. Auch hier muss sich die Luftbeleuchtung, wenn sie stark genug ist, vor dem Hintergrunde geltend machen und die Farben desselben im Vergleich zu denen der näheren Gegenstände etwas abstumpfen; und auch diese Unterschiede, obgleich viel zarter als vor dem Hintergrunde einer Landschaft, sind für den Historien-, Genre- oder Portraitmaler von Bedeutung und erhöhen, wenn sie fein beobachtet und nachgeahmt sind, die Deutlichkeit seiner Darstellung in hohem Grade.

II. Helligkeitsstufen.

Die bisher besprochenen Verhältnisse zeigen uns zunächst einen tiefgreifenden und für die Auffassung der körperlichen Formen äusserst wichtigen Unterschied zwischen dem Gesichtsbilde, welches unsere Augen uns zuführen, wenn wir vor den Objecten stehen, und demjenigen, welches das Gemälde uns giebt. Dadurch wird die Auswahl der in den Gemälden darzustellenden Gegenstände schon vielfach beschränkt. Die Künstler wissen sehr wohl, dass für ihre Hilfsmittel Vieles nicht darstellbar ist. Ein Theil ihrer künstlerischen Geschicklichkeit besteht darin, dass sie durch passende Anordnung, Stellung und Wendung der Objecte, durch passende Wahl des Gesichtspunktes und durch die Art der Beleuchtung die Ungunst der Bedingungen, die ihnen in dieser Beziehung aufgelegt sind, zu überwinden wissen.

Wie es zunächst scheinen könnte, würde nun doch von der Forderung der Naturwahrheit eines Gemäldes so viel stehen bleiben können, dass dasselbe, vom richtigen Orte angeschaut, wenigstens einem unserer Augen dieselbe räumliche Vertheilung von Licht, Farben und Schatten in seinem Gesichtsfelde darbieten und also auch im Inneren dieses Auges genau dasselbe Netzhautbild entwerfen solle, wie der dargestellte Gegenstand thun würde, wenn wir ihn wirklich vor uns hätten und von einem bestimmten unveränderlichen Standpunkt aus betrachteten. Es könnte als Aufgabe der malerischen Technik erscheinen unter den genannten Beschränkungen durch das Gemälde wirklich den gleichen Eindruck auf das Auge zu erzielen, wie ihn die Wirklichkeit geben würde.

Gehen wir nun daran zu untersuchen, ob und wie weit die Malerei einer solchen Forderung denn nun wirklich gerecht werde oder auch nur gerecht werden könne, so treffen wir auch hier wieder auf Schwierigkeiten, vor denen wir vielleicht zurückschrecken würden, wenn wir nicht wüssten, dass sie schon überwunden sind.

Beginnen wir mit dem Einfachsten, mit den quantitativen Verhältnissen der Lichtstärken. Soll der Künstler den Eindruck seines Gegenstandes auf unser Auge genau gleich nachahmen, so müsste er auch auf seinem Bilde gleich grosse Helligkeit und gleich grosse Dunkelheit verwenden können, wie die Natur sie darbietet. Aber daran ist nicht im Entferntesten zu denken. Erlauben Sie mir ein passendes Beispiel zu wählen. In einer Gallerie möge ein Wüstenbild hängen, auf dem ein Zug weiss verhüllter Beduinen und dunkler Neger durch den brennenden Sonnenschein dahinzieht; dicht daneben eine bläuliche Mondnacht, wo sich der Mond im Wasser spiegelt, und man Baumgruppen, menschliche Gestalten in der Dunkelheit leise angedeutet erkennt. Sie wissen aus Erfahrung, dass beide Bilder, wenn sie gut gemacht sind, in der That mit überraschender Lebendigkeit die Vorstellung ihres Gegenstandes hervorzaubern können, und doch sind in beiden Bildern die hellsten Stellen mit demselben Kremser Weiss, nur wenig durch Zumischungen verändert, mit demselben Schwarz die dunkelsten ausgeführt. Beide theilen an derselben Wand dieselbe Beleuchtung, und die hellsten wie die dunkelsten Stellen beider sind deshalb, was den Grad ihrer Helligkeit betrifft, kaum wesentlich unterschieden.

Wie verhält es sich nun mit den dargestellten Helligkeiten in der Wirklichkeit? Das Verhältniss zwischen der Helligkeit der Beleuchtung durch die Sonne und der durch den Vollmond ist von Wollaston gemessen worden, indem er beide ihrer Stärke nach mit dem Lichte gleich beschaffener Kerzen verglich. Es hat sich ergeben, dass die Beleuchtung durch die Sonne 800 000 Mal stärker ist, als die hellste Vollmondbeleuchtung.

Jeder undurchsichtige Körper, der von irgend einer Lichtquelle beleuchtet wird, kann im günstigsten Falle nur so viel Licht wieder aussenden, als auf ihn fällt. Indessen scheinen nach Lambert's Beobachtungen selbst die weissesten Körper nur etwa $2/5$ des auffallenden Lichtes zurückzusenden. Die Sonnenstrahlen, welche nebeneinander von der Sonne ausgehen, deren Halbmesser nicht ganz 100 000 Meilen beträgt, sind, wenn sie bei uns ankommen, schon gleichmässig über eine Kugelfläche von 20 Millionen Meilen Halbmesser ausgebreitet; ihre Dichtigkeit und Beleuchtungskraft ist hier nur noch der vierzigtausendste Theil von derjenigen, mit der sie die Sonnenoberfläche verlassen, und jene Lambert'sche Zahl lässt schliessen, dass auch die hellste weisse Fläche, von senkrechten Sonnenstrahlen getroffen, nur den hunderttausendsten Theil von der Helligkeit der Sonnenscheibe hat. Der Mond aber ist ein grauer Körper, dessen mittlere Helligkeit nur etwa $1/5$ von der des hellsten Weiss beträgt.

Und wenn der Mond nun seinerseits einen Körper von hellstem Weiss hier auf Erden bescheint, so ist dessen Helligkeit wiederum nur der hunderttausendste Theil von der Helligkeit des Mondes selbst; demnach ist die Sonnenscheibe 80 000 Millionen Mal heller als ein solches vom Vollmond beleuchtetes Weiss.

Gemälde nun, die in einer Gallerie hängen, werden nicht vom directen Sonnenlicht, sondern nur vom reflectirten Himmels- oder Wolkenlicht beschienen. Directe Messungen der Helligkeit der Beleuchtung, welche im Inneren einer Bildergallerie zu herrschen pflegt, sind mir nicht bekannt; indessen lassen sich Schätzungen derselben aus bekannten Daten wohl anstellen. Bei recht grossem Oberlicht und heller Wolkenbeleuchtung könnte das hellste Weiss auf einem Gemälde wohl $1/20$ von der Helligkeit des direct von der Sonne beleuchteten Weiss haben; meist wird es nur $1/40$ oder weniger sein.

Der Wüstenmaler also, selbst wenn er auf die Darstellung der Sonnenscheibe verzichtet, die ja immer nur sehr unvollkommen gelingt, wird die grell beleuchteten Gewänder seiner Beduinen mit einem Weiss darstellen müssen, was günstigsten Falls etwa nur den zwanzigsten Theil der Helligkeit zeigt, die der Wirklichkeit entspräche. Könnte man es mit unveränderter Beleuchtung in die Wüste hinausbringen, so würde es neben dem dortigen Weiss wie ein recht dunkles Grauschwarz erscheinen. In der That fand ich bei einem Versuche, dass sonnenbeleuchteter Lampenruss doch noch halb so hell war, als beschattetes Weiss im helleren Theile eines Zimmers.

Auf dem Mondscheinbilde dagegen wird dasselbe Weiss, womit auf dem ersten die Beduinenmäntel ausgeführt sind, mit geringer Zumischung benutzt werden müssen um die Mondscheibe und ihre Wasserreflexe darzustellen, obgleich der wahre Mond nur ein Fünftel dieser Helligkeit, seine Wasserreflexe aber noch viel weniger haben sollten. Dagegen werden weisse vom Monde beschienene Gewänder oder Marmorflächen, wenn der Künstler sie auch stark in Grau abtönt, immerhin auf seinem Bilde noch zehn- bis zwanzigtausend Mal heller sein, als sie unter Vollmondbeleuchtung in Wirklichkeit sind.

Andererseits würde auch das dunkelste Schwarz, was der Künstler verwenden könnte, kaum zureichen die wahre Beleuchtungsstärke eines vom Vollmond beschienenen weissen Gegenstandes klein genug darzustellen. Denn auch das dunkelste Schwarz, Russüberzüge, schwarzer Sammet, kräftig beleuchtet, erscheinen grau, wie wir bei optischen Versuchen, wo wir überflüssiges Licht abblenden wollen, oft genug zu unserem Schaden erfahren. Die Helligkeit eines von mir untersuchten Russüberzuges war etwa $1/100$ von der Helligkeit weissen Papiers. Die hellsten Farben des Malers sind überhaupt etwa nur hundert Mal so hell, als seine dunkelsten Schatten.

Die gemachten Angaben werden Ihnen vielleicht übertrieben erscheinen. Aber sie beruhen auf Messungen, und Sie können sie durch wohlbekannte Erfahrungen controliren. Nach Wollaston ist die Beleuchtung durch den Vollmond gleich der durch eine in 12 Fuss Entfernung gestellte brennende Kerze. Sie werden wissen, dass man im Vollmondschein nicht mehr lesen kann, wohl aber in drei bis vier Fuss Entfernung von einer Kerze. Nun nehmen Sie an, Sie träten aus einem tageshellen Zimmer plötzlich in ein von einer einzigen Kerze beleuchtetes, übrigens absolut lichtloses Gewölbe. Sie würden im ersten Augenblicke glauben, in absolute Dunkelheit einzutreten, höchstens etwa die Kerzenflamme selbst wahrnehmen. Jedenfalls würden Sie von den 12 Fuss von der Kerze entfernten Gegenständen nicht die geringste Spur erkennen. Das sind aber die Gegenstände, die so hell wie vom Vollmonde beleuchtet sind. Erst nach geraumer Zeit würden Sie sich an das Dunkel gewöhnt haben und sich dann allerdings ohne Schwierigkeit zurecht finden.

Kehren Sie dann an das Tageslicht zurück, wo sie früher in voller Bequemlichkeit verweilten: so wird Ihnen dasselbe so blendend erscheinen, dass Sie vielleicht die Augen schliessen müssen, und nur mit schmerzhafter Lichtscheu umher zu blicken im Stande sind. Sie sehen also: es handelt sich hier nicht um kleinliche, sondern um colossale Unterschiede. Wie ist nun unter solchen Umständen überhaupt irgend welche Aehnlichkeit des Eindruckes zwischen Gemälde und Wirklichkeit denkbar?

Unsere Erörterung über das, was wir im Keller anfangs nicht sahen und später sahen, lässt uns schon das wichtigste Moment der Ausgleichung erkennen; es ist die verschiedene Abstumpfung unseres Auges durch Licht, ein Vorgang, den wir mit demselben Namen der Ermüdung, wie den entsprechenden in den Muskeln belegen können. Jede Thätigkeit unserer Nervenapparate setzt vorübergehend deren Leistungsfähigkeit herab. Der Muskel wird ermüdet vom Arbeiten, das Hirn ermüdet vom Denken und von Gemüthsbewegungen, das Auge ermüdet vom Licht, desto mehr, je stärker dieses ist. Die Ermüdung macht es stumpf und unempfindlich gegen neue Lichteindrücke, so dass es starke nur mässig, schwache gar nicht mehr empfindet.

Jetzt aber sehen Sie, wie anders bei Berücksichtigung dieser Umstände sich die Aufgabe des Künstlers stellt. Das Auge des Wüstenfahrers, der der Karawane zusieht, ist selbst durch den blendenden Sonnenschein auf das Aeusserste abgestumpft, das des Mondscheinwanderers in der Dunkelheit zur grössten Höhe der Empfindlichkeit erholt. Von beiden unterscheidet sich der Zustand des Beschauers der Gemälde durch einen gewissen mittleren Grad der Empfindlichkeit des Auges. Der Maler muss also streben, durch seine Farben auf das mässig empfindliche Auge seines Beschauers denselben Eindruck hervorzubringen, wie ihn einerseits die Wüste auf das geblendete, andererseits die Mondnacht auf das vollkommen ausgeruhte Auge ihres Beschauers machen. Neben den wirklichen Beleuchtungsverhältnissen der Aussenwelt spielen also unverkennbar die verschiedenen physiologischen Zustände des Auges eine ausserordentlich einflussreiche Rolle bei dem Werke des Künstlers. Was er zu geben hat, ist hiernach schon nicht mehr eine reine Abschrift des Objectes, sondern eine Uebersetzung seines Eindruckes in eine andere Empfindungsscala, die einem anderen Grade von Erregbarkeit des beschauenden Auges angehört, bei welchem das Organ in seinen Antworten auf die Eindrücke der Aussenwelt eine ganz andere Sprache spricht.

Um zu verstehen, was dies für Folgen hat, muss ich Ihnen zunächst das von Fechner gefundene Gesetz für die Empfindungsscala des Auges auseinandersetzen, welches einen einzelnen Fall des von demselben geistreichen Forscher für die Beziehungen mannigfaltiger sinnlicher Empfindungen zu den sie erregenden Reizen aufgestellten allgemeineren psychophysischen Gesetzes bildet. Dieses Gesetz kann in folgender Weise ausgesprochen werden: **Innerhalb sehr breiter Grenzen der Helligkeit sind Unterschiede der Lichtstärke gleich deutlich, oder erscheinen in der Empfindung gleich gross, wenn sie den gleichen Bruchtheil der gesammten verglichenen Lichtstärken ausmachen.** So zeigt es sich zum Beispiel, dass man Unterschiede der Helligkeit von einem Hundertel ihrer gesammten Stärke mit nicht allzu grosser Mühe bei sehr verschiedenen Stärken der Beleuchtung erkennen kann, ohne dass die Sicherheit und Leichtigkeit dieser Unterscheidung erhebliche Unterschiede zeigt, sei es, dass man hellstes Tageslicht oder gute Kerzenbeleuchtung anwendet.

Das leichteste Hülfsmittel, um genau messbare Unterschiede der Helligkeit zwischen zwei weissen Flächen hervorzubringen, beruht auf der Anwendung schnell rotirender Scheiben. Wenn man eine Scheibe, wie die nebenstehende Fig. 16, sehr schnell umlaufen

Fig. 16.   Fig. 17.

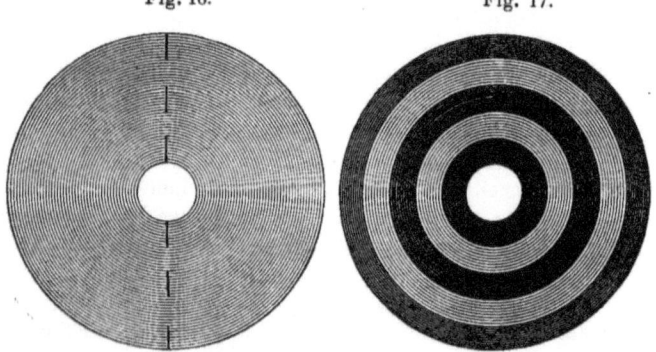

lässt (das heisst 20 bis 30 Mal in der Secunde), so erscheint sie dem Auge, ähnlich wie Fig. 17, mit drei grauen Ringen bedeckt zu sein; nur muss sich der Leser das Grau dieser Ringe, wie es auf der rotirenden Scheibe Fig. 16 erscheint, als eine kaum sichtbare Beschattung des Grundes vorstellen. Es erscheint nämlich bei schnellem Umlauf der Scheibe jeder Kreis der Scheibe so beleuchtet, als wäre das gesammte Licht, welches ihn trifft, gleichmässig über seinen ganzen Umfang ausgebreitet. Diejenigen Kreisringe nun, in denen die schwarzen Striche liegen, haben etwas weniger Licht, als die ganz weissen, und wenn man die Breite der Striche mit der Länge des halben Umfanges des betreffenden Kreisringes vergleicht, erhält man den Bruchtheil, um den die Lichtstärke des weissen Grundes der Scheibe in dem betreffenden Ringe vermindert ist. Sind die Striche alle gleich breit, wie in Fig. 16, so sind die inneren Ringe dunkler als die äusseren, weil der gleiche Lichtverlust auf jenen sich über eine kleinere Fläche vertheilt, als bei den letzteren. Man kann auf diese Weise ausserordentlich zarte Abstufungen der Helligkeit erhalten, und zwar wird bei diesem Verfahren in demselben Ringe bei wechselnder Beleuchtungsstärke die Helligkeit immer um den gleichen Bruchtheil ihres ganzen Werthes vermindert. Dem Fechner'schen Gesetze entsprechend zeigt sich nun in der That, dass die Deutlichkeit der Ringe bei sehr verschiedenen Beleuchtungsstärken nahezu dieselbe bleibt. Nur muss man nicht zu allzu blendender oder allzu schwacher Beleuchtung übergehen. In beiden Fällen verschwinden die feineren Unterschiede dem Auge.

Ganz anders verhält es sich, wenn wir bei verschiedenen Beleuchtungsstärken Unterschiede hervorbringen, die immer derselben Lichtmenge entsprechen. Schliessen wir zum Beispiel bei Tage die Fensterläden eines Zimmers, so dass dieses ganz verdunkelt wird, und erleuchten es nun durch eine Kerze, so werden wir ohne Schwierigkeit die Schatten erkennen können, welche das Kerzenlicht wirft, wie etwa den Schatten unserer Hand, der auf ein weisses Blatt fällt. Lassen wir dagegen die Fensterläden wieder öffnen, so dass das Tageslicht in das Zimmer dringt, so werden wir bei derselben Haltung unserer Hand den von der Kerze geworfenen Schatten derselben nicht mehr erkennen können, trotzdem immer noch auf die von diesem Schatten nicht getroffenen Theile des weissen Blattes dieselbe Menge Kerzenlicht mehr fällt, als auf die von der Hand beschatteten Theile. Aber diese kleine Lichtmenge verschwindet im Vergleich zu der neu hinzugekommenen des Tageslichtes, vorausgesetzt, dass dieses alle Theile des weissen Blattes gleichmässig trifft. Sie sehen daraus, dass während der Unterschied zwischen Kerzenlicht und Dunkelheit wohl zu erkennen ist, der gleich grosse Unterschied zwischen Tageslicht einerseits und Tageslicht plus Kerzenlicht andererseits nicht mehr erkannt wird.

Dieses Gesetz ist nun für die Unterscheidung der verschiedenen

Helligkeiten der gesehenen Naturkörper von grosser Wichtigkeit. Ein weisser Körper erscheint weiss, weil er einen grossen Bruchtheil, ein grauer grau, weil er einen kleineren Bruchtheil von dem auffallenden Licht zurückwirft. Bei wechselnder Beleuchtungsstärke wird also der Helligkeitsunterschied zwischen beiden immer dem gleichen Bruchtheile ihrer gesammten Helligkeit entsprechen, und deshalb unseren Augen gleich wahrnehmbar bleiben, sobald wir uns nicht der oberen oder unteren Grenze der Helligkeit, für welche das Fechner'sche Gesetz nicht mehr gilt, allzu sehr nähern. Eben deshalb kann im Allgemeinen der Maler einen gleich gross erscheinenden Unterschied für den Beschauer seines Gemäldes hervorbringen trotz der abweichenden Beleuchtungsstärke in der Gemäldegallerie, wenn er seinen Farben nur das gleiche Verhältniss der Helligkeiten giebt, wie es die Wirklichkeit zeigt.

In der That ist bei unserer Betrachtung der Naturkörper die absolute Helligkeit, in der sie unserem Auge erscheinen, zwischen weiten Grenzen wechselnd, je nach der Beleuchtungsstärke und der Empfindlichkeit unseres Auges. Was constant ist, ist nur das Verhältniss der Helligkeiten, in welchem uns die Flächen von verschieden dunkler Körperfarbe bei gleicher Beleuchtung erscheinen. Also auch nur dieses Verhältniss der Helligkeiten ist für uns dasjenige sinnliche Zeichen, aus dem wir unsere Urtheile über die dunklere oder hellere Färbung der gesehenen Körper uns bilden. Dieses Verhältniss nun kann der Maler ungestört und naturgetreu nachahmen, um in uns die gleiche Vorstellung von der Art der gesehenen Körper hervorzurufen. Eine in dieser Beziehung getreue Nachahmung würde innerhalb der Grenzen, für welche das Fechner'sche Gesetz gilt, erhalten werden, wenn der Künstler die vollbeleuchteten Theile der Körper, welche er darzustellen hat, mit Farben wiedergäbe, welche bei gleicher Beleuchtung der darzustellenden Körperfarbe gleich wären. Annähernd geschieht dies ja auch in der That; der Maler wählt ja im Ganzen, namentlich für Gegenstände von geringer Tiefenausdehnung, wie zum Beispiel Portraits, Farbstoffe, welche die Körperfarbe der darzustellenden Objecte nahehin wiedergeben, und nur in den beschatteten Theilen dunkler genommen werden. Nach diesem Princip fangen Kinder an zu malen, sie ahmen Körperfarbe durch Körperfarbe nach; ebenso solche Nationen, bei denen die Malerei auf einem gewissen kindlichen Standpunkt stehen geblieben ist. Zur vollendeten künstlerischen Malerei aber kommt es erst, wenn nicht mehr die Körperfarben, sondern wenn die Lichtwirkung auf das Auge nachzuahmen gelungen ist, und nur indem wir den Zweck der malerischen Darstellung in dieser Weise auffassen, wird es möglich, die Abweichungen zu verstehen, welche die Künstler in der Wahl ihrer Farben- und Helligkeitsscala der Natur gegenüber haben eintreten lassen.

Zunächst sind diese dadurch bedingt, dass, wie mehrfach erwähnt, das Fechner'sche Gesetz nur für mittlere Grade der Helligkeit volle Gültigkeit hat, während bei zu hoher oder zu geringer Helligkeit merkliche Abweichungen von demselben eintreten.

An beiden Grenzen der Lichtstärken zeigt sich das Auge weniger empfindlich für Lichtunterschiede, als es nach jenem Gesetze sein sollte. Bei sehr starkem Lichte wird es geblendet, das heisst seine innere Thätigkeit kann nicht gleichen Schritt mit dem äusseren Reize halten, die Nervenapparate werden zu schnell ermüdet. Sehr helle Gegenstände sehen immer fast gleich hell aus, selbst wenn in Wirklichkeit bedeutende Unterschiede in ihrer Lichtstärke bestehen. Der Rand der Sonne hat etwa nur die halbe Lichtstärke ihrer Mitte; das wird noch Niemand von Ihnen haben erkennen können, wenn er nicht etwa durch verdunkelnde Gläser hingesehen hat, welche die Helligkeit auf ein bequemes Maass herabsetzen. Aus dem entgegengesetzten Grunde wird das Auge unempfindlicher bei schwachem Licht. Wenn ein Körper so schwach beleuchtet ist, dass wir ihn kaum noch wahrnehmen, so werden wir Verminderung seiner Helligkeit durch einen Schatten um ein Hundertel oder um ein Zehntel gar nicht mehr wahrnehmen.

Daraus folgt, dass bei geringer Helligkeit die dunkleren Objecte den dunkelsten, bei grosser Helligkeit die helleren den hellsten ähnlicher werden, als es nach Fechner's Gesetz, was für mittlere Lichtstärken gilt, sein sollte. Daraus fliesst nun ein für die Malerei höchst charakteristischer Unterschied zwischen dem Eindruck sehr starker und sehr schwacher Beleuchtung.

Wollen die Maler glühenden Sonnenschein darstellen, so machen sie alle Objecte fast gleich hell, und reproduciren so mit ihren nur mässig hellen Farben den Eindruck, den die Sonnengluth auf das geblendete Auge des Beobachters macht. Wollen sie dagegen Mondschein darstellen, so geben sie nur die allerhellsten Objecte hell an, namentlich die Reflexe des Mondlichtes an glänzenden Flächen, und halten alles Andere fast unerkennbar dunkel; das heisst alle dunkleren Gegenstände machen sie dem tiefsten Dunkel, was sie mit ihren Farben erzeugen können, ähnlicher, als sie nach dem wirklichen Verhältniss der Lichtstärken sein sollten. Sie drücken durch ihre Abstufung der Helligkeiten in beiden Fällen also die Unempfindlichkeit des Auges für die Unterschiede zu hellen oder zu schwachen Lichtes aus. Könnten sie Farbe von dem blendenden Glanze vollen Sonnenscheins oder von der wirklichen Lichtschwäche des Mondlichtes anwenden, so brauchten sie die Abstufung der Helligkeit in ihren Gemälden nicht anders zu machen, als sie in der Natur ist; dann würde eben das Gemälde genau den gleichen Eindruck auf das Auge machen, wie ihn die gleichen Helligkeitsgrade wirklicher Gegenstände hervorbringen. Die beschriebene Aenderung in der Abstufung der Helligkeiten wird deshalb nöthig, weil die Farben des Gemäldes in der mittleren Helligkeit eines mässig beleuchteten Zimmers gesehen werden, für welche das Fechner'sche Gesetz merklich zutrifft, und damit Gegenstände dargestellt werden sollen, deren Helligkeitsstufen über die Grenze der Anwendbarkeit dieses Gesetzes hinausgehen.

Wir finden aber eine ähnliche Abweichung, die der bei Mondscheinlandschaften wirklich gesehenen entspricht, von älteren Meistern, im auffallendsten Maasse von Rembrandt, angewendet in Fällen, wo durchaus nicht der Eindruck von Mondschein oder einer ähnlich schwachen Beleuchtung hervorgebracht werden soll oder hervorgebracht wird. Die hellsten Partien der Objecte sind in diesen Bildern in hellen und leuchtenden gelblichen Farben dargestellt, aber die Abstufungen gegen das Dunkel hin sehr gross gemacht, so dass die dunkleren Gegenstände in ein fast undurchdringliches Dunkel versinken. Dieses Dunkel selbst aber ist überzogen mit dem gelblichen Nebelschein stark beleuchteter Luftmassen, so dass diese Bilder trotz ihrer Dunkelheit den Eindruck sonnigen Lichtes gewähren, und durch die sehr starke Abstufung der Schatten die Körperformen der Gesichter und Gestalten ausserordentlich kräftig hervorgehoben werden. Die Abweichung von der unmittelbaren Naturwahrheit ist in dieser Abstufung der Lichtstärken sehr auffallend, und doch geben die genannten Bilder ganz besonders lebhafte und eindringliche Anschauungen der dargestellten Gegenstände. Für das Verständniss der Principien malerischer Beleuchtung sind sie deshalb von besonderem Interesse.

Für die Erklärung ihrer Wirkungen muss man, wie ich glaube, berücksichtigen, dass das Fechner'sche Gesetz zwar annähernd richtig ist für die dem Auge bequemen mittleren Lichtstärken, dass aber doch die Abweichungen, welche für zu hohe und für zu kleine Lichtstärken so auffallend heraustreten, des Einflusses auch in dem Gebiete der mittleren Lichtstärken nicht ganz entbehren. Nur muss man genauer beobachten, um diesen Einfluss wahrzunehmen. In der That zeigt sich, dass wenn man auf einer rotirenden Scheibe die allerzartesten Abstufungen von Schatten herstellt, solche nur bei einem bestimmten Grade der Beleuchtung sichtbar sind, welcher etwa der Beleuchtung weissen Papiers an einem hellen Tage entspricht, was voll vom Himmelslichte, aber nicht von der Sonne direct getroffen wird. In solcher Lichtstärke kann man auch Schatten von $1/150$ oder selbst $1/180$ der Lichtstärke erkennen. Das Licht, bei welchem man Gemälde betrachtet, ist dagegen viel schwächer, und will man also dieselbe Deutlichkeit der feinsten Schatten und der durch sie bezeichneten Modellirung der Formen bewahren, so muss man eben die Abstufungen der Schatten im Gemälde etwas grösser machen, als es den wirklichen Lichtstärken entspricht. Dadurch werden dann die dunkelsten Gegenstände des Gemäldes allerdings unnatürlich dunkel, was aber dem Zweck des Künstlers nicht widerspricht, wenn die Aufmerksamkeit des Beschauers hauptsächlich den helleren zugelenkt werden soll. Die grosse künstlerische Wirksamkeit dieser Manier zeigt uns also, wie der Hauptnachdruck in der Nachahmung auf die Abstufung der Helligkeitsunterschiede, nicht auf die absoluten Helligkeiten fällt, und wie die grössten Abweichungen in den letzteren ohne erhebliche Störung ertragen werden, wenn nur ihre Abstufungen ausdrucksvoll nachgeahmt sind.

III. Die Farbe.

An diese Abweichungen der Helligkeiten schliessen sich nun auch gewisse Abweichungen in der Färbung, die physiologisch dadurch bedingt sind, dass die Scala der Empfindungsstärken auch für die verschiedenen Farben verschieden ist. Wie stark die Empfindung ausfällt bei gegebener Beleuchtungsstärke durch Licht einer bestimmten Farbe, hängt eben durchaus von der besonderen Reactionsweise derjenigen Nervenapparate ab, die durch die Einwirkung des betreffenden Lichtes in Erregung versetzt werden. Nun sind alle unsere Farbenempfindungen Mischungen aus drei verschiedenen einfachen Empfindungen, nämlich von Roth, Grün, Violett[1]), die nach einer nicht unwahrscheinlichen Voraussetzung

---

[1]) Siehe Bd. I, S. 270 bis 282.

von Th. Young durch drei verschiedenartige Systeme von Sehnervenfasern ganz unabhängig von einander percipirt werden. Dieser Unabhängigkeit der verschiedenen Farbenempfindungen von einander entspricht nun auch ihre gegenseitige Unabhängigkeit in der Abstufung der Intensitäten. Neuere Messungen [1]) haben gezeigt, dass die Empfindlichkeit unseres Auges für schwache Schatten im Blau am grössten ist, im Roth am kleinsten. Im Blau wird ein Unterschied von $1/205$ bis $1/268$ der Lichtstärke erkannt, im Roth vom unermüdeten Auge $1/16$, bei Abstumpfung der Farbe durch längeres Betrachten $1/50$ bis $1/70$.

Das Roth verhält sich also wie eine Farbe, gegen deren Abstufungen das Auge relativ unempfindlicher ist, als gegen die des Blau. Dem entsprechend treten aber auch die Erscheinungen der Blendung bei gesteigerter Helligkeit im Roth schwächer auf, als im Blau. Wählt man nach einer Bemerkung von Dove ein blaues und ein rothes Papier, welche bei mittlerer weisser Beleuchtung gleich hell erscheinen, so erscheint bei sehr abgeschwächter weisser Beleuchtung das Blau als das hellere, bei sehr verstärkter Beleuchtung das Roth. Die gleichen Unterschiede zeigen sich, wie ich selbst beobachtete, noch auffallender an rothen und violetten Spectralfarben, und zwar schon bei sehr mässiger Steigerung ihrer Intensität um den gleichen Bruchtheil für beide.

Nun ist der Eindruck des Weiss gemischt aus den Eindrücken, welche die einzelnen in dem weissen Lichte enthaltenen Spectralfarben auf unser Auge machen. Steigern wir die Helligkeit des Weiss, so wird dabei die Empfindungsstärke für die rothen, gelben und grünen Farben verhältnissmässig mehr wachsen, als diejenige für die blauen und violetten. In hellem Weiss werden also die ersteren einen verhältnissmässig stärkeren Eindruck machen, als die letzteren; in schwachem Weiss dagegen die blauen und bläulichen Farben. Sehr helles Weiss erscheint also gelblich, lichtschwaches bläulich gefärbt. Wir werden uns allerdings dieses Unterschiedes bei der gewöhnlichen Betrachtung der uns umgebenden Gegenstände nicht so leicht bewusst, da die unmittelbare Vergleichung von Farbentönen sehr verschiedener Helligkeit schwierig ist, und wir gewöhnt sind ein und denselben weissen Gegenstand von unveränderter Beschaffenheit bei wechselnder Beleuchtung nach einander in dieser verschiedenen Abänderung des Weiss zu sehen, so

---

[1]) Dobrowolsky in Graefe's Archiv für Ophthalmologie, Bd. XVIII, Abthl. 1, S. 74 bis 92.

dass wir bei unserer Beurtheilung der Körperfarben den Einfluss der Helligkeit zu eliminiren gelernt haben.

Wenn aber dem Maler die Aufgabe erwächst den Eindruck von sonnenbeleuchtetem Weiss mit lichtschwächeren Farben nachzuahmen, so erreicht er einen höheren Grad von Aehnlichkeit, indem er in seinem Weiss durch Einmischung von Gelb diese Farbe ebenso vorwiegen macht, wie sie in wirklich hellerem Weiss wegen der Reactionsweise des Sehnervenapparates vorwiegen würde. Es ist dasselbe Verfahren, als wenn wir eine Landschaft unter trübem Himmel durch ein gelbes Glas betrachten, und ihr dadurch den Anschein von sonniger Beleuchtung geben. Umgekehrt wird der Künstler mondscheinbeleuchtetes, also sehr lichtschwaches Weiss bläulich machen, da die Farben auf dem Bilde, wie wir gesehen haben, ausserordentlich viel lichtstärker sein müssen als die darzustellende Farbe. Im Mondschein ist in der That kaum noch eine andere Farbe zu erkennen als Blau; der blaue Sternenhimmel oder blaue Blumen können noch deutlich gefärbt erscheinen, während Gelb und Roth nur noch als Verdunkelungen des allgemeinen bläulichen Weiss oder Grau sich merkbar machen.

Wiederum bitte ich Sie zu bemerken, dass diese Aenderungen der Farben nicht nöthig sein würden, wenn dem Künstler Farben von derselben Lichtstärke oder von derselben Lichtschwäche zu Gebote ständen, wie sie die von der Sonne oder vom Monde beleuchteten Körper wirklich zeigen.

Die Veränderung der Farbe ist, wie die vorher besprochene veränderte Abstufung der Helligkeit, eine subjective Wirkung, die der Maler objectiv auf seiner Tafel darstellen muss, weil seine mässig hellen Farben sie hervorzurufen nicht im Stande sind.

Ganz Aehnliches beobachten wir in Bezug auf die Erscheinungen des Contrastes. Wir begreifen unter diesem Namen Fälle, bei denen die Farbe oder Helligkeit einer Fläche dadurch, dass ein Feld von anderer Farbe oder Helligkeit daneben gesetzt wird, verändert erscheint und zwar so, dass die ursprüngliche Farbe durch eine helle Nachbarschaft dunkler, durch eine dunkle Nachbarschaft heller, durch eine gefärbte dagegen entgegengesetzt oder complementärfarbig gemacht wird.

Die Erscheinungen des Contrastes sind sehr verschiedener Art und rühren von verschiedenen Ursachen her. Eine Classe derselben, Chevreul's simultaner Contrast, ist unabhängig von den Bewegungen des Auges und kommt namentlich zwischen

Feldern von sehr geringen Farben- und Helligkeitsunterschieden vor. Dieser Contrast erscheint auf dem Gemälde ebenso gut, wie in der Wirklichkeit, und ist den Malern wohlbekannt. Ihre Farbengemische sehen auf der Palette oft ganz anders aus, als sie nachher im Gemälde erscheinen. Die hierher gehörigen Farbenänderungen sind oft ausserordentlich auffallend; doch unterlasse ich hier näher darauf einzugehen, weil sie keine Abweichung zwischen dem Gemälde und der Wirklichkeit bedingen.

Die zweite für uns wichtigere Classe der Contrasterscheinungen zeigt sich bei Bewegungen des Blickes, und zwar vorzugsweise zwischen Feldern von grösseren Helligkeits- und Farbenunterschieden. Wenn der Blick über helle und dunkle oder farbige Gegenstände und Flächen hingleitet, wird der Eindruck jeder Farbe verändert, indem sie sich auf Theilen der Netzhaut abbildet, die unmittelbar vorher von anderen Farben und Lichtern getroffen waren und dadurch in ihrer Reizempfänglichkeit verändert worden sind. Diese Art des Contrastes ist deshalb wesentlich von Augenbewegungen abhängig und von Chevreul daher als successiver Contrast bezeichnet worden.

Wir haben schon vorher gesehen, dass die Netzhaut unseres Auges im Dunkeln empfindlicher gegen schwaches Licht wird, als sie vorher war. Durch starkes Licht dagegen wird sie abgestumpft und unempfindlicher gegen schwache Lichter, die sie vorher wahrgenommen hatte. Wir hatten diesen letzteren Vorgang als Ermüdung der Netzhaut bezeichnet, als eine Erschöpfung der Leistungsfähigkeit der Netzhaut durch ihre Thätigkeit selbst, wie es ähnlich die Ermüdung der Muskeln ist.

Zunächst ist nun zu erwähnen, dass die Ermüdung der Netzhaut durch Licht sich nicht nothwendig auf die ganze Fläche derselben ausdehnt, sondern, wenn nur ein kleiner Theil dieser Membran durch ein beschränktes helles Bildchen getroffen ist, auch nur in diesem Theile sich örtlich beschränkt entwickeln kann.

Sie Alle werden die dunklen Flecke kennen, welche sich auf dem Gesichtsfelde herum bewegen, wenn man auch nur kurze Zeit nach der untergehenden Sonne geblickt hat, und welche die Physiologen als negative Nachbilder der Sonne zu bezeichnen pflegen. Dieselben entstehen dadurch, dass nur diejenigen Theile der Netzhaut, welche von dem Bilde der Sonne im Auge wirklich getroffen wurden, für neue Lichtwirkung unempfindlicher geworden sind. Blickt man mit einem solchen local ermüdeten Auge nun auf eine gleichmässig helle Fläche, zum Beispiel das Himmelsgewölbe, so empfinden die ermüdeten Theile der Netzhaut den auf sie fallenden Theil des Bildes im Auge schwächer und dunkler als ihre Nachbarn, so dass der Beschauer dunkle Flecke am Himmel zu sehen glaubt, die sich mit seinem Blicke hin- und herbewegen. Er hat dann nebeneinander vor sich in den hellen Theilen der Himmelsfläche den Eindruck, den diese auf die nicht ermüdeten Theile der Netzhaut macht, in den dunkeln Flecken dagegen die Wirkung auf die ermüdeten Theile. So helle Gegenstände, wie die Sonne, rufen negative Nachbilder allerdings am auffallendsten hervor; aber bei einiger Aufmerksamkeit beobachtet man dieselben auch nach viel mässigeren Lichteindrücken. Nur braucht man längere Zeit, um das Nachbild von solchen deutlich erkennbar zu entwickeln, und man muss dabei sehr fest einen bestimmten Punkt des hellen Objectes fixiren, ohne das Auge zu bewegen, damit das Bild desselben fest auf der Netzhaut liege, und nur eine wohlbegrenzte Stelle der Netzhaut erregt und ermüdet werde, gerade so, wie es zur Erzeugung scharfer photographischer Porträts nöthig ist, dass der Abzubildende sich während der Expositionszeit nicht bewege, damit sein Bild auf der photographischen Platte sich nicht hin- und herschiebe. Das Nachbild im Auge ist gleichsam eine Photographie auf der Netzhaut, die durch die veränderte Empfindlichkeit gegen neues Licht sichtbar wird, aber nur kurze Zeit stehen bleibt, desto länger, je stärker und dauernder die Lichtwirkung war.

War der fixirte Gegenstand farbig, zum Beispiel rothes Papier, so ist das Nachbild auf grauem Grunde complementär gefärbt, in diesem Falle also grünblau [1]). Rosenrothes Papier giebt dagegen ein rein grünes Nachbild, grünes ein rosenrothes, blaues ein gelbes und gelbes ein blaues. Diese Erscheinungen zeigen, dass in der Netzhaut auch eine theilweise Ermüdung in Bezug auf die verschiedenen Farben möglich ist. Nach Th. Young's [2]) Hypothese von der Existenz dreier Fasersysteme im Sehnerven, von denen das

---

[1]) Um diese Art Nachbilder möglichst deutlich zu sehen, thut man gut alle Augenbewegungen zu vermeiden. Man zeichne auf ein grosses Blatt dunkelgrauen Papieres ein schwarzes Kreuzchen, dessen Mitte man andauernd fest fixire und schiebe dann von der Seite ein viereckiges Blatt Papier von derjenigen Farbe heran, deren Nachbild man beobachten will, so dass eine der Ecken das Kreuzchen berührt. Man lasse das Blatt ein bis zwei Minuten fest liegen, indem man unverwandt das Kreuzchen fixirt, und ziehe es dann plötzlich weg, ohne in der genannten Fixation nachzulassen. Dann sieht man an Stelle des weggezogenen Blattes auf dem dunkeln Grunde das Nachbild erscheinen.

[2]) Siehe Bd. I, S. 279.

eine bei jeder Art der Reizung Roth empfindet, das zweite Grün, das dritte Violett, werden bei grüner Beleuchtung nur die grünempfindenden Fasern der Netzhaut kräftig erregt und ermüdet. Wird derselbe Theil der Netzhaut nachher weiss beleuchtet, so ist die Empfindung des Grün abgeschwächt, die des Roth und Violett lebhaft und überwiegend; deren Summe giebt alsdann den Gesammteindruck von Purpur, der sich mit dem unveränderten Weiss des Grundes zu Rosenroth mischt.

Bei der gewöhnlichen Betrachtung lichter und farbiger Objecte pflegen wir nun nicht dauernd ein und denselben Punkt zu fixiren, weil wir, mit dem Blicke dem Spiele unserer Aufmerksamkeit folgend, ihn immer neuen Theilen der Objecte zuwenden, wie sie uns gerade interessiren. Diese Art des Betrachtens, wobei sich demgemäss auch das Auge fortwährend bewegt und das Netzhautbild auf der Netzhaut hin- und hergleitet, hat ausserdem den Vortheil die Störungen des Sehens zu vermeiden, welche starke und dauernde Nachbilder mit sich führen würden. Doch fehlen Nachbilder auch hierbei nicht ganz, sie sind nur verwaschen in ihren Contouren und sehr flüchtig in ihrer Dauer.

Liegt nun ein rothes Feld auf grauem Grunde, und bewegt sich unser Blick vom Roth über den Rand zum Grau, so werden die Randtheile des Grau von einem solchen Nachbilde des Roth getroffen und erscheinen schwach blaugrün gefärbt. Da aber das Nachbild schnell schwindet, so sind es meist nur die dem Roth am nächsten liegenden Theile des Grau, die die Veränderung in merklichem Grade zeigen.

Auch dies ist eine Erscheinung, die durch helles Licht und glänzende gesättigte Farben stärker als durch schwächeres Licht und stumpfere Farben hervorgerufen wird. Der Künstler aber arbeitet vorzugsweise mit den letzteren. Die meisten Farbentöne erzeugt er sich durch Mischung; jeder gemischte Farbstoff ist aber grauer und stumpfer als die reinen Farben, aus denen er gemischt ist, und selbst die wenigen reinen Farbstoffe von sehr gesättigter Farbe, wie Zinnober und Ultramarin, welche die Oelmalerei verwenden kann, sind verhältnissmässig dunkel. Die lichtstarken Farben des Aquarell und der farbigen Kreiden wiederum sind verhältnissmässig weisslich. Daher sind im Allgemeinen so lebhafte Contrastwirkungen, wie sie an stark gefärbten und stark beleuchteten Objecten in der Natur beobachtet werden, von ihrer Darstellung im Gemälde nicht zu erwarten. Will also der Künstler den Gesichtseindruck, den die Objecte geben, mit den Farben, die ihm zu Gebot stehen, möglichst eindringlich wiedergeben, so muss er auch die Contraste malen, welche jene erzeugen. Wären die Farben auf dem Gemälde ebenso glänzend und lichtstark, wie an den wirklichen Objecten, so würden sich auch die Contraste vor jenem ebenso gut von selbst erzeugen, wie vor diesen. Auch hier müssen also subjective Phänomene des Auges objectiv auf das Gemälde gesetzt werden, weil die Scala der Farben und Helligkeiten auf letzterem eine abweichende ist.

So werden Sie bei einiger Aufmerksamkeit finden, wie der Regel nach Maler und Zeichner eine ebene, gleichmässig erleuchtete Fläche da heller machen, wo sie an Dunkel, dunkler, wo sie an Hell stösst. Sie werden finden, dass gleichmässig graue Flächen gegen Gelb abgetönt werden, wo hinter ihnen am Rande Blau zum Vorschein kommt, gegen Rosa, wo sie an Grün stossen, vorausgesetzt, dass kein vom Blau oder Grün reflectirtes Licht auf das Grau fallen kann. Wo einzelne Sonnenstrahlen durch das grüne Laubdach eines Waldes dringend den Boden treffen, erscheinen sie dem gegen das herrschende Grün ermüdeten Auge rosenroth gefärbt, und dem rothgelben Kerzenlicht gegenüber erscheint das durch eine Spalte einfallende weisse Tageslicht blau. So malt sie in der That auch der Maler, da die Farben seines Gemäldes nicht leuchtend genug sind, um ohne solche Nachhilfe den Contrast hervorzubringen.

An die Reihe dieser subjectiven Erscheinungen, welche die Künstler auf ihren Gemälden objectiv darzustellen genöthigt sind, schliessen sich auch noch gewisse Erscheinungen der Irradiation. Man versteht darunter Fälle, wo im Gesichtsfeld irgend ein sehr helles Object steht, und das Licht oder die Farbe desselben über die Nachbarschaft sich ausbreitet. Die Erscheinung ist desto auffallender, je heller das irradiirende Object ist, und der über die Nachbarschaft ausgegossene Lichtschein ist in der unmittelbarsten Nähe des hellen Objectes am stärksten, nimmt dagegen in grösserer Entfernung an Stärke ab. Am auffallendsten sind die Irradiationserscheinungen rings um ein sehr helles Licht auf dunklem Grunde. Verdeckt man dem Auge den Anblick der Flamme selbst durch einen schmalen dunkeln Gegenstand, zum Beispiel einen Finger, so sieht man gleichzeitig einen hellen nebeligen Schein schwinden, der die ganze Nachbarschaft überdeckt, und man erkennt deutlicher die Gegenstände, die sich in dem dunkeln Theile des Gesichtsfeldes etwa befinden. Deckt man sich die Flamme halb zu mit einem Lineal, so scheint dieses eingekerbt zu sein an der

Stelle, wo die Flamme darüber hervorragt. Hierbei ist der Lichtschein in der Nähe der Flamme so intensiv, dass man seine Helligkeit von der der Flamme selbst schon nicht mehr unterscheidet; die Flamme erscheint, wie es übrigens mit jedem sehr hellen Objecte der Fall ist, vergrössert und gleichsam übergreifend über die benachbarten dunkeln Objecte.

Der Grund dieser Erscheinungen ist übrigens ein ganz ähnlicher, wie der der sogenannten Luftperspective; es sind Lichtausbreitungen, welche von dem Durchgange des Lichtes durch trübe Medien herrühren, nur dass für die Erscheinungen der Luftperspective die Trübung in der Luft vor dem Auge zu suchen ist, für die eigentlichen Irradiationserscheinungen aber in den durchsichtigen Medien des Auges selbst. Es zeigt sich bei scharfer Beleuchtung des gesundesten menschlichen Auges, am besten von der Seite her mit einem durch eine Brennlinse concentrirten Bündel von Sonnenstrahlen, dass die Hornhaut und die Krystallinse nicht vollkommen klar sind. Scharf beleuchtet erscheinen beide etwas weisslich, wie durch einen feinen Nebel getrübt. In der That sind beides Gewebe von faserigem Bau, die in ihrer Structur deshalb nicht so homogen sind, wie eine reine Flüssigkeit oder ein reiner Krystall. Jede kleinste Ungleichartigkeit in der Structur eines durchsichtigen Körpers ist aber im Stande, etwas von dem auffallenden Lichte zurückzuwerfen, beziehlich nach allen Seiten hin zu zerstreuen[1]).

Die Erscheinungen der Irradiation kommen übrigens auch bei mässigeren Graden der Helligkeit zu Stande. Eine dunkele Oeffnung in einem farbigen von der Sonne beleuchteten Papierblatte oder ein dunkeles kleines Object auf einer farbigen Glasplatte, die man gegen den hellen Himmel hält, erscheinen ebenfalls mit der Farbe der umliegenden Fläche übergossen.

Die Erscheinungen der Irradiation sind demgemäss denen, welche die Trübung der Luft hervorbringt, sehr ähnlich. Der einzige wesentliche Unterschied besteht darin, dass die Trübung durch beleuchtete Luft vor ferneren Gegenständen, die mehr Luft vor sich haben, stärker ist als vor näheren Gegenständen, während die Irradiation im Auge ihren Schein gleichmässig über nahe und ferne Gegenstände ausgiesst.

---

[1]) Ich übergehe hier die Ansicht, wonach die Irradiation im Auge auf einer Ausbreitung der Erregung in der Nervensubstanz beruhen soll, weil mir dieselbe zu hypothetisch erscheint. Uebrigens kommt es bei dem vorliegenden Thema nur auf die Phänomene an, und nicht auf deren Ursache.

Auch die Irradiation gehört zu den subjectiven Erscheinungen des Auges, die der Künstler objectiv nachahmt, weil die gemalten Lichter und das gemalte Sonnenlicht nicht lichtstark genug sind, ihrerseits eine deutlich wahrnehmbare Irradiation im Auge des Beschauers hervorzubringen.

Ich habe schon vorher die Darstellung, welche der Maler von den Lichtern und Farben seiner Objecte zu geben hat, als eine Uebersetzung bezeichnet und hervorgehoben, dass sie in der Regel eine in allen Einzelheiten getreue Abschrift gar nicht sein könnte. Die veränderte Scala der Helligkeiten, welche der Künstler in vielen Fällen anwenden muss, steht dem schon im Wege. Es sind nicht die Körperfarben der Objecte, sondern es ist der Gesichtseindruck, den sie gegeben haben oder geben würden, so nachzuahmen, dass eine möglichst deutliche und lebendige Anschauungsvorstellung von jenen Objecten entsteht. Indem der Maler die Licht- und Farbenscala, in der er seine Darstellung ausführt, ändern muss, ändert er nur etwas, was an den Gegenständen selbst mannigfachem Wechsel je nach der Beleuchtung und nach der Ermüdung des Auges unterworfen ist. Er behält das Wesentlichere bei, nämlich die Abstufungen der Helligkeit und Farbe. Hierbei drängen sich, wie wir gesehen haben, eine Reihe von Erscheinungen auf, die von der Art, wie unser Auge auf den äusseren Reiz antwortet, bedingt sind, und weil sie von der Stärke dieses Reizes abhängen, nicht unmittelbar durch die geänderten Lichtstärken und Farben des Gemäldes hervorgerufen werden. Diese subjectiven Erscheinungen, welche beim Anblick der Objecte eintreten, würden fehlen, wenn der Maler sie nicht objectiv auf seiner Leinwand darstellte. Die Thatsache, dass sie dargestellt werden, ist besonders bezeichnend für die Art der Aufgabe, die in der malerischen Darstellung zu lösen ist.

Nun spielt aber in jeder Uebersetzung die Individualität des Uebersetzers ihre Rolle. Bei der malerischen Uebertragung bleiben viele einflussreiche Verhältnisse der Wahl des Künstlers frei überlassen, um sie je nach individueller Vorliebe oder nach den Erfordernissen seines Gegenstandes zu entscheiden. Er kann die absolute Helligkeit seiner Farben innerhalb gewisser Grenzen frei wählen, ebenso die Grösse der Lichtabstufungen. Er kann letztere, wie Rembrandt, übertreiben, um kraftvolles Relief zu erhalten, oder sie verkleinern, wie etwa Fra Angelico und seine modernen Nachahmer, um die irdischen Schatten in den Darstellungen heiliger Gegenstände zu mildern. Er kann, wie die Holländer, das in der Atmosphäre verbreitete Licht, bald sonnig, bald bleich, warm oder kalt hervorheben, und dadurch die der Beleuchtung und den Witterungszuständen abhängigen Stimmungen im Beschauer wachrufen, oder er kann durch ungetrübte Luft, gleichsam objectiv klar und von subjectiven Stimmungen unbeeinflusst, seine Gestalten hervortreten lassen. Dadurch ist eine grosse Mannigfaltigkeit in dem bedingt, was die Künstler den „Stil" oder die „Vortragsweise" nennen, und zwar in den rein malerischen Elementen derselben.

IV. Die Farbenharmonie.

Hier drängt sich nun naturgemäss die Frage auf: Wenn der Künstler wegen der geringen Lichtmenge und Sättigung seiner Farben auf allerlei indirecten Wegen, durch Nachahmung subjectiver Erscheinungen eine möglichst grosse, aber nothwendig immer unvollkommene Aehnlichkeit mit der Wirklichkeit zu erringen gezwungen wird, wäre es nicht zweckmässiger nach Mitteln zu suchen, um diesen Uebelständen abzuhelfen. Und solche giebt es ja. Frescogemälde zeigen sich ja zuweilen in vollem Sonnenschein, Transparentbilder und Glasmalereien können viel höhere Grade der Helligkeit, viel gesättigtere Farben benutzen, bei Dioramen und Theaterdecorationen können wir mit starker künstlicher Beleuchtung, nöthigenfalls mit elektrischem Lichte nachhelfen. Aber schon indem ich diese Zweige der Kunst aufzähle, wird Ihnen auffallen, dass diejenigen Werke, welche wir als höchste Meisterstücke der Malerei bewundern, nicht da hinein gehören; sondern dass bei weitem die meisten der grossen Kunstwerke mit den verhältnissmässig dunkeln Tempera- und Oelfarben, oder mindestens für Räume mit gemässigtem Licht ausgeführt worden sind. Wären höhere künstlerische Wirkungen mit sonnenbeleuchteten Farben zu erreichen, wir würden unzweifelhaft Gemälde haben, die davon Vortheil zögen. Die Frescomalerei würde dazu übergeleitet haben; oder die Versuche von Münchens berühmtem Optiker Steinheil, die dieser in naturwissenschaftlichem Interesse anstellte, nämlich Oelgemälde herzustellen, die im vollen Sonnenschein betrachtet werden sollten, würden nicht vereinzelt geblieben sein.

Somit scheint die Erfahrung zu lehren, dass die Mässigung des Lichtes und der Farben in den Gemälden sogar noch ein Vortheil ist; und wir brauchen nur sonnenbeschienene Frescogemälde, z. B. die der neuen Pinakothek in München, zu betrachten, so erfahren wir auch gleich, worin dieser Vortheil besteht. Deren Helligkeit ist nämlich so gross, dass wir sie kaum dauernd betrachten können. Und was in diesem Falle dem Auge so schmerzhaft und ermüdend wird, würde sich in geringerem Grade ja immer geltend machen, sobald in einem Gemälde auch nur stellenweise und in mässigerer Verwendung lichtstärkere Farben vorkämen, die den häufig dargestellten Graden hellen Sonnenscheins und über das Bild ausgegossener Lichtfülle entsprächen. Viel eher gelingt mit künstlicher Beleuchtung in Dioramen und Theaterdecorationen eine genauere Nachahmung des schwachen Lichtes des Mondscheins.

Wir dürfen also wohl in der That die Naturwahrheit eines schönen Gemäldes als eine veredelte Naturtreue bezeichnen. Ein solches giebt alles Wesentliche des Eindruckes wieder und erreicht volle Lebendigkeit der Anschauung, aber ohne das Auge durch die grellen Lichter der Wirklichkeit zu verletzen und zu ermüden. Die Abweichungen zwischen Kunst und Natur beschränken sich, wie schon erörtert wurde, hauptsächlich auf solche Verhältnisse, die wir auch der Wirklichkeit gegenüber nur schwankend und unsicher zu beurtheilen vermögen, wie die absoluten Lichtstärken.

Das sinnlich Angenehme, die nur wohlthuende aber nicht ermattende Erregung unserer Nerven, das Gefühl des Wohlseins in ihnen, entspricht hier, wie auch sonst, denjenigen Bedingungen, welche für die Wahrnehmung der Aussenwelt die günstigsten sind, welche die feinste Unterscheidung und Beobachtung zulassen.

Dass bei einer gewissen mittleren Helligkeit die Unterscheidung der zartesten Schatten und der durch sie ausgedrückten Modellirung der Flächen die feinste sei, ist oben schon erwähnt worden. Ich möchte Ihre Aufmerksamkeit hier noch einem anderen Punkte zulenken, der für die Malerei gerade grosse Wichtigkeit hat, nämlich der natürlichen Lust an den Farben, die unverkennbar einen grossen Einfluss auf unser Wohlgefallen an den Werken der Malerei hat. In seinen einfachsten Aeusserungen, als Lust an bunten Blumen, Federn, Steinen, an Feuerwerk und bengalischer Beleuchtung, hat dieser Trieb mit dem Kunsttrieb des Menschen noch nicht viel zu schaffen, sondern erscheint nur als die natürliche Lust des empfindenden Organismus an wechselnder und mannigfacher Erregung seiner verschiedenen Empfindungsnerven, die für das gesunde Fortbestehen und die Leistungsfähigkeit derselben nothwendig ist. Aber die durchgreifende Zweckmässigkeit in dem Bau der lebenden Organismen, woher sie auch stammen möge, lässt es nicht zu, dass in der Majorität der gesunden Individuen ein Trieb sich ausbilde oder erhalte, der nicht bestimmten Zwecken diene.

Für die Lust am Licht und an den Farben, der Scheu vor der Finsterniss haben wir in dieser Beziehung nicht weit zu suchen; sie fällt zusammen mit dem Streben zu sehen, und die umgebenden Gegenstände zu erkennen. Die Finsterniss verdankt den grösseren Theil des Grauens, welches sie einflösst, offenbar der Furcht vor dem Unbekannten und Unerkennbaren, dem man sich gegenübergestellt sieht. Ein farbiges Bild giebt eine viel genauere, reichere und leichtere Anschauung der dargestellten Gegenstände als eine gleich ausgeführte Zeichnung, welche nur die Gegensätze des Hell und Dunkel bewahrt. Letztere bewahrt auch das Gemälde; auf ihm kommen aber dazu noch die Unterscheidungsmerkmale, welche die Farben darbieten, durch welche Flächen, die in der Zeichnung gleich hell erscheinen, bald als verschiedenfarbig verschiedenen Objecten zugewiesen werden, bald gleichfarbig sich als Theile desselben oder gleichartiger Objecte darbieten. Indem der Künstler diese natürlich gegebenen Beziehungen benutzt, wird es ihm leicht durch hervortretende Farben die Aufmerksamkeit des Beschauers auf die Hauptgegenstände des Gemäldes hinzulenken und an diese zu fesseln, durch die Verschiedenheit der Gewänder die Figuren von einander zu trennen, jede einzelne aber in sich zusammenzuhalten. Ja selbst die natürliche Lust an den reinen stark gesättigten Farben findet in dieser Richtung ihre Rechtfertigung. Es verhält sich mit diesen wie in der Musik mit den vollen, reinen, wohltönenden Klängen einer schönen Stimme. Eine solche ist ausdrucksvoller; das heisst jede kleinste Aenderung ihrer Tonhöhe oder Klangfarbe, jede kleine Unterbrechung, jedes Zittern, jede Schwellung oder Abschwellung derselben giebt sich viel deutlicher augenblicklich dem Hörer zu erkennen, als dasselbe bei einer weniger regelmässig abfliessenden Tonbewegung der Fall sein würde, und es scheint auch, dass der starke Empfindungsreiz, den sie im Ohre des Hörers hervorruft, viel gewaltiger als ein schwächerer Reiz gleicher Art Vorstellungsverbindungen und Affecte wachruft. Aehnlich verhält es sich mit den reinen Farben. Eine reine Grundfarbe verhält sich kleinen Einmischungen anderer Farben gegenüber wie ein dunkler Grund, auf welchem der kleinste Lichthauch sichtbar wird. Wie empfindlich Kleiderstoffe von gleichmässig gesättigter Farbe gegen Beschmutzung sind im Vergleich mit der

Unempfindlichkeit grauer oder graubrauner Stoffe, wird jede der anwesenden Damen oft genug erfahren haben. Es entspricht dies auch den Folgerungen aus der Young'schen Farbentheorie. Nach dieser rührt die Empfindung jeder der Grundfarben von der Erregung nur einer Art farbenempfindender Fasern her, während die beiden anderen Arten in Ruhe sind, oder wenigstens nur verhältnissmässig schwach erregt werden. Eine glänzende gesättigte Farbe giebt also starke Erregung und daneben doch grosse Empfindlichkeit in den zur Zeit ruhenden Fasersystemen des Sehnerven gegen Einmischung anderer Farben. Die Modellirung einer farbigen Fläche beruht aber zum grossen Theil auf den Reflexen des andersfarbigen Lichtes, welches von aussen auf sie fällt. Namentlich wenn der Stoff glänzt, sind die Reflexe der glänzenden Stellen überwiegend von der Farbe des beleuchtenden Lichtes; in der Tiefe der Falten dagegen reflectirt die farbige Fläche gegen sich selbst, und macht dadurch ihre eigene Farbe noch gesättigter. Eine weisse Fläche dagegen von grösserer Helligkeit wird blendend und dadurch unempfindlich gegen schwache Schattenabstufungen. So können starke Farben durch die starke Erregung, die sie hervorbringen, das Auge des Beschauers mächtig fesseln und doch ausdrucksvoll für die zarteste Aenderung der Modellirung oder der Beleuchtung, das heisst also ausdrucksvoll im malerischen Sinne sein.

Bedecken sie andererseits zu grosse Flächen, so bringen sie schnell Ermüdung für die hervorstechende Farbe und Abstumpfung der Empfindlichkeit gegen dieselbe hervor. Diese Farbe selbst wird dann grauer und auf allen anders gefärbten Flächen kommt ihre Complementärfarbe zum Vorschein, namentlich auf grauen oder schwarzen Flächen; daher allzu lebhaft gefärbte einfarbige Kleider und noch mehr Tapeten etwas Beunruhigendes und Ermüdendes haben; die Kleider ausserdem für die Trägerin den Nachtheil bringen, dass sie Gesicht und Hände mit der Complementärfarbe überziehen. Blau erzeugt dabei Gelb, Violett giebt Grüngelb, Purpurroth Grün, Scharlachroth Blaugrün und umgekehrt giebt Gelb Blau u. s. w. Für den Künstler tritt ausserdem noch der Umstand in Betracht, dass die Farbe für ihn ein einflussreiches Mittel ist die Aufmerksamkeit des Beschauers nach seinem Willen zu leiten. Um dies zu können, muss er aber die gesättigten Farben sparsam anwenden, sonst zerstreuen sie die Aufmerksamkeit, das Bild wird bunt. Andererseits wird es nöthig die einseitige Ermüdung des beschauenden Auges durch eine zu hervorstechende

Farbe zu vermeiden. Das geschieht entweder dadurch, dass die hervorstechende Farbe in mässiger Ausdehnung auf stumpfem, schwach gefärbtem Grunde angebracht wird, oder aber durch Nebeneinanderstellung verschiedener gesättigter Farben, die ein gewisses Gleichgewicht der Erregung im Auge hervorbringen, und sich gegenseitig im Contrast durch ihre Nachbilder auffrischen und steigern. Eine grüne Fläche nämlich, auf welche das grüne Nachbild einer vorher gesehenen purpurrothen fällt, erscheint in viel gesättigterem Grün, als ohne ein solches Nachbild. Durch die Ermüdung gegen Purpur, das heisst gegen Roth und Violett, wird die Einmischung jeder Spur dieser beiden anderen Farben in das Grün abgeschwächt, während dieses selbst seinen vollen Eindruck hervorbringt. Auf diese Weise wird die Empfindung des Grün von jeder fremden Einmischung gereinigt. Selbst das reinste und gesättigteste Grün, was uns die Aussenwelt im prismatischen Farbenspectrum zeigt, kann auf diese Weise noch eine grössere Sättigung gewinnen. So findet man, dass auch die übrigen oben genannten Paare von Complementärfarben durch ihren Contrast sich gegenseitig glänzender machen, während Farben, die einander sehr nahe stehen, sich durch ihre Nachbilder gegenseitig schädigen und grau machen.

Diese Beziehungen der Farben zu einander haben offenbar einen grossen Einfluss auf den Grad des Wohlgefallens, welches uns verschiedene Farbenzusammenstellungen gewähren. Man kann ohne Schaden zwei Farben zusammenstellen, die einander so ähnlich sind, dass sie wie Abänderungen derselben Farbe, erzeugt durch verschiedene Beleuchtung und Beschattung, erscheinen. So kann man auf Scharlachroth schattigere Theile Carminroth, oder auf Strohgelb die letzteren Goldgelb machen. Geht man aber über diese Grenze hinaus, so kommt man zu hässlichen Zusammenstellungen, wie Carminroth und Orange (Gelbroth) oder Orange und Strohgelb. Man muss dann den Abstand der Farben vergrössern, um wieder zu angenehmen Zusammenstellungen zu kommen. Die am fernsten von einander stehenden Paare sind die Complementärfarben. Diese zusammengestellt, wie Strohgelb und Ultramarinblau, oder Spangrün und Purpur, haben etwas Nüchternes und Grelles, vielleicht weil wir die zweite Farbe schon überall als Nachbild der ersten auftreten zu sehen erwarten müssen, und die zweite Farbe deshalb nicht hinreichend als neues selbstständiges Element der Verbindung sich zu erkennen giebt. Es sind deshalb im Ganzen die Verbindungen solcher Paare am gefälligsten, bei denen die zweite Farbe der Complementärfarbe der ersten nahe kommt, aber doch noch mit deutlicher Abweichung. So sind Scharlachroth und grünliches Blau complementär. Gefälliger aber als dieses Paar wird die Zusammenstellung, wenn wir das grünliche Blau entweder in Ultramarinblau oder in gelbliches Grün (Blattgrün) übergehen lassen. Im letzteren Falle hat dann die Zusammenstellung ein Uebergewicht nach der Seite des Gelb, im ersteren nach der Seite des Rosenroth. Noch befriedigender als solche Farbenpaare sind aber Zusammenstellungen von je drei Farben, welche das Gleichgewicht des Farbeneindruckes herstellen und dadurch trotz starker Farbenfülle einseitige Ermüdung des Auges vermeiden, ohne doch in die Kahlheit der complementären Zusammenstellungen zu verfallen. Dahin gehört die vielgebrauchte Zusammenstellung der venetianischen Meister Roth, Grün, Violett, und Paul Veronese's Purpurroth, grünlich Blau und Gelb. Die erstere Triade entspricht annähernd den drei physiologischen Grundfarben, so weit diese durch Farbstoffe herzustellen sind, die letztere giebt die drei Mischungen aus je zwei Grundfarben. Uebrigens ist zu bemerken, dass feste Regeln über die Harmonie der Farben von ähnlicher Präcision und Sicherheit, wie sie für die Consonanz der Töne gelten, sich bisher noch nicht haben aufstellen lassen. Im Gegentheil zeigt die Durchmusterung der Thatsachen [1]), dass eine Menge von Nebeneinflüssen sich dabei geltend machen, namentlich sobald die farbige Fläche gleichzeitig ganz oder theilweise eine Darstellung von Naturobjecten oder von körperlichen Formen geben soll, oder auch nur Aehnlichkeit mit der Darstellung eines Reliefs, beschatteter und nicht beschatteter Flächen darbietet. Ausserdem ist es oft schwierig auch nur thatsächlich festzustellen, welche Farben es eigentlich sind, die den harmonischen Eindruck erzeugen. Im höchsten Grade ist dies der Fall auf den eigentlichen Gemälden, wo die Luftfärbung, die farbigen Reflexe und Schatten den Farbenton jeder einzelnen farbigen Fläche, wenn sie nicht ganz eben ist, so mannigfach verändern, dass eine eindeutige Bestimmung ihres Farbentones kaum zu geben ist. Ausserdem ist in solchen die directe Farbenwirkung auf das Auge nur ein untergeordnetes Hilfsmittel, da andererseits die hervortretenden Farben und Lichter auch wesentlich der Hinlenkung der

---

[1]) Siehe darüber: E. Brücke, die Physiologie der Farben für die Zwecke der Kunstgewerbe. Leipzig, 1866. — W. v. Bezold, die Farbenlehre im Hinblick auf Kunst und Kunstgewerbe. Braunschweig, 1874.

Aufmerksamkeit auf die wichtigeren Punkte der Darstellung dienen müssen. Neben diesen mehr poetischen und psychologischen Momenten der Darstellung treten die Rücksichten auf die wohlthätige Wirkung der Farben weit zurück. Nur in der reinen Ornamentik auf Teppichen, Gewändern, Bändern, architektonischen Flächen waltet das blosse Gefallen an den Farben ziemlich frei und kann sich nach seinen eigenen Gesetzen entwickeln.

In den Gemälden herrscht übrigens in der Regel nicht volles Gleichgewicht zwischen den verschiedenen Farben, sondern es herrscht eine derselben bis zu einem gewissen Grade vor, die der Farbe der herrschenden Beleuchtung entspricht. Das wird zunächst schon durch die naturgetreue Nachahmung der physikalischen Verhältnisse bedingt. Ist die Beleuchtung reich an gelbem Lichte, so werden gelbe Farben leuchtender und glänzender erscheinen, als blaue; denn gelbe Körper sind solche, die gelbes Licht vorzugsweise gut reflectiren, während dasselbe von blauen nur schwach zurückgeworfen, grossentheils verschluckt wird. Im Gegentheil wird sich vor den beschatteten Theilen der blauen Körper das gelbe Luftlicht geltend machen und das Blau mehr oder weniger zu Grau abstumpfen. Dasselbe wird in geringerem Maasse auch vor Roth und Grün geschehen, so dass auch diese Farben in ihren beschatteten Theilen ins Gelbliche hinübergezogen werden. Weiter entspricht dieses Verhältniss aber auch in hohem Grade den ästhetischen Forderungen der künstlerischen Einheit der Farbencomposition. Es wird dadurch bedingt, dass auch die abweichenden Farben überall, am deutlichsten in ihren beschatteten Theilen, die Beziehung auf die herrschende Farbe des Gemäldes zeigen und auf diese hinweisen. Wo dies fehlt, fallen die verschiedenen Farben hart und grell auseinander und machen, da jede die Aufmerksamkeit an sich fesselt, einerseits einen bunten und zerstreuenden Eindruck, andererseits einen kalten, da der Anschein eines über die Objecte ausgegossenen Lichtscheines mangelt.

Ein natürliches Vorbild für die künstlerische Harmonie, welche eine wohldurchgeführte Beleuchtung der Luftmassen in einem Gemälde hervorzubringen vermag, haben wir in der Sonnenuntergangsbeleuchtung, welche auch über die ärmlichste Gegend ein Meer von Licht und Farben auszugiessen und sie dadurch harmonisch zu verklären vermag. Der natürliche Grund für die Steigerung der Luftbeleuchtung liegt hierbei darin, dass die trüberen unteren Luftschichten nahehin in der Richtung der Sonne liegen und daher viel stärker reflectiren, während zugleich die rothgelbe

Farbe des durch die Atmosphäre gegangenen Lichtes sich deutlicher entwickelt auf dem langen Wege, den dieses dann gerade durch die getrübtesten Luftschichten zurückzulegen hat, und dass ferner diese Färbung bei der eintretenden Beschattung des Hintergrundes stärker hervortritt.

Wenn wir die Summe der angestellten Betrachtungen noch einmal kurz zusammenfassen wollen, so haben wir zunächst gesehen, welchen Beschränkungen die Forderung der Naturwahrheit in der malerischen Darstellung unterliegt, wie das hauptsächlichste von der Natur uns gewährte Hilfsmittel die Tiefenausdehnung des Gesichtsfeldes zu erkennen, nämlich das zweiäugige Sehen, dem Maler fehlt, oder sich vielmehr gegen ihn kehrt, indem es uns unzweideutig die Flachheit des Gemäldes anzeigt, wie deshalb der Künstler theils die perspectivische Anordnung seiner Gegenstände, ihre Lage und Wendung, theils die Beleuchtung und Beschattung geschickt wählen muss, um uns ein unmittelbar verständliches Bild ihrer Grösse, Gestalt und Entfernung zu geben, und wie schon in diesem Gebiete sich die getreue Darstellung des Luftlichtes als eines der wichtigsten Mittel, diesen Zweck zu erreichen, zeigte.

Dann haben wir gesehen, dass auch die Scala der Lichtstärke, wie sie uns an den Objecten entgegentritt, auf dem Gemälde in eine total, zuweilen um das Hundertfache abweichende Scala verwandelt werden muss, wie dabei keineswegs die Körperfarbe der Gegenstände einfach durch die Körperfarbe des Farbengemisches nachgeahmt werden darf, wie vielmehr einflussreiche Aenderungen in der Vertheilung von Licht und Dunkel, von gelblichen und bläulichen Farbentönen nöthig werden.

Der Künstler kann die Natur nicht abschreiben, er muss sie übersetzen; dennoch kann diese Uebersetzung uns einen im höchsten Grade anschaulichen und eindringlichen Eindruck nicht bloss der dargestellten Gegenstände, sondern selbst der im höchsten Grade veränderten Lichtstärken geben, unter denen wir sie sehen. Ja, die veränderte Scala der Lichtstärken erweist sich sogar in vielen Fällen als vortheilhaft, indem sie Alles beseitigt, was an den wirklichen Gegenständen zu blendend und zu ermüdend für das Auge ist. So ist die Nachahmung der Natur in dem Gemälde zugleich eine Veredlung des Sinneneindruckes. Wir können auch in dieser Beziehung der Betrachtung des Kunstwerkes ruhiger und dauernder nachhängen, als in der Regel der der Wirklichkeit. Das Kunstwerk kann diejenigen Lichtabstufungen und Farbentöne herstellen, wo die Modellirung der Formen am deutlichsten und daher am ausdrucksvollsten ist. Es kann eine Fülle lebhaft glühender Farben vorführen und durch geschickte Contrastirung derselben die Reizempfänglichkeit des Auges in wohlthätigem Gleichgewicht erhalten. So kann es ungescheut die ganze Energie kräftiger sinnlicher Erregungen und das mit ihnen verknüpfte Lustgefühl zur Fesselung und Lenkung der Aufmerksamkeit verwenden, ihre Mannigfaltigkeit zur Erhöhung der unmittelbar anschaulichen Verständlichkeit des Dargestellten benutzen und dabei doch das Auge in dem für fein unterschiedene sinnliche Wahrnehmungen günstigsten und wohlthuendsten Zustande mässiger Erregung erhalten.

Wenn ich in den vorgeführten Betrachtungen fortdauernd viel Gewicht auf die leichteste, feinste und genaueste sinnliche Verständlichkeit der künstlerischen Darstellung gelegt habe, so mag dies vielen von Ihnen als eine sehr untergeordnete Rücksicht erscheinen, eine Rücksicht, die, wo sie von Aesthetikern überhaupt erwähnt wurde, doch meist nur als Nebensache behandelt worden ist. Ich glaube aber mit Unrecht. Die sinnliche Deutlichkeit ist durchaus kein niedriges oder untergeordnetes Moment bei den Wirkungen der Kunstwerke; mir hat sich ihre Wichtigkeit immer mehr aufgedrängt, je mehr ich den physiologischen Momenten in diesen Wirkungen nachgespürt habe.

Was soll auch ein Kunstwerk, dies Wort in seinem höchsten Sinne genommen, wirken. Es soll unsere Aufmerksamkeit fesseln und beleben, es soll eine reiche Fülle von schlummernden Vorstellungsverbindungen und damit verknüpften Gefühlen in mühelosem Spiele wachrufen und sie zu einem gemeinsamen Ziele hinlenken, um uns die sämmtlichen Züge eines idealen Typus, die in vereinzelten Bruchstücken und von wildem Gestrüpp des Zufalls überwuchert in unserer Erinnerung zerstreut daliegen, zu lebensfrischer Anschauung zu verbinden. Nur dadurch scheint sich die der Wirklichkeit so oft überlegene Macht der Kunst über das menschliche Gemüth zu erklären, dass die erstere immer Störendes, Zerstreuendes und Verletzendes in ihre Eindrücke mengt, die Kunst alle Elemente für den beabsichtigten Eindruck sammeln und ungehemmt wirken lassen kann. Die Macht dieses Eindruckes wird aber unzweifelhaft desto grösser sein, je eindringlicher, je feiner, je reicher die Naturwahrheit des sinnlichen Eindrucks ist, der die Vorstellungsreihen und die mit ihnen verbundenen Affecte wachrufen soll. Er muss sicher, schnell, unzweideutig und genau bestimmt wirken, wenn er einen lebendigen und kräftigen Eindruck machen soll. Das sind aber im Wesentlichen die Punkte, die ich unter dem Namen der Verständlichkeit des Kunstwerkes zusammenzufassen suchte.

So sind die Eigenthümlichkeiten der künstlerischen Technik, auf welche uns die physiologisch-optische Untersuchung führte, in der That mit den höchsten Aufgaben der Kunst eng verknüpft. Ja wir können vielleicht daran denken, dass selbst das letzte Geheimniss der künstlerischen Schönheit, nämlich das wunderbare Wohlgefallen, welches wir ihr gegenüber empfinden, wesentlich in dem Gefühle des leichten, harmonischen, lebendigen Flusses unserer Vorstellungsreihen begründet sei, die trotz reichen Wechsels wie von selbst einem gemeinsamen Ziele zufliessen, bisher verborgene Gesetzmässigkeit zur volleren Anschauung bringen, und in die letzten Tiefen der Empfindung unserer eigenen Seele uns schauen lassen.

WIRBELSTÜRME UND GEWITTER.

Vortrag,

gehalten

in Hamburg im Jahre 1875.

> Es regnet, wenn es regnen will,
> Und regnet seinen Lauf;
> Und wenn's genug geregnet hat,
> So hört es wieder auf.

Dies Verslein — ich kann nicht einmal mehr herausbringen, wo ich es aufgelesen habe[1] — hat sich seit alter Zeit in meinem Gedächtniss festgehäkelt, offenbar deshalb, weil es eine wunde Stelle im Gewissen des Physikers berührt und ihm wie ein Spott klingt, den er nicht ganz abzuschütteln vermag, und der noch immer trotz aller neugewonnenen Einsichten in den Zusammenhang der Naturerscheinungen, trotz aller neu errichteten meteorologischen Stationen und unübersehbar langen Beobachtungsreihen nicht gerade weit vom Ziele trifft. Unter demselben Himmelsgewölbe, an welchem die ewigen Sterne als das Sinnbild unabänderlicher Gesetzmässigkeit der Natur einherziehen, ballen sich die Wolken, stürzt der Regen, wechseln die Winde, als Vertreter gleichsam des entgegengesetzten Extrems, unter allen Vorgängen der Natur diejenigen, die am launenhaftesten wechseln, flüchtig und unfassbar jedem Versuche entschlüpfend, sie unter den Zaum des Gesetzes zu fangen. Wenn der Astronom entdeckt, dass eine Sonnenfinsterniss 600 Jahre vor Christo um fünf Viertelstunden falsch aus seiner Rechnung hervorgeht, so verräth ihm dies bisher noch nicht gekannte Einflüsse von Ebbe und Fluth auf die Bewegung der Erde und des Mondes, und der Schiffer auf fernem Meere controlirt seine Uhr nach den ihm vorausgesagten Augenblicken, wo die Verfinsterungen der Jupitertrabanten eintreten werden. Fragt man dagegen einen Meteorologen, was morgen für Wetter sein werde, so wird man durch die Antwort jedenfalls erinnert an Bürger's „Mann, der das Wenn und das Aber erdacht", und man darf es den Leuten kaum verdenken, wenn sie bei solchen Gelegenheiten lieber auf Hirten und Schiffer vertrauen, denen die Achtsamkeit auf die

---

[1] Es ist von Goethe (1883).

Vorzeichen der Witterung durch manchen Regen und Sturm eingepeitscht worden ist[1]).

Wir sind nun freilich durch das, was uns die naturwissenschaftlichen Studien der letzten Jahrhunderte über die allwaltende Gesetzmässigkeit der Natur gelehrt haben, soweit vorgeschritten, dass wir nicht mehr „den wolkensammelnden Zeus, Kronion, den Schleudrer der Blitze", als den Anstifter alles guten und bösen Wetters zu beschuldigen pflegen, sondern wenigstens in abstracto der Ueberzeugung huldigen, dass es sich dabei nur um ein Spiel wohlbekannter physikalischer Kräfte, des Luftdrucks, der Wärme, des verdunstenden und wieder niedergeschlagenen Wassers handelt. Wenn wir aber unsere Abstraction in das Concrete übersetzen sollen, wenn wir aus unserer mühsam errungenen und bei tausend anderen wissenschaftlichen und technischen Anwendungen als genau und zuverlässig bewährten Kenntniss der in Betracht kommenden Kräfte auf die Witterung eines einzelnen Ortes und einer bestimmten Woche schliessen sollen, so könnte man versucht sein, ein deutsches Sprüchwort anzuwenden, — statt dessen ich lieber das höflichere lateinische: „hic haeret aqua" hersetzen will.

Warum ist das nun so? Das ist eine Frage, die, abgesehen von der Wichtigkeit, die eine Lösung der meteorologischen Räthsel für den Schiffer, den Landmann, den Reisenden haben würde, doch auch ein viel weiter reichendes allgemeines Interesse für die Theorie des wissenschaftlichen Erkennens überhaupt hat. Ist es möglich Gründe nachzuweisen dafür, dass der rebellische und absolut unwissenschaftliche Dämon des Zufalls dieses Gebiet noch immer gegen die Herrschaft des ewigen Gesetzes, welche zugleich die Herrschaft des begreifenden Denkens ist, vertheidigen darf? und welches sind diese Gründe?

Nun lehrt ein Blick auf die Erdkarte zunächst eine Ursache der ausserordentlichen Verwickelung der meteorologischen Vorgänge kennen; das ist die höchst unregelmässige Vertheilung von Land und Meer und die ebenso unregelmässige Erhebung der Landflächen in ihrem Innern. Wenn man berücksichtigt, dass die einstrahlende Sonnenwärme trocknen Erdboden nur in seiner oberflächlichsten Schicht, da aber sehr stark, erhitzt, während sie in das Wasser tiefer eindringt und dieses deshalb weniger stark, dafür aber in grösserer Masse erwärmt, dass

---

[1]) Dies ist vor der Einrichtung der täglichen telegraphischen Witterungsberichte geschrieben (1883).

erwärmtes Land wenig, erwärmtes Wasser viel verdunstet, dass wiederum die Bedeckung des Landes mit Pflanzen verschiedener Art, wie die Farbe und Art des oberflächlich zu Tage stehenden Erdreichs oder Gesteins den grössten Einfluss auf die Erwärmung der darüber lagernden Luftschichten hat, so begreift man wohl, dass es keine leichte Aufgabe sein kann, das Exempel auszurechnen, welche Erfolge alle diese verschiedenen Verhältnisse zusammenwirkend hervorbringen müssen, selbst wenn wir für jeden Quadratfuss der Erdoberfläche anzugeben wüssten, wie seine Beschaffenheit in Bezug auf die Wärmeverhältnisse ist.

Wenn aber auch eine solche Rechnung noch nicht auszuführen ist, so sollte man doch erwarten, dass, wie es z. B. bei dem ähnlichen Probleme der Ebbe und Fluth schon gelungen ist, die Beobachtung des Witterungsverlaufs in einem oder einigen Jahren Schlüsse auf die übrigen Jahre zulassen werde. Auch Ebbe und Fluth werden durch regelmässig wechselnde Kräfte, die Anziehung der Sonne und des Mondes, unterhalten, und auch für sie hindert die unregelmässige Gestalt des Meeresbeckens die theoretische Berechnung der Fluthhöhe für jeden einzelnen Punkt der Küste. Dennoch genügen hier einige wenige Beobachtungen an einem gegebenen Orte, um den Verlauf von Ebbe und Fluth, Zeit ihres Eintritts und Höhe für die einzelnen Tage vor- und rückwärts mit ausreichender Genauigkeit zu berechnen. Es brauchen nur zwei für den Ort geltende Grössen, die Höhe der Fluth bei Vollmond oder Neumond und die Zeit, um welche sie sich gegen den Augenblick des Monddurchgangs durch den Meridian verspätet, durch Beobachtung bestimmt zu werden, so kann man Fluthtafeln für den betreffenden Ort vollständig berechnen, wie solche für alle wichtigeren Häfen alljährlich den Seefahrern geliefert und sogar den Fahrplänen der Dampfschiffe zu Grunde gelegt werden.

Warum ist es nun mit dem Wetter anders, da doch alljährlich die Sonne in derselben Weise auf dieselben Flächen von Land und Wasser einwirkt? Warum erzeugen dieselben Ursachen unter scheinbar denselben Bedingungen nicht in jedem Jahre wieder dieselben Wirkungen?

Um diese Frage richtig zu begrenzen, müssen wir zunächst bemerken, dass nicht überall auf der Erde das Wetter so launenhaft ist wie bei uns. In der heissen Zone ist es im Allgemeinen viel regelmässiger. Im Atlantischen Meere südwärts von den Canarischen Inseln bis zum Aequator herrscht Jahr aus, Jahr ein derselbe gleichmässige Nordostpassat bei blauem Himmel und treibt den Schiffer leicht und sicher nach Mittelamerika hinüber. Die Spanier nannten diesen Theil des Oceans deshalb „das Meer der Damen". Aehnlich verhält es sich auf den meisten Meeren der heissen Zone. Im tropischen Amerika ladet man ein, an einem der nächsten Tage „nach dem Gewitter" zu kommen, so bestimmt erwartet man, dass ein solches Nachmittags eintrete. Schon in Südeuropa sind die mittleren Sommermonate ziemlich frei von Störungen, es herrschen dann die nordöstlichen Sommerwinde, die Etesien der Griechen, welche schon Aristoteles beschrieb; wie denn auch schon Nearchos, der Admiral des macedonischen Alexander, den Kriegsplan seiner Expedition nach Indien auf den regelmässigen Wechsel der Monsuns im Indischen Meere baute.

Aber auch in denjenigen Erdstrichen und in den Jahreszeiten, wo das Wetter durch besondere Launenhaftigkeit sich auszeichnet, lässt sich zwischen dem wilden Spiele des Zufalls wenigstens noch ein Rest von Regelmässigkeit erkennen. Es können bei uns gelegentlich einzelne ungewöhnlich kühle Sommertage vorkommen, welche geringere Temperatur haben, als etwa einzelne ausnahmsweise warme Tage des Januar, aber wir sind ganz sicher, dass auch bei uns die Durchschnittstemperatur jedes Sommers höher ist, als die Durchschnittstemperatur jedes Winters. Die Unregelmässigkeiten verschwinden, wenn wir für einen bestimmten Ort die Mittelwerthe nehmen aus längeren Zeitabschnitten oder aus einer grösseren Anzahl von Jahren. So haben in der That die Meteorologen durch lange fortgesetzte Reihen von Beobachtungen die mittleren Temperaturen, Barometerstände, Regenmengen, Windrichtungen für eine Reihe von Stationen und für die einzelnen Monate oder für noch kleinere Zeitperioden von je fünf Tagen zu ermitteln gesucht, um dadurch den regelmässigen Theil der Erscheinungen von dem unregelmässigen zu trennen.

Diesen regelmässigen Theil der Bewegungen, dessen ursächliche Verhältnisse übrigens meist nicht schwer zu entdecken sind, erlaube ich mir zunächst so weit in das Gedächtniss meiner Leser zurückzurufen, als wir nachher der Kenntniss desselben bedürfen werden. Die Erde gewinnt ihre Wärme durch die Sonnenstrahlen, welche ungleichmässig über ihre Oberfläche vertheilt sind, sehr stark in der Nachbarschaft des Aequators wirken, wo sie gegen Mittag nahe senkrecht einfallen, schwach dagegen an den Polen, wo die Sonne sich nie hoch über den Horizont erhebt. Dagegen verliert die Erde ihre Wärme durch Strahlung gegen den kalten Weltraum, und diese geschieht fast gleichmässig von allen Theilen der Oberfläche, zum Theil auch von der Atmosphäre. Eben deshalb bildet die Nachbarschaft des Aequators die heisse Zone; dort wird die Luft am meisten erhitzt, dadurch ausgedehnt und leichter gemacht. In den kalten Zonen rings um die Pole wird dagegen die Erdoberfläche am meisten abgekühlt, und die über ihr stehende Luft am dichtesten und schwersten. Die Luft der kalten Zone wird demzufolge als die schwerere zu Boden sinken und sich längs des Bodens ausbreiten, was sie nur thun kann, indem sie gegen den Aequator hinfliesst. Die Luft der heissen Zone dagegen wird aufsteigen und sich in der Höhe ausbreiten, das heisst oben nach den Polen hin abfliessen. Da nun die dem Aequator zufliessende Luft, wenn sie in die wärmeren Zonen gelangt, sich ihrerseits auch erwärmt und aufsteigt, die in der Höhe zurückfliessende warme dagegen sich kühlt, sobald sie über die kälteren Theile des Bodens gelangt, so gibt dies eine fortdauernde Circulation der ganzen Masse der Atmosphäre, die am Boden überwiegend vom Pole zum Aequator, in der Höhe dagegen vom Aequator zum Pole gerichtet ist. Es sind dies dieselben Ursachen, die über jeder Kerzen- oder Lampenflamme, im Innern jedes geheizten Ofens ein Aufsteigen der Luft bedingen, die in jedem geheizten Zimmer eine Circulation der Luft verursachen, bei welcher die Luft am Ofen aufsteigt, längs der Decke zur Fensterwand fliesst, an dieser niedersinkt und am Boden zum Ofen zurückkehrt.

In der Atmosphäre wird die Richtung dieser Ströme nun noch durch die tägliche Rotation der Erde um ihre eigene Axe erheblich verändert. Diese Bewegung ertheilt jedem Punkte des Aequators eine Geschwindigkeit von 463 Meter für die Secunde in der Richtung von Westen nach Osten; dagegen haben die Parallelkreise von höherer geographischer Breite geringere westöstliche Geschwindigkeit in dem Maasse, in welchem ihr Halbmesser kleiner ist als der des Aequators. In 60 Grad Breite, wo St. Petersburg und Stockholm liegen, ist diese Geschwindigkeit nur noch halb so gross als am Aequator; aber auch diese Hälfte ist noch gleich der Geschwindigkeit einer abgeschossenen Kanonenkugel.

Wenn nun ein Ring von Luft, der über einem Parallelkreise höherer Breite windstill lagert, das heisst an der Rotation dieses Parallelkreises Theil nimmt, gegen den Aequator gleichmässig in allen seinen Theilen vorgeschoben wird, so kommt er zu Parallelkreisen von grösserem Umfang und von grösserer westöstlicher Geschwindigkeit. Jener Luftring muss sich also selbst erweitern, so dass sein Halbmesser, der Abstand von seiner Rotationsaxe, wächst. Das mechanische Gesetz, welches unter diesen Umständen die Veränderung der Rotationsgeschwindigkeit besagten Luftringes bestimmt, ist das, welches man das Princip von der Erhaltung der Rotationsmomente zu nennen pflegt. Bei der Beschreibung der Planetenbewegungen kommt es vor unter dem Namen des ersten Kepler'schen Gesetzes und wird in der Form ausgesprochen, dass der Radius Vector, die Verbindungslinie eines Planeten mit der Sonne, in gleichen Zeiten gleiche Flächen beschreibt. Oder man kann dies auch in der für die vorliegende Anwendung bequemeren Form aussprechen: Der Theil der Geschwindigkeit eines Planeten, welcher in Richtung einer Kreisbewegung um die Sonne fällt, ist umgekehrt proportional seiner jeweiligen Entfernung von der Sonne.

Dieses selbe Gesetz gilt nun für die Rotationsbewegung aller Körper um irgend welche Axe, wenn die auf sie wirkenden Kräfte nur gegen die Axe hin oder von der Axe weg gerichtet sind. Ein sehr einfaches mechanisches Beispiel kann man dafür gewinnen, wenn man in der Mitte einer Schnur einen schweren Körper, am besten eine durchbohrte Kugel, befestigt und dann die Enden der Schnur mit beiden Händen fassend dieselbe in verticale Lage bringt. Lässt man die Schnur in dieser Lage erschlaffen, so ist es leicht, die Kugel in einem horizontalen Kreise herumschwingen zu machen. Zieht man dann die Schnur straffer an, wodurch die Kugel gegen die verticale Axe ihrer Kreisbahn hingezogen wird, so sieht man dieselbe um so schneller vorwärts eilen, je enger ihre Kreise werden.

Wenden wir dies auf unseren Luftring an, so folgt, dass seine westöstliche Geschwindigkeit, indem er sich dem Aequator nähert und zu Parallelkreisen von grösserer westöstlicher Bewegung vorrückt, im Gegentheil kleiner wird in dem Maasse, als er selbst sich erweitert. Unser Luftring muss also bei seinem Vorrücken gegen den Aequator in der westöstlichen Bewegung zurückbleiben gegen diejenigen Punkte der Erdoberfläche, zu denen er gelangt, das heisst, diesen als Ostwind erscheinen. Umgekehrt werden die mit der grossen Rotationsgeschwindigkeit des Aequators gegen die Pole hinfliessenden Luftmassen stärkere westöstliche Bewegung haben, als die Parallelkreise, zu denen sie gelangen, das heisst, diesen als Westwinde erscheinen. Uebrigens gleicht sich durch den Einfluss der Widerstände, den jeder solcher Luftring durch Reibung am Erdboden, durch Bäume, Häuser, Gebirge erleidet, die Bewegung der Luft wenigstens in ihren unteren Schichten nach einiger Zeit mit der des Bodens unter ihr aus, wodurch die Heftigkeit der östlichen oder westlichen Geschwindigkeit dieser Winde wesentlich gemässigt wird.

Am ungestörtesten erscheinen diese Strömungen über den Meeren der heissen Zone als die sogenannten Passatwinde. Der untere Passat ist der gegen den Aequator hinfliessende Polarstrom; er erscheint auf der nördlichen Hemisphäre als Nordost, auf der südlichen als Südost. Der obere Passat, der auf einzelnen hohen Bergspitzen, wie dem Pic von Teneriffa, dem Mauna-Kea der Sandwichsinseln, beobachtet werden kann und sich auch wohl gelegentlich durch Fortführung vulkanischer Asche bemerklich macht, fliesst in gerade entgegengesetzter Richtung.

Da Westwinde schneller als der unter ihnen liegende Parallelkreis rotiren, Ostwinde langsamer, so haben erstere grössere Centrifugalkraft und drängen deshalb mehr gegen den Aequator hin als letztere. Die Luft der Passatwinde muss deshalb ihre Bewegung mit der des Erdbodens fast ganz ausgeglichen haben, das heisst für den auf der Erde stehenden Beobachter windstill geworden sein, ehe sie aufsteigen, die Centrifugalkraft der oben herrschenden Westwinde überwinden und deren Luftmassen weiter gegen den Pol zurückdrängen kann. So entsteht in der Nähe des Aequators die Zone der Windstillen oder Calmen zwischen den beiden Gürteln der Passatwinde.

Umgekehrt steigert sich, wie schon vorher bemerkt wurde, die Rotationsbewegung der oberen Westwinde, zu je engeren Parallelkreisen sie zurückgedrängt werden, und damit auch ihre Centrifugalkraft. Am Pole selbst würden beide unendlich gross werden, wenn nicht schon vorher durch Reibung und Einwirkung von Widerständen ihre Bewegung geschwächt ist. Nun haben die neueren Untersuchungen der Grösse der Luftreibung ergeben, dass im Innern so ausgedehnter Luftmassen, wie die, mit denen wir hier zu thun haben, die Geschwindigkeitsabnahme durch Reibung verschieden bewegter Luftschichten gegen einander eine äusserst langsame ist. Nur an den Widerständen des Bodens findet schnelle Abnahme der Geschwindigkeit statt. Jedermann weiss, wie gewaltig ein Sturm über die freie Fläche des Meeres und über ausgedehnte Ebenen dahinsaust, welche Stärke er auf Thürmen und vereinzelten Bergspitzen haben kann, während er gleichzeitig in den Strassen der Städte, in Wäldern und zwischen Hügeln ziemlich erträglich ist.

Da demnach unsere zunächst in die oberen Schichten der Atmosphäre aufgestiegenen Westwinde dort ihre äquatoriale Geschwindigkeit und die sie vor höheren Breiten zurückstauende Centrifugalkraft nicht verlieren können, andererseits immer neue aufsteigende Luftmassen schneller Rotation vom Aequator her nachdrängen, so wird die übrigens auch durch Abkühlung allmälig wieder schwerer werdende Luft dieser Westwinde in mittleren Breiten die Atmosphäre endlich bis zum Boden füllen und hier zwei Gürtel überwiegender Westwinde bilden müssen. Zwischen diesen Gürteln und dem Aequator bleiben die Zonen der Passatwinde. Die Grenzen zwischen diesen Zonen schwanken mit dem Stande der Sonne. Im Sommer machen sich die Passate selbst in Südeuropa geltend, als die schon genannten Etesien Griechenlands. Im Winter weichen sie zurück bis zu den canarischen Inseln. Wir liegen dagegen in der Zone des herabgekommenen Aequatorialstroms, der Westwinde, welche am Boden zunächst als Südweste erscheinen; hier können sie ihre Geschwindigkeit sich ablaufen und in Folge dessen allmälig gegen den Pol hin weichen.

Aber die Zone der Westwinde wird häufig durchbrochen durch Ströme kalter Luft, die vom Pole kommen. Denn da die unteren Schichten der Westwinde, wie bemerkt, allmälig die Luftmasse des Pols vermehren, die oberen dagegen von der des Aequators zehren, so drängt von Zeit zu Zeit und an einzelnen Stellen des Ringumfangs die angewachsene und durch andauernde Abkühlung schwer gewordene Luftmasse der kalten Zone die Schicht der Westwinde in die Höhe, streicht als kühler und trockener Nordost über die gemässigte Zone und ergänzt wieder den Luftvorrath der Passatwinde. Dass der ewige Wechsel unserer Witterungsverhältnisse auf dem gegenseitigen Verdrängen kühler, trockener Polarwinde und warmer, feuchter Aequatorialwinde beruht, hat besonders Dove in alle Einzelheiten hinein verfolgt und nachgewiesen. Welche mechanische Verhältnisse es sind, die meines Erachtens dieses Verdrängen bewirken, habe ich im Vorstehenden auseinanderzusetzen gesucht.

Uebrigens erleidet dieses System der Winde mannigfache örtliche Störungen durch Gebirge, welche sich der Strömung widersetzen, sowie durch die abweichenden Temperaturen von Land und Meer. Ersteres ist im Sommer wärmer und bedingt dann aufsteigende, im Winter kälter und bedingt absteigende Ströme, wodurch das oben beschriebene Hauptwindsystem mannigfach verschoben und unterbrochen wird.

Wir haben endlich noch die Circulation des Wassers durch die Atmosphäre zu erwähnen. Wärmere Luft kann mehr Wasserdünste in sich aufnehmen als kalte. Unter Wasserdünsten ist hier aber immer rein gasförmiges Wasser zu verstehen, welches namentlich auch vollkommen durchsichtig ist wie Luft. Erst dann, wenn dunsthaltige Luft gekühlt wird, scheidet sich der Dunst als Nebel aus, das heisst, als staubartig vertheiltes, tropfbar flüssiges Wasser. Hoch in der Atmosphäre schwebende Nebelmassen sehen wir als Wolken. Eine solche Abkühlung, welche den Wasserdunst als Nebel niederschlägt, tritt unter Anderem ein, wenn dunsthaltige Luft, unter geringeren Druck versetzt, sich stark ausdehnt, weil alle Gase bei der Ausdehnung sich kühlen. Ist der Nebel reichlich, so treten die feinen Theilchen des schwebenden Wasserstaubes in grössere, schnell fallende Tropfen zusammen, als Regen. Dies geschieht zum Beispiel in der über der Calmenzone der tropischen Meere lagernden Luft, wenn sie, mit Wärme und Wasserdunst gesättigt, zuerst aufsteigt, um ihren Weg als oberer Passat nach den Polen zurück anzutreten. Dies giebt die schon oben erwähnten tropischen Regen, welche gerade in den Jahreszeiten höchsten Sonnenstandes einzutreten pflegen.

Es ist anzunehmen, dass die von dem Gewichte des niedergeschlagenen Regens befreite Luft zunächst schnell aufsteigt, wobei sie durch die erlangte Geschwindigkeit hoch über ihre Gleichgewichtslage hinausgeführt wird und sich dabei vorübergehend so stark dehnt und kühlt, dass sie sehr viel von ihrem Wasser verliert und nun einen langen Weg als oberer Passat zurücklegen kann, ehe sie bei der weiteren Abkühlung, die sie durch Strahlung gegen den Weltraum hin und durch die Berührung mit kühleren Landstrichen erleidet, zu neuen Niederschlägen veranlasst wird. Diese erfolgen endlich an der Grenze der Passatzone, als die sogenannten subtropischen Regen. In unserem Winter fallen sie auf Südeuropa, ziehen dann im Frühsommer über Deutschland nordwärts und kehren im Herbste zurück. In unseren Breiten sind es deshalb der Regel nach die westlichen Winde, das heisst die herabgestiegenen Aequatorialströme, welche den Regen bringen.

Dies ist in kurzen Zügen das grosse System der regelmässigen Circulation von Luft und Wasser in der Erdatmosphäre, beständig unterhalten durch die beständige Temperaturdifferenz zwischen der heissen und kalten Zone. Es giebt, wie ich schon angeführt habe, breite Striche der Erdoberfläche, wo die Regelmässigkeit dieser Vorgänge kaum gestört wird; desto auffallender ist die Heftigkeit oder Häufigkeit solcher Störungen an anderen Stellen. Am lehrreichsten und verständlichsten sind diese Störungen, wenn sie in der heissen Zone gelegentlich den gewöhnlich überaus regelmässigen Verlauf der meteorologischen Vorgänge unterbrechen. Hier ist der ganze Mechanismus ihrer Entstehung und das Spiel der Kräfte, die während ihrer Dauer entfesselt werden, verhältnissmässig durchsichtig, weil kein zu verwickeltes System von störenden Ursachen in einander greift, wie letzteres in kühleren Zonen gewöhnlich der Fall ist.

Diese die Regelmässigkeit der tropischen Witterung unterbrechenden Luftbewegungen sind die Orkane oder Wirbelstürme. Es sind Stürme von furchtbarer Gewalt, die vorzugsweise an gewissen Stellen der tropischen Meere auszubrechen pflegen. Diejenigen, welche schliesslich auch Europa heimsuchen, haben ihren Ursprung im tropischen Theile des Atlantischen Meeres, meist nahe bei den Antillen; aber auch der Indische und Chinesische Ocean sind übel berüchtigt wegen ihrer Orkane. Es ist nicht das kleinste von Dove's grossen Verdiensten um die Meteorologie, dass er die Wirbelform dieser Stürme herausgefunden hat bei Gelegenheit eines solchen, der Weihnachten 1821 über Europa zog; seine 1828 veröffentlichte Ansicht wurde demnächst durch die Untersuchungen von Redfield (1831) und Reid (1838) über die westindischen Wirbelstürme bestätigt; jetzt ist dieses Verhältniss allgemein anerkannt.

Im Centrum eines solchen Wirbels findet sich in der Regel ein Raum von geringer Luftbewegung, oder selbst ganz windstill; letzteres wahrscheinlich meist im Anfange, während bei weiter Fortpflanzung des Sturmes auch die ruhende Mitte allmälig in die Bewegung hineingezogen wird. Dieses Centrum hat bei den grösseren Orkanen drei bis sieben geographische Meilen Durchmesser und zeichnet sich durch einen ganz auffallend niedrigen Barometerstand aus; zuweilen beträgt die Differenz $1^1/_2$ bis $2^3/_4$ Zoll im Vergleich zur Peripherie des Sturmes. Es ist dies ein Zeichen dafür, dass die Luftmasse im Innern des Wirbels erheblich vermindert, gleichsam weggesogen ist.

Rings um dieses windstille Centrum und dasselbe umkreisend herrscht dagegen der heftigste Sturm. Der Durchmesser dieser Sturmkreise beträgt zuweilen bis zu 250 geographische Meilen, und selbst derjenige Theil des Orkanes, in welchem der Wind so heftig ist, dass die Schiffer alle Segel einziehen müssen, kann bis zu 100 Meilen Durchmesser haben. Die Richtung der Drehung ist bei den grösseren Wirbelstürmen ganz gesetzmässig. Sie umkreisen auf der nördlichen Hemisphäre ihr Centrum in der Richtung von Nord nach West, Süd, Ost und zurück nach Nord. Auf der südlichen Hemisphäre dagegen laufen sie in gerade entgegengesetzter Richtung. Oder anders gesagt: der Sturm hat dieselbe Richtung der Rotation, wie der Erdboden derjenigen Hemisphäre, auf der er abläuft. Die dem Aequator zugekehrte Seite der Stürme zeigt immer Westwind. Die Richtung des Windes ist aber nicht rein kreisförmig, sondern gleichzeitig unten etwas gegen das Centrum nach innen ziehend, während in der Höhe eigenthümlich zerrissene Wolken einen oberen vom Centrum nach aussen gehenden Strom anzeigen.

Die Wuth, welche diese Stürme nahe ihrem Ursprungsorte in den tropischen Meeren entwickeln, spottet aller Beschreibung; uns in Europa fehlt jede Anschauung von etwas Aehnlichem. Ein Ort der Antillen, gegen welchen hin das Centrum heranzieht, sieht anfangs im Süden eine Unheil verkündende Wolkenbank sich bilden, immer dunkler werden und immer höher steigen; dann beginnt ein östlicher Wind mit steigender Stärke, die Wolken senken sich immer tiefer und entladen sich in mächtigen Regengüssen mit zahllosen flammenden Blitzen. Der Ostwind steigert sich allmälig im Verlaufe der nächsten Stunden zu furchtbarer Höhe. Wenn dann das windstille Centrum mit seiner schwülen Luft und dunklen Wolkendecke herangekommen ist, tritt eine Pause ein. Die Bewohner Westindiens wissen aber schon, dass diese Ruhe nur trügerisch und von kurzer Dauer ist. Bald darauf zieht die andere Seite des Wirbels heran; plötzlich bricht ein gewaltiger Weststurm los, der wiederum einige Stunden, zuletzt sich allmälig abschwächend, dauert. Endlich strahlt die Sonne wieder vom blauen Himmel auf den Schauplatz der Verwüstung hernieder.

Die Verheerungen, welche ein solcher Sturm anrichtet, sein Geheul, seine mechanische Gewalt sind furchtbar. Namentlich wird die Vegetation so zerstört, „als wäre Feuer durch das Land gegangen, welches Alles versengt und verbrannt hätte".

Die meisten Bäume werden umgerissen, was stehen bleibt, vollständig des Laubes beraubt. Häuser werden abgedeckt, umgestürzt. Auf St. Thomas wurde 1837 ein neugebautes Haus von seinen Fundamenten weggerissen und in die Strasse gesetzt; die 24pfündigen Kanonen des Hafenforts von den Wällen geworfen. Ein englischer Officier, der 1831 auf Barbados unter einem Fensterbogen des Erdgeschosses Sicherheit gesucht hatte, hörte vor dem Brausen des Sturmes nicht, dass hinter ihm das Haus einfiel. Grausam leiden natürlich auch die Schiffe; selbst die in den Häfen geankerten werden oft zerschellt oder sinken in den Grund. Die auf offener See befindlichen müssen streben, dem Innern des Wirbels auszuweichen; wenn aber der Sturm so heftig wird, dass sie ihm keine Segel mehr aussetzen dürfen, um ihre Richtung zu wählen, bleibt ihnen nichts übrig, als sich dem Winde zu überlassen. Piddington beschrieb den Weg einer englischen Brigg Charles Heddie, welche im Indischen Meere fünf Tage vom Sturme fortgetrieben, fünf Mal das Centrum des Wirbels in sich verengernden Spiralen umkreist hat. Besonders verheerend ist auch die durch den Sturm verursachte Hebung des Seewassers, welches bald in Form schnell hereinbrechender Ueberfluthungen des Landes auftritt, bald als Spritzschaum meilenweit in das Land hineingeführt wird und Pflanzen wie Fische sterben macht.

Leider zählen die Opfer eines solchen Sturmes an Menschenleben oft genug viele Tausende, theils Seefahrende, theils Landbewohner, die von den stürzenden Häusern und Bäumen erschlagen oder durch die Sturmfluthen weggerissen werden.

Diese mächtigen Luftwirbel bleiben nun nicht an der Stelle stehen, wo sie entstanden sind, sondern bewegen sich in ziemlich regelmässiger Weise vorwärts. Ihr Ursprung scheint immer in 10 bis 20 Grad Breite, also dem Aequator und der Zone der Calmen ziemlich nahe zu liegen. Dann entfernen sie sich aber vom Aequator, und zwar anfangs quer die Richtung der Passate durchschneidend, die nördlichen also nach Nordwest, die südlichen nach Südwest ziehend. Wenn sie an der Grenze der Passate angekommen sind, nehmen sie dagegen eine mehr östliche Richtung. Die des Nordatlantischen Meeres zum Beispiel folgen auf ihrem Wege zunächst der Richtung der westindischen Inselreihe bis in die Gegend von Florida, wobei sie etwa vier bis fünf geographische Meilen in der Stunde durchlaufen, dann ziehen sie der Küste der Vereinigten Staaten nahehin parallel fort, entfernen sich aber gegen Norden allmälig von dieser, um sich quer über den Atlantischen Ocean gegen das nördliche Europa hin zu wenden, wobei sie mit einer Geschwindigkeit von sechs bis acht Meilen in der Stunde fortschreiten. Sie brauchen im Mittel etwa zehn bis zwölf Tage für eine solche Reise von Westindien nach Europa. Während dieser Zeit stumpft sich ihre Gewalt allmälig ab, das Centrum wird mit in die Wirbelbewegung hineingerissen, der Durchmesser des ganzen Wirbels vergrössert sich. Immerhin aber sind sie den Schiffen auch in den europäischen Meeren noch gefährlich genug, und gelegentlich reissen sie auch noch Bäume um und decken Häuser ab. Aber gerade in Bezug auf die Gefahren dieser Art, denen die Schiffe längs der europäischen Küsten ausgesetzt sind, lässt sich am ersten hoffen, dass ein regelmässiges System meteorologischer Telegraphie im Stande sein wird, rechtzeitig Warnungen vor heranziehenden Wirbelstürmen zu geben.

Ich gehe nicht tiefer in die Beschreibung der einzelnen Erscheinungen ein, da uns für unseren besondern Zweck nur die regelmässig wiederkehrenden Theile des ganzen Vorgangs interessiren. Eine sehr anschauliche und bis in die neuesten Zeiten fortgesetzte Uebersicht derselben hat Herr Th. Reye, Professor in Strassburg, in seinem 1872 erschienenen Buche über „die Wirbelstürme, Tornados und Wettersäulen" gegeben.

Wir wenden uns nun zu der Frage, wie es möglich sei, dass die schwachen, durch Temperaturschwankungen hervorgerufenen Druckunterschiede in der Atmosphäre, die sich gewöhnlich nur durch unbedeutende Unterschiede des Barometerstandes verrathen, so furchtbare Entladungen und so gewaltige Bewegungen hervorrufen können. Gerade für die Beantwortung dieser Frage ist, wie mir scheint, durch die genannte Arbeit von Reye ein beträchtlicher Fortschritt gemacht worden, der uns überhaupt einen Blick in die schwankende Natur der Witterungserscheinungen thun lässt.

Es kommt dabei wesentlich an auf den Begriff des labilen Gleichgewichts. Wenn wir einen Stab am oberen Ende fassen und herabhängen lassen, so zieht die Schwere seinen Schwerpunkt möglichst tief nach abwärts; der hängende Stab richtet sich vertical nach unten und ist in dieser Lage in stabilem Gleichgewichte. Stossen wir ihn an oder ziehen wir ihn zur Seite, so kehrt er immer wieder in die frühere verticale Lage zurück; das ist das Charakteristische des stabilen Gleichgewichts.

Versuchen wir umgekehrt, denselben Stab auf seine untere Spitze zu stellen, so dass sein Schwerpunkt genau lothrecht oberhalb des Unterstützungspunktes steht, so sollte eine Lage möglich sein, in der ihn die Schwere genau so viel nach rechts wie nach links, auf den Beobachter zu wie von ihm weg zieht, wobei der Stab keinen zureichenden Grund hätte, nach irgend einer Seite zu fallen. Aber wenn es gelänge, für einen Moment einen solchen Zustand herzustellen, den die Mechanik als **labiles Gleichgewicht** bezeichnet, so würde der leiseste Lufthauch, die kleinste Erschütterung des Unterstützungspunktes genügen, um ein Uebergewicht nach irgend einer Seite hin zu erzeugen. Sowie aber der Stab nur erst um ein Minimum nach einer Seite hin abgewichen ist, so zieht ihn die Schwere mit steigender Geschwindigkeit ganz nach dieser Seite herab. Die praktische Bewährung des Satzes vom zureichenden Grunde gelingt hier ebenso wenig wie bei Buridan's Esel zwischen zwei Krippen. Das Charakteristische bei diesem Vorgange ist, dass die allerkleinste Kraft oder Bewegung den Stab veranlassen kann, sich nach einer oder der anderen Seite zu wenden, und dass dann die ganze Gewalt seines Falles schliesslich die Gegenstände trifft, die in dieser Richtung liegen.

Beide Arten des Gleichgewichts können auch stattfinden, wenn Flüssigkeiten von verschiedener Dichte in einem Gefäss über einander gegossen werden. Oel über Wasser befindet sich in stabilem Gleichgewicht; ihre Grenzfläche stellt sich horizontal. Sollte etwas Wasser durch irgend eine Störung in das Oel hinaufgetrieben werden, so würde das schwerere Wasser in dem leichteren Oel doch sogleich wieder zurücksinken, während andererseits abwärts getriebenes Oel wieder steigen müsste. Aber auch Wasser über Oel mit vollkommen horizontaler Grenzfläche würde labiles Gleichgewicht geben können, da die Grenzfläche vollkommen gleichen Druck in jedem Punkte haben würde und deshalb in keinem eher als in jedem andern zu weichen brauchte. Sowie aber an einer Stelle das Oel sich etwas höbe, an der anderen das Wasser sich senkte, so müsste das leichtere Oel ganz hinauf, das schwerere Wasser ganz hinunter steigen.

Luft, die eine grössere Wärmemenge enthält, verhält sich nun zu Luft mit geringerer Wärmemenge, wie Oel zum Wasser. Wo beide unter gleichem Drucke neben einander liegen, ist die wärmere die leichtere und steigt nach oben. Uebrigens ist zu bemerken, dass, wenn beide mit einander aufsteigen, beide sich ausdehnen und dadurch abkühlen; doch bleibt dabei die, welche mehr Wärme enthält, immer die wärmere und leichtere. Stabiles Gleichgewicht ist also nur möglich, wenn die an Wärme reichere Luft oben liegt, die weniger reiche unten. Ich darf nicht sagen: „wenn die wärmere oben, die kühlere unten liegt"; denn in der That kann die an Wärme reichere Luft, die in der Höhe sich dehnt und abkühlt, niedrigere Temperatur haben, als die unter ihr liegende, an Wärme ärmere Luft von grösserer Dichtigkeit. Erst wenn beide in derselben Höhe neben einander lägen und demselben Drucke ausgesetzt wären, würde der Unterschied ihrer Temperatur ihrem verschiedenen Wärmegehalte entsprechen. Nun wird aber die Luft hauptsächlich unten am Boden, der die wärmenden Sonnenstrahlen absorbirt, gewärmt, und dadurch könnte labiles Gleichgewicht entstehen. Da aber diese Erwärmung lange Zeit braucht, und ein labiles Gleichgewicht nur für Augenblicke bestehen kann, so kommt es in diesem Falle immer schnell zur Ausgleichung, indem die wärmere Luft aufsteigt. Die zitternde Bewegung der Luft indessen, die man über stark erhitzten Bodenflächen sieht, ist ein Ausdruck dieser Störungen und der dadurch veranlassten unregelmässigen Luftströme.

So ist es aber nur, so lange die verschiedenen Luftschichten gleichartig zusammengesetzt sind. Kommen dagegen trockene und feuchte Luft zusammen, so hat Herr Reye nachgewiesen, dass dann die Möglichkeit zur Ansammlung grosser Luftmassen gegeben ist, die anfangs in stabilem Gleichgewicht sind, welches sich aber bei langsam eintretenden Temperaturänderungen allmälig dem labilen Gleichgewichte nähern, endlich in dieses übergehen kann.

Nach den Berechnungen des genannten Mathematikers, welche auf die neuere mechanische Wärmetheorie, und zwar vorzüglich auf das von Professor Clausius aufgestellte allgemeine Princip derselben gegründet sind, ist neblige Luft nachgiebiger gegen Druckveränderungen als trockene Luft. Jede Gasmasse nämlich, welche auf einen kleineren Raum zusammengedrückt wird, erwärmt sich dabei und widersteht, da die Wärme ihre Spannung vermehrt, deshalb dem auf ihr lastenden Drucke stärker, als sie es ohne Temperaturveränderung thun würde. Ein schneller, heftiger Schlag auf einen Stempel, der die Luft in einem Glas- oder Elfenbeincylinder comprimirt, kann die Luft so heiss machen, dass darin liegender Feuerschwamm sich entzündet. Solche

Feuerzeuge finden sich in täglichem Gebrauch bei den Malayen, und in physikalischen Sammlungen sind sie unter dem Namen der pneumatischen Feuerzeuge bekannt. Wenn nun Wassertröpfchen als Nebel in der gepressten Luft schweben, so wird ein Theil der durch die Compression erzeugten Wärme verbraucht, um einen Theil dieses Wassers auch noch in Dampf zu verwandeln, da in der wärmeren Luft trotz ihres geringeren Volumens mehr Wasserdampf bestehen kann als vorher. Nun ergeben Herrn Reye's Rechnungen, dass die Volumenzunahme, welche durch die Neubildung von Dampf aus Wasser bedingt wird, kleiner ist als die Volumenabnahme, die davon herrührt, dass ein Theil der durch die Compression erzeugten Wärme der Luft verloren geht, indem er zur Verwandlung des Wassers in Dampf verwendet wird. Solche neblige Luft wird also bei der Compression nicht ganz so warm als trockene, so dass sie einer gegebenen Zunahme des Druckes mehr nachgibt als die letztere.

Umgekehrt, wenn neblige Luft sich dehnt, so kühlt sie sich ab, wie alle sich ausdehnenden Gasmassen. Aber die Abkühlung ist nicht so stark wie in trockener Luft, weil durch die Kühlung ein Theil des in ihr enthaltenen Wasserdampfes niedergeschlagen wird, und sich als Staub tropfbaren Wassers dem Nebel zugesellt. Dämpfe aber, die sich in Wasser zurückverwandeln, geben die Wärme wieder ab, die vorher zu ihrer Bildung aus Wasser verwendet worden ist, und die neblige Luft wird deshalb nicht ganz so kühl bei der Dehnung wie trocknere Luft. Auch hier ist die Volumenabnahme durch die Verdichtung eines Theils der Dämpfe geringer, als die Volumenzunahme durch die dabei frei gewordene Wärme, so dass im Ganzen neblige Luft unter einer gegebenen Druckverminderung sich stärker dehnt als trockene Luft, vorausgesetzt immer, dass die Luft keine Gelegenheit hat, während dieser Veränderung Wärme von aussen aufzunehmen oder nach aussen abzugeben.

Dadurch kann nun, wenn Massen von trockener und feuchter Luft über einander oder neben einander gelagert sind, eine zweisinnige Art des Gleichgewichts entstehen. Neblige Luft und trockene Luft können solche Temperaturen haben (die trockene etwas wärmer), dass sie in der mittleren Höhe der Atmosphäre gerade gleich schwer sind. Dann wird in der unteren Hälfte des Luftkreises, wo der Druck grösser ist, die neblige Luft die dichtere werden und zu Boden sinken. In der oberen Hälfte der Atmosphäre dagegen wird dieselbe neblige Luft bei geringerem

Druck sich mehr dehnen als die trockene, leichter werden und aufsteigen.

Als mechanisches Modell für diesen Vorgang kann ein Glascylinder, etwa einen halben Meter hoch, dienen, den man mit Wasser gefüllt hat, und in den man einen flaschenförmigen Glaskolben mit der Mündung nach unten einsetzt, nachdem man den Hals desselben mit Bleidraht umwunden und ihn dadurch so schwer gemacht hat, dass er beinahe untersinkt. Wenn man oben auf den flachen Boden des Kolbens noch einige Gewichtchen auflegt, kann man es dahin bringen, dass der Kolben in der mittleren Höhe des Cylinders gerade gleich schwer ist, wie das Wasser. Er ist dann an dieser Stelle in labilem Gleichgewicht; sowie er etwas steigt, dehnt sich die in ihm enthaltene Luft, er wird leichter und steigt ganz empor. Wenn er dagegen von jener mittleren Stellung aus etwas sinkt, wird die Luft noch mehr comprimirt und er sinkt ganz unter. Das Wasser in diesem Beispiel, als das weniger comprimirbare, gleicht der trockenen Luft, der Kolben voll nachgiebiger Luft gleicht einer darin schwimmenden Masse nebliger Luft.

Nun denke man sich über einem der tropischen Meere an der Grenze der Calmen, wo wenig Bewegung ist, über viele Tausende von Quadratmeilen ausgebreitet eine warme Luftschicht liegen, welche mit Wasserdämpfen nahehin gesättigt ist. Ueber ihr fliesst der obere Passat, der unmittelbar beim Aufsteigen den grösseren Theil der mitaufsteigenden Wasserdünste durch die tropischen Regen niedergeschlagen hat. Diese obere Luft wird also verhältnissmässig trocken und reich an Wärme sein, da sie die beim Niederschlag frei gewordene latente Wärme behalten hat. Nehmen wir an, das Gleichgewicht sei anfangs noch so, dass an der Grenze zwischen beiden Luftschichten die feuchte untere die schwerere sei. Dann ist das Gleichgewicht noch stabil, und ein solcher Zustand kann sich also ungestört ausbilden und längere Zeit erhalten. Wenn dies an der Grenze der Calmen geschieht, wo die Passatwinde die Luft nicht zu schnell forttreiben, so wird die untere Luft durch fortgesetzte Wirkung der Sonne immer heisser und feuchter, also auch immer leichter werden können. Die obere dagegen wird durch Strahlung gegen den Weltraum eher an Wärme verlieren. Das Gleichgewicht wird deshalb sich allmälig dem labilen nähern. Labil wird es geworden sein, sobald bei dem Drucke, der an der Grenzfläche beider Schichten herrscht, die Dichtigkeit und Schwere beider

Luftarten gleich gross geworden ist. Denn dann wird jeder Theil der unteren Schicht, der noch etwas aufsteigt, ganz in die Höhe steigen müssen.

Wenn nun an irgend einer Stelle das Gleichgewicht durchbrochen wird und feuchte Luft unter Bildung von Nebel und Niederschlag von Regen aufsteigt, so bekommt diese Stelle geringeren Druck, weil die mit der aufsteigenden nebligen Luft sich füllenden oberen Schichten leichter werden, als sie vorher waren, und als es die der Nachbarschaft, soweit ringsum oben noch trockene Luft lagert, zur Zeit noch sind. Nach der Stelle, wo der Druck geringer geworden ist, wird von allen Seiten die untere Luft heranströmen müssen, um dann ihrerseits ebenfalls in die aufsteigende Strömung hineingerissen zu werden, während ringum, wo das Gleichgewicht noch stabil war, es durch die Entleerung der feuchten Luft und die Senkung der oberen Grenzfläche derselben in seiner Stabilität noch sicherer wird, hier also keine neue Durchbrechung mehr zu erfolgen braucht. Die aufsteigende und sich stark ausdehnende Luft wird sich in den oberen Gegenden der Atmosphäre ausbreiten, also in der Höhe vom Centrum der Durchbrechung wegfliessen, was auch, wie bemerkt, an den von ihr gebildeten Wolken beobachtet wird. Der ganze Vorgang kann erst dann zum Stillstand und zu einem neuen Gleichgewicht führen, wenn die obere trockene Luft sich soweit gesenkt hat, dass der im Centrum des Wirbels liegende Canal voll feuchter Luft, der die unteren und die aufgestiegenen hohen Schichten feuchter Luft verbindet, im Durchschnitt Luft von derselben Schwere enthält, wie die trockeneren Schichten, die er durchbricht. Das wird bei einem gewissen Grade der Senkung eintreten können, da die feuchte Luft in der Tiefe dichter ist als die trockene, wenigstens wenn sie ihr Wasser nicht als Regen verliert. Da in der Regel aber das Gewicht der feuchten aufsteigenden Luft erheblich vermindert wird, indem der Wassernebel in ihr sich hinreichend verdichtet, um als Regen herab zu fallen, so wird das Aufsteigen wohl meistens keine Grenze finden, ehe nicht die ganze untere feuchte Schicht sich gehoben hat.

Die in den unteren Theilen der Atmosphäre gegen die Durchbruchsstelle herangezogene Luftmasse wird, wenn sie ausgedehnt genug war, einen merklichen Einfluss der Erdrotation zeigen müssen. Denken wir uns einen Luftring von 120 geographischen Meilen Halbmesser, dessen Mittelpunkt mit der Durchbruchsstelle zusammenfällt und der, allmälig enger werdend, gegen diese herangesogen wird. Sein Centrum liege in der Breite von 15⁰, einer Gegend, auf welche die meisten Beobachtungen als die ungefähre Ursprungsstelle der Wirbelstürme hinweisen. Dann würde sein südlicher Rand in 7⁰ Breite liegen, der nördliche in 23⁰. Nun ist aber die ostwestliche Bewegung der Erde in 7⁰ Breite nahezu 460 Meter und in 23⁰ Breite 426 Meter in der Secunde. Ein solcher Luftring, in windstiller Luft liegend, würde also an seiner Südseite um 34 Meter grössere Geschwindigkeit in westlicher Bewegung haben, und der Unterschied berechnet sich noch grösser, wenn wir berücksichtigen, dass die Südseite in oder nahe der Zone der Calmen liegt, die Nordseite in den östlich gerichteten Passaten. Diesen Anfangszustand des Luftringes können wir auch so ansehen, als wenn dieser im Ganzen mit der mittleren Geschwindigkeit (443 Meter) seines Centrums fortschritte, aber mit einer Geschwindigkeit von 17 Metern in der Secunde um letzteres rotirte im Sinne der Erdrotation. Das heisst, ein solcher Luftring hat in seiner Bewegung einen gewissen Antheil (eine Componente nach mathematischer Sprachweise) von Rotation, der von der Erdrotation herrührt, aber allerdings bei so grosser Nähe des Aequators nur klein ist.

Zieht sich der Luftring nun aber zusammen, so muss in ähnlicher Weise, wie ich es oben schon für die vom Aequator zum Pole hinfliessenden und sich dabei verengernden Wirbelringe angegeben habe, das Rotationsmoment dieser Bewegung constant bleiben, das heisst ihre Geschwindigkeit wachsen in dem Maasse, als sich der Halbmesser des Kreises verkleinert. Die Rechnung ergiebt, dass ein Luftring von anfänglich 100 geographischen Meilen Halbmesser, dessen Centrum in 15⁰ Breite liegt, eine Geschwindigkeit von $278\frac{1}{2}$ Meter in der Secunde gewinnen wird, wenn er bis auf fünf Meilen Halbmesser zusammengezogen ist. Das wäre eine Geschwindigkeit, wie Kanonenkugeln sie haben.

Den Vorgang der Bildung von Wirbelstürmen kann man nach gewissen Beziehungen hin sehr gut in kleinerem Maassstabe im Wasser nachahmen. Man nehme ein kreisrundes Gefäss, wie das der nebenstehenden Figur, welches eine Oeffnung im Boden hat, die zuerst durch einen Kork geschlossen wird. Durch Rühren mit der Hand setze man das Wasser in langsam rotirende Bewegung und ziehe den Kork aus. Nun beginnt das Wasser der Mitte auszufliessen, es wird durch neues ersetzt, welches von der Peripherie her sich dem Centrum nähert und dessen Rotationsbewegung in dem Maasse, als dies geschieht, zunimmt. Nahe der Mitte wird die Centrifugalkraft dieser heftig rotirenden Ringe so gross, dass der Wasserdruck nicht mehr im Stande ist, eine weitere Verengerung derselben zu bewirken. Dann bildet sich durch die Wassermasse, wie es Fig. 18 zeigt, eine senkrechte,

Fig. 18.

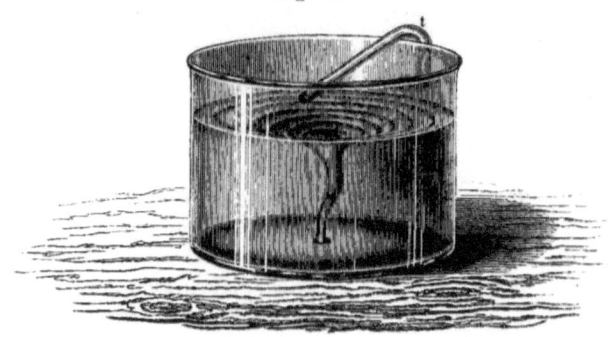

mit Luft gefüllte Röhre, die bis zur unteren Oeffnung hinabreicht, nach oben hin sich trichterförmig erweitert, und gewöhnlich schraubenförmig an ihrer Wand gestreift ist. Diese Röhre hat genau die Form, in der man die Wasserhosen abzubilden pflegt. Wirft man einen Kork in die Röhre hinein, der einerseits weiss, andererseits schwarz bemalt ist, so wirbelt er so schnell herum, dass die beiden Farben sich zu gleichmässigem Grau vermischen. Man kann den Wirbel beliebig lange unterhalten, wenn man das abfliessende Wasser durch eine kleine Pumpe wieder hebt und in tangentialer Richtung längs der Gefässwand wieder in das obere Gefäss hineintreibt, so dass es bei seinem Eintritt sich der Richtung der Wirbelbewegung gleich wieder einfügt. Dazu dient die in der Figur angegebene Röhre *t*.

Auch hier im Wasser können wir also den Uebergang aus einer ursprünglichen langsamen Wirbelbewegung in eine ausserordentlich schnelle beobachten. Sobald der Wirbel sich ausgebildet hat, fliesst das Wasser nur noch langsam aus, weil der grösste Theil der Ausflussöffnung von der Luftröhre eingenommen wird. Es ist hauptsächlich nur das Wasser vom Boden des Gefässes, was ausfliesst, nachdem es durch Reibung am Glase seine Geschwindigkeit verloren hat. Streut man Sand in das Wasser, der zu Boden sinkt, so wird dieser schnell in Spirallinien gegen die Oeffnung gezogen und hinausgespült, während Stückchen

Oblate, die im Wasser schweben bleiben, Viertelstunden lang herumgewirbelt werden können, ohne sich der Oeffnung zu nähern. Dieselbe Spiralbewegung gegen das Centrum hin haben die Wirbelstürme am Erdboden. Auch in diesen dürfen wir annehmen, dass es hauptsächlich die mächtige Centrifugalkraft ist, die das Aufsteigen der warmen Luft verzögert. Erst in dem Maasse, als die gewaltige Rotationsbewegung durch Reibung am Erdboden sich vermindert, wird die Luft in die Höhe steigen können, oben weiter wirbelnd, dann aber ihre Kreise mit Nachlass der Rotation allmälig ausbreitend, in dem Maasse, als neue Luft nachfolgt.

Wenn übrigens ein solcher Wirbel erst einmal ausgebildet ist, so kann er in Luft wie in Wasser lange fortbestehen, auch wenn die Ursachen aufhören zu wirken, die ihn hervorgebracht haben; die Bewegung der Luftmassen in ihren kreisförmigen Bahnen wird durch das Beharrungsvermögen, was jeder schweren Masse zukommt, unterhalten. Sie erlischt erst allmälig durch den Einfluss der Reibung. Ueber die Bewegungsgesetze solcher Wirbel habe ich selbst theoretische Untersuchungen im Jahre 1858 angestellt, deren Resultate sich in einigen einfacheren Fällen durch den Versuch bestätigen liessen. Dieselben sind auch auf die Fortbewegung der grossen atmosphärischen Wirbel anwendbar. In der Zone der Passate werden die Rotationsaxen der Wirbel schief gestellt, da ihr unteres Ende durch den unteren Passat gegen Südwesten, das obere durch den oberen nach Nordosten gedrängt wird. Ein schief gestellter Wirbel aber muss sich fortbewegen in der Richtung, in welcher die Luft durch den spitzen Winkel strömt, den er mit dem Boden macht, das heisst in der nördlichen Passatzone nach Nordwest hin. An der Grenze der Passate kommt dann der Wirbel in das Bereich der überwiegenden südwestlichen und westlichen Winde und folgt diesen zunächst nach Nordost, dann immer mehr nach Ost umbiegend. Gleichzeitig verliert er durch die Reibung am Boden allmälig an Intensität, sobald er in Gegenden kommt, wo der Gegensatz zweier verschiedener Luftschichten nicht mehr so deutlich und regelmässig ist, wie in der Passatzone.

Oft noch recht verderblich, wenn auch kleiner im Umfang als die Wirbelstürme der Meere sind die der Festländer, wie die Tornados von Nordamerika und unsere Wind- und Wasserhosen. Aber auch unsere Gewitter scheinen wesentliche Züge ihrer Erscheinungsweise dem labil werdenden Gleichgewichte verschiedener Luftschichten zu verdanken.

Ich habe schon vorher angeführt, dass wir hier im mittleren Europa in einer Zone leben, wo äquatoriale und polare Ströme sich abwechselnd verdrängen. Die ersteren führen Luft herbei, die zwar durch die tropischen Regen einen Theil ihrer Feuchtigkeit verloren hat, aber deren doch noch so viel enthält, dass sie nach der Abkühlung, die sie auf dem Wege bis zur gemässigten Zone erleidet, zu neuen Niederschlägen bereit ist. Ihr Feuchtigkeitsgehalt bei hoher Sommerwärme gibt sich uns durch das Gefühl der Schwüle kund, welches sie erregt, im Gegensatz zu der trocken heissen Luft der sommerlichen Ostwinde. In trocken warmer Luft kann sich unser Körper noch durch Verdunstung kühlen, in feuchter nicht. In einem Raume, dessen Luft wenige Grade über 42° C. erwärmt und mit Feuchtigkeit gesättigt ist, sterben warmblütige Thiere nach einiger Zeit, weil ihr Körper ohne Abkühlungsmittel und fortdauernd innere Wärme durch den Stoffwechsel entwickelnd sich bis über die genannte Temperatur erwärmen muss. Diese schwüle Beschaffenheit der Luft ist es daher, die uns Gewitter erwarten lässt.

Eine Zeit lang stauen sich die beiden gegen einander drängenden Ströme, es wird windstill. Wenn dann aber endlich der vordrängende Polarstrom erst an einer Stelle das Uebergewicht erlangt, dass die feuchtwarme Luft des Weststroms anfängt in die Höhe gedrängt zu werden, so verliert sie schnell ihre ganze Widerstandsfähigkeit, weil der entweichende Theil in den höheren Regionen des Luftmeers sich dehnt und abkühlt, in Folge davon sein Wasser ausscheidet und meist auch sogleich als Regen fallen lässt. Wie bei den Wirbelstürmen wird das emporgestiegene dadurch verhältnissmässig leichter, und zu der Stelle, die so von einem Theile ihres Druckes befreit ist, drängen sogleich die anderen feuchtwarmen Massen nach, um ihrerseits denselben Process durchzumachen. Die aufsteigenden Luftströme, die in der Höhe grosse Massen von Feuchtigkeit niederschlagen, bilden die schnell sich ballenden und hochaufthürmenden Gewitterwolken. Sehr gewöhnlich verstärken sich auch hierbei anfänglich vorhandene schwache Seitenbewegungen der angesogenen Luftmasse zu kräftigen Wirbelwinden, die sowohl dem ersten Beginn des Regens, wie auch seinen nachfolgenden Exacerbationen unmittelbar vorausgehen, aber weniger regelmässige *Drehung* und *Fortschreitung* haben, als die grossen Wirbel der Tropen. Das Gewitter zieht ab, wenn es dem Oststrom gelungen ist, den vorher herrschenden schwülen West zu verdrängen, denn das

Gewitter ist nichts Anderes als der Process dieser Verdrängung, und die von Reye nachgewiesenen Eigenthümlichkeiten des Gleichgewichts zwischen trockner und feuchter Luft bewirken eben auch in diesem Falle, dass diese Verdrängung, sowie nur der erste Anfang gegeben ist, plötzlich in ganzer Ausdehnung eintritt.

Was die elektrischen Entladungen betrifft, so ist deren Quelle wahrscheinlich ein Vorrath negativer Elektricität, mit dem die Erde dauernd geladen ist. Die Gasarten, selbst reiner, nicht nebliger Wasserdampf, isoliren und können direct mit der Erde keine Elektricität austauschen. Selbst wenn die mit negativer Elektricität beladene Oberfläche des Wassers Dämpfe entwickelt, nehmen diese die Elektricität, welche sie als Wasser enthielten, nicht mit sich fort[1]). Erst, wenn die Wassermassen der Wolken zu herabstürzendem Regen vereinigt einander so nahe kommen, dass Funkenentladung von Tropfen zu Tropfen möglich wird, bilden sie einen gewaltigen Conductor, in den nun auch aus dem Erdboden mächtige Funken, die Blitze, überschlagen können. Blitze sind in der Regel die Zeichen eines in dem Augenblicke erfolgenden neuen heftigen Niederschlags; aber die Regenmasse, aus der sie sich entladen, braucht mehr Zeit, um zur Erde zu kommen, als der elektrische Strahl. Erst einige Secunden nach dem Blitz bemerken wir deshalb den verstärkten Regen, der ihn hervorgebracht hat. Die Zeitfolge, in der die Veränderungen uns wahrnehmbar werden, ist gerade die entgegengesetzte, als die Folge von Ursache und Wirkung. Erst blitzt es, dann verstärkt sich der Regen; nach Ablauf des Regens ist der Wind geändert. Aber die erste Ursache ist der schwerere Ostwind, der herandrängt; er bewirkt den Niederschlag, der Niederschlag den Blitz.

Es ist durchaus nicht unglaublich, dass eine Feuersbrunst oder der Kanonendonner einer Schlacht, wie behauptet worden ist, ein Gewitter herbeiziehen könne. Wenn der entsprechende Zustand unsicheren Gleichgewichts in der Atmosphäre nur erst vorbereitet ist, kann jeder Umstand, der einen ersten kleinen Theil der feuchtwarmen Luftmasse zum Aufsteigen bringt, wie

---

[1]) Diese Stelle ist geändert mit Rücksicht auf die im Berliner physikalischen Laboratorium ausgeführten Versuche von Mr. Blake und der von Herrn Werner Siemens gegebenen Erklärung der Blitze.

der Funken im Pulverfasse wirken und die Hauptentladung nach der Stelle dieser ersten Störung hinlenken.

In allen den beschriebenen Verhältnissen liegt nichts, was nicht ganz einfach auf der gesetzmässigen Wirkung wohlbekannter physikalischer Kräfte beruhte; nur spielt das labile Gleichgewicht hier eine besondere Rolle, weil bei einem solchen die unbedeutendsten Veranlassungen, die kleinsten Abänderungen der Temperatur, Feuchtigkeit, Geschwindigkeit einzelner Luftmassen bewirken können, dass colossale Kräfte sich im einen oder andern Augenblicke nach dieser oder jener Stelle hin entfesseln. Um vorausberechnen zu können, in welchem Augenblicke und an welchem Orte das labile Gleichgewicht durchbrochen werden wird, müssten wir erstens den vorausgehenden Zustand der Atmosphäre viel genauer kennen, als es wirklich der Fall ist. Denn wir kennen nur Durchschnittswerthe der Temperatur, der Feuchtigkeit, des Windes für die Erdoberfläche, und die genauen Werthe höchstens für einzelne Beobachtungsstationen und Beobachtungsstunden. Zweitens müssten wir im Stande sein, wenn wir erst genaue Data hätten, nun auch die Berechnung des weiteren Verlaufs mit der entsprechenden Genauigkeit durchzuführen. Aber obgleich wir die allgemeinen Regeln für eine solche Berechnung angeben können, wäre ihre wirkliche Ausführung eine so unabsehbare Arbeit, dass wir darauf verzichten müssen, bis bessere Methoden gefunden sind.

Ueberhaupt ist zu bemerken, dass wir nur solche Vorgänge in der Natur vorausberechnen und in allen beobachtbaren Einzelheiten verstehen können, bei denen kleine Fehler im Ansatze der Rechnung auch nur kleine Fehler im Endergebniss hervorbringen. Sobald labiles Gleichgewicht sich einmischt, ist diese Bedingung nicht mehr erfüllt.

So besteht für unsern Gesichtskreis noch der Zufall; aber er ist in Wirklichkeit nur der Ausdruck für die Mangelhaftigkeit unseres Wissens und die Schwerfälligkeit unseres Combinationsvermögens. Ein Geist, der die genaue Kenntniss der Thatsachen hätte und dessen Denkoperationen schnell und präcis genug vollzogen würden, um den Ereignissen vorauszueilen, würde in der wildesten Launenhaftigkeit des Wetters nicht weniger, als im Gange der Gestirne, das harmonische Walten ewiger Gesetze anschauen, was wir nur voraussetzen und ahnen.

DAS DENKEN IN DER MEDICIN.

Rede

gehalten zur Feier des Stiftungstages der militairärztlichen
Bildungs-Anstalten in Berlin am 2. August 1877.

Hochgeehrte Herren!

Schon einmal, vor 35 Jahren, habe ich am 2. August vor einer ähnlichen Versammlung, wie die heutige ist, in der Aula dieses Instituts auf dem Katheder gestanden und einen Vortrag über die Operation der Blutadergeschwülste gehalten. Ich war damals noch Eleve des Instituts und gerade am Ende meiner Studienzeit. Da ich nie eine Blutadergeschwulst hatte operiren sehen, so war der Inhalt meines Vortrags freilich nur aus Büchern compilirt; aber Büchergelehrsamkeit spielte damals noch eine viel breitere und angesehenere Rolle in der Medicin, als man ihr heutzutage einzuräumen geneigt ist. Es war eine Zeit der Gährung, des Kampfes zwischen gelehrter Tradition und dem neuen naturwissenschaftlichen Geiste, der keiner Tradition mehr glauben, sondern sich auf die eigene Erfahrung stellen wollte. Meine damaligen Vorgesetzten urtheilten günstiger über meinen Vortrag als ich selbst, und ich bewahre noch die Bücher, welche mir dafür als Prämien zu Theil wurden.

Die bei dieser Gelegenheit sich mir aufdrängenden Erinnerungen haben mir lebhaft das Bild des damaligen Zustandes unserer Wissenschaft, unserer Bestrebungen, unserer Hoffnungen zurückgerufen und mich vergleichen lassen, was damals war, mit dem, was daraus geworden ist. Viel ist geworden. Wenn auch nicht Alles, was wir gehofft hatten, erfüllt wurde, und Manches anders, als wir gehofft, so ist auch Manches geworden, auf das wir nicht zu hoffen gewagt hätten. Wie die Weltgeschichte vor den Augen unserer Generation einige ihrer seltenen Riesenschritte gemacht hat, so auch unsere Wissenschaft; daher ein alter Schüler, wie ich, das einst wohlbekannte, damals etwas matronenhafte Antlitz der Dame Medicin kaum wiedererkennt, wenn er gelegentlich wieder in Beziehung zu ihr tritt; so lebensfrisch und entwickelungskräftig ist sie in dem Jungbrunnen der Naturwissenschaften geworden.

Vielleicht ist mir der Eindruck dieses Gegensatzes frischer geblieben, als denjenigen meiner medicinischen Altersgenossen, die ich vor mir als Zuhörer versammelt zu sehen heute die Ehre habe, und die, in dauernder Berührung mit der Wissenschaft und Praxis geblieben, von den in·kleinen Stufen sich vollziehenden grossen Aenderungen weniger überrascht und betroffen sein mögen. Dies wird Ihnen gegenüber meine Entschuldigung sein, wenn ich von der in dieser Periode vorgegangenen Metamorphose der Medicin rede, deren Entwickelungsergebnisse im Einzelnen Sie selbst freilich besser kennen werden als ich. Für die Jüngeren aber unter meinen Zuhörern möchte ich den Eindruck dieser Entwickelung und ihrer Ursachen nicht ganz verloren gehen lassen. Wenn dieselben gelegentlich in die Literatur jener Zeit einen Blick werfen, so werden sie dort einer grossen Zahl von Sätzen begegnen, die ihnen fast wie in einer vergessenen Sprache geschrieben erscheinen müssen, so sehr, dass es ihnen nicht ganz leicht werden wird, sich in die Sinnesweise dieser so wenig hinter uns liegenden Periode zurückzuversetzen. Es liegt eine grosse Lehre über die wahren Principien wissenschaftlicher Forschung in dem Entwickelungsgange der Medicin, und der positive Theil dieser Lehre wird vielleicht durch keine vorausgehende Zeit so eindringlich gepredigt, wie durch das letzte Menschenalter. Da mir selbst zur Zeit die Aufgabe zugefallen ist, diejenige von den Naturwissenschaften zu lehren, welche die weitesten Verallgemeinerungen zu machen, den Sinn der Grundbegriffe zu erörtern hat, und der deshalb nicht unpassend bei den englisch redenden Völkern der Name der „Natural Philosophy" geblieben ist: so fällt es ja wohl nicht zu weit aus dem Kreise meiner Berufsaufgaben und meines eigentlichen Studiums, wenn ich es unternehme, hier von den Principien wissenschaftlicher Methodik für die Erfahrungswissenschaften zu reden.

Was meine Bekanntschaft mit den Gedankenkreisen der älteren Medicin betrifft, so hatte ich dazu ausser der allgemeinen Veranlassung, welche für jeden gebildeten Arzt vorliegt, der die Literatur seiner Wissenschaft und die Richtung, sowie die Bedingungen ihres Fortschreitens verstehen will, noch eine besondere, da mir mit meiner ersten Professur in Königsberg vom Jahre 1849 bis 1856 die Aufgabe zufiel, in jedem Winter auch allgemeine Pathologie vorzutragen, d. h. denjenigen Theil der Krankheitslehre, der die allgemeinen theoretischen Begriffe von der Natur der Krankheit und die Principien ihrer Behandlung enthalten sollte. Die allgemeine Pathologie war von den Aelteren gleichsam als die feinste Blüthe medicinischer Wissenschaftlichkeit angesehen worden. In der That aber hatte das, was früher ihren Inhalt gebildet, für den Jünger moderner Naturwissenschaft nur noch historisches Interesse.

Ueber die wissenschaftliche Berechtigung dieses Inhalts hatten schon manche meiner Vorgänger den Stab gebrochen, wie namentlich kurz zuvor Henle und Lotze. Letzterer, der ebenfalls von der Medicin ausgegangen ist, hatte in seiner allgemeinen Pathologie und Therapie 1842 mit vernichtendem kritischem Scharfsinne besonders gründlich und methodisch aufgeräumt.

Meine eigene ursprüngliche Neigung hatte mich zur Physik getrieben; äussere Umstände zwangen mich in das Studium der Medicin einzutreten, was mir durch die liberalen Einrichtungen dieses Instituts möglich wurde. Uebrigens war es die Sitte der alten Zeit gewesen, das Studium der Medicin mit dem der Naturwissenschaften zu vereinigen, und was darin von Zwang lag, muss ich schliesslich als ein Glück preisen. Nicht allein, dass ich in einer Periode in die Medicin eintrat, wo Jemand, der in physikalischen Betrachtungsweisen auch nur mässig bewandert war, einen fruchtbaren jungfräulichen Boden zur Beackerung vorfand, sondern ich betrachte auch das medicinische Studium als diejenige Schule, welche mir eindringlicher und überzeugender, als es irgend eine andere hätte thun können, die ewigen Grundsätze aller wissenschaftlichen Arbeit gepredigt hat, Grundsätze, so einfach und doch immer wieder vergessen, so klar und doch immer wieder mit täuschendem Schleier verhängt.

Man muss vielleicht dem brechenden Auge des Sterbenden und dem Jammer der verzweifelnden Familien gegenüber gestanden haben, man muss sich die schweren Fragen vorgelegt haben, ob man selbst Alles gethan habe, was man zur Abwehr des Verhängnisses hätte thun können, und ob die Wissenschaft auch wohl alle Kenntnisse und Hülfsmittel vorbereitet habe, die sie hätte vorbereiten sollen, um zu wissen, dass erkenntnisstheoretische Fragen über die Methodik der Wissenschaft auch eine bedrängende Schwere und eine fruchtbare praktische Tragweite erlangen können. Der bloss theoretische Forscher mag vornehm kühl darüber lächeln, wenn Eitelkeit und Phantasterei sich für eine Zeit in der Wissenschaft breit zu machen und Staub aufzuwirbeln suchen, vorausgesetzt, dass er selbst in seinem Arbeitszimmer ungestört bleibt. Oder er mag auch wohl Vorurtheile der alten Zeit als Reste poetischer Romantik und jugendlicher Schwärmerei interessant und verzeihlich finden. Demjenigen, der mit den feindlichen Mächten der Wirklichkeit zu ringen hat, vergeht die Indifferenz und die Romantik; was er weiss und kann, wird schärferer Prüfung ausgesetzt, er kann nur das grelle harte Licht der Thatsachen brauchen, und muss es aufgeben, sich in angenehmen Illusionen zu wiegen.

Ich freue mich deshalb, einmal wieder vor einer fast ausschliesslich aus Medicinern bestehenden Versammlung reden zu können, die die gleiche Schule durchgemacht haben. Die Medicin ist doch nun einmal das geistige Heimathland geworden, in dem ich herangewachsen bin, und auch der Auswanderer versteht und findet sich verstanden am besten in der Heimath.

Um den Grundfehler jener älteren Zeit gleich mit einem Worte zu bezeichnen, möchte ich sagen, dass sie einem falschen Ideal von Wissenschaftlichkeit nachjagte in einseitiger und unrichtig begrenzter Hochschätzung der deductiven Methode. Zwar war unter den Wissenschaften nicht allein die Medicin in diesem Irrthum befangen, aber in keiner anderen Wissenschaft sind die Folgen davon so grell an das Licht getreten und haben sich dem Fortschritt mit solchem Gewicht entgegengestemmt, als gerade in der Medicin. Darum scheint mir in der That die Geschichte dieser Wissenschaft ein ganz besonderes Interesse in der Entwickelungsgeschichte des menschlichen Geistes in Anspruch zu nehmen. Keine andere ist vielleicht mehr geeignet zu zeigen, dass eine richtige Kritik der Erkenntnissquellen eine auch praktisch höchst wichtige Aufgabe der wahren Philosophie ist.

Als Fahne gleichsam der alten deductiven Medicin diente das stolze Wort des Hippokrates:

ἰητρὸς φιλόσοφος ἰσόθεος

„Gottähnlich ist der Arzt, der Philosoph ist."

Wir können es schon gelten lassen, wenn wir nur richtig feststellen, was unter einem Philosophen zu verstehen sei. Den Alten umfasste die Philosophie noch alle theoretische Kenntniss; ihre Philosophen betrieben auch Mathematik, Physik, Astronomie, Naturgeschichte in enger Vereinigung mit eigentlich philosophischen und metaphysischen Betrachtungen. Will man also unter dem ärztlichen Philosophen des Hippokrates einen Mann verstehen, der vollendete Einsicht in den Causalzusammenhang der Naturprocesse hat, so werden wir in der That mit ihm sagen können, ein solcher wird einem Gotte ähnlich helfen können. So verstanden bezeichnet der Satz in drei Worten das Ideal, dem unsere Wissenschaft nachzustreben hat. Ob sie es je erreichen wird, wer will es sagen?

Aber auf so lange Frist ihre Hoffnungen hinauszuschieben, waren diejenigen Jünger der Medicin nicht geneigt, die sich schon bei eigenen Lebzeiten gottähnlich zu fühlen und Anderen als solche zu imponiren wünschten.

Man setzte die Ansprüche an den φιλόσοφος erheblich herab. Jeder Anhänger eines beliebigen welterklärenden Systems, in welches wohl oder übel die Thatsachen der Wirklichkeit hineinpassen mussten, fühlte sich als Philosoph. Von den Gesetzen der Natur wussten ja die Philosophen jener Zeit nicht gerade viel mehr als die ungelehrten Laien; der Nachdruck ihrer Bestrebungen fiel also zunächst auf das Denken, auf die logische Consequenz und Vollständigkeit des Systems. Es begreift sich wohl, wie es in jugendlichen Bildungsperioden zu einer so einseitigen Ueberschätzung des Denkens kommen konnte. Auf dem Denken beruht die Ueberlegenheit des Menschen über das Thier, des Gebildeten über den Barbaren; das Empfinden, Fühlen, Wahrnehmen theilt er dagegen mit seinen niederen Mitgeschöpfen und in Sinnesschärfe sind ihm manche von diesen sogar überlegen. Dass der Mensch seinem Denken die höchste Entwickelung zu geben strebt, ist die Aufgabe, von deren Lösung das Gefühl seiner eigenen Würde, wie seine praktische Macht abhängt, und ein natürlicher Irrthum war es, wenn man daneben als gleichgültig behandelte, was die Natur auch dem Thiere von seelischen Fähigkeiten als Mitgift gegeben hat, und wenn das Denken sich von seiner natürlichen Grundlage, dem Beobachten und Wahrnehmen, glaubte loslösen zu können, um den Ikarusflug der metaphysischen Speculation zu beginnen.

In der That ist es keine leichte Aufgabe, die Ursprünge unseres Wissens vollständig aufzudecken. Eine ungeheure Menge davon ist überliefert in Rede und Schrift. Diese Fähigkeit des Menschen, die Wissensschätze der Generationen zu sammeln, ist ein Hauptgrund seiner Ueberlegenheit über das auf ererbten blinden Instinct und nur individuelle Erfahrung beschränkte Thier. Aber alles überlieferte Wissen wird schon geformt übergeben; wo der Berichterstatter es her hat, wie viel Kritik er angewendet, ist oft nicht mehr zu ermitteln, namentlich wenn die Ueberlieferung durch viele Berichterstatter hindurch gegangen ist. Man muss es auf Treu und Glauben annehmen; zur Quelle kann man nicht kommen, und wenn erst viele Generationen bei solchem Wissen sich beruhigt, keine Kritik daran geübt, ja auch wohl allerlei kleine Aenderungen, die sich schliesslich zu grossen summirten, daran angebracht haben, so werden oft sonderbare Sachen unter der Autorität uralter Weisheit berichtet und geglaubt. Eine seltsame Historie dieser Art ist die Geschichte des Blutkreislaufs, von der wir noch zu reden haben werden.

Aber für den, der über die Ursprünge des Wissens reflectirt, ist noch verwirrender eine andere Art der Ueberlieferung durch die Sprache, die lange unentdeckt geblieben ist. Die Sprache wird nicht leicht Namen für Classen von Objecten oder für Classen von Vorgängen ausbilden, wenn nicht sehr oft und bei vielen Gelegenheiten die betreffenden Einzeldinge und Einzelfälle zusammen zu nennen sind, um Gemeinsames über sie auszusagen. Sie müssen also viele gemeinsame Merkmale haben. Oder wenn wir, wissenschaftlich darüber reflectirend, einige dieser Merkmale auswählen und als Definition zusammenstellen, so muss der gemeinsame Besitz dieser ausgewählten Merkmale bedingen, dass in den betreffenden Fällen noch eine grosse Menge anderer Merkmale regelmässig aufzufinden sind, es muss eine naturgesetzliche Verbindung zwischen den erstgenannten und den letztgenannten Merkmalen da sein. Wenn wir zum Beispiel die Thiere, welche von ihren Müttern gesäugt worden sind, mit dem Namen der Säuger bezeichnen, so können wir von ihnen weiter aussagen, dass diese alle Warmblüter sind, lebendig geboren wurden, eine Wirbelsäule haben, kein Quadratbein, durch Lungen athmen, getrennte Herzabtheilungen haben u. s. w. u. s. w. Also schon der Umstand, dass in der Sprache eines intelligent beobachtenden Volkes eine gewisse Anzahl von Dingen mit einem und demselben Worte bezeichnet wird, zeigt an, dass diese Dinge oder Fälle einem gemeinsamen naturgesetzlichen Verhältniss unterliegen; schon dadurch allein wird eine Summe von Erfahrungen der vorausgegangenen Generationen überliefert, ohne dass es so erscheint.

Ferner findet sich der Erwachsene, wenn er über den Ursprung seines Wissens zu reflectiren beginnt, im Besitz einer ungeheuren Menge alltäglicher Erfahrungen, die zum grossen Theil bis in das Dunkel seiner ersten Kinderjahre hinaufreichen. Alles Einzelne ist längst vergessen; aber die gleichartigen Spuren, welche tägliche Wiederholung ähnlicher Fälle in seinem Gedächtnisse zurückgelassen hat, haben sich tief eingeschnitten.

Und da nur das sich regelmässig immer wiederholt, was gesetzlich ist, so sind diese tief eingegrabenen Reste aller vorausgegangenen Anschauungen gerade Anschauungen des Gesetzlichen in den Dingen und Vorgängen.

Die beiden genannten Vorgänge verschaffen dem Menschen den Besitz einer ausgedehnten Menge von Kenntnissen, von denen er nicht weiss, wo sie herkommen, die dagewesen sind, so lange er zurückdenken kann. Wir brauchen nicht einmal auf die Möglichkeit einer Vererbung durch die Zeugung zurückzugehen.

Die Begriffe, die er sich gebildet, die ihm seine Muttersprache überliefert, bewähren sich als ordnende Mächte auch in der objectiven Welt der Dinge, und da er nicht weiss, dass er oder seine Vorfahren diese Begriffe nach den Dingen ausgebildet haben, so scheint ihm die Welt der Dinge von geistigen Mächten, seinen Begriffen ähnlich, beherrscht zu werden. Diesen psychologischen Anthropomorphismus erkennen wir wieder von den Ideen des Plato, bis zur immanenten Dialektik des Weltprocesses bei Hegel und zu dem unbewussten Willen Schopenhauer's.

Die Naturwissenschaft — und sie fällt in der älteren Zeit mit der Medicin im Wesentlichen zusammen — folgte dem Wege der Philosophie; die deductive Methode schien Alles leisten zu können. Sokrates hatte freilich die inductive Begriffsbildung in der lehrreichsten Weise entwickelt. Aber das Beste, was er geleistet hatte, blieb, wie es gewöhnlich geht, so gut wie unverstanden.

Ich will Sie nicht durch das bunte Gewirr von pathologischen Theorien hindurchführen, die je nach wechselnden Neigungen ihrer Autoren, meist veranlasst durch diesen oder jenen Zuwachs naturwissenschaftlicher Kenntnisse, auftauchten und meist, wie es scheint, zuerst von Aerzten aufgestellt wurden, die als grosse Beobachter und Heilkünstler, unabhängig von ihren Theorien, sich Ruhm und Ansehen erwarben. Dann kamen die weniger begabten Schüler, welche den Meister copirten, seine Theorie übertrieben, einseitiger und logischer machten, unbekümmert um den Widerspruch der Natur. Je strenger das System, auf desto wenigere und desto eingreifendere Methoden pflegte sich das Heilverfahren zu reduciren. Je mehr die Schulen den anwachsenden wirklichen Kenntnissen gegenüber ins Gedränge geriethen, desto mehr steiften sie sich auf die alten Autoritäten, desto intoleranter wurden sie gegen Neuerungen. Der grosse Reformator der Anatomie, Vesalius, wurde vor die theologische Facultät von Salamanca geladen, mit Servetus wurde in Genf auch sein Buch, in dem er den Lungenkreislauf beschrieb, verbrannt, und die Pariser Facultät verbot, in ihren Hörsälen den von Harvey entdeckten Blutkreislauf zu lehren.

Dabei waren die Grundlagen der Systeme, von welchen diese Schulen ausgingen, zum grossen Theil naturwissenschaftliche Anschauungen, deren Verwerthung innerhalb eines begrenzten Kreises durchaus in der Ordnung gewesen wäre. Was nicht in der Ordnung war, war nur der Wahn, dass es wissenschaftlicher sei, alle Krankheiten auf einen Erklärungsgrund zurückzuführen, als auf verschiedene. Die Solidarpathologen wollten Alles aus veränderter Mechanik der festen Theile, namentlich aus ihrer veränderten Spannung, aus dem Strictum und Laxum, dem Tonus und der Atonie, später aus den gespannten oder abgespannten Nerven, den Stockungen in den Gefässen herleiten. Die Humoralpathologen kannten nur Aenderungen der Mischung. Die vier Cardinalflüssigkeiten, Repräsentanten der classischen vier Elemente, Blut, Schleim, gelbe und schwarze Galle, bei anderen die Acrimoniae oder Dyscrasien, welche durch Schwitzen und Purgiren ausgetrieben werden mussten, im Anfang der neueren Zeit auch Säure und Alkali oder die alchymistischen Spiritus und Qualitates occultae der aufgenommenen Stoffe waren die Elemente dieser Chemie. Dazwischen spielten allerlei physiologische Anschauungen, von denen einzelne merkwürdige Vorahnungen enthielten, wie das ἔμφυτον θερμὸν, die eingepflanzte Lebenswärme des Hippokrates, welches durch die Nahrungsmittel unterhalten wird, diese wiederum im Magen kocht, und die Quelle aller Lebensbewegung ist; hier ist schon die Frage angesponnen, die später von ärztlicher Seite zur Auffindung des Aequivalentverhältnisses zwischen mechanischer Arbeit und Wärme[1]), sowie zur wissenschaftlichen Formulirung des Gesetzes von der Erhaltung der Kraft[2]) führte. Dagegen hat das πνεῦμα halb Geist, halb Luft, welches man aus den Lungen in die Arterien dringen und diese füllen liess, viel arge Verwirrung angerichtet. Der Umstand, dass man in den Arterien todter Körper der Regel nach Luft findet, die freilich erst im Augenblicke, wo man die Gefässe anschneidet,

---

[1]) J. R. Mayer, die organische Bewegung in ihrem Zusammenhange mit dem Stoffwechsel. Heilbronn 1845. — Die Mechanik der Wärme. Stuttgart 1867. Siehe den Anhang zu dieser Rede.

[2]) H. Helmholtz, die Erhaltung der Kraft. 1847. Berlin.

hineindringt, verleitete die Alten zu dem Glauben, diese Luft sei auch im Leben in den Arterien enthalten. Dann blieben für das Blut nur die Venen übrig, in denen es nicht circuliren konnte. Man meinte, es entstehe in der Leber, bewege sich von da zum Herzen und durch die Venen zu den Organen. Jede aufmerksame Beobachtung eines Aderlasses hätte lehren müssen, dass es in den Venen von der Peripherie kommt und zum Herzen hinfliesst. Aber diese falsche Theorie hatte sich mit der Erklärung der Fieber und Entzündungen so verwebt, dass sie das Gewicht eines Dogmas enthielt, welches anzugreifen gefährlich war.

Indess der wesentliche principielle Fehler dieser Systeme war und blieb doch die falsche Art von logischer Consequenz, zu der man sich verpflichtet glaubte, die Vorstellung, es müsse auf einen solchen Erklärungsgrund ein vollständiges, alle Formen der Erkrankung und deren Heilung umfassendes System gebaut werden. Die vollendete Kenntniss des Causalzusammenhanges einer Classe von Erscheinungen giebt allerdings schliesslich auch ein logisch consequentes System. Es giebt keinen stolzeren Bau des strengsten Denkens als die moderne Astronomie, deducirt bis in die einzelnsten kleinen Störungen hinein aus Newton's Gravitationsgesetz. Aber einem Newton war ein Kepler vorausgegangen, der die Thatsachen inductiv zusammengefasst hatte; und niemals haben die Astronomen geglaubt, dass Newton's Kraft das gleichzeitige Wirken anderer Kräfte ausschlösse. Fortdauernd sind sie auf der Wacht geblieben, um zu erspähen, ob nicht auch Reibung, widerstehende Mittel, Meteorschwärme Einfluss haben. Die älteren Philosophen und Aerzte glaubten, sie könnten deduciren, ehe sie ihre allgemeinen Sätze durch Induction gesichert hatten. Sie vergassen, dass jede Deduction nur so viel Sicherheit hat als der Satz, aus dem deducirt wird, und dass jede neue Deduction zunächst immer nur wieder ein neues Prüfungsmittel ihrer eigenen Grundlagen an der Erfahrung werden muss. Dadurch, dass ein Schluss in sauberster logischer Methode aus einem unsicheren Vordersatze hergeleitet wird, gewinnt er nicht um eines Haares Breite an Sicherheit oder an Werth.

Charakteristisch aber für die Schulen, die auf solchen als Dogmen angenommenen Hypothesen ihr System errichteten, ist die Intoleranz, deren Aeusserungen ich zum Theil schon eben erwähnt habe. Wer auf wohlgesicherter Basis arbeitet, kann einen Irrthum gern zugeben; ihm wird dabei nichts genommen, als das, worin er sich geirrt hat. Wenn man aber den Ausgangspunkt auf eine Hypothese gestellt hat, die entweder durch Autorität gewährleistet erscheint oder nur gewählt ist, weil sie dem entspricht, was man für wahr halten zu können wünscht, so kann jeder Riss das ganze Gebäude der Ueberzeugungen rettungslos einreissen. Die überzeugten Anhänger müssen deshalb für jeden einzelnen Theil eines solchen Gebäudes denselben Grad von Infallibilität in Anspruch nehmen, für die Anatomie des Hippokrates ebenso viel wie für die Fieberkrisen; jeder Gegner kann ihnen nur als dumm oder schlecht erscheinen, und die Polemik wird nach einer alten Regel um so leidenschaftlicher und persönlicher, je unsicherer der Boden ist, der vertheidigt wird. Bei den Schulen der dogmatisch deductiven Medicin haben wir reichlich Gelegenheit, diese allgemeinen Regeln bestätigt zu finden. Ihre Intoleranz wandten sie theils gegen einander, theils gegen die Eklektiker, die bei verschiedenen Krankheitsformen verschiedene Erklärungsgründe herbeiholten. Letzteres in der Sache vollkommen begründete Verfahren trug in den Augen der Systematiker den Makel der Inconsequenz an sich. Und doch waren die grössten Aerzte und Beobachter, Hippokrates an der Spitze, Aretaeus, Galenus, Sydenham, Boerhave, Eklektiker oder wenigstens sehr laxe Systematiker gewesen.

Um die Zeit, als wir Aeltere in das Studium der Medicin eintraten, stand sie noch unter dem Einflusse der wichtigen Entdeckungen, welche Albrecht von Haller über die Erregung der Nerven gemacht hatte, diese in Verbindung gesetzt mit der vitalistischen Theorie von der Natur des Lebens. Haller hatte die Erregungsvorgänge an den Nerven und Muskeln abgeschnittener Glieder gesehen. Das Auffallendste daran war ihm gewesen, dass die verschiedenartigsten äusseren Einwirkungen, mechanische, chemische, thermische, zu denen später noch die elektrischen kamen, immer denselben Erfolg, nämlich Muskelzuckung, hervorriefen. Nach ihrer Einwirkung auf den Organismus waren sie also nur quantitativ unterschieden, nur durch die Stärke der Wirkung; er bezeichnete sie deshalb mit dem gemeinsamen Namen der Reize, nannte den veränderten Zustand der Nerven die Reizung, und deren Fähigkeit, auf Reize zu antworten, welche mit dem Absterben verloren ging, die Reizbarkeit. Dieses ganze Verhältniss, welches, physikalisch genommen, eigentlich weiter nichts aussagt, als dass die Nerven betreffs derjenigen inneren Bewegungen, die nach der Erregung auftreten, in einem äusserst leicht störbaren Gleichgewichtszustande sind, wurde als die Grundeigenschaft des thierischen Lebens angesehen und ohne Bedenken auch auf die übrigen Organe und Gewebe des Körpers übertragen, für welche gar keine ähnlichen Thatsachen vorlagen. Man glaubte, dass sie alle nicht von selbst thätig wären, sondern erst durch Reize den Anstoss erhalten müssten; als die normalen Reize galten Luft und Nahrungsmittel. Die Art der Thätigkeit erschien dagegen durch die besondere Energie des Organs unter der Leitung der Lebenskraft bedingt. Steigerung oder Herabsetzung der Reizbarkeit waren die Kategorien, unter welche die sämmtlichen acuten Krankheiten subsumirt und aus denen die Indicationen für schwächende oder erregende Behandlung hergenommen wurden. Die starre Einseitigkeit und rücksichtslose Consequenz, mit welcher R. Brown dies System einst durchgeführt hatte, war allerdings gebrochen; doch wurden immer noch die leitenden Gesichtspunkte daher genommen.

Die Lebenskraft hatte einst als luftartiger Geist, als Pneuma, in den Arterien gehaust, hatte dann beim Paracelsus die Gestalt des Archeus, einer Art hilfreichen Kobolds oder „inwendigen Alchymisten" angezogen, und ihre klarste wissenschaftliche Fassung als Lebensseele, Anima inscia, bei Georg Ernst Stahl erlangt, der in der ersten Hälfte des vorigen Jahrhunderts Professor der Chemie und Pathologie in Halle war. Stahl war ein klarer und feiner Kopf, der selbst da, wo er gegen unsere jetzigen Ansichten entscheidet, durch die Art, wie er die richtigen Fragen stellt, belehrend und fördernd ist. Er ist derselbe, der das erste umfassendere System der Chemie, das phlogistische, gründete. Wenn man sein Phlogiston in latente Wärme übersetzt, so gingen die theoretischen Grundzüge seines Systems wesentlich auch in Lavoisier's über; nur kannte Stahl den Sauerstoff noch nicht, wodurch einige falsche Hypothesen, z. B. über die negative Schwere des Phlogiston, bedingt waren. Stahl's Lebensseele ist im Ganzen nach dem Vorbilde dargestellt, wie sich die pietistischen Gemeinden jener Zeit die sündige menschliche Seele dachten; sie ist Irrthümern und Leidenschaften, der Trägheit, Furcht, Ungeduld, Trauer, Unbedachtsamkeit, Verzweiflung unterworfen. Der Arzt muss sie bald besänftigen, bald aufstacheln oder strafen und zur Busse zwingen. Sehr gut ausgesonnen war es, wie er daneben die Nothwendigkeit der physikalischen und chemischen Wirkungen begründete. Die Lebensseele regiert den Körper und wirkt nur mittels der physikalisch-chemischen Kräfte der aufgenommenen Stoffe. Aber sie hat die Macht, diese Kräfte zu binden und zu lösen, sie gewähren zu lassen oder zu hemmen. Nach dem Tode werden die gehemmten Kräfte frei und rufen Fäulniss und Verwesung hervor. Diese Hypothese vom Binden und Lösen zu widerlegen, musste das Gesetz von der Erhaltung der Kraft klar ausgesprochen werden.

Die zweite Hälfte des vorigen Jahrhunderts war schon zu sehr von Aufklärungsprincipien angesteckt, um Stahl's Lebensseele offen anzuerkennen. Man übertünchte sie mehr naturwissenschaftlich als Lebenskraft, Vis vitalis, während sie im Wesentlichen ihre Functionen beibehielt und unter dem Namen der Naturheilkraft in Krankheiten eine hervorragende Rolle spielte.

Die Lehre von der Lebenskraft trat ein in das pathologische System der Erregbarkeitsänderungen. Man suchte zu trennen die unmittelbaren Einwirkungen der krankmachenden Schädlichkeit, soweit sie von dem Spiel blinder Naturkräfte abhingen, die Symptomata morbi, von denen, welche die Reaction der Lebenskraft einleitete, den Symptomata reactionis. Die letzteren sah man hauptsächlich in der Entzündung und im Fieber. Dem Arzte fiel fast allein noch die Rolle zu, die Stärke dieser Reaction zu überwachen und sie, je nach Umständen, anzustacheln oder zu dämpfen.

Die Behandlung des Fiebers erschien jeder Zeit als die Hauptsache, als der eigentlich wissenschaftlich begründete Theil der Medicin, woneben die Localbehandlung als verhältnissmässig untergeordnet zurücktrat. Die Therapie der fieberhaften Krankheiten war dadurch schon sehr einförmig geworden, wenn auch die durch die Theorie indicirten Mittel, wie namentlich das seit jener Zeit fast ganz aufgegebene Blutlassen, noch kräftig gebraucht wurden. Noch mehr verarmte die Therapie, als die jüngere und kritischer gestimmte Generation herantrat und die Voraussetzungen dessen, was man als wissenschaftlich betrachtete, prüfte. Es waren damals unter den jüngeren Aerzten viele, die in Verzweiflung an ihrer Wissenschaft fast jede Therapie aufgaben oder principmässig nach einer Empirie griffen, wie sie Rademacher damals lehrte, welche grundsätzlich jede Hoffnung auf wissenschaftliches Verständniss als eitel ansah.

Was wir damals kennen gelernt haben, waren nur noch Ruinen des alten Dogmatismus, aber die bedenklichen Seiten desselben traten noch deutlich genug hervor.

Dem vitalistischen Arzte hing der wesentliche Theil der Lebensvorgänge nicht von Naturkräften ab, die, mit blinder Nothwendigkeit und nach festem Gesetz ihre Wirkung ausübend, den Erfolg bestimmten. Was solche verrichten konnten, erschien als Nebensache und ein eingehendes Studium davon kaum der Mühe werth. Er glaubte mit einem seelenähnlichen Wesen zu thun zu haben, dem ein Denker, ein Philosoph und geistreicher Mann gegenüberstehen musste. Darf ich es Ihnen durch einzelne Züge erläutern?

Es war eine Zeit, wo Auscultation und Percussion der Brustorgane in den Kliniken schon regelmässig betrieben wurde; aber ich habe noch manchmal behaupten hören, es seien dies grob mechanische Untersuchungsmittel, deren ein Arzt von hellem Geistesauge nicht bedürfe; auch setze man dadurch den Patienten, der doch auch ein Mensch sei, herab und entwürdige ihn, als sei er eine Maschine. Das Pulsfühlen erschien als das directeste Verfahren, um die Reactionsweise der Lebenskraft kennen zu lernen, und wurde deshalb als bei Weitem das wichtigste Beobachtungsmittel fein eingeübt. Dabei mit der Secundenuhr zu zählen war schon gewöhnlich, galt aber bei den alten Herren als ein Verfahren von nicht ganz gutem Geschmack. An Temperaturmessungen bei Kranken wurde noch nicht gedacht. In Bezug auf den Augenspiegel sagte mir ein hochberühmter chirurgischer College, er werde das Instrument nie anwenden, es sei zu gefährlich, das grelle Licht in kranke Augen fallen zu lassen; ein Anderer erklärte, der Spiegel möge für Aerzte mit schlechten Augen nützlich sein, er selbst habe sehr gute Augen und bedürfe seiner nicht.

Ein durch bedeutende literarische Thätigkeit berühmter, als Redner und geistreicher Mann gefeierter Professor der Physiologie jener Zeit hatte einen Streit über die Bilder im Auge mit dem Collegen von der Physik. Der Physiker forderte den Physiologen auf, zu ihm zu kommen und den Versuch zu sehen. Der letztere wies dies Ansinnen entrüstet zurück: „ein Physiologe habe mit Versuchen nichts zu thun, die seien gut für den Physiker." Ein anderer bejahrter und hochgelehrter Professor der Arzneimittellehre, der sich viel mit Reorganisation der Universitäten beschäftigte, um die alte gute Zeit zurückzuführen, drang inständigst in mich, die Physiologie zu theilen, den eigentlich gedanklichen Theil selbst vorzutragen und die niedere experimentelle Seite einem Collegen zu überlassen, den er dafür als gut genug ansah. Er gab mich auf, als ich ihm erklärte, ich betrachtete selbst die Experimente als die eigentliche Basis der Wissenschaft.

Ich erzähle Ihnen diese selbst erlebten Züge, um Ihnen anschaulich zu machen, wie die Stimmung der älteren Schulen und zwar die von gefeierten Repräsentanten der ärztlichen Wissenschaft gegenüber dem andringenden Ideenkreise der Naturwissenschaften war; in der Literatur haben diese Ansichten natürlich schwächeren Ausdruck gefunden, weil die alten Herren doch zu vorsichtig und weltgewandt waren.

Sie begreifen, wie sehr eine solche Stimmung von einflussreichen und geachteten Männern dem Fortschritt hinderlich gewesen sein muss. Die medicinische Bildung jener Zeit beruhte noch wesentlich auf Bücherstudium; es gab noch Vorlesungen, die sich auf das Dictiren eines Heftes beschränkten; für Versuche und Demonstrationen in den Vorlesungen war zum Theil schon gut, zum Theil nur dürftig gesorgt; physiologische und physikalische Laboratorien, wo der Schüler selbst hätte angreifen können, gab es überhaupt noch nicht; für die Chemie war Liebig's grosse That, die Gründung des Giessener Laboratoriums, schon vollzogen, aber anderswo noch nicht nachgeahmt worden. Indessen besass die Medicin in den anatomischen Uebungen ein grosses Erziehungsmittel für selbständige Beobachtung, welches den anderen Facultäten fehlte und dessen Einfluss ich sehr hoch zu schätzen geneigt bin. Mikroskopische Demonstrationen kamen nur sehr vereinzelt und selten in den Vorlesungen vor. Die Instrumente waren noch theuer und selten; ich selbst gelangte dadurch in den Besitz eines solchen, dass ich die Herbstferien 1841 in der Charité am Typhus darniederliegend zubrachte, als Eleve unentgeltlich verpflegt, und mich als Reconvalescent im Besitz meiner aufgesparten kleinen Einkünfte sah. Das Instrument war nicht schön; doch war ich damit im Stande, die in meiner Dissertation beschriebenen Nervenfortsätze der Ganglienzellen bei den wirbellosen Thieren zu erkennen und die Vibrionen in meiner Arbeit über Fäulniss und Gährung zu verfolgen.

Ueberhaupt wer von meinen Studiengenossen Versuche anstellen wollte, musste dafür mit seinem Taschengelde einstehen. Eines haben wir dabei gelernt, was die jüngere Generation in den Laboratorien vielleicht nicht mehr so gut lernt, nämlich die Mittel und Wege, um zum Ziele zu gelangen, nach allen Richtungen hin zu überlegen und alle Möglichkeiten in der Ueberlegung zu erschöpfen, bis ein gangbarer Weg gefunden war. Aber freilich hatten wir auch vor uns ein kaum angebrochenes Feld, in welchem fast jeder Spatenstich lohnende Ergebnisse heraufördern konnte.

Es war ein Mann vorzugsweise, der uns den Enthusiasmus zur Arbeit in der wahren Richtung gab, nämlich Johannes Müller, der Physiolog. In seinen theoretischen Anschauungen bevorzugte er noch die vitalistische Hypothese, aber in dem wesentlichsten Punkte war er Naturforscher, fest und unerschütterlich: alle Theorien waren ihm nur Hypothesen, die an den Thatsachen geprüft werden mussten, und über die einzig und allein die Thatsachen zu entscheiden hatten. Auch die Ansichten über diejenigen Punkte, welche sich am leichtesten in Dogmen versteinern, über die Wirkungsweise der Lebenskraft und die Thätigkeiten der bewussten Seele, suchte er unablässig mittels der Thatsachen fester zu begrenzen, zu beweisen oder zu widerlegen.

Wenn auch die Technik anatomischer Untersuchungen ihm am geläufigsten war und er auf diese deshalb am liebsten zurückging, so arbeitete er sich auch doch in die ihm fremderen chemischen und physikalischen Methoden ein. Er lieferte den Nachweis, dass der Faserstoff in der Blutflüssigkeit gelöst sei, er experimentirte über Schallfortpflanzung in solchen Mechanismen, wie sie sich in der Trommelhöhle finden, behandelte als Optiker die Thätigkeit des Auges. Seine für die Physiologie des Nervensystems, wie für die Erkenntnisstheorie bedeutsamste Leistung war die feste thatsächliche Begründung der Lehre von den specifischen Energien der Nerven. In Bezug auf die Scheidung der Nerven von motorischer und sensibler Energie lehrte er, wie der experimentelle Beweis des Bell'schen Gesetzes über die Rückenmarkwurzeln fehlerfrei zu führen sei, und betreffs der specifischen Energien der Sinnesnerven stellte er nicht bloss das allgemeine Gesetz auf, sondern führte auch eine grosse Anzahl von Einzeluntersuchungen durch, um Ausnahmen zu beseitigen, falsche Deutungen und Ausflüchte zu widerlegen. Was man bis dahin aus den Daten der täglichen Erfahrung geahnt und in unbestimmter, das Wahre mit Falschem vermischender Weise auszusprechen gesucht, oder nur erst für einzelne engere Gebiete, wie Th. Young für die Farbentheorie, Ch. Bell für die motorischen Nerven fest formulirt hatte, das ging aus Müller's Händen in der Form classischer Vollendung hervor, eine wissenschaftliche Errungenschaft, deren Werth ich der Entdeckung des Gravitationsgesetzes gleichzustellen geneigt bin.

Sein Geist und sein Beispiel vorzugsweise arbeitete fort in seinen Schülern. Uns waren schon vorausgegangen: Schwann, Henle, Reichert, Peters, Remak, ich traf hier als Studiengenossen E. du Bois-Reymond, Virchow, Brücke, Ludwig, Traube, J. Meyer, Lieberkühn, Hallmann; es folgten nach A. v. Graefe, W. Busch, Max Schultze, A. Schneider.

Die mikroskopische und pathologische Anatomie, das Studium der organischen Typen, die Physiologie, die experimentirende Pathologie und Arzneimittellehre, die Augenheilkunde entwickelten sich unter dem Einfluss dieses mächtigen Anstosses in Deutschland schnell hinaus über das Maass der mitstrebenden Nachbarländer. Zu Hilfe kam das Wirken ähnlich gesinnter Zeitgenossen Müller's, unter denen vor Allen die drei Leipziger Brüder Weber zu nennen sind, die in der Mechanik des Kreislaufs, der Muskeln, der Gelenke, des Ohrs festen Grund gemacht haben.

Man griff an, wo man irgendwie einen Weg sah, um einen der Lebensvorgänge verständlich zu machen; man setzte voraus, sie seien verständlich, und der Erfolg entsprach dieser Voraussetzung. Jetzt ist eine feine und reiche Technik für die Methoden des Mikroskopirens, der physiologischen Chemie, der Vivisectionen ausgebildet, letztere namentlich mit Hilfe des betäubenden Aethers und des lähmenden Curare ausserordentlich erleichtert, wodurch eine Fülle von viel tiefer gehenden Problemen angreifbar werden, die unserer Generation noch ganz hoffnungslos erschienen. Das Thermometer, der Augen-, Ohren- und Kehlkopfspiegel, die Nervenreizung am Lebenden geben dem Arzte Möglichkeiten feiner und sicherer Diagnostik, wo uns noch absolutes Dunkel erschien; die immer steigende Anzahl nachgewiesener parasitischer Organismen setzt greifbare Objecte an die Stelle mystischer Krankheits-Entitäten und lehrt den Chirurgen, den furchtbar tückischen Zersetzungskrankheiten zuvorzukommen.

Aber glauben Sie nicht, meine Herren, dass der Kampf zu Ende ist. So lange es Leute von hinreichend gesteigertem Eigendünkel geben wird, die sich einbilden durch Blitze der Genialität leisten zu können, was das Menschengeschlecht sonst nur durch mühsame Arbeit zu erreichen hoffen darf, wird es auch Hypothesen geben, welche, als Dogmen vorgetragen, alle Räthsel auf einmal zu lösen versprechen. Und so lange es noch Leute giebt, die kritiklos leicht an das glauben, von dem sie wünschen, dass es wahr sein möchte, so lange werden die Hypothesen der ersteren auch noch Glauben finden. Beide Classen von Menschen werden wohl nicht aussterben, und der letzteren wird immer die Majorität angehören.

Zwei Motive sind es namentlich, welche die metaphysischen Systeme immer getragen haben. Einmal möchte sich der Mensch als ein über das Maass der übrigen Natur hinausragendes Wesen höherer Art fühlen; diesem Wunsche entsprechen die Spiritualisten. Andererseits möchte er unbedingter Herr über die Welt durch sein Denken sein, und zwar natürlich durch sein Denken mit denjenigen Begriffsformen, zu deren Ausbildung er bis jetzt gelangt ist; dem suchen die Materialisten zu genügen.

Wer aber, wie der Arzt, den Heil oder Verderben bringenden Kräften handelnd gegenübertreten soll, dem liegt unter schwerer Verantwortlichkeit die Verpflichtung ob, die Kenntniss der Wahrheit und nur der Wahrheit zu suchen, ohne Rücksicht, ob, was er findet, den Wünschen der einen oder der anderen Art schmeichelt. Sein Ziel ist ein ganz fest gegebenes, für ihn ist schliesslich nur der thatsächliche Erfolg entscheidend. Er muss streben, voraus zu wissen, was der Erfolg seines Eingreifens sein wird, wenn er so oder so verfährt. Um dieses Vorauswissen des Kommenden oder des noch nicht durch Beobachtung Festgestellten zu erwerben, haben wir keine andere Methode als die, dass wir die Gesetze der Thatsachen durch Beobachtung kennen zu lernen suchen; und wir können sie kennen lernen durch Induction, durch sorgfältige Aufsuchung, Herbeiführung, Beobachtung solcher Fälle, die unter das Gesetz gehören. Glauben wir ein Gesetz gefunden zu haben, dann tritt auch das Geschäft des Deducirens ein. Dann haben wir die Consequenzen unseres Gesetzes möglichst vollständig abzuleiten, aber freilich zunächst nur, um sie an der Erfahrung zu prüfen, so weit sie sich irgend prüfen lassen, und um durch diese Prüfung zu entscheiden, ob das Gesetz sich als gültig bewähre und in welchem Umfange. Dies ist eine Arbeit, die eigentlich nie aufhört. Der echte Naturforscher überlegt bei jeder neuen fremdartigen Erscheinung, ob nicht die bestbewährten Wirkungsgesetze längst bekannter Kräfte eine Abänderung erhalten müssen; natürlich kann es sich dabei nur um eine Abänderung handeln, die dem ganzen Schatze der bisher aufgesammelten Erfahrungen nicht widerspricht. So kommt er freilich nie zur unbedingten Wahrheit, aber doch zu so hohen Graden der Wahrscheinlichkeit, dass sie praktisch der Gewissheit gleich stehen. Lassen wir die Metaphysiker darüber spotten, wir wollen uns ihren Spott zu Herzen nehmen, wenn sie einmal Besseres oder auch nur ebenso viel zu leisten im Stande sein werden, als die inductive Methode schon geleistet hat. Noch aber sind die alten Worte des Sokrates, des Altmeisters inductiver Begriffsbildung, über sie genau ebenso jung, wie vor 2000 Jahren: „Jene glaubten zu wissen, was sie nicht wüssten, und er selbst habe wenigstens den Vorzug, dass er nicht vermeinte zu wissen, was er nicht wisse." Und wiederum: „Er wundere sich nur, dass Jene nicht merkten, wie unmöglich es den Menschen sei, dergleichen zu finden; da ja selbst die, welche auf ihre darüber vorgetragenen Theorien im allerhöchsten Grade eingebildet seien, unter sich nicht übereinstimmten, sondern sich wie die Rasenden (τοῖς μαινομένοις ὁμοίως) gegen einander beträgen" [1]). „Τοὺς μέγιστον φρονοῦντας" nennt sie Sokrates. Einen „Montblanc neben einem Maulwurfshaufen" nennt sich Schopenhauer [2]), wenn er sich mit einem Naturforscher vergleicht. Die Schüler bewundern das grosse Wort und suchen dem Meister nachzuahmen.

Wenn ich gegen das leere Hypothesenmachen spreche, glauben Sie übrigens nicht, dass ich den Werth der echt originalen Gedanken herabsetzen wolle. Die erste Auffindung eines neuen Gesetzes ist die Auffindung bisher verborgen gebliebener Aehnlichkeit im Ablauf der Naturvorgänge. Sie ist eine Aeusserung des Seelenvermögens, welches unsere Vorfahren noch im ernsten Sinne „Witz" nannten; sie ist gleicher Art mit den höchsten Leistungen künstlerischer Anschauung in der Auffindung neuer Typen ausdrucksvoller Erscheinung. Sie ist etwas, was man nicht erzwingen und durch keine bekannte Methode erwerben kann. Darum haschen Alle danach, die sich als bevorzugte Kinder des Genius geltend machen möchten. Auch scheint es so leicht, so mühelos, durch plötzliche Geistesblitze einen unerschwingbaren Vorzug vor den Mitlebenden sich anzueignen. Der rechte Künstler zwar und der rechte Forscher wissen, dass grosse Leistungen nur durch grosse Arbeit entstehen. Der Beweis da-

---

[1]) Xenophon Memorabil. I, 1. 11.
[2]) Arthur Schopenhauer, von ihm, über ihn, von Frauenstädt und Lindner. Berlin 1863. S. 653.

für, dass die gefundenen Ideen nicht nur oberflächliche Aehnlichkeiten zusammenraffen, sondern durch einen tiefen Blick in den Zusammenhang des Ganzen erzeugt sind, lässt sich doch nur durch eine vollständige Durchführung derselben geben, für das neu entdeckte Naturgesetz also nur an seiner Uebereinstimmung mit den Thatsachen. Es ist das nicht etwa als eine Werthschätzung nach dem äusserlichen Erfolge anzusehen, sondern der Erfolg hängt hier wesentlich zusammen mit der Tiefe und Vollständigkeit der vorausgegangenen Anschauung.

Oberflächliche Aehnlichkeit finden ist leicht, ist unterhaltend in der Gesellschaft, und witzige Einfälle verschaffen ihrem Autor bald den Namen eines geistreichen Mannes. Unter einer grossen Zahl solcher Einfälle werden ja auch wohl einige sein müssen, die sich schliesslich als halb oder ganz richtig erweisen; es wäre ja geradezu ein Kunststück, immer falsch zu rathen. In solchem Glücksfalle kann man seine Priorität auf die Entdeckung laut geltend machen; wenn nicht, so bedeckt glückliche Vergessenheit die gemachten Fehlschüsse. Andere Anhänger desselben Verfahrens helfen gern dazu, den Werth eines „ersten Gedankens" zu sichern. Die gewissenhaften Arbeiter, welche ihre Gedanken zu Markte zu bringen sich scheuen, ehe sie sie nicht nach allen Seiten geprüft, alle Bedenken erledigt und den Beweis vollkommen gefestigt haben, kommen dabei in unverkennbaren Nachtheil. Die jetzige Art, Prioritätsfragen nur nach dem Datum der ersten Veröffentlichung zu entscheiden, ohne dabei die Reife der Arbeit zu beachten, hat dieses Unwesen sehr begünstigt.

In den Letterkästen eines Buchdruckers liegt alle Weisheit der Welt zusammen, die schon gefunden ist und noch gefunden werden kann; man müsste nur wissen, wie man die Lettern zusammenzuordnen hat. So sind auch in den Hunderten von Schriften und Schriftchen, die alljährlich erscheinen über Aether, Beschaffenheit der Atome, Theorie der Wahrnehmung, ebenso wie über das Wesen der asthenischen Fieber und der Carcinome, gewiss schon längst alle zartesten Nüancirungen der möglichen Hypothesen erschöpft und unter diesen müssen nothwendig viele Bruchstücke der richtigen Theorie sein. Wer sie nur zu finden wüsste!

Ich hebe dies hervor, um Ihnen klar zu machen, dass diese Literatur der ungeprüften und unbestätigten Speculationen gar keinen Werth für den Fortschritt der Wissenschaft hat; im Gegentheil, die wenigen gesunden Gedanken, die darin stecken mögen, werden von dem Unkraut der übrigen zugedeckt, und wer nachher wirklich Neues und wohlgeprüfte Thatsachen bringen will, sieht sich der Gefahr unzähliger Reclamationen ausgesetzt, wenn er nicht vorher mit dem Durchlesen einer Menge absolut unfruchtbarer Bücher Zeit und Kräfte vergeuden und den Leser durch die Menge unnützer Citate ungeduldig machen will.

Unsere Generation hat noch unter dem Drucke spiritualistischer Metaphysik gelitten, die jüngere wird sich wohl vor dem der materialistischen zu wahren haben. Kant's Zurückweisung der Ansprüche des reinen Denkens hat allmälig Eindruck gemacht, aber Kant liess noch einen Ausweg offen. Dass alle bis dahin aufgestellten metaphysischen Systeme nur Gewebe von Trugschlüssen seien, war ihm so klar wie dem Sokrates. Seine Kritik der reinen Vernunft ist eine fortlaufende Predigt gegen den Gebrauch der Kategorien des Denkens über die Grenzen möglicher Erfahrung hinaus. Aber die Geometrie schien ihm so etwas zu leisten, wie die Metaphysik es anstrebte, und er erklärte deshalb die Axiome der Geometrie, die er als a priori vor aller Erfahrung gegebene Sätze ansah, für gegeben durch transcendentale Anschauung, oder als die angeborene Form aller äusseren Anschauung. Seitdem ist die reine Anschauung a priori der Ankerplatz der Metaphysiker geworden. Sie ist noch bequemer als das reine Denken, weil man ihr Alles aufbürden kann, ohne sich in Schlussketten hineinzubegeben, die einer Prüfung und Widerlegung fähig wären. Die nativistische Theorie der Sinneswahrnehmungen ist der Ausdruck dieser Theorie in der Physiologie. Alle Metaphysiker vereinigt kämpfen gegen jeden Versuch, die Anschauungen, seien es sogenannte reine oder empirische, die Axiome der Geometrie, die Grundsätze der Mechanik oder die Gesichtswahrnehmungen in ihre rationellen Elemente aufzulösen. Eben wegen dieses Sachverhalts halte ich die neueren mathematischen Untersuchungen von Lobatschewsky, Gauss, Riemann u. A. über die logisch möglichen Abänderungen der Axiome der Geometrie und den Nachweis, dass die Axiome Sätze sind, die durch die Erfahrung bestätigt oder vielleicht auch widerlegt, und deshalb aus der Erfahrung gewonnen werden können, für einen sehr wichtigen Fortschritt. Dass alle Secten der Metaphysiker sich darüber ereifern, darf Sie nicht irre machen; denn diese Untersuchungen legen die Axt an die scheinbar festeste Stütze, die ihren Ansprüchen noch blieb.

Ich bitte Sie nicht zu vergessen, dass auch der Materialismus eine metaphysische Hypothese ist, eine Hypothese, die sich im Gebiete der Naturwissenschaften allerdings als sehr fruchtbar erwiesen hat, aber doch immer eine Hypothese. Und wenn man diese seine Natur vergisst, so wird er ein Dogma, was dem Fortschritte der Wissenschaft ebenso hinderlich werden und zu leidenschaftlicher Intoleranz treiben kann, wie andere Dogmen. Diese Gefahr tritt ein, sobald man Thatsachen zu leugnen oder zu verdecken sucht zu Gunsten entweder der erkenntnisstheoretischen Principien des Systems, oder zu Gunsten von Specialtheorien, die naturwissenschaftlich wenigstens klingende Erklärungen von einzelnen Gebieten zu geben suchen. So hat man z. B. gegen solche Forscher, welche aus den Sinneswahrnehmungen herauszulösen suchen, was darin von Wirkungen des Gedächtnisses und der im Gedächtnisse zu Stande kommenden Verstärkung wiederholter gleichartiger Eindrücke, kurz der Erfahrung angehört, ein Parteigeschrei zu erheben gesucht, sie seien Spiritualisten. Als ob Gedächtniss, Erfahrung und Uebung nicht auch Thatsachen wären, deren Gesetze gesucht werden können, und die sich nicht wegdecretiren lassen, wenn sie auch nicht schon jetzt glatt und einfach auf die bekannten Gesetze der Erregung von Nervenfasern und deren Leitung zurückzuführen sind, so günstigen Spielraum auch der Phantasie das Gewirr der Ganglienzellenfortsätze und Nervenfaserverbindungen im Gehirn darbieten mag.

Ueberhaupt, so selbstverständlich der Grundsatz erscheint und so wichtig er ist, so oft wird er vergessen, der Grundsatz nämlich, dass die Naturforschung die Gesetze der Thatsachen zu suchen hat. Indem wir das gefundene Gesetz als eine die Vorgänge in der Natur beherrschende Macht anerkennen, objectiviren wir es als Kraft, und nennen eine solche Zurückführung der einzelnen Fälle auf eine unter bestimmten Bedingungen einen bestimmten Erfolg hervorrufende Kraft eine ursächliche Erklärung der Erscheinungen. Wir können dabei nicht immer zurückgehen auf die Kräfte der Atome; wir sprechen auch von einer Lichtbrechungskraft, elektromotorischen und elektrodynamischen Kraft. Aber vergessen Sie nicht die bestimmten Bedingungen und den bestimmten Erfolg. Wenn diese nicht anzugeben sind, so ist die angebliche Erklärung nur ein verschämtes Geständniss des Nichtwissens, und dann ist es entschieden besser, dafür ein offenes Geständniss zu geben.

Wenn z. B. irgend ein vegetativer Process auf Kräfte der Zellen zurückgeführt wird ohne nähere Bestimmung der Bedingungen, unter welchen, und der Richtung, nach welcher diese wirken, so kann dies höchstens noch den Sinn haben auszudrücken, dass entferntere Theile des Organismus dabei ohne Einfluss sind; aber auch dies möchte in den wenigsten Fällen sicher constatirt sein. Ebenso ist der ursprünglich wohl bestimmte Sinn, den Johannes Müller dem Begriff der Reflexbewegung gab, allmälig dahin verflüchtigt, dass, wenn an irgend einer Stelle des Nervensystems ein Eindruck stattgefunden hat, und an irgend einer andern eine Wirkung eintritt, man dies erklärt zu haben glaubt, wenn man sagt, es sei ein Reflex. Den unentwirrbaren Verflechtungen der Hirnnervenfasern kann man Vieles aufbürden. Aber die Aehnlichkeit mit den Qualitates occultae der alten Medicin ist sehr bedenklich.

Aus dem ganzen Zusammenhange meiner Darstellung geht wohl eigentlich schon hervor, dass das, was ich gegen die Metaphysik gesagt habe, nicht gegen die Philosophie gerichtet sein soll. Aber die Metaphysiker haben sich von jeher das Ansehen zu geben gesucht, als wenn sie die Philosophen wären, und die philosophischen Dilettanten haben sich meistens nur für die weitfliegenden Speculationen der Metaphysiker interessirt, durch welche sie in kurzer Zeit und ohne zu grosse Mühe die Summe alles Wissenswerthen glaubten kennen lernen zu können. Ich habe schon bei einer andern Gelegenheit[1]) das Verhältniss der Metaphysik zur Philosophie mit dem der Astrologie zur Astronomie verglichen. Jene hatte das aufregendste Interesse für das grosse Publicum, namentlich die vornehme Welt, und machte ihre angeblichen Kenner zu einflussreichen Personen. Die Astronomie dagegen, trotzdem sie das Ideal wissenschaftlicher Durcharbeitung geworden ist, muss sich jetzt mit einer kleinen Zahl still fortarbeitender Jünger begnügen.

Ebenso bleibt der Philosophie, wenn sie die Metaphysik aufgiebt, noch ein grosses und wichtiges Feld, die Kenntniss der geistigen und seelischen Vorgänge und deren Gesetze. Wie der Anatom, wenn er an die Grenzen des mikroskopischen Sehvermögens kommt, sich Einsicht in die Wirkung seines optischen Instruments zu verschaffen suchen muss, so wird jeder wissenschaftliche Forscher auch das Hauptinstrument, mit dem er arbeitet, das menschliche Denken nach seiner Leistungsfähigkeit

---

[1]) Tyndall, wissenschaftliche Fragmente, übersetzt von A. Helmholtz. Vorrede S. XXII. Siehe S. 350 dieses Bandes.

genau studiren müssen. Zeugniss für die Schädlichkeit irrthümlicher Ansichten in dieser Beziehung ist unter Anderm das zweitausendjährige Herumtappen der medicinischen Schulen. Und auf die Kenntniss der Gesetze der psychischen Vorgänge müsste der Arzt, der Staatsmann, der Jurist, der Geistliche und Lehrer bauen können, wenn sie eine wahrhaft wissenschaftliche Begründung ihrer praktischen Thätigkeit gewinnen wollten. Aber die ächte Wissenschaft der Philosophie hat unter den üblen geistigen Gewohnheiten und falschen Idealen der Metaphysik vielleicht noch mehr zu leiden gehabt als die Medicin.

Nun noch eine Verwahrung; ich möchte nicht, dass Sie glauben, meine Darstellung sei durch persönliche Erregung beeinflusst gewesen. Dass Jemand, der solche Meinungen hat, wie ich Ihnen vorgetragen habe, der seinen Schülern, wo er kann, den Grundsatz einschärft: „Ein metaphysischer Schluss ist entweder ein Trugschluss oder ein versteckter Erfahrungsschluss", von den Liebhabern der Metaphysik und der Anschauungen a priori nicht günstig angesehen wird, brauche ich nicht auseinanderzusetzen. Metaphysiker pflegen, wie Alle, die ihren Gegnern keine entscheidenden Gründe entgegenzusetzen haben, nicht höflich in ihrer Polemik zu sein; den eigenen Erfolg kann man ungefähr an der steigenden Unhöflichkeit der Rückäusserungen beurtheilen.

Meine eigenen Arbeiten haben mich mehr, als die übrigen Jünger der naturwissenschaftlichen Schule, in die strittigen Gebiete geführt, und die Aeusserungen metaphysischer Unzufriedenheit haben mich deshalb auch mehr als meine Freunde betroffen, wie ja Viele von Ihnen wissen werden.

Um also meine persönlichen Meinungen ausser Spiel zu lassen, habe ich schon zwei unverdächtige Gewährsmänner für mich sprechen lassen, Sokrates und Kant, welche beide sicher waren, dass alle bis zu ihrer Zeit aufgestellten metaphysischen Systeme Gewebe von eitel Trugschlüssen waren, und selbst sich hüteten ein neues hinzuzufügen. Nur um zu zeigen, dass weder in den letzten 2000, noch in den letzten 100 Jahren sich die Sache geändert hat, lassen Sie mich schliessen mit einem Ausspruch des uns leider zu früh entrissenen Verfassers der Geschichte des Materialismus, Friedrich Albert Lange. In seinen nachgelassenen „Logischen Studien", die er schon in der Aussicht auf sein herannahendes Ende geschrieben hat, giebt er (S. 6) folgende Schilderung, die mir aufgefallen ist, weil sie eben so gut von den Solidar- und Humoralpathologen oder beliebigen anderen alten dogmatischen Schulen der Medicin gelten könnte. Lange sagt: „Der Hegelianer schreibt zwar dem Herbartianer ein unvollkommeneres Wissen zu als sich selbst, und umgekehrt; aber keiner nimmt Anstand, das Wissen des Andern gegenüber dem des Empirikers als ein höheres, und wenigstens als eine Annäherung an das allein wahre Wissen anzuerkennen. Es zeigt sich also, dass hier von der Bündigkeit des Beweises ganz abgesehen und schon die blosse Darstellung in Form der Deduction aus dem Ganzen eines Systems heraus als apodiktisches Wissen anerkannt wird."

Werfen wir also keine Steine auf unsere alten medicinischen Vorgänger, die in dunklen Jahrhunderten und mit geringen Vorkenntnissen in genau dieselben Fehler verfallen sind, wie die grossen Intelligenzen des aufgeklärt sein wollenden neunzehnten Jahrhunderts. Jene machten es nicht schlechter als ihre Zeitgenossen, nur trat das Widersinnige der Methode an dem naturwissenschaftlichen Stoffe stärker hervor. Arbeiten wir weiter. Die Aerzte sind berufen, in diesem Werke der wahren Aufklärung eine hervorragende Rolle zu spielen. Unter den Ständen, welche ihre Kenntniss der Natur gegenüber fortdauernd handelnd bewähren müssen, sind sie diejenigen, welche mit der besten geistigen Vorbereitung herantreten und mit den mannigfachsten Gebieten der Naturerscheinungen bekannt werden.

Um endlich unsere Consultation über den Zustand der Dame Medicin rite mit der Epikrisis zu schliessen: so meine ich, wir haben alle Ursache, mit dem Erfolge der Behandlung zufrieden zu sein, die ihr die naturwissenschaftliche Schule hat angedeihen lassen, und wir können der jüngeren Generation nur empfehlen, in derselben Therapie fortzufahren.

Anhang zu Seite 174.

Der Text der ersten Ausgabe enthielt nur die Worte: „Hier ist schon die Frage angesponnen, die später von ärztlicher Seite zur Aufstellung des Gesetzes von der Erhaltung der Kraft führte."

Dazu hat Herr J. R. Mayer in den von Dr. Fr. Betz herausgegebenen Memorabilien, Monatshefte für rationelle praktische Aerzte. Jahrg. XXII, S. 524, die Bemerkung gemacht: „So viel mir aber bekannt, so wurde das Princip oder Gesetz von der Erhaltung der lebendigen Kraft zuerst von dem grossen holländischen Mechaniker Huyghens, einem Zeitgenossen Newton's, also schon vor etwa zwei Jahrhunderten aufgefunden und dann später namentlich von Leibnitz gegen Descartes in Schutz genommen. Dieses Gesetz ist also schon viel früher bekannt, als die in unsere Zeit fallende Entdeckung des mechanischen Wärme-Aequivalents mit seinen Beziehungen zur Medicin."

Nun ist aber das Gesetz, welches ich unter dem Namen der Erhaltung der Kraft aufgestellt habe, wesentlich verschieden von dem, was die älteren Mechaniker das Gesetz von der Erhaltung der lebendigen Kraft nannten, wie denn auch in meiner Abhandlung die beiden Namen in Gegensatz zu einander gebracht worden sind. Beide Gesetze sind allerdings öfter verwechselt worden, wie hier von Herrn Dr. R. Mayer, so auch von denjenigen anderen Physikern, welche die Entdeckung des Gesetzes von der Erhaltung der Kraft auf Newton zurückdatiren. Das ältere Gesetz von der Erhaltung der lebendigen Kraft sagt aus, dass die gesammte lebendige Kraft eines bewegten Massensystems bei gleicher relativer Lage der wirkenden Massen zu einander immer wieder denselben Werth erhält unter der Voraussetzung, dass sämmtliche mitwirkende Kräfte einen gewissen analytischen Charakter haben, oder um den neuerdings von Sir W. Thomson eingeführten Namen zu gebrauchen, in die Classe der „conservativen" Kräfte gehören. Die älteren Mechaniker wussten, dass eine grosse Anzahl von wichtigen und wohlbekannten Bewegungskräften, wie Gravitation, Schwere, Elasticität, Flüssigkeitsdruck conservativ sind, daneben aber liessen sie ohne weiteres Bedenken auch nicht conservative Kräfte zu, wie Reibung, unelastischen Stoss u. s. w.

Dagegen behauptet das **Gesetz von der Erhaltung der Kraft**, dass alle elementaren Naturkräfte conservativ seien, was offenbar eine ganz andere Behauptung ist, als die früher aufgestellte, wo diese Natur der Kräfte nur als Bedingung für einen gewissen Erfolg und als einer unter mehreren möglichen Fällen angenommen wurde. Meine Abhandlung über die Erhaltung der Kraft hat den ausgesprochenen Zweck, die Gültigkeit dieses zweiten Gesetzes an den Thatsachen zu prüfen.

Historisch genommen war um die Zeit, als die Herren R. Mayer und P. Joule ihre Arbeiten begannen, die wichtigste Lücke, die der allgemeinen Geltendmachung des letztgenannten Gesetzes entgegenstand, die mangelnde Kenntniss der Aequivalenz zwischen Wärme und mechanischer Arbeit. Insofern war die Auffassung der Idee eines solchen Verhältnisses und dessen thatsächlicher Nachweis ein wichtiger Fortschritt. Aber es scheint mir die allgemeine Bedeutung eines der weitreichendsten Naturgesetze herabzuziehen, wenn man darin nur eine Beziehung zwischen Wärme und Arbeit sieht. Ich habe indessen dem in der vorher citirten Stelle von Herrn R. Mayer ausgedrückten Wunsche entsprechend den Text meiner Rede geändert. Meine Absicht war nicht gewesen ihm weniger, sondern mehr zuzuschreiben, als er selbst für sich in Anspruch nimmt.

Was ich selbst in dieser Richtung gethan habe, habe ich oben nur als die „Formulirung" des Gesetzes bezeichnet; in der That habe ich es nie als eine **Entdeckung** im eigentlichen Sinne betrachtet oder dafür ausgegeben. Die Unmöglichkeit, eine Triebkraft ohne Verbrauch zu erzeugen, hatte sich seit ältester Zeit den Mechanikern aufgedrängt; sie ward als inductiv gewonnene feste Ueberzeugung der leitenden wissenschaftlichen Männer ausgesprochen, als die Europäischen Akademien den Beschluss fassten, keine Mittheilungen über die Erfindung eines Perpetuum mobile mehr anzunehmen. Was noch zu leisten blieb, war, diejenigen Beziehungen zwischen den Naturkräften theoretisch fest zu definiren und experimentell zu prüfen, welche bestehen mussten, wenn kein Perpetuum mobile möglich sein sollte, um die allseitige Berechtigung und Gültigkeit der genannten Induction festzustellen. Das war die Absicht meiner Arbeit. Die erste Veranlassung dazu war für mich, dass ich eine klare und präcise Bestimmung dieser Beziehungen nöthig fand, um die Zulässigkeit der auf Seite 177 erwähnten Theorie G. E. Stahl's zu prüfen. Meine Arbeit war, meiner eigenen damaligen Ueberzeugung nach, daher eine wesentlich kritische. Was darin von Entdeckung steckte, war das Ergebniss der Arbeit derjenigen, welche alle Wege, um zum Perpetuum mobile zu gelangen, einzuschlagen versucht und alle ungangbar gefunden hatten. Von dieser Grundlage aus methodisch die bekannten physikalischen Gesetze analysirend, musste ich auch die Aequivalenz zwischen Wärme und Arbeit finden, welche wenige Jahre vorher die Herren R. Mayer und P. Joule, ohne dass ich von ihnen wusste, ebenfalls gefunden hatten. Von letzterem lernte ich erst unmittelbar vor der Absendung meines Manuscripts einige seiner ersten, noch unvollkommeneren Versuche kennen.

Ich behalte mir vor, bei einer anderen passenderen Gelegenheit auf die Geschichte dieser Entdeckung zurückzukommen [1].

---

[1] Dies ist geschehen in Bd. I dieser Sammlung, S. 60 bis 74.

ÜBER DIE
AKADEMISCHE FREIHEIT
DER
DEUTSCHEN UNIVERSITÄTEN.

Rede

beim

Antritt des Rectorats an der Friedrich-Wilhelms-Universität
zu Berlin gehalten am 15. October 1877.

Hochgeehrte Herren!

Indem ich das ehrenvolle Amt übernehme, zu welchem mich das Vertrauen meiner Amtsgenossen berufen hat, ist die mir zunächst obliegende Pflicht, nochmals hier öffentlich meinen Dank gegen diejenigen auszusprechen, die mir ein solches Vertrauen geschenkt haben. Ich habe Grund, dasselbe um so höher zu schätzen, da es mir übertragen wurde, trotzdem ich erst eine kurze Reihe von Jahren in Ihrer Mitte weile, und trotzdem ich dem Kreise der Naturwissenschaften angehöre, die als ein etwas fremdartiges Element in den Kreis des Universitätsunterrichts eingetreten sind und zu mancherlei Abänderungen in der altbewährten Organisation der Universitäten gedrängt haben, zu anderen vielleicht noch drängen werden. Ja gerade in dem von mir vertretenen Fache der Physik, welches die theoretische Grundlage sämmtlicher anderen Zweige der Naturwissenschaften bildet, treten auch die besonderen Charakterzüge ihrer Methode am schärfsten hervor. Ich selbst bin schon einige Male in der Lage gewesen, Veränderungen der bisherigen Normen an der Universität zu beantragen, und hatte die Freude, stets die bereitwillige Unterstützung meiner Facultätsgenossen und des Senates zu finden. Dass Sie mich zum Leiter der Geschäfte dieser Universität für das nächste Jahr gewählt haben, zeigt mir, dass Sie mich für keinen unbedachten Neuerer halten. In der That, so sehr auch die Objecte, die Methoden, die nächsten Ziele naturwissenschaftlicher Untersuchungen von denen der Geisteswissenschaften äusserlich unterschieden sein mögen, und so fremdartig ihre Ergebnisse, so fernliegend das Interesse daran oft denjenigen Männern erscheinen mag, die gewöhnt sind, sich nur mit den unmittelbaren Aeusserungen und Erzeugnissen des Geisteslebens zu beschäftigen, so besteht doch, wie ich schon in einer Heidelberger Rectoratsrede [1] darzulegen mich bemüht habe,

---

[1] Siehe Bd. I, S. 117 bis 145.

in Wahrheit die engste Verwandtschaft im innersten Wesen der wissenschaftlichen Methode, wie in den letzten Zielen beider Classen von Wissenschaften. Wenn die meisten Untersuchungsobjecte der Naturwissenschaften nicht unmittelbar mit Interessen des Geistes verknüpft sind, so darf man andererseits nicht vergessen, dass die Macht der ächten wissenschaftlichen Methode in ihnen viel deutlicher heraustritt, dass das Aechte vom Unächten durch die unbestechliche Kritik der Thatsachen viel schärfer geschieden wird, als es den verwickelteren Problemen der Geisteswissenschaften gegenüber der Fall ist.

Aber nicht bloss die Entwickelung dieser neuen, dem Alterthum fast unbekannten Seite wissenschaftlicher Thätigkeit, sondern auch der Einfluss mannigfacher politischer, socialer, selbst internationaler Beziehungen machen sich fühlbar und fordern Berücksichtigung. Der Kreis unserer Schüler hat sich erweitern müssen, das geänderte Staatsleben stellt andere Anforderungen an die ausscheidenden, immer mehr theilen sich die Zweige der Wissenschaften, immer grössere und mannigfaltigere äussere Hilfsmittel werden für das Studium noch neben den Bibliotheken nöthig. Kaum ist vorauszusehen, welchen neuen Anforderungen und Entscheidungen wir uns in nächster Zeit gegenübergestellt finden werden.

Andererseits haben die deutschen Universitäten sich eine Ehrenstellung nicht bloss in ihrem Vaterlande errungen; die Augen der civilisirten Welt sind auf sie gerichtet. Schüler der verschiedensten Zungen strömen ihnen selbst aus fernen Welttheilen zu. Eine solche Stellung kann durch einen falschen Schritt leicht verloren, aber schwer wiedergewonnen werden.

Unter diesen Umständen ist es unsere Pflicht, dass wir uns klar zu machen suchen, was der innere Grund der bisherigen Blüthe unserer Universitäten ist, welchen Kern ihrer Einrichtungen wir als unberührbares Heiligthum zu erhalten suchen müssen, wo hingegen nachgegeben werden dürfte, wenn Aenderungen verlangt werden. Ich halte mich keineswegs für berechtigt, hierüber endgültig absprechen zu wollen. Der Standpunkt jedes Einzelnen ist ein beschränkter; Vertreter anderer Wissenschaften werden von anderen Gesichtspunkten hier noch Anderes zu erkennen vermögen. Aber ich denke, ein endgültiges Ergebniss kann nur festgestellt werden, wenn Jeder klar zu machen sucht, wie die Verhältnisse ihm von seinem Standpunkte aus erscheinen.

Die mittelalterlichen Universitäten Europa's haben ihren Ursprung zunächst als private freie Vereinigungen ihrer Studirenden genommen, welche unter dem Einflusse berühmter Lehrer zusammentraten und ihre Angelegenheiten selbst ordneten. In Anerkennung des öffentlichen Nutzens dieser Vereine erhielten sie bald von Seiten der Staatsgewalt schützende Privilegien und Ehrenrechte, namentlich eigene Gerichtsbarkeit und das Recht, akademische Grade zu verleihen. Die Studirenden jener Zeit waren überwiegend reife Männer, die zunächst nur zur eigenen Belehrung und ohne unmittelbaren praktischen Zweck die Universitäten aufsuchten; bald fing man an, auch jüngere hinzusenden, welche meist unter Aufsicht der älteren Mitglieder gestellt wurden. Die einzelnen Universitäten zerfielen wieder in engere ökonomische Vereine unter dem Namen von Nationes, Bursae, Collegia, deren ältere graduirte Mitglieder, Seniores, die gemeinsamen Angelegenheiten jedes solchen Vereins verwalteten, und auch zur Verwaltung der gemeinsamen Universitätsangelegenheiten zusammentraten. Noch jetzt sind im Hofe der Universität von Bologna Wappenschilder und Verzeichnisse der Mitglieder und Senioren vieler solcher Nationes aus alter Zeit erhalten. Die älteren graduirten Mitglieder wurden ihr Leben lang als bleibende Glieder der Vereine betrachtet und behielten namentlich ihr Stimmrecht, wie dies in den Doctorencollegien der Universität Wien und in den Colleges von Oxford und Cambridge bis vor Kurzem der Fall war oder noch jetzt ist.

Eine solche freie Vereinigung selbständiger Männer, wo Lehrer wie Lernende von keinem andern Interesse zusammengeführt wurden, als von der Liebe zur Wissenschaft, die einen durch das Streben, die Schätze geistiger Bildung, welche das Alterthum hinterlassen, kennen zu lernen, die anderen bemüht, die ideale Begeisterung, welche ihr Leben durchwärmt hatte, in einer neuen Generation zu entzünden, war der Anfang der Universitäten, der Idee nach und in der Anlage ihrer Organisation auf die vollste Freiheit gegründet. Aber man darf bei ihnen nicht an Lehrfreiheit im modernen Sinne denken. Die Majorität pflegte sehr intolerant gegen abweichende Meinungen zu sein. Nicht ganz selten wurden die Anhänger der Minorität gezwungen, die Universität ganz zu verlassen. Das geschah nicht bloss da, wo die Kirche sich einmischte, und wo politische oder metaphysische Sätze in Frage kamen. Selbst die medicinischen Facultäten, die von Paris als die berühmteste von ihnen an der Spitze, litten keine Abweichungen von dem, was sie als die Lehre des Hippokrates betrachteten. Wer Arzneien der Araber brauchte oder an den Kreislauf des Blutes glaubte, wurde ausgestossen.

Die Umformung der Universitäten in ihre jetzige Verfassung wurde wesentlich dadurch bedingt, dass ihnen der Staat seine materielle Hilfe gewährte, dafür aber auch das Recht in Anspruch nahm, bei ihrer Leitung mitzuwirken. Der Gang dieser Entwickelung war in den verschiedenen Ländern Europa's verschieden, theils bedingt durch die Abweichungen der politischen Verhältnisse, theils durch die der nationalen Sinnesweise.

Am wenigsten verändert worden sind die beiden alten englischen Universitäten Oxford und Cambridge. Ihr grosses Stiftungsvermögen, der politische Sinn der Engländer für Conservirung jedes bestehenden Rechts haben fast jede Veränderung ausgeschlossen selbst nach solchen Richtungen hin, wo eine solche dringend wünschenswerth erschienen wäre. Beide Universitäten haben im Wesentlichen noch jetzt[1]) ihren Charakter beibehalten als Schulen für Kleriker, ehemals der Römischen, jetzt der Anglicanischen Kirche, an deren Unterricht, so weit er der allgemeinen Bildung des Geistes dienen kann, auch Laien Theil nehmen, die dabei einer ähnlichen Aufsicht und Lebensweise unterworfen sind, wie man sie ehemals für die jungen Kleriker anzuordnen für gut fand. Sie leben in Convicten (Colleges) zusammen unter Aufsicht einer Anzahl graduirter älterer Mitglieder (Fellows) des College, übrigens in dem Stil und in den Sitten der wohlhabenden Classen Englands. Ausgehen dürfen sie nur in vorgeschriebener Tracht von etwas klerikalem Schnitt, an der nicht nur die erlangten akademischen Grade, sondern auch die verschiedenen Adelsclassen durch besondere Abzeichen unterschieden sind. Der Unterricht ist dem Inhalt und den Methoden nach ein höher getriebener Gymnasialunterricht, nur in seiner Beschränkung auf das, was später im Examen verlangt wird, und in dem Einstudiren des Inhalts vorgeschriebener Lehrbücher mehr den Repetitorien ähnlich, wie sie an unseren Universitäten auch wohl gehalten werden. Die Leistungen der Studirenden werden durch sehr eingehende Examina für die Erwerbung der akademischen Grade controlirt, in denen sehr specielle Kenntnisse, aber nur

---

[1]) Die hier folgende Schilderung der Verhältnisse an den englischen Universitäten bezieht sich auf Zustände, wie sie etwa bis 1850 bestanden. In neuerer Zeit sind grosse Fortschritte gemacht worden.

für mässig ausgedehnte Gebiete verlangt werden. Durch solche Prüfungen werden die alten Abstufungen akademischer Würden des Baccalaureus, Licentiatus, Magister artium, Doctor erworben. Als Lehrer fungiren hauptsächlich nur die schon genannten Fellows und zwar nicht in Kraft einer officiellen Berufung dazu, wie unsere Gymnasiallehrer, sondern vielmehr als von einer Gruppe von Studirenden engagirte Privatlehrer. Professoren giebt es nur wenige, und diese halten verhältnissmässig wenige, meist schwach besuchte Vorlesungen, gewöhnlich über einzelne ganz specielle Capitel der Wissenschaft. Ihre Vorlesungen bilden durchaus keinen wesentlichen Theil des Unterrichts, sondern geben höchstens einzelnen Studirenden, welche aus eigenem Interesse weiter streben, die Gelegenheit zu grösseren Fortschritten. Die einzelnen Colleges bestehen übrigens in vollständiger Trennung von einander, und nur die Abhaltung der Examina, die Ertheilung der Grade und die Ernennung einzelner Professoren ist gemeinsame Universitätsangelegenheit.

Erst in neuester Zeit hat man angefangen, Studirende, die nicht der Anglicanischen Kirche angehören, zuzulassen und für Unterricht in medicinischen und juristischen Fachwissenschaften einigermaassen zu sorgen. Unter den Professoren der englischen Universitäten sind eine grosse Zahl höchst ausgezeichneter und für die Wissenschaft bedeutender Männer gewesen. Da aber bei der Wahl derselben nicht nur alle gegenwärtig der Corporation angehörigen Fellows Stimmrecht haben, sondern auch alle, die ehemals Fellows waren und jetzt von der Universität getrennt leben ohne weitere Interessengemeinschaft mit dieser, dagegen tief verstrickt in politische und kirchliche Parteibestrebungen: so haben Parteirücksichten neben persönlicher Kameradschaft meist viel entscheidenderen Einfluss als das wissenschaftliche Verdienst. In dieser Beziehung haben sich die englischen Universitäten die ganze Intoleranz der mittelalterlichen bewahrt. Die betreffenden Professoren sind übrigens nicht einmal gehalten, in der Universitätsstadt zu wohnen, sondern können irgendwo sonst im Königreich ihren Wohnsitz wählen und ein beliebiges Amt verwalten, z. B. nicht selten das eines Landpfarrers, wenn sie nur wöchentlich einmal zur Universität kommen, um eine Vorlesung zu halten; und oft genug soll nicht einmal so viel geschehen.

Während die englischen Universitäten von den ungeheuren Hilfsmitteln, über die sie verfügen, verhältnissmässig wenig auf die Dotation von Stellen wissenschaftlich bewährter Lehrer, und das Wenige nicht einmal consequent für diesen Zweck verwenden, haben sie eine andere Einrichtung, welche scheinbar viel für wissenschaftliches Studium zu leisten verspricht, bisher aber kaum viel geleistet hat, nämlich die Einrichtung der Fellowships. Diejenigen, welche die besten Examina gemacht haben, können als **Fellows** in dem College verbleiben, wo sie Wohnung und Unterhalt finden, und daneben ein auskömmliches Gehalt (200 Ls.) beziehen, um ihnen ganz freie Musse für wissenschaftliche Beschäftigungen zu gewähren. **Oxford** hat 557, Cambridge 531 solche Stellen. Die Fellows **können** daneben, aber sie **brauchen** es nicht, als Lehrer (Tutors) der Studirenden des College functioniren. Sie brauchen nicht einmal in der Universitätsstadt zu wohnen, sondern können ihr Stipendium verzehren, wo sie wollen, und können es auf unbestimmte Zeit behalten. Nur wenn sie heirathen oder ein Amt annehmen, verlieren sie es, besondere Fälle ausgenommen. Sie sind die eigentlichen Rechtsnachfolger der alten studentischen Corporationen, durch und für welche die Universität gestiftet und fundirt wurde. Aber so schön der Plan dieser Einrichtung auch aussieht, so staunenswerth grosse Geldmittel darauf verwendet werden, so wenig leistet sie nach dem Urtheil aller unbefangenen Engländer für die Wissenschaft; offenbar deshalb, weil die meisten dieser jungen Männer, obgleich sie die Elite der Schüler sind und sich in den denkbar günstigsten Umständen für wissenschaftliche Arbeit befinden, während ihrer Studienzeit nicht genug mit dem lebendigen Geiste des Forschens in Berührung gekommen sind, um nun ihrerseits aus eigenem Interesse und eigener Begeisterung weiter zu arbeiten.

Die englischen Universitäten leisten in gewissen Beziehungen sehr Erhebliches. Sie erziehen ihre Schüler zu gebildeten Männern, freilich zu solchen, die die Schranken ihrer politischen und kirchlichen Partei nicht durchbrechen sollen und auch in der That nicht durchbrechen. Oxford gehört vorzugsweise den Tories, Cambridge den Whigs an. In zwei Dingen besonders könnten wir ihnen wohl nachzustreben suchen. Erstens entwickeln sie bei ihren Schülern neben einem lebendigeren Gefühl für die Schönheit und Jugendfrische des Alterthums auch den Sinn für Feinheit und Schärfe des sprachlichen Ausdrucks in höchst anerkennenswerthem Grade, und dies macht sich bei ihnen namentlich auch geltend in der Weise, wie sie ihre Muttersprache zu handhaben wissen. In dieser Richtung ist, wie ich fürchte, eine der schwächsten Seiten des deutschen Jugendunterrichts zu finden. Zweitens sorgen die englischen Universitäten, wie ihre Schulen, viel besser für das körperliche Wohl ihrer Studirenden. Diese wohnen und arbeiten in luftigen, geräumigen, von Grasplätzen und Baumanlagen umgebenen Gebäuden und finden einen wesentlichen Theil ihres Vergnügens in Spielen, die leidenschaftlichen Wetteifer in Ausbildung körperlicher Energie und Geschicklichkeit erregen, und sich in dieser Beziehung viel wirksamer bewähren als unsere Turn- und Fechtübungen. Man darf nicht vergessen, dass junge Männer, je mehr man sie von frischer Luft und der Gelegenheit zu kräftiger Bewegung absperrt, desto geneigter werden, eine scheinbare Erfrischung im Missbrauch des Tabaks und der berauschenden Getränke zu suchen. Anzuerkennen ist übrigens auch, dass die englischen Universitäten ihre Schüler an energisches und genaues Arbeiten gewöhnen und sie in den Sitten der gebildeten Gesellschaft festhalten. Was die moralische Wirkung der strengeren Aufsicht betrifft, so soll diese ziemlich illusorisch sein.

Die schottischen und einige kleinere englische Universitäten neueren Ursprungs, wie University College und King's College in London, Owen's College in Manchester, sind mehr nach deutschem und holländischem Muster durchgeführt.

Ganz abweichend, fast entgegengesetzt ist die Entwickelung der französischen Universitäten vor sich gegangen. Bei der Geneigtheit der Franzosen, alles historisch Entwickelte nach rationalistischen Theorien über den Haufen zu werfen, sind auch ihre Facultäten in ganz consequenter Weise zu reinen Unterrichtsanstalten, Fachschulen mit ganz festen Regulativen für den Gang des Unterrichts, ausgebildet und ganz getrennt von denjenigen Instituten, welche dem Fortschritt der Wissenschaft dienen sollen, wie das Collège de France, der Jardin des Plantes, die École des études supérieures. Die Facultäten sind auch von einander gänzlich getrennt, selbst wo sie in derselben Stadt zusammen liegen. Die Ordnung der Studien ist fest vorgeschrieben und wird durch häufige Examina controlirt. Der französische Unterricht beschränkt sich auf das, was klar feststeht, und überliefert dies in wohl geordneter, sorgfältig durchgearbeiteter Weise, leicht verständlich, ohne sich auf Zweifel und tiefere Begründung einzulassen. Die dazu verwendeten Lehrer brauchen nur gute receptive Talente zu sein. Eben deshalb gilt es in Frankreich fast als ein falscher Schritt, wenn ein junger Mann von viel versprechendem Talent eine Professur an einer Facultät der Provinz übernimmt. Die Art des französischen Unterrichts ist gut geeignet, um Schülern auch von mässiger Begabung ausreichende Kenntnisse für die Routine ihres Berufes zu geben. Sie haben keine Wahl zwischen verschiedenen Lehrern und schwören also in verba magistri; das giebt eine glückliche Zufriedenheit mit sich selbst und Freiheit von Zweifeln. War der Lehrer gut gewählt, so genügt dies für die gewöhnlich vorkommenden Fälle, in denen der Schüler es so macht, wie er es den Lehrer hat machen sehen. Erst in den ungewöhnlichen Fällen erprobt es sich ja, wie viel wirkliche Einsicht und Urtheil der Schüler gewonnen hat. Uebrigens ist die französische Nation begabt, lebhaft und ehrgeizig; das corrigirt viele Mängel des Unterrichtssystems.

Ein eigenthümlicher Zug in der Organisation der französischen Universitäten liegt darin, dass die Stellung des Lehrers von dem Beifall seiner Zuhörer ganz unabhängig gemacht ist. Die Schüler, die seiner Facultät angehören, sind der Regel nach gehalten, seine Vorlesungen zu besuchen, und die ziemlich erheblichen Gebühren, welche sie zahlen, fliessen in die Casse des Unterrichtsministeriums; aus ihnen werden die regelmässigen Gehalte sämmtlicher Universitätsprofessoren gedeckt; der Staat giebt zur Unterhaltung der Universitäten nur einen verschwindenden Beitrag. Wenn also nicht wirkliche Freude an der Lehrthätigkeit oder der Ehrgeiz, viele Zuhörer zu haben, wirksam ist, wird der Lehrer für den Erfolg seines Unterrichts leicht gleichgiltig werden und es sich bequem machen können.

Ausserhalb der Hörsäle leben die französischen Studirenden ohne Aufsicht, ohne besonderes Standesgefühl und Standessitte mit den gleichartigen jungen Männern anderer Berufsarten vermischt.

Eigenthümlich weicht von diesen beiden Extremen die Entwickelung der deutschen Universitäten ab. Zu arm an eigenem Vermögen, um nicht bei den wachsenden Ansprüchen an die Mittel des Unterrichts gern die Hilfe des Staats annehmen zu müssen, und zu machtlos, um in den Zeiten, wo die modernen Staaten sich zu festigen suchten, den Eingriffen in die alten Rechtsverhältnisse widerstehen zu können, mussten die deutschen Universitäten sich dem leitenden Einfluss der Staatsgewalt fügen. Principiell ging in Folge dessen die letzte Entscheidung in fast allen wichtigeren Universitätsangelegenheiten an den Staat über, und gelegentlich wurde auch in Zeiten politischer und kirchlicher

Spannung von dieser Obergewalt rücksichtsloser Gebrauch gemacht. In den meisten Fällen aber waren die sich neu zu selbständiger Herrschaft herausarbeitenden Staatsgewalten den Universitäten günstig gestimmt; sie bedurften intelligenter Beamten, und der Ruhm der Landesuniversität gab auch dem Regimente einen gewissen Glanz. Die verwaltenden Beamten waren ausserdem meist Schüler der Universität, sie blieben ihr anhänglich. Es ist sehr merkwürdig, wie unter den Kriegsstürmen und politischen Umwälzungen in den mit dem zerfallenden Kaiserthum um die Befestigung ihrer jungen Souveränität kämpfenden Staaten, während fast alle übrigen alten Standesrechte zu Grunde gingen, die Universitäten Deutschlands einen viel grösseren Kern innerer Freiheit und zwar der werthvollsten Seiten dieser Freiheit gerettet haben, als in dem gewissenhaft conservativen England und dem der Freiheit stürmisch nachjagenden Frankreich.

Es ist stehen geblieben bei uns die alte Auffassung der Studirenden als selbst verantwortlicher junger Männer, die aus eigenem Triebe die Wissenschaft suchen, und denen man es frei überlässt, ihren Studienplan sich einzurichten, wie sie es für gut finden. Wenn für einzelne Berufsarten noch das Hören bestimmter Vorlesungen vorgeschrieben wurde, sogenannter Zwangscollegien, so war es nicht die Universität als solche, sondern es waren die Staatsbehörden, welche später den Candidaten zu einem bestimmten Beruf zulassen sollten, die solche Vorschrift gaben. Dabei herrscht jetzt und herrschte schon früher, mit vorübergehenden Ausnahmen, vollkommene Freizügigkeit der Studirenden zwischen allen Universitäten deutscher Zunge von Dorpat bis Zürich, Wien und Gratz, an jeder einzelnen Universität aber freie Wahl zwischen den Lehrern, die dasselbe Fach vortragen, gänzlich unabhängig von deren Stellung als ordentlicher, ausserordentlicher Professoren oder Privatdocenten. Ja es bleibt den Studirenden die Möglichkeit offen, daneben einen beliebig grossen Theil ihrer Belehrung in Büchern zu suchen; es ist sogar höchst wünschenswerth, dass die Werke der grossen Männer vergangener Zeit einen wesentlichen Theil des Studiums ausmachen.

Ausserhalb der Universität fällt jede Aufsicht über das Treiben der Studirenden fort, so lange sie nicht mit den Dienern der öffentlichen Sicherheit in Collision gerathen. Ausser diesen Fällen ist die einzige Aufsicht, der sie unterliegen, die ihrer eigenen Commilitonen, welche sie hindert, etwas, was gegen das Ehrgefühl des Standes verstösst, zu unternehmen. Die mittelalterlichen Universitäten bildeten fest geschlossene Corporationen mit eigener Gerichtsbarkeit, die bis zum Recht über Leben und Tod ihrer Mitglieder reichte. Da sie meist auf fremdem Boden lebten, so war diese eigene Gerichtsbarkeit nöthig, theils um die Mitglieder vor Willkürlichkeiten fremder Gerichtsherren zu schützen, theils um denjenigen Grad von Achtbarkeit und Ordnung innerhalb der Corporation zu erhalten, der nöthig war, um ihr die Fortdauer des Gastrechts auf fremdem Gebiete zu sichern und um die Streitigkeiten zwischen ihren eigenen Mitgliedern zu schlichten. Unter den neueren staatlichen Verhältnissen sind die Reste dieser akademischen Gerichtsbarkeit allmälig ganz an die ordentlichen Gerichte übergegangen oder werden in der nächsten Zeit übergehen, aber die Nothwendigkeit, für einen so grossen Verein lebhafter und kräftiger junger Männer gewisse Beschränkungen festzuhalten, die den Frieden den Commilitonen und den bürgerlichen Bewohnern der Stadt gegenüber sichern, besteht fort. Dahin zielt in Collisionsfällen die disciplinarische Gewalt der Universitätsbehörden. Hauptsächlich jedoch muss auch noch jetzt dieses Ziel erreicht werden durch das Gefühl der studentischen Ehrenhaftigkeit, und es ist ein Glück zu nennen, dass dieses Gefühl der corporativen Zusammengehörigkeit und die damit zusammenhängende Forderung der Ehrenhaftigkeit des Einzelnen bei den deutschen Studenten lebendig geblieben ist. Ich will damit keineswegs alle einzelnen Bestimmungen in dem Codex studentischer Ehre vertheidigen; es sind einige mittelalterliche Ruinen darin, die besser weggeräumt würden; das können aber nur die Studirenden selbst thun.

Für die meisten Ausländer ist die aufsichtslose Freiheit der deutschen Studirenden, da ihnen zunächst nur einige leicht erkennbare Auswüchse dieser Freiheit in die Augen fallen, ein Gegenstand des Staunens; sie begreifen nicht, wie man ohne den grössten Schaden junge Männer so sich selbst überlassen könne. Dem deutschen Manne bleibt an seine Studienzeit eine Rückerinnerung, wie an das goldene Alter der Lebens; unsere Litteratur und Poesie ist durchweht von Aeusserungen dieses Gefühls. Dagegen findet man nichts Aehnliches auch nur angedeutet in der Litteratur der übrigen europäischen Völker. Nur dem deutschen Studenten wird diese volle Freude an der Zeit, wo er im ersten Genusse junger Selbstverantwortlichkeit, zunächst noch von der Arbeit für fremde Interessen befreit, ausschliesslich der Aufgabe leben darf dem Besten und Edelsten nachzustreben, was das Menschengeschlecht bisher im Stande war an Wissen und Anschauungen zu gewinnen, eng verbunden in freundschaftlichem Wetteifer mit einer grossen Anzahl gleichstrebender Genossen und in täglichem geistigem Verkehr mit Lehrern, von denen er lernt, wie die Gedanken selbständiger Köpfe sich bewegen. Wenn ich an meine eigene Studienzeit zurückdenke und an den Eindruck, den ein Mann, wie Johannes Müller, der Physiolog, auf uns machte, so muss ich diesen letztgenannten Punkt sehr hoch anschlagen. Wer einmal mit einem oder einigen Männern ersten Ranges in Berührung gekommen ist, dessen geistiger Maassstab ist für das Leben verändert; zugleich ist solche Berührung das Interessanteste, was das Leben bieten kann.

Sie haben, meine jungen Freunde, in dieser Freiheit der deutschen Studenten ein kostbares und edles Vermächtniss der vorausgegangenen Generationen empfangen. Wahren Sie es und hinterlassen Sie es den kommenden Geschlechtern, wo möglich noch gereinigt und veredelt. Zu wahren aber haben Sie es, indem Sie, jeder an seiner Stelle, dafür sorgen, dass die deutsche Studentenschaft dieses Vertrauens werth bleibe, welches ihr bisher einen solchen Grad der Freiheit eingeräumt hat. Freiheit bringt nothwendig Verantwortlichkeit mit sich. Sie ist ein ebenso verderbliches Geschenk für haltlose Charaktere, als sie werthvoll für starke ist. Wundern Sie sich nicht, wenn auch bei uns Väter und Staatsmänner zuweilen darauf drängen, dass ein dem englischen ähnliches, strengeres System von Beaufsichtigung und Controle eingeführt werde. Es ist keine Frage, dass durch ein solches noch Mancher gehalten werden könnte, der an der Freiheit zu Grunde geht. Dem Staat und der Nation freilich ist besser gedient mit denjenigen, welche die Freiheit ertragen können und gezeigt haben, dass sie aus eigener Kraft und Einsicht, aus eigenem Interesse an der Wissenschaft zu arbeiten und zu streben wissen.

Wenn ich vorher betont habe, welchen Einfluss die geistige Berührung mit bedeutenden Männern habe, so führt mich dies zur Besprechung einer anderen Eigenthümlichkeit, durch welche sich die deutschen Universitäten von den englischen und französischen unterscheiden. Es ist die, dass man bei uns darauf ausgeht, den Unterricht, wo möglich, nur von Lehrern ertheilen zu lassen, welche ihre Fähigkeit, die Wissenschaft selbst zu fördern, dargethan haben; wir betrachten dies unbedingt als die hauptsächlichste Qualification des Lehrers. Auch dies ist ein Punkt, über welchen Engländer und Franzosen häufig ihre Verwunderung aussprechen. Sie legen mehr Gewicht als die Deutschen, auf das sogenannte Lehrtalent, das heisst auf die Fähigkeit, in wohlgeordneter, klarer Form, und wo möglich in beredter, die Aufmerksamkeit fesselnder und unterhaltender Weise die Gegenstände des Unterrichts auseinanderzusetzen. Vorlesungen berühmter Redner am Collège de France, Jardin des Plantes, ebenso wie in Oxford und Cambridge sind häufig Sammelpunkte der eleganten und gebildeten Welt. In Deutschland ist man nicht nur gleichgiltig, sondern sogar misstrauisch gegen oratorischen Schmuck, und allerdings auch oft genug mehr, als billig, nachlässig in der äusseren Form des Vortrages. Es ist keine Frage, dass einem guten Vortrage mit viel geringerer Anstrengung zu folgen ist, als einem schlechten, dass der Inhalt des ersteren sicherer und vollständiger aufgefasst wird, dass eine wohl geordnete, die springenden Punkte, wie die Abtheilungen deutlich heraushebende, die Gegenstände anschaulich erläuternde Darstellung in gleicher Zeit mehr Inhalt überliefern kann, als eine von den gegentheiligen Eigenschaften. Ich will also unserer oft zu weit getriebenen Verachtung der Form in Rede und Schrift keineswegs das Wort reden. Auch lässt sich nicht läugnen, dass häufig genug Männer von bedeutenden wissenschaftlichen Leistungen und geistiger Originalität einen recht holperigen, schwerfälligen und stockenden Vortrag haben. Dennoch habe ich nicht selten gesehen, dass Lehrer dieser Art zahlreiche und anhängliche Zuhörer hatten, während gedankenleere Redner bei der ersten Vorlesung Bewunderung, nach der zweiten Ermüdung erregten, nach der dritten verlassen waren. Wer seinen Zuhörern volle Ueberzeugung von der Richtigkeit seiner Sätze geben will, der muss vor allen Dingen aus eigener Erfahrung wissen, wie man Ueberzeugung gewinnt, und wie nicht. Er muss also für sich selbst solche zu erkämpfen gewusst haben, wo ihm noch kein Vorgänger zu Hilfe kam; das heisst, er muss an den Grenzen des menschlichen Wissens gearbeitet und ihm neue Gebiete gewonnen haben. Ein nur fremde Ueberzeugungen berichtender Lehrer genügt für Schüler, die auf Autorität als Quelle ihres Wissens angewiesen werden sollen, aber nicht für solche, die Begründung ihrer Ueberzeugung bis zu den letzten Fundamenten verlangen.

Sie sehen, meine Herren Commilitonen, hierin liegt wieder ein ehrenvolles Vertrauen, mit dem die Nation Ihnen entgegenkommt. Man schreibt Ihnen nicht bestimmte Curse und bestimmte

Lehrer vor. Man betrachtet Sie als Männer, deren freie Ueberzeugung zu gewinnen ist, die das Wesen vom Schein zu unterscheiden wissen werden, die man nicht mehr mit einer Berufung auf irgend welche Autorität beschwichtigen kann, und die sich auch so nicht mehr beschwichtigen lassen sollen. Auch ist immer besser dafür gesorgt worden, dass Sie selbst zu den Quellen des Wissens, soweit diese in Büchern und Denkmälern, oder in Versuchen und in Beobachtungen natürlicher Objecte und Vorgänge liegen, herantreten können. Selbst die kleineren deutschen Universitäten haben ihre eigenen Bibliotheken, Sammlungen von Gypsen u. s. w. Und in der Errichtung von Laboratorien für Chemie, Mikroskopie, Physiologie, Physik ist wiederum Deutschland den übrigen europäischen Ländern vorangegangen, welche erst jetzt nachzueifern beginnen. Auch an unserer Universität dürfen wir schon in den nächsten Wochen wieder die Eröffnung zweier neuer grosser, dem naturwissenschaftlichen Unterrichte gewidmeten Institute erwarten.

Die freie Ueberzeugung der Schüler ist nur zu gewinnen, wenn der freie Ausdruck der Ueberzeugung des Lehrers gesichert ist, die Lehrfreiheit. Diese ist nicht immer geschützt gewesen, in Deutschland ebenso wenig wie in den Nachbarländern. In Zeiten politischer und kirchlicher Kämpfe haben sich die herrschenden Parteien oft genug Eingriffe erlaubt; es ist dies von der deutschen Nation immer als ein Eingriff in ein Heiligthum empfunden worden. Die vorgeschrittene politische Freiheit des neuen Deutschen Reiches hat auch hierfür Heilung gebracht. In diesem Augenblicke können auf deutschen Universitäten die extremsten Consequenzen materialistischer Metaphysik, die kühnsten Speculationen auf dem Boden von Darwin's Evolutionstheorie ebenso ungehindert, wie die extremste Vergötterung päpstlicher Unfehlbarkeit vorgetragen werden. Wie auf der Tribüne der europäischen Parlamente bleiben allerdings Verdächtigungen der Motive, Schmähungen der persönlichen Eigenschaften der Gegner — beides Mittel, welche mit der Entscheidung wissenschaftlicher Sätze offenbar nichts zu thun haben — untersagt; ebenso jede Aufforderung zur Ausführung gesetzlich verbotener Handlungen. Aber es besteht kein Hinderniss, irgend welche wissenschaftliche Streitfrage wissenschaftlich zu discutiren. Auf englischen und französischen Universitäten ist von Lehrfreiheit in diesem Sinne nicht die Rede. Selbst am Collège de France sind und bleiben die Vorträge eines Mannes von E. Renan's wissenschaftlicher Bedeutung und Ernste unter dem Interdict, und die Tutors der englischen Universitäten dürfen nicht um eines Haares Breite von dem dogmatischen System der englischen Kirche abweichen, ohne sich der Censur ihrer Erzbischöfe [1]) auszusetzen und ihre Schüler zu verlieren.

Noch über eine andere Seite unserer Lehrfreiheit habe ich zu sprechen. Das ist die Ausdehnung, die Deutschlands Universitäten in der Zulassung der Lehrer bewahrt haben. Nach dem ursprünglichen Sinne des Wortes ist Doctor ein „Lehrer", oder Jemand, dessen Fähigkeit als Lehrer anerkannt ist. An den mittelalterlichen Universitäten konnte jeder Doctor, der Schüler fand, auch als Lehrer auftreten. Der Lauf der Zeiten änderte die praktische Bedeutung des Titels. Die meisten, welche ihn erstrebten, beabsichtigten nicht als Lehrer zu wirken, sondern brauchten ihn nur als öffentliche Anerkennung ihrer wissenschaftlichen Bildung. Nur in Deutschland ist von diesem alten Rechte ein Theil stehen geblieben. Der veränderten Bedeutung des Doctortitels und der weiter gegangenen Specialisirung der Unterrichtsfächer entsprechend, wird allerdings von denjenigen Doctoren, die das Recht des Unterrichts ausüben wollen, noch ein besonderer Nachweis tiefer gehender wissenschaftlicher Leistungen in dem besonderen Fache, für welches sie sich habilitiren wollen, verlangt. Uebrigens ist an den meisten deutschen Universitäten die gesetzliche Berechtigung dieser habilitirten Doctoren, als Lehrer, genau dieselbe wie die der Ordinarien. An wenigen Orten sind einzelne beschränkende Bestimmungen für sie geltend, die kaum erhebliche praktische Tragweite haben. Nur in sofern sind die älteren Lehrer der Universität, namentlich die ordentlichen Professoren, thatsächlich begünstigt, als sie einerseits in denjenigen Fächern, welche äusseren Apparats für den Unterricht bedürfen, die freiere Verfügung über die Mittel der Staatsinstitute haben, andererseits ihnen gesetzlich die Abhaltung der Facultätsexamina, thatsächlich oft auch die der Staatsexamina zufällt. Dies übt natürlich einen gewissen Druck auf die schwächeren Gemüther unter den Studirenden. Uebrigens ist der Einfluss der Examina häufig übertrieben worden. Bei dem vielen Hin- und Herziehen unserer Studirenden findet eine grosse Zahl von

---

[1]) Diese Censur hat zwar keine amtliche aber eine sehr grosse gesellschaftliche Wirksamkeit.

Prüfungen vor solchen Examinatoren statt, bei denen die Examinanden niemals Vorlesungen gehört haben.

Ueber keine Seite unserer Universitätseinrichtungen pflegen Ausländer ihre Verwunderung so lebhaft auszusprechen, als über die Zuziehung der Privatdocenten. Man ist erstaunt und man beneidet uns darüber, dass eine so grosse Anzahl jüngerer Männer sich finden, welche ohne Gehalt, bei meist sehr unbedeutenden Honorareinnahmen und recht unsicheren Aussichten in die Zukunft, sich anstrengender wissenschaftlicher Arbeit widmen. Und indem man vom Standpunkt irdisch praktischer Interessen aus urtheilt, verwundert man sich ebenso, dass die Facultäten so leicht und bereitwillig eine so grosse Zahl junger Männer zulassen, die sich in jedem Augenblick aus Helfern in Concurrenten verwandeln können; so wie auch darüber, dass man nur in seltensten Ausnahmefällen von der Anwendung schlechter Concurrenzmittel in diesem einigermaassen delicaten Verhältnisse hört.

Wie die Zulassung der Privatdocenten hängt auch die Neubesetzung der erledigten Professuren, wenn auch nicht unbedingt und nicht in letzter Instanz, von der Facultät, d. h. der Versammlung der ordentlichen Professoren ab. Diese bilden an den deutschen Universitäten denjenigen Rest der ehemaligen Doctorencollegien, auf den die alten Corporationsrechte übergegangen sind. Sie bilden gleichsam einen, aber unter Mitwirkung der Regierungen constituirten, engeren Ausschuss der Graduirten der alten Zeit. Die üblichste Form für die Ernennung neuer Ordinarien ist die, dass die Facultät drei Candidaten der Regierung zur Wahl und Berufung vorschlägt, wobei die Regierungen sich freilich nicht unbedingt an die vorgeschlagenen Candidaten gebunden betrachten. Indessen haben Uebergehungen der Facultätsvorschläge im Ganzen zu den Seltenheiten gehört, Zeiten erhitzter Parteikämpfe abgerechnet. Wenn nicht sehr augenfällige Bedenken vorliegen, ist es für die ausführenden Beamten immerhin eine unangenehme persönliche Verantwortlichkeit, den Vorschlägen der sachverständigen Corporation entgegen einen Lehrer zu berufen, dessen Fähigkeiten sich öffentlich vor breiten Kreisen bewähren müssen.

Die Facultätsgenossen aber haben die stärksten Motive, für die Ausrüstung ihrer Facultät mit möglichst tüchtigen Lehrkräften zu sorgen. Um freudig für die Vorlesungen arbeiten zu können, ist das Bewusstsein, eine nicht zu kleine Anzahl intelligenter Zuhörer vor sich zu haben, die wesentlichste Bedingung.

Ausserdem ist für viele Lehrer ein erheblicher Bruchtheil ihres Einkommens von der Frequenz ihrer Zuhörer abhängig gemacht. Jeder Einzelne muss also wünschen, dass seine Facultät als Ganzes genommen möglichst viele und möglichst intelligente Studirende heranziehe. Das ist aber nur durch eine Auswahl möglichst tüchtiger Lehrer, seien es Professoren oder Docenten, zu erreichen. Andererseits kann auch das Bemühen, die Zuhörer zu kräftiger und selbständiger Arbeit anzuregen, Erfolg nur dann haben, wenn dasselbe auch von den anderen Facultätsgenossen unterstützt wird. Dazu kommt, dass das Zusammenwirken mit ausgezeichneten Collegen das Leben in den Universitätskreisen sehr interessant, belehrend und angeregt macht. Eine Facultät müsste schon sehr herunter gekommen sein, sie müsste nicht bloss das Gefühl ihrer Würde, sondern auch die gemeinste irdische Klugheit verloren haben, wenn neben diesen Motiven sich andere geltend machen könnten, und eine solche würde sich schnell ganz ruiniren.

Was das Gespenst der Rivalität zwischen den Universitätslehrern betrifft, mit dem man die öffentliche Meinung zuweilen zu schrecken sucht, so kann eine solche nicht zu Stande kommen, wenn die Lehrer und die Studirenden von rechter Art sind. Zunächst kommt es ja nur an grösseren Universitäten vor, dass ein und dasselbe Fach doppelt besetzt ist, und selbst wenn kein Unterschied in der amtlichen Definition des Faches besteht, so wird ein solcher zwischen den wissenschaftlichen Richtungen der Lehrer da sein, und sie werden sich in ihre Arbeit so theilen können, dass jeder die Seite vertritt, die er am besten beherrscht. Zwei ausgezeichnete Lehrer, die sich in solcher Weise ergänzen, bilden dann ein so starkes Anziehungscentrum für die Studirenden des Faches, dass beide keine Einbusse an Zuhörern erleiden, wenn sie auch in eine Anzahl der weniger eifrigen sich theilen müssen.

Allerdings werden aber unerfreuliche Wirkungen der Rivalität überall da zu fürchten sein, wo der eine oder andere der Lehrer sich in seiner wissenschaftlichen Stellung nicht ganz sicher fühlt. Auf die amtlichen Entscheidungen der Facultäten hat auch dies keinen erheblichen Einfluss, so lange es sich nur um Einen oder eine kleine Zahl der Stimmenden handelt.

Verhängnissvoller als solche persönliche Interessen kann die Herrschaft einer bestimmten wissenschaftlichen Schule über eine Facultät werden. Da muss man eben darauf rechnen, dass, wenn diese Schule sich wissenschaftlich überlebt hat, die Studirenden sich allmälig anderen Universitäten zuwenden werden. Darüber kann allerdings ziemlich viel Zeit vergehen, und die betreffende Facultät für lange Zeit gelähmt werden. Wie sehr die Universitäten unter diesem System die wissenschaftlichen Köpfe Deutschlands an sich zu ziehen im Stande waren, zeigt sich am besten, wenn man sich umsieht, wie viele bahnbrechende Männer ausserhalb der Universitäten übrig geblieben sind. Das Ergebniss einer solchen Umschau ergiebt sich schon daraus, dass gelegentlich darüber gescherzt oder gespottet werden kann, wie in Deutschland alle Wissenschaft Professorenweisheit sei. Blickt man auf England, so stösst man sogleich auf Männer, wie Humphrey Davy, Faraday, Darwin, Grote, welche keinerlei Verbindung mit englischen Universitäten gehabt haben. Wenn man dagegen von den deutschen Forschern diejenigen abzieht, welche von den Regierungen aus kirchlichen oder politischen Gründen fortgedrängt wurden, wie David Strauss, und diejenigen, welche als Mitglieder deutscher Akademien das Recht hatten, Vorlesungen an den Universitäten zu halten, wie Alexander und Wilhelm v. Humboldt, Leopold v. Buch u. a. m., so wird die Zahl der Uebrigbleibenden nur ein kleiner Bruchtheil sein von der Zahl derjenigen Männer gleichen wissenschaftlichen Gewichts, die an den Universitäten gewirkt haben, während die gleiche Zählung in England das entgegengesetzte Ergebniss liefern würde. Namentlich ist es mir immer auffallend gewesen, dass die Royal Institution in London, ein privater Verein, der kürzere Curse von Vorlesungen über Fortschritte in den Naturwissenschaften für seine Mitglieder und andere Erwachsene halten lässt, Männer von solcher wissenschaftlicher Bedeutung wie Humphrey Davy und Faraday als Vortragende dauernd an sich fesseln konnte. Von Aufwendung grosser Honorare war dabei gar keine Rede; offenbar waren diese Männer durch den aus geistig selbständigen Männern und Frauen bestehenden Zuhörerkreis angezogen. In Deutschland sind unverkennbar die Universitäten noch immer diejenigen Lehranstalten, welche die stärkste Anziehungskraft auch auf die Lehrenden ausüben. Es ist aber klar, dass auch diese Anziehungskraft darauf beruht, dass der Lehrer hoffen kann, an der Universität nicht nur gut vorbereitete, an Arbeit gewöhnte und begeisterungsfähige Zuhörer zu finden, sondern auch solche, die auf Bildung einer selbstständigen Ueberzeugung hingewiesen sind. Nur eine solche kann die Erkenntniss des Lehrers auch im Schüler wieder fruchtbar machen.

So zieht sich durch die ganze Organisation unserer Universitäten diese Achtung vor der freien selbständigen Ueberzeugung, die den Deutschen fester eingeprägt ist als ihren arischen Verwandten romanischen und celtischen Stammes. Bei diesen wiegen politisch praktische Motive schwerer. Sie bringen es fertig, wie es scheint in aller Aufrichtigkeit, den forschenden Gedanken zurückzuhalten von der Untersuchung solcher Sätze, die ihnen als das nothwendige Fundament ihrer politischen, socialen und religiösen Organisation undiscutirbar erscheinen; sie finden es vollständig gerechtfertigt, ihre jungen Männer nicht über die Grenze hinausschauen zu lassen, die sie selbst nicht zu überschreiten Willens sind.

Will man aber irgend ein Gebiet von Fragen als undiscutirbar festhalten, sei es noch so fernliegend und eng begrenzt, sei die Absicht noch so wohlmeinend, so muss man die Lernenden auf vorgeschriebenem Wege festhalten und muss Lehrer anwenden, die sich gegen die Autorität nicht auflehnen. Dann kann von freier Ueberzeugung nur noch in bedingter Weise die Rede sein.

Sie sehen, wie unsere Altvorderen anders verfuhren. So gewaltsam sie gelegentlich auch gegen einzelne Ergebnisse des wissenschaftlichen Forschens eingeschritten sind, die Wurzel haben sie nicht abschneiden wollen; ein Meinen, welches nicht auf selbständiger Ueberzeugung beruhte, ist ihnen doch im Grunde werthlos erschienen. In ihrem innersten Herzen haben sie das Vertrauen nicht fallen lassen, dass die Freiheit allein die Missgriffe der Freiheit und das reifere Wissen die Irrthümer des unreiferen heben könne. Derselbe Sinn, welcher das Joch der römischen Kirche abwarf, hat auch die deutschen Universitäten organisirt.

Aber jede Institution, welche auf Freiheit gegründet ist, muss auch auf die Urtheilskraft und Vernunft derjenigen rechnen, denen man die Freiheit gewährt. Abgesehen von den schon früher erwähnten Punkten, wo auf das eigene Urtheil der Studirenden betreffs der Wahl ihres Studienganges und ihrer Lehrer gerechnet ist, zeigen die zuletzt angestellten Ueberlegungen, wie die Studirenden auch auf ihre Lehrer zurückwirken. Ein Colleg gut durchzuführen ist eine grosse Arbeit, die sich in jedem Semester erneuert. Fortdauernd kommt Neues hinzu, unter dessen

Einfluss auch das Alte aus neuen Gesichtspunkten zu betrachten und neu zu ordnen ist. Der Lehrer würde in dieser Arbeit bald entmuthigt sein, wenn ihm nicht der Eifer und das Interesse seiner Zuhörer entgegenkäme. Wie hoch er seine Aufgabe fassen kann, wird davon abhängen, wie weit ihm das Verständniss einer hinreichenden Anzahl wenigstens der intelligenteren Zuhörer nachkommt. Ja der Zudrang der Zuhörer zu den Vorlesungen eines Lehrers hat kein geringes Gewicht auch für Berufungen oder Beförderungen desselben, also auf die Zusammensetzung des Lehrerkreises. In allen diesen Beziehungen ist darauf gerechnet, dass der Gesammtstrom der öffentlichen Meinung unter den Studirenden nicht dauernd irre gehen könne. Die Majorität derselben, welche gleichsam der Träger des gemeinsamen Urtheils ist, muss mit hinreichend logisch geschultem Verstande, mit hinreichender Gewöhnung an geistige Anstrengung, mit einem an den besten Mustern genügend entwickelten Tact, um Wahrheit von dem phrasenhaften Schein der Wahrheit zu unterscheiden, zu uns kommen. Unter den Studirenden sind die intelligenten Köpfe, welche die geistigen Lenker der nächsten Generation sein und vielleicht schon in wenigen Jahren die Augen der Welt auf sich lenken werden, schon vorhanden. Diese sind es hauptsächlich, welche die öffentliche Meinung ihrer Commilitonen in wissenschaftlichen Dingen bestimmen, und nach denen sich die Anderen unwillkürlich richten. Zeitweilige Irrungen bei jugendlich unerfahrenen und erregbaren Gemüthern kommen natürlich vor; aber im Ganzen darf man ziemlich sicher darauf rechnen, dass sie bald immer wieder das Rechte zu finden wissen.

So haben die Gymnasien sie uns bisher gesendet. Es wäre sehr gefährlich für die Universitäten, wenn ihnen grosse Mengen von Schülern zuströmten, die in den genannten Beziehungen weniger entwickelt wären. Das allgemeine Standesbewusstsein der Studirenden darf nicht sinken. Wenn das geschähe, würden die Gefahren der akademischen Freiheit ihren Segen überwuchern. Man muss es also nicht als Pedanterie oder Hochmuth schelten, wenn die Universitäten bei der Zulassung von Schülern eines anderen Bildungsganges bedenklich sind. Noch gefährlicher freilich wäre es, wenn in die Facultäten aus irgend welchen äusseren Gründen Lehrer eingeschoben würden, die nicht die volle Qualification der wissenschaftlich selbständigen akademischen Lehrer haben.

Vergessen Sie also nicht, theure Commilitonen, dass Sie an einer verantwortlichen Stelle stehen. Das edle Vermächtniss, von dem ich vorher schon sprach, haben Sie zu wahren nicht nur ihrem eigenen Volke, sondern auch als ein Vorbild weiten Kreisen der Menschheit. Sie sollen zeigen, dass auch die Jugend sich für die Selbständigkeit der Ueberzeugung zu begeistern und dafür zu arbeiten weiss. Ich sage arbeiten; denn Selbständigkeit der Ueberzeugung ist nicht leichtsinnige Annahme ungeprüfter Hypothesen, sondern kann nur als die Frucht gewissenhafter Prüfung und entschlossener Arbeit errungen werden. Sie sollen zeigen, dass die selbst erarbeitete Ueberzeugung ein fruchtbarerer Keim neuer Einsicht und eine bessere Richtschnur des Handelns ist, als die wohlmeinendste Leitung durch Autorität. Deutschland, welches im 16. Jahrhundert zuerst für das Recht solcher Ueberzeugung aufgestanden ist und dafür als Blutzeuge gelitten hat, steht noch im Vorrang dieses Kampfes. Ihm ist eine erhabene weltgeschichtliche Aufgabe zugefallen, und Sie sind jetzt berufen, daran mitzuarbeiten.

DIE
THATSACHEN IN DER WAHRNEHMUNG.

Rede

gehalten zur Stiftungsfeier der Friedrich-Wilhelms-Universität
zu Berlin am 3. August 1878,

überarbeitet und mit Zusätzen versehen.

Hochgeehrte Versammlung!

Wir feiern heut das Stiftungsfest unserer Universität an dem Jahrestage der Geburt ihres Stifters, des vielgeprüften Königs Friedrich Wilhelm III. Das Jahr dieser Stiftung 1810 fiel in die Zeit der grössten äusseren Bedrängniss unseres Staates; ein erheblicher Theil des Gebietes war verloren, das Land durch den vorausgegangenen Krieg und die feindliche Besetzung tief erschöpft; der kriegerische Stolz, der ihm aus den Zeiten des grossen Kurfürsten und des grossen Königs geblieben, war tief gedemüthigt. Und doch erscheint uns jetzt, wenn wir rückwärts blicken, dieselbe Zeit so reich an Gütern geistiger Art, an Begeisterung, Energie, idealen Hoffnungen und schöpferischen Gedanken, dass wir trotz der verhältnissmässig glänzenden äusseren Lage, in der Staat und Nation sich befinden, fast mit Neid auf jene Periode zurücksehen möchten. Dass der König in der bedrängten Lage vor anderen materiellen Anforderungen zunächst an die Gründung der Universität dachte, dass er dann Thron und Leben auf das Spiel setzte, um sich der entschlossenen Begeisterung der Nation im Kampfe gegen den Ueberwinder anzuvertrauen, zeigt, wie tief auch bei ihm, dem schlichten, lebhaften Gefühlsäusserungen abgeneigten Manne, das Vertrauen auf die geistigen Kräfte seines Volkes wirkte.

Eine stattliche Reihe ruhmwürdiger Namen hatte Deutschland damals in der Kunst, wie in der Wissenschaft aufzuweisen, Namen, deren Träger in der Geschichte menschlicher Geistesbildung zum Theil mit zu den Ersten aller Zeiten und Völker zu zählen sind.

Es lebte Göthe und lebte Beethoven; Schiller, Kant, Herder und Haydn hatten noch die ersten Jahre des Jahrhunderts erlebt. Wilhelm von Humboldt entwarf die neue Wissenschaft der vergleichenden Sprachkunde, Niebuhr, Fr. Aug. Wolf, Savigny lehrten alte Geschichte, Poesie und Recht mit lebendigem Verständniss durchdringen, Schleiermacher suchte den geistigen Inhalt der Religion tiefsinnig zu erfassen und Joh. Gottlieb Fichte, der zweite Rector unserer Universität, der gewaltige unerschrockene Redner, riss seine Zuhörerschaft fort durch den Strom seiner sittlichen Begeisterung und den kühnen Gedankenflug seines Idealismus.

Selbst die Abirrungen dieser Sinnesweise, die sich in den leicht erkennbaren Schwächen der Romantik aussprechen, haben etwas Anziehendes dem trocken rechnenden Egoismus gegenüber. Man bewunderte sich selbst in den schönen Gefühlen, in denen man zu schwelgen wusste; man suchte die Kunst, solche Gefühle zu haben, auszubilden; man glaubte die Phantasie um so mehr als schöpferische Kraft bewundern zu dürfen, je mehr sie sich von den Regeln des Verstandes losgemacht hatte. Darin steckte viel Eitelkeit, aber immerhin war es Eitelkeit, die für hohe Ideale schwärmte.

Die Aelteren unter uns haben noch die Männer jener Periode gekannt, die einst als die ersten Freiwilligen in das Heer traten, stets bereit, sich in die Erörterung metaphysischer Probleme zu versenken, wohlbelesen in den Werken der grossen Dichter Deutschlands, noch glühend von Zorn, wenn vom ersten Napoleon, von Begeisterung und Stolz, wenn von den Thaten des Befreiungskrieges die Rede war.

Wie ist es anders geworden! Das mögen wir wohl erstaunt ausrufen in einer Zeit, wo sich die cynische Verachtung aller idealen Güter des Menschengeschlechts auf den Strassen und in der Presse breit macht, und in zwei scheusslichen Verbrechen gegipfelt hat, welche das Haupt unseres Kaisers offenbar nur deshalb zu ihrem Ziele wählten, weil in ihm sich Alles vereinigte, was die Menschheit bisher als würdig der Verehrung und der Dankbarkeit betrachtet hat.

Fast mit Mühe müssen wir uns daran erinnern, dass erst acht Jahre verflossen sind seit der grossen Stunde, wo alle Stände unseres Volkes auf den Ruf desselben Monarchen ohne Zaudern, voll opferfreudiger und begeisterter Vaterlandsliebe in einen gefährlichen Krieg zogen gegen einen Gegner, dessen Macht und Tapferkeit uns nicht unbekannt war. Fast mit Mühe müssen wir des breiten Spielraums gedenken, den die politischen und humanen Bestrebungen, auch den ärmeren Ständen unseres Volkes ein sorgenfreieres und menschenwürdigeres Dasein zu bereiten, in der Thätigkeit und den Gedanken der gebildeten Classen eingenommen haben, daran denken, wie sehr ihr Loos in materieller und rechtlicher Beziehung wirklich gebessert ist.

Es scheint die Art der Menschheit einmal zu sein, dass neben viel Licht immer viel Schatten zu finden ist; und politische Freiheit giebt zunächst den gemeinen Motiven mehr Schrankenlosigkeit sich zu zeigen und sich gegenseitig Muth zu machen, so lange ihnen nicht eine zu energischem Widerspruch gerüstete öffentliche Meinung gegenübersteht. Auch in den Jahren vor dem Befreiungskriege, als Fichte seinem Zeitalter Busspredigten hielt, fehlten diese Elemente nicht. Er schildert Zustände und Gesinnungen als herrschend, die an die schlimmsten unserer Zeit erinnern. „Das gegenwärtige Zeitalter stellt in seinem Grundprincip sich hin hochmüthig herabsehend auf diejenigen, die durch einen Traum von Tugend sich Genüsse entwinden lassen, und seiner sich freuend, dass es über solche Dinge hinweg sei, und in dieser Weise sich nichts aufbinden lasse"[1]). Die einzige Freude, die über das rein Sinnliche hinausgehe, welche den Repräsentanten des Zeitalters bekannt sei, nennt er „das Laben an der eigenen Pfiffigkeit". Und doch bereitete sich in dieser selben Zeit ein mächtiger Aufschwung vor, der zu den ruhmreichsten Ereignissen unserer Geschichte gehört.

Wenn wir also unsere Zeit auch nicht für hoffnungslos verloren zu halten brauchen, so dürfen wir uns doch nicht allzu leichtfertig mit dem Troste beruhigen, dass es in anderen Zeiten eben nicht besser war als jetzt. Immerhin ist es rathsam, dass bei so bedenklichen Vorgängen ein Jeder in dem Kreise, in dem er zu arbeiten hat und den er kennt, Umschau halte, wie es mit der Arbeit für die ewigen Ziele der Menschheit bestellt ist, ob sie im Auge gehalten werden, ob man sich ihnen genähert habe. Im Jugendzeitalter unserer Universität war auch die Wissenschaft jugendlich kühn und hoffnungskräftig, ihr Auge war vorzugsweise den höchsten Zielen zugewendet. Wenn diese nun auch nicht so leicht zu erreichen waren, wie jene Generation hoffte, wenn sich auch zeigte, dass weitläuftige Einzelarbeit den Weg dahin vorbereiten musste, und somit durch die Natur der Aufgaben selbst zunächst eine andere weniger enthusiastische, weniger unmittelbar den idealen Zielen zugewendete Art der Arbeit gefordert wurde, so wäre es doch zweifellos ein Verderben, wenn unsere Generation über den untergeordneten und praktisch nützlichen

---

[1]) Fichte's Werke VII, S. 40.

Aufgaben die ewigen Ideale der Menschheit aus dem Auge verloren haben sollte.

Das Grundproblem, welches jene Zeit an den Anfang aller Wissenschaft stellte, war das der Erkenntnisstheorie: „Was ist Wahrheit in unserem Anschauen und Denken? in welchem Sinne entsprechen unsere Vorstellungen der Wirklichkeit?" Auf dieses Problem stossen Philosophie und Naturwissenschaft von zwei entgegengesetzten Seiten; es ist eine gemeinsame Aufgabe beider. Die erstere, welche die geistige Seite betrachtet, sucht aus unserem Wissen und Vorstellen auszuscheiden, was aus den Einwirkungen der Körperwelt herrührt, um rein hinzustellen, was der eigenen Thätigkeit des Geistes angehört. Die Naturwissenschaft im Gegentheil sucht abzuscheiden, was Definition, Bezeichnung, Vorstellungsform, Hypothese ist, um rein übrig zu behalten, was der Welt der Wirklichkeit angehört, deren Gesetze sie sucht. Beide suchen dieselbe Scheidung zu vollziehen, wenn auch jede für einen anderen Theil des Geschiedenen interessirt ist. In der Theorie der Sinneswahrnehmungen und in den Untersuchungen über die Grundprincipien der Geometrie, Mechanik, Physik kann auch der Naturforscher diesen Fragen nicht aus dem Wege gehen. Da meine eigenen Arbeiten vielfach in beide Gebiete eingetreten sind, so will ich versuchen, Ihnen einen Ueberblick von dem zu geben, was von Seiten der Naturforschung in dieser Richtung gethan ist. Natürlich sind schliesslich die Gesetze des Denkens bei den naturforschenden Menschen keine anderen als bei den philosophirenden. In allen Fällen, wo die Thatsachen der täglichen Erfahrung, deren Fülle doch schon sehr gross ist, hinreichten, um einem scharfsinnigen Denker von unbefangenem Wahrheitsgefühl einigermaassen genügendes Material für ein richtiges Urtheil zu geben, muss der Naturforscher sich damit begnügen anzuerkennen, dass die methodisch vollendete Sammlung der Erfahrungsthatsachen das früher gewonnene Resultat einfach bestätigt. Aber es kommen auch gegentheilige Fälle vor. Dies als Entschuldigung dafür, — wenn es entschuldigt werden muss, — dass im Folgenden nicht überall neue, sondern grossentheils längst gegebene Antworten auf die betreffenden Fragen wieder gegeben werden. Oft genug gewinnt ja auch ein alter Begriff, an neuen Thatsachen gemessen, eine lebhaftere Beleuchtung und ein neues Ansehen.

Kurz vor dem Beginn des neuen Jahrhunderts hatte Kant die Lehre von den vor aller Erfahrung gegebenen, oder wie er sie deshalb nannte, „transcendentalen" Formen des Anschauens und Denkens ausgebildet, in welche aller Inhalt unseres Vorstellens nothwendig aufgenommen werden muss, wenn er zur Vorstellung werden soll. Für die Qualitäten der Empfindung hatte schon Locke den Antheil geltend gemacht, den unsere körperliche und geistige Organisation an der Art hat, wie die Dinge uns erscheinen. In dieser Richtung nun haben die Untersuchungen über die Physiologie der Sinne, welche namentlich Johannes Müller vervollständigte, kritisch sichtete und dann in das Gesetz von den specifischen Energien der Sinnesnerven zusammenfasste, die vollste Bestätigung, man kann fast sagen in einem unerwarteten Grade, gebracht und dadurch zugleich das Wesen und die Bedeutung einer solchen von vorn herein gegebenen, subjectiven Form des Empfindens in sehr entscheidender und greifbarer Weise dargelegt und anschaulich gemacht. Dieses Thema ist schon oft besprochen worden; ich kann mich deshalb heut darüber kurz fassen.

Zwischen den Sinnesempfindungen verschiedener Art kommen zwei verschiedene Grade des Unterschieds vor. Der am tiefsten eingreifende ist der Unterschied zwischen Empfindungen, die verschiedenen Sinnen angehören, wie zwischen blau, süss, warm, hochtönend; ich habe mir erlaubt, diesen als Unterschied in der Modalität der Empfindung zu bezeichnen. Er ist so eingreifend, dass er jeden Uebergang vom einen zum andern, jedes Verhältniss grösserer oder geringerer Aehnlichkeit ausschliesst. Ob z. B. Süss dem Blau oder Roth ähnlicher sei, kann man gar nicht fragen. Die zweite Art des Unterschieds dagegen, die minder eingreifende, ist die zwischen verschiedenen Empfindungen desselben Sinnes; ich beschränke auf ihn die Bezeichnung eines Unterschiedes der Qualität. J. G. Fichte fasst diese Qualitäten je eines Sinnes zusammen als Qualitätenkreis, und bezeichnet, was ich eben Unterschied der Modalität nannte, als Unterschied der Qualitätenkreise. Innerhalb jedes solchen Kreises ist Uebergang und Vergleichung möglich. Von Blau können wir durch Violett und Carminroth in Scharlachroth übergehen, und z. B. aussagen, dass Gelb dem Orangeroth ähnlicher sei als dem Blau. Die physiologischen Untersuchungen lehren nun, dass jener tief eingreifende Unterschied ganz und gar nicht abhängt von der Art des äusseren Eindrucks, durch den die Empfindung erregt ist, sondern ganz allein und ausschliesslich bestimmt wird durch den Sinnesnerven, der von dem Eindrucke getroffen worden ist. Erregung des Sehnerven erzeugt nur Lichtempfindungen, ob er nun von objectivem Licht, d. h. von Aetherschwingungen, getroffen werde oder von elektrischen Strömen, die man durch das Auge leitet, oder von Druck auf den Augapfel, oder von Zerrung des Nervenstammes bei schneller Bewegung des Blickes. Die Empfindung, die bei den letzteren Einwirkungen entsteht, ist der des objectiven Lichtes so ähnlich, dass man lange Zeit an eine wirkliche Lichtentwickelung im Auge geglaubt hat. J. Müller zeigte, dass eine solche durchaus nicht stattfinde, dass eben nur die Empfindung des Lichtes da sei, weil der Sehnerv erregt werde.

Wie nun einerseits jeder Sinnesnerv, durch die mannigfachsten Einwirkungen erregt, immer nur Empfindungen aus dem ihm eigenthümlichen Qualitätenkreise giebt: so erzeugen andererseits dieselben äusseren Einwirkungen, wenn sie verschiedene Sinnesnerven treffen, die verschiedenartigsten Empfindungen, diese immer entnommen aus dem Qualitätenkreise des betreffenden Nerven. Dieselben Aetherschwingungen, welche das Auge als Licht fühlt, fühlt die Haut als Wärme. Dieselben Luftschwingungen, welche die Haut als Schwirren fühlt, fühlt das Ohr als Ton. Hier ist wiederum die Verschiedenartigkeit des Eindruckes so gross, dass die Physiker sich bei der Vorstellung, Agentien, die so verschieden erschienen wie Licht und strahlende Wärme, seien gleichartig und zum Theil identisch, erst beruhigten, nachdem durch mühsame Experimentaluntersuchungen nach allen Richtungen hin die vollständige Gleichartigkeit ihres physikalischen Verhaltens festgestellt war.

Aber auch innerhalb des Qualitätenkreises jedes einzelnen Sinnes, wo die Art des einwirkenden Objects die Qualität der erzeugten Empfindung wenigstens mitbestimmt, kommen noch die unerwartetsten Incongruenzen vor. Lehrreich ist in dieser Beziehung die Vergleichung von Auge und Ohr, da die Objecte beider, Licht und Schall, schwingende Bewegungen sind, die je nach der Schnelligkeit ihrer Schwingungen verschiedene Empfindungen erregen, im Auge verschiedener Farben, im Ohr verschiedener Tonhöhen. Wenn wir uns zur grösseren Uebersichtlichkeit erlauben, die Schwingungsverhältnisse des Lichtes mit den Namen der durch entsprechende Tonschwingungen gebildeten musikalischen Intervalle zu bezeichnen, so ergiebt sich Folgendes: Das Ohr empfindet etwa 10 Octaven verschiedener Töne, das Auge nur eine Sexte, obgleich die jenseits dieser Grenzen liegenden Schwingungen beim Schall wie beim Lichte vorkommen und physikalisch nachgewiesen werden können. Das Auge hat nur drei von einander verschiedene Grundempfindungen in seiner kurzen Scala, aus denen sich alle seine Qualitäten durch Addition zusammensetzen, nämlich Roth, Grün, Blauviolett. Diese mischen sich in der Empfindung ohne sich zu stören. Das Ohr dagegen unterscheidet eine ungeheure Zahl von Tönen verschiedener Höhe. Kein Accord klingt gleich einem anderen Accorde, der aus anderen Tönen zusammengesetzt ist, während doch beim Auge gerade das Analoge der Fall ist; denn gleich aussehendes Weiss kann hervorgebracht werden durch Roth und Grünblau des Spectrum, durch Gelb und Ultramarinblau, durch Grüngelb und Violett, durch Grün, Roth und Violett, oder durch je zwei, drei oder alle diese Mischungen zusammen. Wären im Ohre die Verhältnisse die gleichen, so wäre gleichtönend der Zusammenklang C und F mit D und G, mit E und A, oder mit C, D, E, F, G, A u. s. w. Und, was in Bezug auf die objective Bedeutung der Farbe bemerkenswerth ist: ausser der Wirkung auf das Auge hat noch keine einzige physikalische Beziehung aufgefunden werden können, in der gleich aussehendes Licht regelmässig gleichwerthig wäre. Endlich hängt die ganze Grundlage der musikalischen Wirkung der Consonanz und Dissonanz von dem eigenthümlichen Phänomen der Schwebungen ab. Diese beruhen auf einem schnellen Wechsel in der Intensität des Tones, welcher dadurch entsteht, dass zwei nahe gleich hohe Töne abwechselnd mit gleichen und entgegengesetzten Phasen zusammen wirken, und dem gemäss bald starke, bald schwache Schwingungen der mitschwingenden Körper erregen. Das physikalische Phänomen würde beim Zusammenwirken zweier Lichtwellenzüge ganz ebenso vorkommen können, wie beim Zusammenwirken zweier Tonwellenzüge. Aber der Nerv muss erstens fähig sein, von beiden Wellenzügen afficirt zu werden, und zweitens muss er dem Wechsel von starker und schwacher Intensität schnell genug folgen können. In letzterer Beziehung ist der Gehörnerv dem Sehnerven erheblich überlegen. Gleichzeitig ist jede Faser des Hörnerven nur für Töne aus einem engen Intervall der Scala empfindlich, so dass nur ganz nahe gelegene Töne in ihr überhaupt zusammen wirken können, weit von einander entfernte nicht oder nicht unmittelbar. Wenn sie es thun, so rührt dies von begleitenden Obertönen oder Combinationstönen her. Daher tritt beim Ohr dieser Unterschied von schwirrendem und nicht schwirrendem Intervalle, d. h. von Consonanz und Dissonanz ein. Jede Sehnervenfaser dagegen empfindet durch das ganze Spectrum, wenn auch verschieden stark in verschiedenen Theilen. Könnte der Sehnerv überhaupt den ungeheuer schnellen Schwebungen der Lichtoscillationen in der Empfindung folgen, so würde jede Mischfarbe als Dissonanz wirken.

Sie sehen, wie alle diese Unterschiede in der Wirkungsweise von Licht und Ton durch die Art, wie der Nervenapparat gegen sie reagirt, bedingt sind.

Unsere Empfindungen sind eben Wirkungen, welche durch äussere Ursachen in unseren Organen hervorgebracht werden, und wie eine solche Wirkung sich äussert, hängt natürlich ganz wesentlich von der Art des Apparats ab, auf den gewirkt wird. Insofern die Qualität unserer Empfindung uns von der Eigenthümlichkeit der äusseren Einwirkung, durch welche sie erregt ist, eine Nachricht giebt, kann sie als ein Zeichen derselben gelten, aber nicht als ein Abbild. Denn vom Bilde verlangt man irgend eine Art der Gleichheit mit dem abgebildeten Gegenstande, von einer Statue Gleichheit der Form, von einer Zeichnung Gleichheit der perspectivischen Projection im Gesichtsfelde, von einem Gemälde auch noch Gleichheit der Farben. Ein Zeichen aber braucht gar keine Art der Aehnlichkeit mit dem zu haben, dessen Zeichen es ist. Die Beziehung zwischen beiden beschränkt sich darauf, dass das gleiche Object, unter gleichen Umständen zur Einwirkung kommend, das gleiche Zeichen hervorruft, und dass also ungleiche Zeichen immer ungleicher Einwirkung entsprechen.

Der populären Meinung gegenüber, welche auf Treu und Glauben die volle Wahrheit der Bilder annimmt, die uns unsere Sinne von den Dingen liefern, mag dieser Rest von Aehnlichkeit, den wir anerkennen, sehr geringfügig erscheinen. In Wahrheit ist er es nicht; denn mit ihm kann noch eine Sache von der allergrössesten Tragweite geleistet werden, nämlich die Abbildung der Gesetzmässigkeit in den Vorgängen der wirklichen Welt. Jedes Naturgesetz sagt aus, dass auf Vorbedingungen, die in gewisser Beziehung gleich sind, immer Folgen eintreten, die in gewisser anderer Beziehung gleich sind. Da Gleiches in unserer Empfindungswelt durch gleiche Zeichen angezeigt wird, so wird der naturgesetzlichen Folge gleicher Wirkungen auf gleiche Ursachen, auch eine ebenso regelmässige Folge im Gebiete unserer Empfindungen entsprechen.

Wenn Beeren einer gewissen Art beim Reifen zugleich rothes Pigment und Zucker ausbilden, so werden in unserer Empfindung bei Beeren dieser Form rothe Farbe und süsser Geschmack sich immer zusammen finden.

Wenn also unsere Sinnesempfindungen in ihrer Qualität auch nur Zeichen sind, deren besondere Art ganz von unserer Organisation abhängt, so sind sie doch nicht als leerer Schein zu verwerfen, sondern sie sind eben Zeichen von Etwas, sei es etwas Bestehendem oder Geschehendem, und was das Wichtigste ist, das Gesetz dieses Geschehens können sie uns abbilden.

Die Qualitäten der Empfindung also erkennt auch die Physiologie als blosse Form der Anschauung an. Kant aber ging weiter. Nicht nur die Qualitäten der Sinnesempfindungen sprach er als gegeben durch die Eigenthümlichkeiten unseres Anschauungsvermögens an, sondern auch Zeit und Raum, da wir nichts in der Aussenwelt wahrnehmen können, ohne dass es zu einer bestimmten Zeit geschieht und an einen bestimmten Ort gesetzt wird; die Zeitbestimmung kommt sogar auch jeder innerlichen Wahrnehmung zu. Er bezeichnete deshalb die Zeit als die gegebene und nothwendige, transcendentale Form der inneren, den Raum als die entsprechende der äusseren Anschauung. Auch die räumlichen Bestimmungen also betrachtet Kant für ebensowenig der Welt des Wirklichen, oder „dem Dinge an sich" angehörig, wie die Farben, die wir sehen, den Körpern an sich zukommen, sondern durch unser Auge in sie hineingetragen sind. Selbst hier wird die naturwissenschaftliche Betrachtung bis zu einer gewissen Grenze mitgehen können. Wenn wir nämlich fragen, ob es ein gemeinsames und in unmittelbarer Empfindung wahrnehmbares Kennzeichen giebt, durch welches sich für uns jede auf Gegenstände im Raum bezügliche Wahrnehmung charakterisirt: so finden wir in der That ein solches in dem Umstande, dass Bewegung unseres Körpers uns in andere räumliche Beziehungen zu den wahrgenommenen Objecten setzt, und dadurch auch den Eindruck, den sie auf uns machen, verändert. Der Impuls zur Bewegung aber, den wir durch Innervation unserer motorischen Nerven geben, ist etwas unmittelbar Wahrnehmbares. Dass wir etwas thun, indem wir einen solchen Impuls geben, fühlen wir. Was wir thun, wissen wir nicht unmittelbar. Dass wir die motorischen Nerven in Erregungszustand versetzen oder inner viren, dass deren Reizung auf die Muskeln übergeleitet wird, diese sich in Folge dessen zusammenziehen und die Glieder bewegen, lehrt uns erst die Physiologie. Wiederum aber wissen wir auch ohne wissenschaftliches Studium, welche wahrnehmbare Wirkung jeder verschiedenen Innervation folgt, die wir einzuleiten im Stande sind. Dass wir dies durch häufig wiederholte Versuche und Beobachtungen lernen, ist in einer grossen Reihe von Fällen sicher nachweisbar. Wir können noch im erwachsenen Alter lernen, die Innervationen zu finden, die zum Aussprechen der Buchstaben einer fremden Sprache oder für eine besondere Art der Stimmbildung beim Singen nöthig sind; wir können Innervationen lernen, um die Ohren zu bewegen, um mit den Augen einwärts oder auswärts, selbst auf- und abwärts zu schielen u. s. w. Die Schwierigkeit dergleichen zu vollführen besteht nur darin, dass wir durch Versuche die noch unbekannten Innervationen zu finden suchen müssen, die zu solchen bisher nicht ausgeführten Bewegungen nöthig sind. Uebrigens wissen wir selbst von diesen Impulsen unter keiner anderen Form und durch kein anderes definirbares Merkmal, als dadurch, dass sie eben die beabsichtigte beobachtbare Wirkung hervorbringen; diese letztere dient also auch allein zur Unterscheidung der verschiedenen Impulse in unserem eigenen Vorstellen.

Wenn wir nun Impulse solcher Art geben (den Blick wenden, die Hände bewegen, hin und hergehen), so finden wir, dass dadurch die gewissen Qualitätenkreisen angehörigen Empfindungen (nämlich die auf räumliche Objecte bezüglichen) geändert werden können; andere psychische Zustände, deren wir uns bewusst sind, Erinnerungen, Absichten, Wünsche, Stimmungen durchaus nicht. Dadurch ist in unmittelbarer Wahrnehmung ein durchgreifender Unterschied zwischen den ersteren und letzteren gesetzt. Wenn wir also dasjenige Verhältniss, welches wir durch unsere Willensimpulse unmittelbar ändern, dessen Art uns übrigens noch ganz unbekannt sein könnte, ein räumliches nennen wollen, so treten die Wahrnehmungen psychischer Thätigkeiten gar nicht in ein solches ein; wohl aber müssen alle Empfindungen der äusseren Sinne unter irgend welcher Art der Innervation vor sich gehen, d. h. räumlich bestimmt sein. Demnach wird uns der Raum auch sinnlich erscheinen behaftet mit den Qualitäten unserer Bewegungsempfindungen, als das, durch welches hin wir uns bewegen, durch welches hin wir blicken können. Die Raumanschauung würde also in diesem Sinne eine subjective Anschauungsform sein, wie die Empfindungsqualitäten Roth,

Süss, Kalt. Natürlich würde dies für jene ebenso wenig wie für diese, den Sinn haben, dass die Ortsbestimmung eines bestimmten einzelnen Gegenstandes ein blosser Schein sei.

Als die **nothwendige** Form der äusseren Anschauung aber würde der Raum von diesem Standpunkte aus erscheinen, weil wir eben das, was wir als räumlich bestimmt wahrnehmen, als Aussenwelt zusammenfassen. Dasjenige, an dem keine Raumbeziehung wahrzunehmen ist, begreifen wir als die Welt der inneren Anschauung, als die Welt des Selbstbewusstseins.

Und eine **gegebene, vor aller Erfahrung mitgebrachte Form** der Anschauung würde der Raum sein, insofern seine Wahrnehmung an die Möglichkeit motorischer Willensimpulse geknüpft wäre, für die uns die geistige und körperliche Fähigkeit durch unsere Organisation gegeben sein muss, ehe wir Raumanschauung haben können.

Darüber, dass das von uns besprochene Kennzeichen der Veränderung bei Bewegung allen auf räumliche Objecte bezüglichen Wahrnehmungen zukommt, wird nicht wohl ein Zweifel sein können[1]). Es wird dagegen die Frage zu beantworten sein, ob nun aus dieser Quelle alle eigenthümlichen Bestimmungen unserer Raumanschauung herzuleiten sind. Zu dem Ende müssen wir überlegen, was mit den bisher besprochenen Hilfsmitteln des Wahrnehmens sich erreichen lässt.

Suchen wir uns daher auf den Standpunkt eines Menschen ohne alle Erfahrung zurückzuversetzen. Um ohne Raumanschauung zu beginnen, müssen wir annehmen, dass derselbe auch die Wirkungen seiner Innervationen nicht weiter kenne, als insofern er gelernt habe, wie er durch Nachlass einer ersten Innervation oder durch Ausführung eines zweiten Gegenimpulses sich in den Zustand wieder zurückversetzen könne, aus dem er durch den ersten Impuls sich entfernt hat. Da dieses gegenseitige Sichaufheben verschiedener Innervationen ganz unabhängig ist von dem, was dabei wahrgenommen wird: so kann der Beobachter finden, wie er das zu machen hat, ohne noch irgend ein Verständniss der Aussenwelt vorher erlangt zu haben.

Ein solcher Beobachter befinde sich zunächst einmal einer Umgebung von ruhenden Objecten gegenüber. Dies wird sich ihm erstens dadurch zu erkennen geben, dass, so lange er keinen

---

[1]) Ueber die Localisation der Empfindungen innerer Organe siehe Beilage I am Schluss dieser Abhandlung.

motorischen Impuls giebt, seine Empfindungen unverändert bleiben. Giebt er einen solchen (bewegt er zum Beispiel die Augen oder die Hände, schreitet er fort), so ändern sich die Empfindungen; und kehrt er dann durch Nachlass oder den zugehörigen Gegenimpuls in den früheren Zustand zurück, so werden sämmtliche Empfindungen wieder die früheren.

Nennen wir die ganze Gruppe von Empfindungsaggregaten, welche während der besprochenen Zeitperiode durch eine gewisse bestimmte und begrenzte Gruppe von Willensimpulsen herbeizuführen sind, die zeitweiligen Präsentabilien, dagegen präsent dasjenige Empfindungsaggregat aus dieser Gruppe, was gerade zur Perception kommt: so ist unser Beobachter zur Zeit an einen gewissen Kreis von Präsentabilien gebunden, aus dem er aber jedes Einzelne in jedem ihm beliebigen Augenblicke durch Ausführung der betreffenden Bewegung präsent machen kann. Dadurch erscheint ihm jedes Einzelne aus dieser Gruppe der Präsentabilien als bestehend in jedem Augenblick dieser Zeitperiode. Er hat es beobachtet in jedem einzelnen Augenblicke, wo er es gewollt hat. Die Behauptung, dass er es auch in jedem anderen zwischenliegenden Augenblicke würde haben beobachten können, wo er es gewollt haben würde, ist als ein Inductionsschluss anzusehen, der von jedem Augenblick eines gelungenen Versuches auf jeden Augenblick der betreffenden Zeitperiode schlechthin gezogen wird. So wird also die Vorstellung von einem dauernden Bestehen von Verschiedenem gleichzeitig nebeneinander gewonnen werden können. Das „Neben einander" ist eine Raumbezeichnung; aber sie ist gerechtfertigt, da wir das durch Willensimpulse geänderte Verhältniss als „räumlich" definirt haben. Bei dem, was da als neben einander bestehend gesetzt wird, braucht man noch nicht an substantielle Dinge zu denken. „Rechts ist es hell, links ist es dunkel; vorn ist Widerstand, hinten nicht", könnte zum Beispiel auf dieser Erkenntnissstufe gesagt werden, wobei das Rechts und Links nur Namen für bestimmte Augenbewegungen, Vorn und Hinten für bestimmte Handbewegungen sind.

Zu anderen Zeiten nun ist der Kreis der Präsentabilien für dieselbe Gruppe von Willensimpulsen ein anderer geworden. Dadurch tritt uns dieser Kreis mit dem Einzelnen, was er enthält, als ein Gegebenes, ein „objectum" entgegen. Es scheiden sich diejenigen Veränderungen, die wir durch bewusste Willensimpulse hervorbringen und rückgängig machen können, von solchen, die nicht Folge von Willensimpulsen sind und durch solche nicht beseitigt werden können. Die letztere Bestimmung ist negativ. Fichte's passender Ausdruck dafür ist, dass sich ein „Nicht-Ich" dem „Ich" gegenüber Anerkennung erzwingt.

Wenn wir nach den empirischen Bedingungen fragen, unter denen die Raumanschauung sich ausbildet, so müssen wir bei diesen Ueberlegungen hauptsächlich auf den Tastsinn Rücksicht nehmen, da Blinde ohne Hilfe des Gesichts die Raumanschauung vollständig ausbilden können. Wenn auch die Ausfüllung des Raumes mit Objecten für sie weniger reich und fein ausfallen wird, als für Sehende: so erscheint es doch im höchsten Grade unwahrscheinlich, dass die Grundlagen der Raumanschauung bei beiden Classen von Menschen gänzlich verschieden sein sollten. Versuchen wir selbst im Dunkeln oder mit geschlossenen Augen tastend zu beobachten: so können wir sehr wohl mit einem Finger, selbst mit einem in der Hand gehaltenen Stifte, wie der Chirurg mit der Sonde, tasten und doch die Körperform des vorliegenden Objects fein und sicher ermitteln. Gewöhnlich betasten wir grössere Gegenstände, wenn wir uns im Dunkeln zurechtfinden wollen, mit fünf oder zehn Fingerspitzen gleichzeitig. Wir bekommen dann fünf- bis zehnmal so viel Nachrichten in gleicher Zeit als mit einem Finger, und brauchen die Finger auch zu Grössenmessungen an den Objecten wie die Spitzen eines geöffneten Zirkels. Jedenfalls tritt beim Tasten der Umstand, dass wir eine ausgebreitete empfindende Hautfläche mit vielen empfindenden Punkten haben, ganz in den Hintergrund. Was wir bei ruhigem Auflegen der Hand, etwa auf das Gepräge einer Medaille, durch das Hautgefühl zu ermitteln im Stande sind, ist ausserordentlich stumpf und dürftig im Vergleich mit dem, was wir durch tastende Bewegung, wenn auch nur mit der Spitze eines Bleistiftes, herausfinden. Beim Gesichtssinn wird dieser Vorgang dadurch viel verwickelter, dass neben der am feinsten empfindenden Stelle der Netzhaut, ihrer centralen Grube, welche beim Blicken gleichsam an dem Netzhautbilde herumgeführt wird, gleichzeitig noch eine grosse Menge anderer empfindender Punkte in viel ausgiebigerer Weise mitwirken, als dies beim Tastsinn der Fall ist.

Dass durch das Entlangführen des tastenden Fingers an den Objecten die Reihenfolge kennen gelernt wird, in der sich ihre Eindrücke darbieten, dass diese Reihenfolge sich als unabhängig davon erweist, ob man mit diesem oder jenem Finger tastet, dass sie ferner nicht eine einläufig bestimmte Reihe ist, deren Elemente man immer wieder vor- oder rückwärts in derselben Ordnung durchlaufen müsste, um von einem zum anderen zu kommen, also keine linienförmige Reihe, sondern ein flächenhaftes Nebeneinander, oder nach Riemann's Terminologie, eine Mannigfaltigkeit zweiter Ordnung, das alles ist leicht einzusehen. Der tastende Finger freilich kann noch mittels anderer motorischer Impulse, als die sind, die ihn längs der tastbaren Fläche verschieben, von einem zum anderen Punkt derselben kommen, und verschiedene tastbare Flächen verlangen verschiedene Bewegungen, um an ihnen zu gleiten. Dadurch ist für den Raum, in dem sich das Tastende bewegt, eine höhere Mannigfaltigkeit verlangt als für die tastbare Fläche; es wird die dritte Dimension hinzutreten müssen. Diese aber genügt für alle vorliegenden Erfahrungen; denn eine geschlossene Fläche theilt den Raum, den wir kennen, vollständig. Auch Gase und Flüssigkeiten, die doch nicht an die Form des menschlichen Vorstellungsvermögens gebunden sind, können durch eine rings geschlossene Fläche nicht entweichen; und wie nur eine Fläche, nicht ein Raum, also ein Raumgebild von zwei, nicht eines von drei Dimensionen, durch eine geschlossene Linie zu begrenzen ist: so kann auch durch eine Fläche eben nur ein Raum von drei Dimensionen, nicht einer von vieren abgeschlossen werden.

So wäre die Kenntniss zu gewinnen von der Raumordnung des nebeneinander Bestehenden. Grössenvergleichungen würden durch Beobachtungen von Congruenz der tastenden Hand mit Theilen oder Punkten von Körperflächen, oder von Congruenz der Netzhaut mit den Theilen und Punkten des Netzhautbildes dazukommen.

Davon, dass diese angeschaute Raumordnung der Dinge ursprünglich herrührt von der Reihenfolge, in der sich die Qualitäten des Empfindens dem bewegten Sinnesorgan darboten, bleibt schliesslich auch im vollendeten Vorstellen des erfahrenen Beobachters eine wunderliche Folge stehen. Nämlich die im Raume vorhandenen Objecte erscheinen uns mit den Qualitäten unserer Empfindungen bekleidet. Sie erscheinen uns roth oder grün, kalt oder warm, riechen oder schmecken u. s. w., während diese Empfindungsqualitäten doch nur unserem Nervensystem angehören und gar nicht in den äusseren Raum hinausreichen. Selbst, wenn wir dies wissen, hört der Schein nicht auf, weil dieser Schein in der That die ursprüngliche Wahrheit ist; es sind eben die Empfindungen, die sich zuerst in räumlicher Ordnung uns darbieten.

Sie sehen, dass die wesentlichsten Züge der Raumanschauung auf diese Weise abgeleitet werden können. Dem populären Bewusstsein aber erscheint eine Anschauung als etwas einfach Gegebenes, was ohne Nachdenken und Suchen zu Stande kommt, und überhaupt nicht weiter in andere psychische Vorgänge aufzulösen ist. Dieser populären Meinung schliesst sich ein Theil der physiologischen Optiker an, und die Kantianer stricter Observanz wenigstens betreffs der Raumanschauung. Bekanntlich nahm schon Kant nicht nur an, dass die allgemeine Form der Raumanschauung transcendental gegeben sei, sondern dass dieselbe auch von vorn herein und vor aller möglichen Erfahrung gewisse nähere Bestimmungen enthalte, wie sie in den Axiomen der Geometrie ausgesprochen sind. Diese lassen sich auf folgende Sätze zurückführen:

1) Zwischen zwei Punkten ist nur eine kürzeste Linie möglich. Wir nennen eine solche „gerade".

2) Durch je drei Punkte lässt sich eine Ebene legen. Eine Ebene ist eine Fläche, in die jede gerade Linie ganz hineinfällt, wenn sie mit zwei Punkten derselben zusammenfällt.

3) Durch jeden Punkt ist nur eine Linie möglich, die einer gegebenen geraden Linie parallel ist. Parallel sind zwei gerade Linien, die in derselben Ebene liegen und sich in keiner endlichen Entfernung schneiden.

Ja Kant benutzt die angebliche Thatsache, dass diese Sätze der Geometrie uns als nothwendig richtig erschienen, und wir uns ein abweichendes Verhalten des Raumes auch gar nicht einmal vorstellen könnten, geradezu als Beweis dafür, dass sie vor aller Erfahrung gegeben sein müssten, und dass deshalb auch die in ihnen enthaltene Raumanschauung eine transcendentale, von der Erfahrung unabhängige Form der Anschauung sei.

Ich möchte hier zunächst wegen der Streitigkeiten, die in den letzten Jahren über die Frage geführt worden sind, ob die Axiome der Geometrie transcendentale oder Erfahrungssätze seien, hervorheben, dass diese Frage ganz zu trennen ist von der erst besprochenen, ob der Raum überhaupt eine transcendentale Anschauungsform sei oder nicht[1]).

---

[1]) Siehe Beilage II am Schlusse dieser Abhandlung.

Unser Auge sieht alles, was es sieht, als ein Aggregat farbiger Flächen im Gesichtsfelde; das ist seine Anschauungsform. Welche besonderen Farben bei dieser und jener Gelegenheit erscheinen, in welcher Zusammenstellung und in welcher Folge, ist Ergebniss der äusseren Einwirkungen und durch kein Gesetz der Organisation bestimmt. Ebenso wenig folgt daraus, dass der Raum eine Form des Anschauens sei, irgend etwas über die Thatsachen, die in den Axiomen ausgesprochen sind. Wenn solche Sätze keine Erfahrungssätze sein, sondern der nothwendigen Form der Anschauung angehören sollen, so ist dies eine weitere besondere Bestimmung der allgemeinen Form des Raumes, und diejenigen Gründe, welche schliessen lassen, dass die Anschauungsform des Raumes transcendental sei, genügen darum noch nicht nothwendig, um gleichzeitig zu beweisen, dass auch die Axiome transcendentalen Ursprungs seien.

Kant ist bei seiner Behauptung, dass räumliche Verhältnisse, die den Axiomen des Euklides widersprächen, überhaupt nicht einmal vorgestellt werden könnten, so wie in seiner gesammten Auffassung der Anschauung überhaupt, als eines einfachen, nicht weiter aufzulösenden psychischen Vorganges, durch den damaligen Entwickelungszustand der Mathematik und Sinnesphysiologie beeinflusst gewesen.

Wenn man eine vorher nie gesehene Sache sich vorzustellen versuchen will, so muss man sich die Reihe der Sinneseindrücke auszumalen wissen, welche nach den bekannten Gesetzen derselben zu Stande kommen müssten, wenn man jenes Object und seine allmäligen Veränderungen nach einander von jedem möglichen Standpunkte aus mit allen Sinnen beobachtete; und gleichzeitig müssen diese Eindrücke von der Art sein, dass dadurch jede andere Deutung ausgeschlossen ist. Wenn diese Reihe der Sinneseindrücke vollständig und eindeutig angegeben werden kann, muss man meines Erachtens die Sache für anschaulich vorstellbar erklären. Da dieselbe der Voraussetzung nach noch nie beobachtet sein soll, kann keine frühere Erfahrung uns zu Hilfe kommen und bei der Auffindung der zu fordernden Reihe von Eindrücken unsere Phantasie leiten, sondern es kann dies nur durch den Begriff des vorzustellenden Objects oder Verhältnisses geschehen. Ein solcher Begriff ist also zunächst auszuarbeiten und so weit zu specialisiren, als es der angegebene Zweck erfordert. Der Begriff von Raumgebilden, die der gewöhnlichen Anschauung nicht entsprechen sollen, kann nur durch die rechnende analytische Geometrie sicher entwickelt werden. Für das vorliegende Problem hat zuerst Gauss 1828 durch seine Abhandlung über die Krümmung der Flächen die analytischen Hilfsmittel gegeben, und Riemann diese zur Auffindung der logisch möglichen, in sich consequenten Systeme der Geometrie angewendet; diese Untersuchungen hat man nicht unpassend als metamathematische bezeichnet. Zu bemerken ist übrigens, dass schon Lobatschewski (1829 und 1840) eine Geometrie ohne den Parallelensatz auf dem gewöhnlichen synthetisch anschaulichen Wege durchgeführt hat, welche in vollkommener Uebereinstimmung mit dem entsprechenden Theile der neueren analytischen Untersuchungen ist. Endlich hat Beltrami eine Methode der Abbildung metamathematischer Räume in Theilen des Euklidischen Raumes angegeben, durch welche die Bestimmung ihrer Erscheinungsweise im perspectivischen Sehen ziemlich leicht gemacht wird. Lipschitz hat die Uebertragbarkeit der allgemeinen Principien der Mechanik auf solche Räume nachgewiesen, so dass die Reihe der Sinneseindrücke, die in ihnen zu Stande kommen würden, vollständig angegeben werden kann, womit die Anschaubarkeit solcher Räume im Sinne der vorangestellten Definition dieses Begriffes erwiesen ist [1]).

Hier aber tritt der Widerspruch ein. Ich verlange für den Beweis der Anschaubarkeit nur, dass für jede Beobachtungsweise bestimmt und unzweideutig die entstehenden Sinneseindrücke anzugeben seien, nöthigenfalls unter Benutzung der wissenschaftlichen Kenntniss ihrer Gesetze, aus denen wenigstens für den Kenner dieser Gesetze hervorgehen würde, dass das betreffende Ding oder anzuschauende Verhältniss thatsächlich vorhanden sei. Die Aufgabe, sich die Raumverhältnisse in metamathematischen Räumen vorzustellen, erfordert in der That einige Uebung im Verständniss analytischer Methoden, perspectivischer Constructionen und optischer Erscheinungen.

Dies aber widerspricht dem älteren Begriff der Anschauung, welcher nur das als durch Anschauung gegeben anerkennt, dessen Vorstellung ohne Besinnen und Mühe sogleich mit dem sinnlichen Eindruck zum Bewusstsein kommt. Diese Leichtigkeit, Schnelligkeit, blitzähnliche Evidenz, mit der wir zum Beispiel die Form eines Zimmers, in welches wir zum ersten Male treten, die

---

[1]) Siehe meinen Vortrag über die Axiome der Geometrie. (S. 1 dieses Bandes.)

Anordnung und Form der darin enthaltenen Gegenstände, den Stoff, aus dem sie bestehen, und vieles Andere wahrnehmen, haben unsere Versuche mathematische Räume vorzustellen in der That nicht. Wenn diese Art der Evidenz also eine ursprünglich gegebene, nothwendige Eigenthümlichkeit aller Anschauung wäre, so könnten wir bis jetzt die Anschaubarkeit solcher Räume nicht behaupten.

Da stossen uns nun bei weiterer Ueberlegung Fälle in Menge auf, welche zeigen, dass Sicherheit und Schnelligkeit des Eintretens bestimmter Vorstellungen bei bestimmten Eindrücken auch erworben werden kann, selbst wo nichts von einer solchen Verbindung durch die Natur gegeben ist. Eines der schlagendsten Beispiele dieser Art ist das Verständniss unserer Muttersprache. Die Worte sind willkürlich oder zufällig gewählte Zeichen, jede andere Sprache hat andere; ihr Verständniss ist nicht angeerbt, denn für ein deutsches Kind, das zwischen Franzosen aufgewachsen ist und nie deutsch sprechen hörte, ist Deutsch eine fremde Sprache. Das Kind lernt die Bedeutung der Worte und Sätze nur durch Beispiele der Anwendung kennen, wobei man, ehe es die Sprache versteht, ihm nicht einmal verständlich machen kann, dass die Laute, die es hört, Zeichen sein sollen, die einen Sinn haben. Schliesslich versteht es, herangewachsen, diese Worte und Sätze ohne Besinnen, ohne Mühe, ohne zu wissen, wann, wo und an welchen Beispielen es sie gelernt hat, es fasst die feinsten Abänderungen ihres Sinnes, oft solche, denen Versuche logischer Definition nur schwerfällig nachhinken.

Es wird nicht nöthig sein, dass ich die Beispiele solcher Vorgänge häufe, das tägliche Leben ist reich genug daran. Die Kunst ist geradezu darauf begründet, am deutlichsten die Poesie und die bildende Kunst. Die höchste Art des Anschauens, wie wir sie im Schauen des Künstlers finden, ist ein solches Erfassen eines neuen Typus der ruhenden oder bewegten Erscheinung des Menschen und der Natur. Wenn sich die gleichartigen Spuren, welche oft wiederholte Wahrnehmungen in unserem Gedächtnisse zurücklassen, verstärken: so ist es gerade das Gesetzmässige, was sich am regelmässigsten gleichartig wiederholt, während das zufällig Wechselnde verwischt wird. Dem liebevollen und achtsamen Beobachter erwächst auf diese Weise ein Anschauungsbild des typischen Verhaltens der Objecte, die ihn interessirten, von dem er nachher eben so wenig weiss, wie es entstanden ist, als das Kind Rechenschaft davon geben kann, an welchen Beispielen es die Bedeutung der Worte kennen gelernt hat. Dass der Künstler Wahres erschaut hat, geht daraus hervor, dass es uns wieder mit der Ueberzeugung der Wahrheit ergreift, wenn er es uns an einem von den Störungen des Zufalls gereinigten Beispiele vorträgt. Er aber ist uns darin überlegen, dass er es aus allem Zufall und aller Verwirrung des Treibens der Welt herauszulesen wusste.

So viel nur zur Erinnerung daran, wie dieser psychische Process von den niedrigsten bis zu den höchsten Entwickelungsstufen unseres Geisteslebens wirksam ist. Ich habe die hierbei eintretenden Vorstellungsverbindungen in meinen früheren Arbeiten als **unbewusste Schlüsse** bezeichnet; als unbewusst, insofern der Major derselben aus einer Reihe von Erfahrungen gebildet ist, die einzeln längst dem Gedächtniss entschwunden sind und auch nur in Form von sinnlichen Beobachtungen, nicht nothwendig als Sätze in Worte gefasst, in unser Bewusstsein getreten waren. Der bei gegenwärtiger Wahrnehmung eintretende neue sinnliche Eindruck bildet den Minor, auf den die durch die früheren Beobachtungen eingeprägte Regel angewendet wird. Ich habe später jenen Namen der unbewussten Schlüsse vermieden, um der Verwechslung mit der, wie mir scheint, gänzlich unklaren und ungerechtfertigten Vorstellung zu entgehen, die **Schopenhauer** und seine Nachfolger mit diesem Namen bezeichnen, aber offenbar haben wir es hier mit einem elementaren Processe zu thun, der allem eigentlich so genannten Denken zu Grunde liegt, wenn dabei auch noch die kritische Sichtung und Vervollständigung der einzelnen Schritte fehlt, wie sie in der wissenschaftlichen Bildung der Begriffe und Schlüsse eintritt.

Was also zunächst die Frage nach dem Ursprunge der geometrischen Axiome betrifft, so kann die bei mangelnder Erfahrung mangelnde Leichtigkeit der Vorstellung metamathematischer Raumverhältnisse nicht als Grund gegen ihre Anschaubarkeit geltend gemacht werden. Uebrigens ist die letztere vollkommen erweisbar. **Kant's** Beweis für die transcendentale Natur der geometrischen Axiome ist also hinfällig. Andererseits zeigt die Untersuchung der Erfahrungsthatsachen, dass die geometrischen Axiome, in demjenigen Sinne genommen, wie sie allein auf die wirkliche Welt angewendet werden dürfen, durch Erfahrung geprüft, erwiesen, eventualiter auch widerlegt werden können [1]).

---

[1]) Siehe meinen Aufsatz „On the Origin and Meaning of Geometrical Axioms" in der englischen Vierteljahrsschrift „Mind". Vol. III, p. 212

Eine weitere und höchst einflussreiche Rolle spielen die Gedächtnissreste früherer Erfahrungen noch in der Beobachtung unseres Gesichtsfeldes.

Ein nicht mehr ganz unerfahrener Beobachter erhält auch ohne Bewegung der Augen, sei es bei momentaner Beleuchtung durch eine elektrische Entladung, sei es bei absichtlichem starrem Fixiren, ein verhältnissmässig reiches Bild von den vor ihm befindlichen Gegenständen. Doch überzeugt sich auch der Erwachsene noch leicht, dass dieses Bild viel reicher und namentlich viel genauer wird, wenn er den Blick im Gesichtsfelde herumführt und also diejenige Art der Raumbeobachtung anwendet, die ich vorher als die grundlegende beschrieben habe. Wir sind in der That auch so sehr daran gewöhnt, den Blick an den Gegenständen, die wir betrachten, wandern zu lassen, dass es ziemlich viel Uebung erfordert, ehe es uns gelingt, für physiologisch optische Versuche ihn längere Zeit ohne Schwanken auf einem Punkte festzuhalten. Ich habe in meinen physiologisch optischen Arbeiten[1]) auseinanderzusetzen gesucht, wie unsere Kenntniss des Gesichtsfeldes durch Beobachtung der Bilder während der Bewegungen des Auges erworben werden kann, wenn nur irgend welcher wahrnehmbare Unterschied zwischen übrigens qualitativ gleichen Netzhautempfindungen existirt, der dem Unterschiede verschiedener Orte auf der Netzhaut entspricht. Nach Lotze's Terminologie wäre ein solcher Unterschied ein **Localzeichen** zu nennen; nur dass dieses Zeichen ein Localzeichen sei, d. h. einem örtlichen Unterschiede entspreche und welchem, braucht nicht von vorn herein bekannt zu sein. Dass Personen, die von Jugend auf blind waren und später durch Operation das Gesicht wieder erhielten, zunächst nicht einmal so einfache Formen, wie einen Kreis und ein Quadrat, durch das Auge unterscheiden konnten, ehe sie sie betastet hatten, haben auch neuere Beobachtungen wieder bestätigt[2]). Ausserdem lehrt

---

bis 224 .(April 1878). Der deutsche Originaltext dieses Aufsatzes ist abgedruckt in meinen „Wissenschaftlichen Abhandlungen" Bd. II, S. 640. Leipzig 1883. Daraus ein Auszug in Beilage III am Schlusse dieses Vortrages.

[1]) Handbuch der Physiologischen Optik in Karsten's Encyclopädie der Physik. Leipzig 1867. — Vorträge über das Sehen des Menschen. Bd. I. S. 233 und 365 dieser Sammlung.

[2]) Dufour (Lausanne) im Bulletin de la Société médicale de la Suisse Romande, 1876.

die physiologische Untersuchung, dass wir verhältnissmässig genaue und sichere Vergleichungen nach dem Augenmaass ausschliesslich an solchen Linien und Winkeln im Sehfelde ausführen können, die sich durch die normalen Augenbewegungen schnell hinter einander auf denselben Stellen der Netzhaut abbilden lassen, ja sogar viel sicherer die wahren Grössen und Entfernungen der nicht allzu entfernten räumlichen Objecte schätzen, als die mit dem Standpunkt wechselnden perspectivischen im Gesichtsfelde des Beobachters, obgleich jene auf drei Dimensionen des Raumes bezügliche Aufgabe viel verwickelter ist, als die letztere, die sich nur auf ein flächenhaftes Bild bezieht. Eine der grössten Schwierigkeiten beim Zeichnen ist bekanntlich, sich frei zu machen von dem Einfluss, den die Vorstellung von der wahren Grösse der gesehenen Objecte unwillkürlich ausübt. Genau die beschriebenen Verhältnisse sind es nun, welche wir erwarten müssen, wenn wir das Verständniss der Localzeichen erst durch Erfahrung erworben haben. Für das, was objectiv constant bleibt, können wir die wechselnden sinnlichen Zeichen sicher kennen lernen, viel leichter als für das, was selbst bei jeder Bewegung unseres Körpers wechselt, wie es die perspectivischen Bilder thun.

Für eine grosse Zahl von Physiologen, deren Ansicht wir als die nativistische im Gegensatz zur empiristischen, die ich selbst zu vertheidigen gesucht habe, bezeichnen können, erscheint indessen diese Vorstellung einer erworbenen Kenntniss des Gesichtsfeldes unannehmbar, weil sie sich nicht klar gemacht haben, was doch am Beispiel der Sprache so deutlich vorliegt, wie viel die gehäuften Gedächtnisseindrücke zu leisten vermögen. Es sind deshalb eine Menge verschiedener Versuche gemacht worden, wenigstens einen gewissen Theil der Gesichtswahrnehmungen auf einen angeborenen Mechanismus zurückzuführen in dem Sinne, dass bestimmte Empfindungseindrücke bestimmte fertige Raumvorstellungen auslösen sollten. Im Einzelnen habe ich den Nachweis geführt [1], dass alle bisher aufgestellten Hypothesen dieser Art nicht ausreichen, weil sich schliesslich doch immer wieder Fälle auffinden lassen, wo unsere Gesichtswahrnehmung sich in genauerer Uebereinstimmung mit der Wirklichkeit befindet, als jene Annahmen ergeben würden. Man ist dann zu der weiteren

---

[1] Siehe mein Handbuch der Physiologischen Optik in Karsten's Encyclopädie der Physik. 3. Abtheilung. Leipzig 1867.

Hypothese gezwungen, dass die bei den Bewegungen gewonnene Erfahrung schliesslich die angeborene Anschauung überwinden könne und also gegen diese das leiste, was sie nach der empiristischen Hypothese ohne ein solches Hinderniss leisten soll.

Die nativistischen Hypothesen über die Kenntniss des Gesichtsfeldes erklären also erstens nichts, sondern nehmen nur an, dass das zu erklärende Factum bestehe, indem sie gleichzeitig die mögliche Rückführung desselben auf sicher constatirte psychische Processe zurückweisen, auf die sie doch selbst wiederum in anderen Fällen sich berufen müssen. Zweitens erscheint die Annahme sämmtlicher nativistischer Theorien, dass fertige Vorstellungen von Objecten durch den organischen Mechanismus hervorgebracht werden, viel verwegener und bedenklicher, als die Annahme der empiristischen Theorie, dass nur das unverstandene Material von Empfindungen von den äusseren Einwirkungen herrühre, alle Vorstellungen aber daraus nach den Gesetzen des Denkens gebildet werden.

Drittens sind die nativistischen Annahmen unnöthig. Der einzige Einwurf, der gegen die empiristische Erklärung vorgebracht werden konnte, ist die Sicherheit der Bewegung vieler neugeborener oder eben aus dem Ei gekrochener Thiere. Je weniger geistig begabt dieselben sind, desto schneller lernen sie das, was sie überhaupt lernen können. Je enger die Wege sind, die ihre Gedanken gehen müssen, desto leichter finden sie dieselben. Das neugeborene menschliche Kind ist im Sehen äusserst ungeschickt; es braucht mehrere Tage, ehe es lernt, nach dem Gesichtsbilde die Richtung zu beurtheilen, nach der es den Kopf wenden muss, um die Brust der Mutter zu erreichen. Junge Thiere sind allerdings von individueller Erfahrung viel unabhängiger. Was aber dieser Instinct ist, der sie leitet, ob directe Vererbung von Vorstellungskreisen der Eltern möglich ist, ob es sich nur um Lust und Unlust, oder um einen motorischen Drang handelt, die sich an gewisse Empfindungsaggregate anknüpfen, darüber wissen wir Bestimmtes noch so gut, wie gar nichts. Beim Menschen kommen deutlich erkennbar noch Reste der letztgenannten Phänomene vor. Sauber und kritisch angestellte Beobachtungen wären in diesem Gebiete im höchsten Grade wünschenswerth.

Höchstens könnte also für Einrichtungen, wie sie die nativistische Hypothese voraussetzt, ein gewisser pädagogischer Werth in Anspruch genommen werden, der das Auffinden der ersten gesetzmässigen Verhältnisse erleichtert. Auch die empiristische Ansicht würde mit dahin zielenden Voraussetzungen vereinbar sein, dass zum Beispiel die Localzeichen benachbarter Netzhautstellen einander ähnlicher sind als die entfernter, diejenigen correspondirender Stellen beider Netzhäute ähnlicher als die von disparaten u. s. w. Für unsere gegenwärtige Untersuchung ist es genügend zu wissen, dass Raumanschauung vollständig auch beim Blinden entstehen kann, und dass beim Sehenden, selbst wenn die nativistischen Hypothesen theilweise zuträfen, doch schliesslich die letzte und genaueste Bestimmung der räumlichen Verhältnisse von den bei Bewegung gemachten Beobachtungen bedingt wird.

Ich kehre zurück zur Besprechung der ersten ursprünglichen Thatsachen unserer Wahrnehmung. Wir haben, wie wir gesehen, nicht nur wechselnde Sinneseindrücke, die über uns kommen, ohne dass wir etwas dazu thun, sondern wir beobachten unter fortdauernder eigener Thätigkeit, und gelangen dadurch zur Kenntniss des Bestehens eines gesetzlichen Verhältnisses zwischen unseren Innervationen und dem Präsentwerden der verschiedenen Eindrücke aus dem Kreise der zeitweiligen Präsentabilien. Jede unserer willkürlichen Bewegungen, durch die wir die Erscheinungsweise der Objecte abändern, ist als ein Experiment zu betrachten, durch welches wir prüfen, ob wir das gesetzliche Verhalten der vorliegenden Erscheinung, d. h. ihr vorausgesetztes Bestehen in bestimmter Raumordnung, richtig aufgefasst haben.

Die überzeugende Kraft jedes Experimentes ist aber hauptsächlich deshalb so sehr viel grösser, als die der Beobachtung eines ohne unser Zuthun ablaufenden Vorganges, weil beim Experiment die Kette der Ursachen durch unser Selbstbewusstsein hindurchläuft. Ein Glied dieser Ursachen, unseren Willensimpuls, kennen wir aus innerer Anschauung und wissen, durch welche Motive er zu Stande gekommen ist. Von ihm aus beginnt dann, als von einem uns bekannten Anfangsglied und zu einem uns bekannten Zeitpunkt, die Kette der physischen Ursachen zu wirken, die in den Erfolg des Versuches ausläuft. Aber eine wesentliche Voraussetzung für die zu gewinnende Ueberzeugung ist die, dass unser Willensimpuls weder selbst schon durch physische Ursachen, die gleichzeitig auch den physischen Process bestimmten, mit beeinflusst worden sei, noch seinerseits psychisch die darauf folgenden Wahrnehmungen beeinflusst habe.

Der letztere Zweifel kann namentlich bei unserem Thema in Betracht kommen. Der Willensimpuls für eine bestimmte Bewegung ist ein psychischer Act, die darauf wahrgenommene Aenderung der Empfindung gleichfalls. Kann nun nicht der erste Act den zweiten durch rein psychische Vermittelungen zu Stande bringen? Unmöglich ist es nicht. Wenn wir träumen, geschieht so etwas. Wir glauben träumend eine Bewegung zu vollführen und wir träumen dann weiter, dass dasjenige geschieht, was davon die natürliche Folge sein sollte. Wir träumen in einen Kahn zu steigen, ihn vom Land abzustossen, auf das Wasser hinaus zu gleiten, die umringenden Gegenstände sich verschieben zu sehen u. s. w. Hierbei scheint die Erwartung des Träumenden, dass er die Folgen seiner Handlungen eintreten sehen werde, die geträumte Wahrnehmung auf rein psychischem Wege herbeizuführen. Wer weiss zu sagen, wie lang und fein ausgesponnen, wie folgerichtig durchgeführt ein solcher Traum werden könnte. Wenn alles darin im höchsten Grade gesetzmässig der Naturordnung folgend geschähe, so würde kein anderer Unterschied vom Wachen bestehen, als die Möglichkeit des Erwachens, das Abreissen dieser geträumten Reihe von Anschauungen.

Ich sehe nicht, wie man ein System selbst des extremsten subjectiven Idealismus widerlegen könnte, welches das Leben als Traum betrachten wollte. Man könnte es für so unwahrscheinlich, so unbefriedigend wie möglich erklären — ich würde in dieser Beziehung den härtesten Ausdrücken der Verwerfung zustimmen — aber consequent durchführbar wäre es; und es scheint mir sehr wichtig, dies im Auge zu behalten. Wie geistreich Calderon dies Thema im „Leben ein Traum" durchgeführt, ist bekannt.

Auch Fichte nimmt an, dass sich das Ich das Nicht-Ich, d. h. die erscheinende Welt, selbst setzt, weil es ihrer zur Entwickelung seiner Denkthätigkeit bedarf. Sein Idealismus unterscheidet sich aber doch von dem eben bezeichneten dadurch, dass er die anderen menschlichen Individuen nicht als Traumbilder, sondern auf die Aussage des Sittengesetzes hin als dem eigenen Ich gleiche Wesen fasst. Da aber ihre Bilder, in denen sie das Nicht-Ich vorstellen, wieder alle zusammen stimmen müssen, so fasste er die individuellen Ichs alle als Theile oder Ausflüsse des absoluten Ich. Dann war die Welt, in der jene sich fanden, die Vorstellungswelt, welche der Weltgeist sich setzte, und konnte wieder den Begriff der Realität annehmen, wie es bei Hegel geschah.

Die realistische Hypothese dagegen traut der Aussage der gewöhnlichen Selbstbeobachtung, wonach die einer Handlung folgenden Veränderungen der Wahrnehmung gar keinen psychischen Zusammenhang mit dem vorausgegangenen Willensimpuls haben. Sie sieht als unabhängig von unserem Vorstellen bestehend an, was sich in täglicher Wahrnehmung so zu bewähren scheint, die materielle Welt ausser uns. Unzweifelhaft ist die realistische Hypothese die einfachste, die wir bilden können, geprüft und bestätigt in ausserordentlich weiten Kreisen der Anwendung, scharf definirt in allen Einzelbestimmungen und deshalb ausserordentlich brauchbar und fruchtbar als Grundlage für das Handeln. Das Gesetzliche in unseren Empfindungen würden wir sogar in idealistischer Anschauungsweise kaum anders auszusprechen wissen, als indem wir sagen: „Die mit dem Charakter der Wahrnehmung auftretenden Bewusstseinsacte verlaufen so, als ob die von der realistischen Hypothese angenommene Welt der stofflichen Dinge wirklich bestände." Aber über dieses „als ob" kommen wir nicht hinweg; für mehr als eine ausgezeichnet brauchbare und präcise Hypothese können wir die realistische Meinung nicht anerkennen; nothwendige Wahrheit dürfen wir ihr nicht zuschreiben, da neben ihr noch andere unwiderlegbare idealistische Hypothesen möglich sind.

Es ist gut, dies immer vor Augen zu halten, um nicht mehr aus den Thatsachen folgern zu wollen, als in der That daraus zu folgern ist. Die verschiedenen Abstufungen der idealistischen und realistischen Meinungen sind metaphysische Hypothesen, welche, so lange sie als solche anerkannt werden, ihre vollkommene wissenschaftliche Berechtigung haben, so schädlich sie auch werden mögen, wo man sie als Dogmen oder als angebliche Denknothwendigkeiten hinstellen will. Die Wissenschaft muss alle zulässigen Hypothesen erörtern, um eine vollständige Uebersicht über die möglichen Erklärungsversuche zu behalten. Noch nothwendiger sind die Hypothesen für das Handeln, weil man nicht immer zuwarten kann, bis eine gesicherte wissenschaftliche Entscheidung erreicht ist, sondern sich, sei es nach der Wahrscheinlichkeit, sei es nach dem ästhetischen oder moralischen Gefühl entscheiden muss. In diesem Sinne wäre auch gegen die metaphysischen Hypothesen nichts einzuwenden. Unwürdig eines wissenschaftlich sein wollenden Denkers aber ist es, wenn er den hypothetischen Ursprung seiner Sätze vergisst. Der Hochmuth und die Leidenschaftlichkeit, mit der solche versteckte Hypothesen vertheidigt werden, sind die gewöhnlichen Folgen des unbefriedigenden Gefühls, welches ihr Vertheidiger in den verborgenen Tiefen seines Gewissens über die Berechtigung seiner Sache hegt.

Was wir aber unzweideutig und als Thatsache ohne hypothetische Unterschiebung finden können, ist das Gesetzliche in der Erscheinung. Von dem ersten Schritt an, wo wir vor uns weilende Objecte im Raume vertheilt wahrnehmen, ist diese Wahrnehmung das Anerkennen einer gesetzlichen Verbindung zwischen unseren Bewegungen und den dabei auftretenden Empfindungen. Schon die ersten elementaren Vorstellungen enthalten also in sich ein Denken und gehen nach den Gesetzen des Denkens vor sich. Alles, was in der Anschauung zu dem rohen Materiale der Empfindungen hinzukommt, kann in Denken aufgelöst werden, wenn wir den Begriff des Denkens so erweitert nehmen, wie es oben geschehen ist.

Denn wenn „begreifen" heisst: Begriffe bilden, und wir im Begriff einer Classe von Objecten zusammensuchen und zusammenfassen, was sie von gleichen Merkmalen an sich tragen: so ergiebt sich ganz analog, dass der Begriff einer in der Zeit wechselnden Reihe von Erscheinungen das zusammenzufassen suchen muss, was in allen ihren Stadien gleich bleibt. Der Weise, wie Schiller es ausspricht:

„Sucht das vertraute Gesetz in des Zufalls grausenden Wundern,
„Suchet den ruhenden Pol in der Erscheinungen Flucht."

Wir nennen, was ohne Abhängigkeit von Anderem gleich bleibt in allem Wechsel der Zeit: die Substanz; wir nennen das gleichbleibende Verhältniss zwischen veränderlichen Grössen: das sie verbindende Gesetz. Was wir direct wahrnehmen, ist nur das Letztere. Der Begriff der Substanz kann nur durch erschöpfende Prüfungen gewonnen werden und bleibt immer problematisch, insofern weitere Prüfung vorbehalten wird. Früher galten Licht und Wärme als Substanzen, bis sich später herausstellte, dass sie vergängliche Bewegungsformen seien, und wir müssen immer noch auf neue Zerlegungen der jetzt bekannten chemischen Elemente gefasst sein. Das erste Product des denkenden Begreifens der Erscheinung ist das Gesetzliche. Haben wir es so weit rein ausgeschieden, seine Bedingungen so vollständig und sicher abgegrenzt und zugleich so allgemein gefasst, dass für alle möglicher Weise eintretenden Fälle der Erfolg eindeutig bestimmt ist, und wir gleichzeitig die Ueberzeugung gewinnen, es habe sich bewährt und werde sich bewähren in aller Zeit und in allen Fällen: dann erkennen wir es als ein unabhängig von unserem Vorstellen Bestehendes an und nennen es die Ursache, d. h. das hinter dem Wechsel ursprünglich Bleibende und Bestehende; nur in diesem Sinne ist meiner Meinung nach die Anwendung des Worts gerechtfertigt, wenn auch der gemeine Sprachgebrauch es in sehr verwaschener Weise überhaupt für Antecedens oder Veranlassung anwendet. Insofern wir dann das Gesetz als ein unsere Wahrnehmung und den Ablauf der Naturprocesse Zwingendes, als eine unserem Willen gleichwerthige Macht anerkennen, nennen wir es „Kraft". Dieser Begriff der uns entgegentretenden Macht ist unmittelbar durch die Art und Weise bedingt, wie unsere einfachsten Wahrnehmungen zu Stande kommen. Von Anfang an scheiden sich die Aenderungen, die wir selbst durch unsere Willensacte machen, von solchen, die durch unsern Willen nicht gemacht, durch unsern Willen nicht zu beseitigen sind. Es ist namentlich der Schmerz, der uns von der Macht der Wirklichkeit die eindringlichste Lehre giebt. Der Nachdruck fällt hierbei auf die Beobachtungsthatsache, dass der wahrgenommene Kreis der Präsentabilien nicht durch einen bewussten Act unseres Vorstellens oder Willens gesetzt ist. Fichte's „Nicht-Ich" ist hier der genau zutreffende negative Ausdruck. Auch dem Träumer erscheint, was er zu sehen und zu fühlen glaubt, nicht durch seinen Willen oder durch die bewusste Verkettung seiner Vorstellungen hervorgerufen zu sein, wenn auch unbewusst das Letztere in Wirklichkeit oft genug der Fall sein möchte; auch ihm ist es ein Nicht-Ich. Ebenso dem Idealisten, der es als die Vorstellungswelt des Weltgeistes ansieht.

Wir haben in unserer Sprache eine sehr glückliche Bezeichnung für dieses, was hinter dem Wechsel der Erscheinungen stehend auf uns einwirkt, nämlich: „das Wirkliche". Hierin ist nur das Wirken ausgesagt; es fehlt die Nebenbeziehung auf das Bestehen als Substanz, welche der Begriff des Reellen, d. h. des Sachlichen, einschliesst. In den Begriff des Objectiven andererseits schiebt sich meist der Begriff des fertigen Bildes eines Gegenstandes ein, welcher nicht auf die ursprünglichsten Wahrnehmungen passt. Auch bei dem folgerichtig Träumenden müssten wir diejenigen seelischen Zustände oder Motive, welche ihm die dem gegenwärtigen Stande seiner erträumten Welt gesetzmässig entsprechenden Empfindungen zur Zeit unterschieben, als wirksam und wirklich bezeichnen. Andererseits ist klar, dass eine Scheidung von Gedachtem und Wirklichem erst möglich wird, wenn wir die Scheidung dessen, was das Ich ändern und nicht ändern kann, zu vollführen wissen. Diese wird aber erst möglich, wenn wir erkennen, welche gesetzmässigen Folgen die Willensimpulse zur Zeit haben. Das Gesetzmässige ist daher die wesentliche Voraussetzung für den Charakter des Wirklichen.

Dass es eine Contradictio in adjecto sei, das Reelle oder Kant's „Ding an sich" in positiven Bestimmungen vorstellen zu wollen, ohne es doch in die Form unseres Vorstellens aufzunehmen, brauche ich Ihnen nicht auseinanderzusetzen. Das ist oft besprochen. Was wir aber erreichen können, ist die Kenntniss der gesetzlichen Ordnung im Reiche des Wirklichen, diese freilich nur dargestellt in dem Zeichensystem unserer Sinneseindrücke.

„Alles Vergängliche
„Ist nur ein Gleichniss."

Dass wir Goethe hier und weiter mit uns auf demselben Wege finden, halte ich für ein günstiges Zeichen. Wo es sich um weite Ausblicke handelt, können wir seinem hellen und unbefangenen Blick für Wahrheit wohl vertrauen. Er verlangte in der That von der Wissenschaft, sie solle nur eine künstlerische Anordnung der Thatsachen sein und keine abstracten Begriffe darüber hinaus bilden, die ihm leere Namen zu sein schienen und die Thatsachen nur verdüsterten. In demselben Sinne etwa bezeichnete es neuerdings G. Kirchhoff als die Aufgabe der Mechanik, der abstractesten unter den Naturwissenschaften, die in der Natur vorkommenden Bewegungen vollständig und auf die einfachste Weise zu beschreiben. Was das „Verdüstern" betrifft, so geschieht dies in der That, wenn wir im Reiche der abstracten Begriffe stehen bleiben, und uns nicht den thatsächlichen Sinn derselben auseinander legen, d. h. uns klar machen, welche beobachtbaren neuen gesetzlichen Verhältnisse zwischen den Erscheinungen daraus folgen. Jede richtig gebildete Hypothese stellt ihrem thatsächlichen Sinne nach ein allgemeineres Gesetz der Erscheinungen hin, als wir bisher unmittelbar beobachtet haben; sie ist ein Versuch, zu immer allgemeinerer und umfassenderer Gesetzlichkeit aufzusteigen. Was sie an Thatsachen Neues behauptet, muss durch Beobachtung und Versuch geprüft und bestätigt werden. Hypothesen, die einen solchen thatsächlichen Sinn nicht haben, oder überhaupt nicht sichere und eindeutige Bestimmungen für die unter sie fallenden Thatsachen geben, sind nur als werthlose Phrasen zu betrachten.

Jede Zurückführung der Erscheinungen auf die zu Grunde liegenden Substanzen und Kräfte behauptet etwas Unveränderliches und Abschliessendes gefunden zu haben. Zu einer unbedingten Behauptung dieser Art sind wir nie berechtigt; das erlaubt weder die Lückenhaftigkeit unseres Wissens, noch die Natur der Inductionsschlüsse, auf denen all unsere Wahrnehmung des Wirklichen vom ersten Schritte an beruht.

Jeder Inductionsschluss stützt sich auf das Vertrauen, dass ein bisher beobachtetes gesetzliches Verhalten sich auch in allen noch nicht zur Beobachtung gekommenen Fällen bewähren werde. Es ist dies ein Vertrauen auf die Gesetzmässigkeit alles Geschehens. Die Gesetzmässigkeit aber ist die Bedingung der Begreifbarkeit. Vertrauen in die Gesetzmässigkeit ist also zugleich Vertrauen auf die Begreifbarkeit der Naturerscheinungen. Setzen wir aber voraus, dass das Begreifen zu vollenden sein wird, dass wir ein letztes Unveränderliches als Ursache der beobachteten Veränderungen werden hinstellen können, so nennen wir das regulative Princip unseres Denkens, was uns dazu treibt, das Causalgesetz. Wir können sagen, es spricht das Vertrauen auf die vollkommene Begreifbarkeit der Welt aus. Das Begreifen, in dem Sinne, wie ich es beschrieben habe, ist die Methode, mittels deren unser Denken die Welt sich unterwirft, die Thatsachen ordnet, die Zukunft voraus bestimmt. Es ist sein Recht und seine Pflicht, die Anwendung dieser Methode auf alles Vorkommende auszudehnen, und wirklich hat es auf diesem Wege schon grosse Ergebnisse geerntet. Für die Anwendbarkeit des Causalgesetzes haben wir aber keine weitere Bürgschaft, als seinen Erfolg. Wir könnten in einer Welt leben, in der jedes Atom von jedem anderen verschieden wäre, und wo es nichts Ruhendes gäbe. Da würde keinerlei Regelmässigkeit zu finden sein, und unsere Denkthätigkeit müsste ruhen.

Das Causalgesetz ist wirklich ein a priori gegebenes, ein transcendentales Gesetz. Ein Beweis desselben aus der Erfahrung ist nicht möglich; denn die ersten Schritte der Erfahrung sind nicht möglich, wie wir gesehen haben, ohne die Anwendung von Inductionsschlüssen, d. h. ohne das Causalgesetz; und aus der vollendeten Erfahrung, wenn sie auch lehrte, dass alles bisher Beobachtete gesetzmässig verlaufen ist, — was zu versichern wir doch lange noch nicht berechtigt sind, — würde immer nur erst durch einen Inductionsschluss, d. h. unter Voraussetzung des Causalgesetzes folgen können, dass nun auch in Zukunft das Causalgesetz giltig sein würde. Hier gilt nur der eine Rath: Vertraue und handle!

Das Unzulängliche
Dann wird's Ereigniss.

Das wäre die Antwort, die wir auf die Frage zu geben haben: was ist Wahrheit in unserem Vorstellen? In dem, was mir immer als der wesentlichste Fortschritt in Kant's Philosophie erschienen ist, stehen wir noch auf dem Boden seines Systems. In diesem Sinne habe ich auch in meinen bisherigen Arbeiten häufig die Uebereinstimmung der neueren Sinnesphysiologie mit Kant's Lehren betont, aber damit freilich nicht gemeint, dass ich auch in allen untergeordneten Punkten in verba magistri zu schwören hätte. Als wesentlichsten Fortschritt der neueren Zeit glaube ich die Auflösung des Begriffs der Anschauung in die elementaren Vorgänge des Denkens betrachten zu müssen, die bei Kant noch fehlt, wodurch dann auch seine Auffassung der Axiome der Geometrie als transcendentaler Sätze bedingt ist. Es sind hier namentlich die physiologischen Untersuchungen über die Sinneswahrnehmungen gewesen, welche uns an die letzten elementaren Vorgänge des Erkennens hingeführt haben, die noch nicht in Worte fassbar, der Philosophie unbekannt und unzugänglich bleiben mussten, so lange diese nur die in der Sprache ihren Ausdruck findenden Erkenntnisse untersuchte.

Denjenigen Philosophen freilich, welche die Neigung zu metaphysischen Speculationen beibehalten haben, erscheint gerade das als das Wesentlichste an Kant's Philosophie, was wir als einen von der ungenügenden Entwickelung der Specialwissenschaften seiner Zeit abhängigen Mangel betrachtet haben. In der That stützt sich Kant's Beweis für die Möglichkeit einer Metaphysik, von welcher angeblichen Wissenschaft er selbst doch nichts weiter zu entdecken wusste, ganz allein auf 'die Meinung, dass die Axiome der Geometrie und die verwandten Principien der Mechanik transcendentale, a priori gegebene Sätze seien. Uebrigens widerspricht sein ganzes System eigentlich der Existenz der Metaphysik und die dunklen Punkte seiner Erkenntnisstheorie, über deren Interpretation so viel gestritten worden ist, stammen von dieser Wurzel ab.

Nach alle dem hätte die Naturwissenschaft ihren sichern Boden, auf dem feststehend sie die Gesetze des Wirklichen suchen kann, ein wunderbar reiches und fruchtbares Arbeitsfeld. So lange sie sich auf diese Thätigkeit beschränkt, wird sie von idealistischen Zweifeln nicht getroffen. Solche Arbeit mag bescheiden erscheinen im Vergleich zu den hochfliegenden Plänen der Metaphysiker.

> Doch mit Göttern
> Soll sich nicht messen
> Irgend ein Mensch.
> Hebt er sich aufwärts
> Und berührt
> Mit dem Scheitel die Sterne,
> Nirgends haften dann
> Die unsicheren Sohlen,
> Und mit ihm spielen
> Wolken und Winde.
>
> Steht er mit festen
> Markigen Knochen
> Auf der wohlgegründeten
> Dauernden Erde:
> Reicht er nicht auf,
> Nur mit der Eiche
> Oder der Rebe
> Sich zu vergleichen.

Immerhin mag uns das Vorbild dessen, der dies sagte, lehren, wie ein Sterblicher, der wohl zu stehen gelernt hatte, auch wenn er mit dem Scheitel die Sterne berührte, noch das klare Auge für Wahrheit und Wirklichkeit behielt. Etwas von dem Blicke des Künstlers, von dem Blicke, der Goethe und Lionardo da Vinci auch zu grossen wissenschaftlichen Gedanken leitete, muss der rechte Forscher immer haben. Beide, Künstler und Forscher, streben, wenn auch in verschiedener Behandlungsweise, dem Ziele zu, neue Gesetzlichkeit zu entdecken. Nur muss man nicht müssiges Schwärmen und tolles Phantasiren für künstlerischen Blick ausgeben wollen. Der rechte Künstler und der rechte Forscher wissen beide recht zu arbeiten und ihrem Werke feste Form und überzeugende Wahrheitstreue zu geben.

Uebrigens hat sich bisher die Wirklichkeit der treu ihren Gesetzen nachforschenden Wissenschaft immer noch viel erhabener und reicher enthüllt, als die äussersten Anstrengungen mythischer Phantasie und metaphysischer Speculation sie auszumalen gewusst hatten. Was wollen alle die ungeheuerlichen Ausgeburten Indischer Träumerei, diese Häufungen riesiger Dimensionen und Zahlen, sagen gegen die Wirklichkeit des Weltgebäudes, gegen die Zeiträume, in denen Sonne und Erde sich bildeten, in denen das Leben während der geologischen Geschichte sich entwickelte, in immer vollendeteren Formen sich den beruhigteren physikalischen Zuständen unseres Planeten anpassend.

Welche Metaphysik hat vorbereitet Begriffe von Wirkungen, wie sie Magnete und bewegte Elektricität auf einander ausüben, um deren Zurückführung auf wohlbestimmte Elementarwirkungen die Physik im Augenblick noch ringt, ohne zu einem klaren Abschluss gelangt zu sein. Aber schon scheint auch das Licht nichts als eine andere Bewegungsweise jener beiden Agentien, und der raumfüllende Aether erhält als magnetisirbares und elektrisirbares Medium ganz neue charakteristische Eigenschaften.

Und in welches Schema scholastischer Begriffe sollen wir diesen Vorrath von wirkungsfähiger Energie einreihen, dessen Constanz das Gesetz von der Erhaltung der Kraft aussagt, der, unzerstörbar und unvermehrbar wie eine Substanz, als Triebkraft in jeder Bewegung des leblosen, wie des lebendigen Stoffes thätig ist, ein Proteus in immer neue Formen sich kleidend, durch den unendlichen Raum wirkend und doch nicht ohne Rest theilbar mit dem Raume, das Wirkende in jeder Wirkung, das Bewegende in jeder Bewegung, und doch nicht Geist und nicht Materie? — Hat ihn der Dichter geahnt?

> In Lebensfluthen, in Thatensturm,
> Wall' ich auf und ab,
> Webe hin und her!
> Geburt und Grab,
> Ein ewiges Meer,
> Ein wechselnd Weben,
> Ein glühend Leben,
> So schaff' ich am sausenden Webstuhl der Zeit,
> Und wirke der Gottheit lebendiges Kleid.

Wir, Stäubchen auf der Fläche unseres Planeten, der selbst kaum ein Sandkorn im unendlichen Raume des Weltalls zu nennen ist, wir, das jüngste Geschlecht unter den Lebendigen der Erde, nach geologischer Zeitrechnung kaum der Wiege entstiegen, noch im Stadium des Lernens, kaum halb erzogen, mündig gesprochen nur aus gegenseitiger Rücksicht, und doch schon durch den kräftigeren Antrieb des Causalgesetzes über alle unsere Mitgeschöpfe hinausgewachsen und sie im Kampf um das Dasein bezwingend, haben wahrlich Grund genug stolz zu sein, dass es uns gegeben ist „die unbegreiflich hohen Werke" in treuer Arbeit langsam verstehen zu lernen, und wir brauchen uns nicht im Mindesten beschämt zu fühlen, wenn dies nicht gleich im ersten Ansturm eines Icarusfluges gelingt.

Beilage I.
Ueber die Localisation der Empfindungen innerer Organe.
Zu Seite 229.

Es könnte hier in Frage kommen, ob nicht die physiologischen und pathologischen Empfindungen innerer Organe des Körpers mit den Seelenzuständen in dieselbe Kategorie fallen müssten, insofern viele von ihnen ebenfalls durch Bewegungen nicht, oder wenigstens nicht erheblich geändert werden. Nun giebt es in der That solche Empfindungen zweideutigen Charakters, wie die der Niedergeschlagenheit, Melancholie, Angst, welche ebenso gut aus körperlichen, wie aus psychischen Ursachen entstehen können, und bei denen auch jede Vorstellung einer besonderen Localisation fehlt. Höchstens macht sich bei der Angst die Gegend des Herzens in unbestimmter Weise als Sitz der Empfindung geltend, wie denn überhaupt die ältere Ansicht, dass das Herz Sitz vieler psychischen Gefühle sei, sich offenbar davon herleitete, dass dieses Organ durch solche häufig in veränderte Bewegung gesetzt wird, welche Bewegung man theils direct, theils indirect durch die aufgelegte Hand fühlt. So entsteht also eine Art falscher körperlicher Localisation für wirklich psychische Zustände. In Krankheitszuständen geht das noch viel weiter. Ich entsinne mich, als junger Arzt einen melancholischen Schuhmacher gesehen zu haben, welcher zu fühlen glaubte, dass sein Gewissen sich zwischen Herz und Magen gedrängt habe.

Andererseits giebt es doch eine Reihe körperlicher Empfindungen, wie Hunger, Durst, Uebersättigung, neuralgische und entzündliche Schmerzen, die wir, wenn auch unbestimmt, als körperliche localisiren und nicht für psychisch halten, obgleich sie durch Bewegungen des Körpers kaum verändert werden. Die meisten entzündlichen und rheumatischen Schmerzen freilich werden durch Druck auf die Theile oder durch Bewegung der

253

Theile, in denen sie ihren Sitz haben, erheblich gesteigert. Sie sind aber auch im gegentheiligen Falle, ebenso wie die neuralgischen Schmerzen wohl nur als höhere Intensitäten normal vorkommender Druck- und Spannungsgefühle der betreffenden Theile anzusehen. Die Art der Localisation giebt dabei häufig eine Hindeutung auf die Veranlassungen, bei denen wir etwas über den Ort der Empfindung erfahren haben. So werden fast alle Empfindungen der Baucheingeweide an bestimmte Stellen der vorderen Bauchwand verlegt, selbst für solche Organe, die, wie das Duodenum, Pancreas, Milz u. s. w., der hinteren Wand des Rumpfes näher liegen. Aber Druck von aussen kann alle diese Organe fast nur durch die nachgiebige vordere Bauchwand, nicht durch die dicken Muskelschichten zwischen Rippen, Wirbelsäule und Hüftbein treffen. Ferner ist sehr merkwürdig, dass bei Zahnschmerzen von Beinhautentzündung eines Zahns die Patienten, im Anfang gewöhnlich unsicher sind, ob von einem Paar übereinander stehender Zähne der obere oder der untere leidet. Man muss erst kräftig auf die beiden Zähne drücken, um zu finden, welcher die Schmerzen macht. Sollte dies nicht davon herrühren, dass Druck auf die Beinhaut der Zahnwurzel im normalen Zustande nur beim Kauen vorzukommen pflegt, und dabei immer beide Zähne jedes Paars gleichzeitig gleich starken Druck erleiden?

Gefühl der Uebersättigung ist Empfindung von Fülle des Magens, welches durch Druck auf die Herzgrube deutlich gesteigert wird, während das Gefühl des Hungers durch denselben Druck sich einigermaassen vermindert. Dadurch kann deren Localisation in der Herzgrube veranlasst sein. Uebrigens wenn wir annehmen, dass den an denselben Stellen des Körpers endigenden Nerven die gleichen Localzeichen zukommen, würde die deutliche Localisation einer Empfindung eines solchen Organs auch für die anderen Empfindungen desselben genügen.

Dies gilt auch wohl für den Durst, insoweit derselbe Empfindung von Trockenheit des Schlundes ist. Das damit verbundene allgemeinere Gefühl von Wassermangel des Körpers, welches durch Benetzen des Mundes und Halses nicht beseitigt wird, ist dagegen nicht bestimmt localisirt.

Das in seiner Qualität eigenthümliche Gefühl des Athmungsbedürfnisses, der sogenannte Lufthunger, wird durch Athmungsbewegungen gemindert, und danach localisirt. Doch scheiden sich nur unvollkommen die Empfindungen für Athmungshemmnisse der Lungen und für Circulationshemmnisse, falls letztere nicht mit fühlbaren Aenderungen des Herzschlages verbunden sind. Vielleicht ist diese Scheidung nur deshalb so unvollkommen, weil Störungen der Athmung auch in der Regel gesteigerte Herzaction hervorrufen, und gestörte Herzaction die Befriedigung des Athmungsbedürfnisses erschwert.

Zu beachten ist übrigens, dass wir von der Form und den Bewegungen so ausserordentlich fein empfindlicher und dabei sicher und geschickt bewegter Theile, wie es unser Gaumensegel, Kehldeckel und Kehlkopf sind, ohne anatomische und physiologische Studien gar keine Vorstellung haben, da wir sie ohne optische Werkzeuge nicht sehen und sie auch nicht leicht betasten können. Ja trotz aller wissenschaftlichen Untersuchungen wissen wir noch nicht alle ihre Bewegungen mit Sicherheit zu beschreiben, z. B. nicht die bei Hervorbringung der Fistelstimme eintretenden Bewegungen des Kehlkopfs. Hätten wir angeborene Localisationskenntniss für unsere mit Tastempfindung versehenen Organe, so müssten wir eine solche doch für den Kehlkopf ebenso gut, wie für die Hände erwarten. In der That aber reicht unsere Kenntniss von der Form, Grösse, Bewegung unserer eigenen Organe nur gerade so weit, als wir diese sehen und betasten können.

Die ausserordentlich mannigfaltigen und fein auszuführenden Bewegungen des Kehlkopfs lehren uns auch noch betreffs der Beziehung zwischen dem Willensact und seiner Wirkung, dass, was wir zunächst und unmittelbar zu bewirken verstehen, nicht die Innervation eines bestimmten Nerven oder Muskels ist, auch nicht immer eine bestimmte Stellung der beweglichen Theile unseres Körpers, sondern es ist die erste beobachtbare äussere Wirkung. So weit wir durch Auge und Hand die Stellung der Körpertheile ermitteln können, ist letztere die erste beobachtbare Wirkung, auf die sich die bewusste Absicht im Willensact bezieht. Wo wir das nicht können, wie beim Kehlkopf und den hinteren Mundtheilen, sind die verschiedenen Modificationen der Stimme, des Athmens, Schlingens u. s. w. diese nächsten Wirkungen.

Die Bewegungen des Kehlkopfs, obgleich hervorgerufen durch Innervationen, die den zur Bewegung der Glieder gebrauchten vollkommen gleichartig sind, kommen also bei der Beobachtung von Raumveränderungen nicht in Betracht. Ob aber der sehr deutliche und mannigfaltige Ausdruck von Bewegung, den die

Musik hervorbringt, nicht vielleicht darauf zurückzuführen ist, dass die Aenderung der Tonhöhe im Gesang durch Muskelinnervation hervorgebracht wird, also durch dieselbe Art der inneren Thätigkeit, wie die Bewegung der Glieder, wäre noch zu fragen.

Auch für die Bewegungen der Augen besteht ein ähnliches Verhältniss. Wir wissen alle sehr wohl den Blick auf eine bestimmte Stelle des Gesichtsfeldes hinzurichten, d. h. zu bewirken, dass deren Bild auf die centrale Grube der Netzhaut fällt. Ungebildete Personen aber wissen nicht, wie sie die Augen dabei bewegen, und wissen nicht immer der Aufforderung eines Augenarztes, dass sie die Augen etwa nach rechts drehen sollen, wenn dies in dieser Form ausgesprochen wird, Folge zu leisten. Ja selbst Gebildete wissen zwar einen nahe vor die Nase gehaltenen Gegenstand anzusehen, wobei sie nach innen schielen; aber der Aufforderung nach innen zu schielen, ohne dass ein entsprechendes Object da wäre, wissen sie nicht Folge zu leisten.

Beilage II.
Der Raum kann transcendental sein, ohne dass es die Axiome sind.
Zu Seite 233.

Fast von allen philosophischen Gegnern der metamathematischen Untersuchungen sind beide Behauptungen als identisch behandelt worden, was sie keineswegs sind. Das hat Herr Benno Erdmann[1]) schon ganz klar in der den Philosophen geläufigen Ausdrucksweise auseinandergesetzt. Ich selbst habe es betont in einer gegen die Einwürfe von Herrn Land in Leyden gerichteten Antwort[2]). Obgleich der Verfasser der neuesten Gegenschrift, Herr Albrecht Krause[3]), beide Abhandlungen citirt, sind doch auch bei ihm wieder von 7 Abschnitten die ersten 5 zur Vertheidigung der transcendentalen Natur der Anschauungsform des Raumes bestimmt, und nur 2 behandeln die Axiome. Der Verfasser ist allerdings nicht bloss Kantianer, sondern Anhänger der extremsten nativistischen Theorien in der physiologischen Optik und betrachtet den ganzen Inhalt dieser Theorien als eingeschlossen in Kant's System der Erkenntnisstheorie, wozu doch nicht die geringste Berechtigung vorläge, selbst wenn Kant's individuelle Meinung, dem unentwickelten Zustande der physiologischen Optik seiner Zeit entsprechend, ungefähr so gewesen sein sollte. Die Frage, ob die Anschauung mehr oder weniger weit in begriffliche Bildungen aufzulösen sei, war damals noch nicht aufgeworfen worden. Uebrigens schreibt Herr Krause mir Vorstellungen über Localzeichen, Sinnengedächtniss, Einfluss der Netzhautgrösse u. s. w. zu, die ich nie gehabt und nie vorgetragen habe, oder die zu widerlegen ich mich ausdrücklich bemüht habe. Unter Sinnengedächtniss habe ich stets nur das Gedächtniss für unmittelbare sinnliche Eindrücke, die nicht in Wortfassung gebracht sind, bezeichnet, aber

---

[1]) Die Axiome der Geometrie. Leipzig 1877. Capitel III.
[2]) Mind, a Quarterly Review. London und Edinburgh. Vol. III. p. 212 (April 1878).
[3]) „Kant und Helmholtz" von A. Krause. Lahr 1878.

würde gegen die Behauptung, dieses Sinnengedächtniss habe seinen Sitz in den peripherischen Sinnesorganen, stets lebhaft protestirt haben. Ich habe Versuche ausgeführt und beschrieben zu dem Zwecke, um zu zeigen, dass wir selbst mit gefälschten Netzhautbildern, z. B. durch Linsen, durch convergirende, divergirende oder seitlich ablenkende Prismen sehend, schnell die Täuschung überwinden lernen und wieder richtig sehen, und dann wird mir S. 41 von Herrn Krause untergeschoben, ein Kind müsste alles kleiner sehen, als ein Erwachsener, weil sein Auge kleiner ist. Vielleicht überzeugt der vorstehende Vortrag den genannten Autor, dass er den Sinn meiner empiristischen Theorie der Wahrnehmung bisher gänzlich missverstanden hat.

Was Herr Krause in den Abschnitten über die Axiome einwendet, ist zum Theil in dem vorstehenden Vortrage erledigt, z. B. die Gründe, warum die anschauliche Vorstellung eines bisher noch nie beobachteten Objects schwer sein könne. Dann folgt mit Bezug auf meine in dem Vortrage über die Axiome der Geometrie[1]) zur Veranschaulichung des Verhältnisses der verschiedenen Geometrien gemachten Annahme flächenhafter Wesen, die auf einer Ebene oder Kugel leben, eine Auseinandersetzung, dass auf der Kugel zwar zwei oder viele „geradeste"[2]) Linien zwischen zwei Punkten existiren könnten, das Axiom des Euclides aber von der einen „geraden" Linie spräche. Für die Flächenwesen auf der Kugel aber hat die gerade Verbindungslinie zwischen zwei Punkten der Kugelfläche, nach den gemachten Annahmen, gar keine reale Existenz in ihrer Welt. Die „geradeste" Linie ihrer Welt wäre eben für sie, was für uns die „gerade" ist. Herr Krause macht zwar den Versuch, die gerade Linie als die Linie von nur einer Richtung zu definiren. Wie soll man aber „Richtung" definiren? doch wieder nur durch die gerade Linie. Hier bewegen wir uns in einem Circulus vitiosus. Richtung ist sogar der speciellere Begriff, denn in jeder geraden Linie giebt es zwei entgegengesetzte Richtungen.

Dann folgt eine Auseinandersetzung, dass wenn die Axiome Erfahrungssätze wären, wir von ihrer Richtigkeit nicht absolut überzeugt sein könnten, was wir doch wären. Darum dreht sich ja aber eben der Streit. Herr Krause ist überzeugt, wir würden Messungen, die gegen die Richtigkeit der Axiome sprächen,

---

[1]) Siehe S. 1 dieses Bandes.
[2]) So hatte ich die kürzesten oder geodätischen Linien benannt.

nicht glauben. Darin mag er wohl in Bezug auf eine grosse Anzahl von Menschen Recht haben, die einem auf alte Autorität gestützten Satze, der mit allen ihren übrigen Kenntnissen eng verwoben ist, lieber trauen als ihrem eigenen Nachdenken. Bei einem Philosophen sollte es doch anders sein. Die Menschen haben sich auch gegen die Kugelgestalt der Erde, gegen deren Bewegung, gegen die Existenz von Meteorsteinen lange genug höchst ungläubig verhalten. Uebrigens ist an seiner Behauptung richtig, dass es sich empfiehlt, in der Prüfung der Beweisgründe gegen Sätze von alter Autorität um so strenger zu sein, je länger sich dieselben bisher in der Erfahrung vieler Generationen als thatsächlich richtig erwiesen haben. Schliesslich aber müssen doch die Thatsachen und nicht die vorgefassten Meinungen oder Kant's Autorität entscheiden. Ferner ist richtig, dass, wenn die Axiome Naturgesetze sind, sie natürlich an der nur approximativen Erweisbarkeit aller Naturgesetze durch Induction Theil haben. Aber der Wunsch, exacte Gesetze kennen zu wollen, ist noch kein Beweis dafür, dass es solche giebt. Sonderbar aber ist es, dass Herr A. Krause, der die Ergebnisse wissenschaftlicher Messung wegen ihrer begrenzten Genauigkeit verwirft, für die transcendentale Anschauung sich mit den Schätzungen durch das Augenmaass beruhigt (S. 62), um zu erweisen, dass wir gar keiner Messungen bedürften, um uns von der Richtigkeit der Axiome zu überzeugen. Das heisst doch Freund und Feind mit verschiedenem Maasse messen! Als ob nicht jeder Zirkel aus dem schlechtesten Reisszeuge Genaueres leistete als das beste Augenmaass, selbst abgesehen von der Frage, die sich mein Gegner gar nicht stellt, ob das letztere angeboren und a priori gegeben oder nicht auch erworben sei.

Grossen Anstoss hat der Ausdruck Krümmungsmaass in seiner Anwendung auf den Raum von drei Dimensionen bei philosophischen Schriftstellern erregt[1]. Nun bezeichnet der Namen eine gewisse von Riemann definirte Grösse, welche für Flächen berechnet, zusammenfällt mit dem, was Gauss Krümmungsmaass der Flächen genannt hat. Diesen Namen haben die Geometer als kurze Bezeichnung für den allgemeineren Fall von mehr als zwei Dimensionen beibehalten. Der Streit bewegt sich hier nur um den Namen, und um nichts als den Namen für einen übrigens wohl definirten Grössenbegriff.

---

[1] Z. B. bei A. Krause l. c. S. 84.

Beilage III.

Die Anwendbarkeit der Axiome auf die physische Welt.

Zu Seite 237.

Ich will hier die Folgerungen entwickeln, zu denen wir gedrängt würden, wenn Kant's Hypothese von dem transcendentalen Ursprunge der geometrischen Axiome richtig wäre und erörtern, welchen Werth alsdann diese unmittelbare Kenntniss der Axiome für unsere Beurtheilung der Verhältnisse der objectiven Welt haben würde[1]).

§. 1.

Ich werde in diesem ersten Abschnitte zunächst in der realistischen Hypothese stehen bleiben und deren Sprache reden, also annehmen, dass die Dinge, welche wir objectiv wahrnehmen, reell bestehen und auf unsere Sinne wirken. Ich thue dies zunächst nur, um die einfache und verständliche Sprache des gewöhnlichen Lebens und der Naturwissenschaft reden zu können, und dadurch den Sinn dessen, was ich meine, auch für Nichtmathematiker verständlich auszudrücken. Ich behalte mir vor, im folgenden Paragraphen die realistische Hypothese fallen zu lassen und die entsprechende Auseinandersetzung in abstracter Sprache und ohne jede besondere Voraussetzung über die Natur des Realen zu wiederholen.

Zunächst müssen wir von derjenigen Gleichheit oder Con-

---

[1]) Also, um neue Missverständnisse zu verhüten, wie sie bei Herrn A. Krause l. c. S. 84 vorkommen: nicht ich bin es, „der einen transcendentalen Raum mit ihm eigenen Gesetzen kennt", sondern ich suche hier die Consequenzen aus der von mir für unerwiesen und unrichtig betrachteten Hypothese Kant's zu ziehen, wonach die Axiome durch transcendentale Anschauung gegebene Sätze sein sollen, um nachzuweisen, dass eine auf solcher Anschauung beruhende Geometrie gänzlich unnütz für objective Erkenntniss sein würde.

gruenz der Raumgrössen, wie sie der gemachten Annahme nach aus transcendentaler Anschauung fliessen könnte, diejenige Gleichwerthigkeit derselben unterscheiden, welche durch Messung mit physischen Hilfsmitteln zu constatiren ist.

Physisch gleichwerthig nenne ich Raumgrössen, in denen unter gleichen Bedingungen und in gleichen Zeitabschnitten die gleichen physikalischen Vorgänge bestehen und ablaufen können. Der unter geeigneten Vorsichtsmaassregeln am häufigsten zur Bestimmung physisch gleichwerthiger Raumgrössen gebrauchte Process ist die Uebertragung starrer Körper, wie der Zirkel und Maassstäbe, von einem Orte zum andern. Uebrigens ist es ein ganz allgemeines Ergebniss aller unserer Erfahrungen, dass wenn die Gleichwerthigkeit zweier Raumgrössen durch irgend welche dazu ausreichende Methode physikalischer Messung erwiesen worden ist, dieselben sich auch allen anderen bekannten physikalischen Vorgängen gegenüber als gleichwerthig erweisen. Physische Gleichwerthigkeit ist also eine vollkommen bestimmte eindeutige objective Eigenschaft der Raumgrössen, und offenbar hindert uns nichts durch Versuche und Beobachtungen zu ermitteln, wie physische Gleichwerthigkeit eines bestimmten Paares von Raumgrössen abhängt von der physischen Gleichwerthigkeit anderer Paare solcher Grössen. Dies würde uns eine Art von Geometrie geben, die ich einmal für den Zweck unserer gegenwärtigen Untersuchung **physische Geometrie** nennen will, um sie zu unterscheiden von der Geometrie, die auf die hypothetisch angenommene transcendentale Anschauung des Raumes gegründet wäre. Eine solche rein und absichtlich durchgeführte physische Geometrie würde offenbar möglich sein und vollständig den Charakter einer Naturwissenschaft haben.

Schon deren erste Schritte würden uns auf Sätze führen, welche den Axiomen entsprächen, wenn nur statt der transcendentalen Gleichheit der Raumgrössen ihre physische Gleichwerthigkeit gesetzt wird.

Sobald wir nämlich eine passende Methode gefunden hätten, um zu bestimmen, ob die Entfernungen je zweier Punktpaare einander gleich (d. h. physisch gleichwerthig) sind, würden wir auch den besonderen Fall unterscheiden können, wo drei Punkte a, b, c so liegen, dass ausser b kein zweiter Punkt zu finden ist, der dieselben Entfernungen von a und c hätte, wie b. Wir sagen in diesem Falle, dass die drei Punkte in gerader Linie liegen.

Wir würden dann im Stande sein, drei Punkte A, B, C zu suchen, die alle drei gleiche Entfernung von einander haben, also die Ecken eines gleichseitigen Dreiecks darstellen. Dann könnten wir zwei neue Punkte suchen b und c, beide gleich weit von A entfernt, und b mit A und B, c mit A und C in gerader Linie. liegend. Alsdann entstände die Frage: Ist das neue Dreieck Abc auch gleichseitig, wie ABC; ist also $bc = Ab = Ac$? Die Euklidische Geometrie antwortet: ja; die sphärische behauptet: $bc > Ab$, wenn $Ab < AB$; und die pseudosphärische: $bc < Ab$ unter derselben Bedingung. Schon hier kämen die Axiome zur thatsächlichen Entscheidung. Ich habe dieses einfache Beispiel gewählt, weil wir dabei nur mit der Messung von Gleichheit oder Ungleichheit der Entfernungen von Punkten, beziehlich mit der Bestimmtheit oder Unbestimmtheit der Lage gewisser Punkte zu thun haben, und weil gar keine zusammengesetzteren Raumgrössen, gerade Linien oder Ebenen construirt zu werden brauchen. Das Beispiel zeigt, dass diese physische Geometrie ihre die Stelle der Axiome einnehmenden Sätze haben würde.

So weit ich sehe, kann es auch für den Anhänger der Kant'schen Theorie nicht zweifelhaft sein, dass es möglich wäre, in der beschriebenen Weise eine rein erfahrungsmässige Geometrie zu gründen, wenn wir noch keine hätten. In dieser würden wir es nur mit beobachtbaren empirischen Thatsachen und deren Gesetzen zu thun haben. Die Wissenschaft, die auf solche Weise gewonnen wäre, würde nur insofern eine von der Beschaffenheit der im Raum enthaltenen physischen Körper unabhängige Raumlehre sein, als die Voraussetzung zuträfe, dass physische Gleichwerthigkeit immer für alle Arten physischer Vorgänge gleichzeitig eintritt.

Aber Kant's Anhänger behaupten, dass es neben einer solchen physischen auch eine reine Geometrie gebe, die allein auf transcendentale Anschauung gegründet sei, und dass diese in der That diejenige Geometrie sei, die bisher wissenschaftlich entwickelt wurde. Bei dieser hätten wir es gar nicht mit physischen Körpern und deren Verhalten bei Bewegungen zu thun, sondern wir könnten, ohne durch Erfahrung von solchen irgend etwas zu wissen, durch innere Anschauung uns Vorstellungen bilden von absolut unveränderlichen und unbeweglichen Raumgrössen, Körpern, Flächen, Linien, die, ohne dass sie jemals durch Bewegung, die nur physischen

Körpern zukommt, zur Deckung gebracht würden, doch im Verhältniss der Gleichheit und Congruenz zu einander ständen[1]).

Ich erlaube mir hervorzuheben, dass diese innere Anschauung von Geradheit der Linien, Gleichheit von Entfernungen oder von Winkeln absolute Genauigkeit haben müsste; sonst würden wir durchaus nicht berechtigt sein, darüber zu entscheiden, ob zwei gerade Linien, unendlich verlängert, sich nur einmal, oder auch vielleicht wie grösste Kreise auf der Kugel zweimal schneiden, noch zu behaupten, dass jede gerade Linie, welche eine von zwei Parallellinien, mit denen sie in derselben Ebene liegt, schneidet, auch die andere schneiden müsse. Man muss nicht das so unvollkommene Augenmaass für die transcendentale Anschauung unterschieben wollen, welche letztere absolute Genauigkeit fordert.

Gesetzten Falls, wir hätten nun eine solche transcendentale Anschauung von Raumgebilden, ihrer Gleichheit und ihrer Congruenz, und könnten uns durch wirklich genügende Gründe überzeugen, dass wir sie haben: so würde sich allerdings daraus ein System der Geometrie herleiten lassen, welches unabhängig von allen Eigenschaften der physischen Körper wäre, eine reine, transcendentale Geometrie. Auch diese Geometrie würde ihre Axiome haben. Es ist aber klar, auch nach Kant'schen Principien, dass die Sätze dieser hypothetischen reinen Geometrie nicht nothwendig mit denen der physischen übereinzustimmen brauchten. Denn die eine redet von Gleichheit der Raumgrössen in innerer Anschauung, die andere von physischer Gleichwerthigkeit. Diese letztere hängt offenbar ab von empirischen Eigenschaften der Naturkörper und nicht bloss von der Organisation unseres Geistes.

Dann wäre also zu untersuchen, ob die beiden besprochenen Arten der Gleichheit nothwendig immer zusammenfallen. Durch Erfahrung ist darüber nicht zu entscheiden. Hat es einen Sinn zu fragen, ob zwei Paare Zirkelspitzen nach transcendentaler Anschauung gleiche oder ungleiche Längen umfassen? Ich weiss damit keinen Sinn zu verbinden und soweit ich die neueren Anhänger Kant's verstanden habe, glaube ich annehmen zu dürfen, dass auch sie mit Nein antworten würden. Das Augenmaass dürfen wir uns, wie gesagt, hierbei nicht unterschieben lassen.

Könnte nun etwa aus Sätzen der reinen Geometrie gefolgert werden, dass die Entfernungen der beiden Zirkelspitzenpaare gleich gross seien? Dazu müssten geometrische Beziehungen

---

[1]) Land in Mind. II., p. 41. — A. Krause l. c. S. 62.

zwischen diesen Entfernungen und anderen Raumgrössen bekannt sein, von welchen letzteren man direct wissen müsste, dass sie im Sinne der transcendentalen Anschauung gleich seien. Da man dies nun direct nie wissen kann, so kann man es auch durch geometrische Schlüsse niemals folgern.

Wenn der Satz, dass beide Arten räumlicher Gleichheit identisch sind, nicht durch Erfahrung gefunden werden kann, so müsste er ein metaphysischer Satz sein und einer Denknothwendigkeit entsprechen. Dann würde eine solche aber nicht nur die Form empirischer Erkenntnisse, sondern auch ihren Inhalt bestimmen, — wie zum Beispiel bei der oben angeführten Construction zweier gleichseitiger Dreiecke, — eine Folgerung, welche Kant's Principien geradezu widersprechen würde. Dann würde das reine Anschauen und Denken mehr leisten, als Kant zuzugeben geneigt ist.

Gesetzten Falls endlich, dass die physische Geometrie eine Reihe allgemeiner Erfahrungssätze gefunden hätte, die mit den Axiomen der reinen Geometrie gleichlautend wären: so würde daraus höchstens folgen, dass die Uebereinstimmung zwischen physischer Gleichwerthigkeit der Raumgrössen und ihrer Gleichheit in reiner Raumanschauung eine zulässige Hypothese sei, die zu keinem Widerspruche führt. Sie würde aber nicht die einzig mögliche Hypothese sein. Der physische Raum und der Raum der Anschauung könnten sich zu einander auch verhalten, wie der wirkliche Raum zu seinem Abbild in einem Convexspiegel[1]).

Dass die physische Geometrie und die transcendentale nicht nothwendig übereinzustimmen brauchen, geht daraus hervor, dass wir sie uns thatsächlich als nicht übereinstimmend vorstellen können.

Die Art, wie eine solche Incongruenz zur Erscheinung kommen würde, ergiebt sich schon aus dem, was ich in einem früheren Aufsatze[2]) auseinandergesetzt habe. Nehmen wir an, dass die physikalischen Messungen einem pseudosphärischen Raume entsprächen. Der sinnliche Eindruck von einem solchen bei Ruhe des Beobachters und der beobachteten Objecte würde derselbe sein, als wenn wir Beltrami's kugeliges Modell im

---

[1]) Siehe meinen Vortrag über die Axiome in der Geometrie S. 1 dieses Bandes.
[2]) Ueber die Axiome in der Geometrie S. 1 dieses Bandes.

Euklidischen Raume vor uns hätten, wobei der Beobachter sich im Mittelpunkt befände. So wie aber der Beobachter seinen Platz wechselte, würde das Centrum der Projectionskugel mit dem Beobachter wandern müssen und die ganze Projection sich verschieben. Für einen Beobachter, dessen Raumanschauungen und Schätzungen von Raumgrössen entweder aus transcendentaler Anschauung oder als Resultat der bisherigen Erfahrung im Sinne der Euklidischen Geometrie gebildet wären, würde also der Eindruck entstehen, dass, so wie er selbst sich bewegt, auch alle von ihm gesehenen Objecte sich in einer bestimmten Weise verschieben und nach verschiedenen Richtungen verschieden sich dehnen und zusammenziehen. In ähnlicher Weise, nur nach quantitativ abweichenden Verhältnissen, sehen wir auch in unserer objectiven Welt die perspectivische relative Lage und die scheinbare Grösse der Objecte von verschiedener Entfernung wechseln, so wie der Beobachter sich bewegt. Wie wir nun thatsächlich im Stande sind, aus diesen wechselnden Gesichtsbildern zu erkennen, dass die Objecte rings um uns ihre relative gegenseitige Lage und Grösse nicht verändern, so lange die perspectivischen Verschiebungen genau dem in der bisherigen Erfahrung bewährten Gesetze entsprechen, welchem sie bei ruhenden Objecten unterworfen sind, wie wir dagegen bei jeder Abweichung von diesem Gesetze auf Bewegung der Objecte schliessen: so würde, wie ich selbst, als Anhänger der empiristischen Theorie der Wahrnehmung, glaube voraussetzen zu dürfen, auch Jemand, der aus dem Euklidischen Raume in den pseudosphärischen überträte, anfangs zwar Scheinbewegungen der Objecte zu sehen glauben, aber sehr bald lernen, seine Schätzung der Raumverhältnisse den neuen Bedingungen anzupassen.

Dies Letztere ist aber eine Voraussetzung, die nur nach der Analogie dessen, was wir sonst von den Sinneswahrnehmungen wissen, gebildet ist, und durch den Versuch nicht geprüft werden kann. Nehmen wir also an, die Beurtheilung der Raumverhältnisse bei einem solchen Beobachter könnte nicht mehr geändert werden, weil sie mit angeborenen Formen der Raumanschauung zusammenhinge: so würde derselbe doch schnell ermitteln, dass die Bewegungen, die er zu sehen glaubt, nur Scheinbewegungen sind, da sie immer wieder zurückgehen, wenn er selbst sich auf seinen ersten Standpunkt zurückbegiebt; oder ein zweiter Beobachter würde constatiren können, dass Alles in Ruhe bleibt, während der erste den Ort wechselt. Wenn also vielleicht auch

265

nicht vor der unreflectirten Anschauung, würde doch bald vor der wissenschaftlichen Untersuchung sich herausstellen können, welches die physikalisch constanten Raumverhältnisse sind, etwa so wie wir selbst durch wissenschaftliche Untersuchungen wissen, dass die Sonne feststeht und die Erde rotirt, trotzdem der sinnliche Schein fortbesteht, dass die Erde stillsteht und die Sonne in 24 Stunden einmal um sie herumläuft.

Dann aber würde diese ganze vorausgesetzte transcendentale Anschauung a priori in den Rang einer Sinnestäuschung, eines objectiv falschen Scheines herabgesetzt werden, von der wir uns zu befreien und die wir zu vergessen suchen müssten, wie es bei der scheinbaren Bewegung der Sonne der Fall ist. Es würde dann ein Widerspruch sein zwischen dem, was nach der angeborenen Anschauung als räumlich gleichwerthig erscheint, und dem, was in den objectiven Phänomenen sich als solches erweist. Unser ganzes wissenschaftliches und praktisches Interesse würde an das letztere geknüpft sein. Die transcendentale Anschauungsform würde die physikalisch gleichwerthigen Raumverhältnisse nur so darstellen, wie eine ebene Landkarte die Oberfläche der Erde, sehr kleine Stücke und Streifen richtig, grössere dagegen nothwendig falsch. Es würde sich dann nicht bloss um die Erscheinungsweise handeln, die ja nothwendig eine Modification des darzustellenden Inhalts bedingt, sondern darum, dass die Beziehungen zwischen Erscheinung und Inhalt, die für engere Grenzen Uebereinstimmung zwischen beiden herstellen, auf weitere Grenzen ausgedehnt einen falschen Schein geben würden.

Die Folgerung, welche ich aus diesen Betrachtungen ziehe, ist diese: Wenn es wirklich eine uns angeborene und unvertilgbare Anschauungsform des Raumes mit Einschluss der Axiome gäbe, so würden wir zu ihrer objectiven wissenschaftlichen Anwendung auf die Erfahrungswelt erst berechtigt sein, wenn durch Beobachtung und Versuch constatirt wäre, dass die nach der vorausgesetzten transcendentalen Anschauung gleichwerthigen Raumtheile auch physisch gleichwerthig seien. Diese Bedingung trifft zusammen mit Riemann's Forderung, dass das Krümmungsmaass des Raumes, in dem wir leben, empirisch durch Messung bestimmt werden müsse.

Die bisher ausgeführten Messungen dieser Art haben keine merkliche Abweichung des Werthes dieses Krümmungsmaasses von Null ergeben. Als thatsächlich richtig innerhalb der bis jetzt erreichten Grenzen der Genauigkeit des Messens können wir die Euklidische Geometrie also allerdings ansehen.

§. 2.

Die Erörterungen des ersten Paragraphen blieben ganz im Gebiete des Objectiven und des realistischen Standpunkts des Naturforschers, wobei die begriffliche Fassung der Naturgesetze der Endzweck ist und die Kenntniss durch Anschauung nur eine erleichternde Hilfe, beziehlich ein zu beseitigender falscher Schein.

Herr Professor Land glaubt nun, dass ich bei meinen Auseinandersetzungen die Begriffe des Objectiven und des Realen verwechselt hätte, dass bei meiner Behauptung, die geometrischen Sätze könnten an der Erfahrung geprüft und durch sie bestätigt werden, unbegründeter Weise vorausgesetzt sei (Mind. II., p. 46) „that empirical knowledge is acquired by simple importation or by counterfeit, and not by peculiar operations of the mind, sollicited by varied impulses from an unknown reality". Wenn Herr Prof. Land meine Arbeiten über Sinnesempfindungen gekannt hätte, würde er gewusst haben, dass ich selbst mein Leben lang gegen eine solche Voraussetzung, wie er mir unterschiebt, gekämpft habe. Ich habe von dem Unterschiede des Objectiven und Realen in meinem Aufsatze nicht gesprochen, weil mir in der vorliegenden Untersuchung gar kein Gewicht auf diesen Unterschied zu fallen schien. Um diese meine Meinung zu begründen, wollen wir jetzt, was in der realistischen Ansicht hypothetisch ist, fallen lassen und nachweisen, dass die bisher aufgestellten Sätze und Beweise auch dann noch einen vollkommen richtigen Sinn haben, dass man auch dann noch nach der physischen Gleichwerthigkeit von Raumgrössen zu fragen und darüber durch Erfahrung zu entscheiden berechtigt ist.

Die einzige Voraussetzung, welche wir festhalten, ist die des Causalgesetzes, dass nämlich die mit dem Charakter der Wahrnehmung in uns zu Stande kommenden Vorstellungen nach festen Gesetzen zu Stande kommen, so dass, wenn verschiedene Wahrnehmungen sich uns aufdrängen, wir berechtigt sind, daraus auf Verschiedenheit der realen Bedingungen zu schliessen, unter denen sie sich gebildet haben. Uebrigens wissen wir über diese Bedingungen selbst, über das eigentlich Reale, was den Erscheinungen zu Grunde liegt, nichts; alle Meinungen, die wir sonst darüber hegen mögen, sind nur als mehr oder minder wahrscheinliche Hypothesen zu betrachten. Die vorangestellte Voraussetzung dagegen ist das Grundgesetz unseres Denkens; wenn wir sie aufgeben wollten, so würden wir damit überhaupt darauf Verzicht leisten, diese Verhältnisse denkend begreifen zu können.

Ich hebe hervor, dass über die Natur der Bedingungen, unter denen Vorstellungen entstehen, hier gar keine Voraussetzungen gemacht werden sollen. Ebenso gut, wie die realistische Ansicht, deren Sprache wir bisher gebraucht haben, wäre zulässig die Hypothese des subjectiven Idealismus. Wir könnten annehmen, dass all unser Wahrnehmen nur ein Traum sei, wenn auch ein in sich höchst consequenter Traum, in dem sich Vorstellung aus Vorstellung nach festen Gesetzen entwickelte. In diesem Falle würde der Grund, dass eine neue scheinbare Wahrnehmung eintritt, nur darin zu suchen sein, dass in der Seele des Träumers Vorstellungen bestimmter anderer Wahrnehmungen und etwa auch Vorstellungen von eigenen Willensimpulsen bestimmter Art vorausgegangen sind. Was wir in der realistischen Hypothese Naturgesetze nennen, würden in der idealistischen Gesetze sein, welche die Folge der mit dem Charakter der Wahrnehmung auf einander folgenden Vorstellungen regeln.

Nun finden wir als Thatsache des Bewusstseins, dass wir wahrzunehmen glauben Objecte, die sich an bestimmten Orten im Raume befinden. Dass ein Object an einem bestimmten besonderen Orte erscheint und nicht an einem anderen, wird abhängen müssen von der Art der realen Bedingungen, welche die Vorstellung hervorrufen. Wir müssen schliessen, dass andere reale Bedingungen hätten vorhanden sein müssen, um zu bewirken, dass die Wahrnehmung eines anderen Orts des gleichen Objects eintrete. Es müssen also in dem Realen irgend welche Verhältnisse oder Complexe von Verhältnissen bestehen, welche bestimmen, an welchem Ort im Raume uns ein Object erscheint. Ich will diese, um sie kurz zu bezeichnen, topogene Momente nennen. Von ihrer Natur wissen wir nichts, wir wissen nur, dass das Zustandekommen räumlich verschiedener Wahrnehmungen eine Verschiedenheit der topogenen Momente voraussetzt.

Daneben muss es im Gebiete des Realen andere Ursachen geben, welche bewirken, dass wir zu verschiedener Zeit am gleichen Orte verschiedene stoffliche Dinge von verschiedenen Eigenschaften wahrzunehmen glauben. Ich will mir erlauben, diese mit dem Namen der hylogenen Momente zu bezeichnen. Ich wähle diese neuen Namen, um alle Einmischung von Nebenbedeutungen abzuschneiden, die sich an gebräuchliche Worte knüpfen könnten.

Wenn wir nun irgend etwas wahrnehmen und behaupten, was eine gegenseitige Abhängigkeit von Raumgrössen aussagt, so ist zweifelsohne der thatsächliche Sinn einer solchen Aussage nur der, dass zwischen gewissen topogenen Momenten, deren eigentliches Wesen uns aber unbekannt bleibt, eine gewisse gesetzmässige Verbindung stattfindet, deren Art uns ebenfalls unbekannt ist. Eben deshalb sind Schopenhauer und viele Anhänger von Kant zu der unrichtigen Folgerung gekommen, dass in unseren Wahrnehmungen räumlicher Verhältnisse überhaupt kein realer Inhalt ist, dass der Raum und seine Verhältnisse nur transcendentaler Schein seien, ohne dass irgend etwas Wirkliches ihnen entspricht. Wir sind aber jedenfalls berechtigt, auf unsere räumlichen Wahrnehmungen dieselben Betrachtungen anzuwenden, wie auf andere sinnliche Zeichen z. B. die Farben. Blau ist nur eine Empfindungsweise; dass wir aber zu einer gewissen Zeit in einer bestimmten Richtung Blau sehen, muss einen realen Grund haben. Sehen wir zu anderer Zeit dort Roth, so muss dieser reale Grund verändert sein.

Wenn wir beobachten, dass verschiedenartige physikalische Processe in congruenten Räumen während gleicher Zeitperioden verlaufen können, so heisst dies, dass im Gebiete des Realen gleiche Aggregate und Folgen gewisser hylogener Momente zu Stande kommen und ablaufen können in Verbindung mit gewissen bestimmten Gruppen verschiedener topogener Momente, solcher nämlich, die uns die Wahrnehmung physisch gleichwerthiger Raumtheile geben. Und wenn uns dann die Erfahrung belehrt, dass jede Verbindung oder jede Folge hylogener Momente, die in Verbindung mit der einen Gruppe topogener Momente bestehen oder ablaufen kann, auch mit jeder physikalisch äquivalenten Gruppe anderer topogener Momente möglich ist, so ist dies jedenfalls ein Satz, der einen realen Inhalt hat, und die topogenen Momente beeinflussen also unzweifelhaft den Ablauf realer Processe.

In dem oben angegebenen Beispiel mit den zwei gleichsei-

269

tigen Dreiecken handelt es sich nur 1) um Gleichheit oder Ungleichheit, d. h. physische Gleichwerthigkeit oder Nicht-Gleichwerthigkeit von Punktabständen; 2) um Bestimmtheit oder Nicht-Bestimmtheit der topogenen Momente gewisser Punkte. Diese Begriffe, von Bestimmtheit und von Gleichwerthigkeit in Beziehung auf gewisse Folgen können aber auch auf Objecte von übrigens ganz unbekanntem Wesen angewendet werden. Ich schliesse daraus, dass die Wissenschaft, welche ich physische Geometrie genannt habe, Sätze von realem Inhalt enthält, und dass ihre Axiome bestimmt werden, nicht von blossen Formen des Vorstellens, sondern von Verhältnissen der realen Welt.

Dies berechtigt uns noch nicht, die Annahme einer Geometrie, die auf transcendentale Anschauung gegründet ist, für unmöglich zu erklären. Man könnte z. B. annehmen, dass eine Anschauung von der Gleichheit zweier Raumgrössen ohne physische Messung unmittelbar durch die Einwirkung der topogenen Momente auf unser Bewusstsein hervorgebracht werde, dass also gewisse Aggregate topogener Momente auch in Bezug auf eine psychische, unmittelbar wahrnehmbare Wirkung äquivalent seien. Die ganze Euklidische Geometrie lässt sich herleiten aus der Formel, welche die Entfernung zweier Punkte als Function ihrer rechtwinkligen Coordinaten giebt. Nehmen wir an, dass die Intensität jener psychischen Wirkung, deren Gleichheit als Gleichheit der Entfernung zweier Punkte im Vorstellen erscheint, in derselben Weise von irgend welchen drei Functionen der topogenen Momente jedes Punktes abhängt, wie die Entfernung im Euklidischen Raume von den drei Coordinaten eines jeden, so müsste das System der reinen Geometrie eines solchen Bewusstseins die Axiome des Euklid erfüllen, wie auch übrigens die topogenen Momente der realen Welt und ihre physische Aequivalenz sich verhielten. Es ist klar, dass in diesem Falle die Uebereinstimmung zwischen psychischer und physischer Gleichwerthigkeit der Raumgrössen nicht allein aus der Form der Anschauung entschieden werden könnte. Und wenn sich Uebereinstimmung herausstellen sollte, so wäre diese als ein Naturgesetz, oder, wie ich es in meinem populären Vortrage bezeichnet habe, als eine praestabilirte Harmonie zwischen der Vorstellungswelt und der realen Welt aufzufassen, ebenso gut, wie es auf Naturgesetzen beruht, dass die von einem Lichtstrahl beschriebene gerade Linie mit der von einem gespannten Faden gebildeten zusammenfällt.

Ich meine damit gezeigt zu haben, dass die Beweisführung, die ich im §. 1 in der Sprache der realistischen Hypothese gegeben habe, sich auch ohne deren Voraussetzungen gültig erweist.

Wenn wir die Geometrie auf Thatsachen der Erfahrung anwenden wollen, wo es sich immer nur um physische Gleichwerthigkeit handelt, können nur die Sätze derjenigen Wissenschaft angewendet werden, die ich als physische Geometrie bezeichnet habe. Wer die Axiome aus der Erfahrung herleitet, dem ist unsere bisherige Geometrie in der That physische Geometrie, die sich nur auf eine grosse Menge planlos gesammelter, statt auf ein System methodisch durchgeführter Erfahrungen stützt. Zu erwähnen ist übrigens, dass dies schon die Ansicht von Newton war, der in der Einleitung zu den „Principia" erklärt: „Geometrie selbst hat ihre Begründung in mechanischer Praxis und ist in der That nichts Anderes, als derjenige Theil der gesammten Mechanik, welcher die Kunst des Messens genau feststellt und begründet[1]."

Dagegen ist die Annahme einer Kenntniss der Axiome aus transcendentaler Anschauung:

1) eine unerwiesene Hypothese,

2) eine unnöthige Hypothese, da sie nichts in unserer thatsächlichen Vorstellungswelt zu erklären vorgiebt, was nicht auch ohne ihre Hilfe erklärt werden könnte,

3) eine für die Erklärung unserer Kenntniss der wirklichen Welt gänzlich unbrauchbare Hypothese, da die von ihr aufgestellten Sätze auf die Verhältnisse der wirklichen Welt immer erst angewendet werden dürfen, nachdem ihre objective Giltigkeit erfahrungsmässig geprüft und festgestellt worden ist.

Kant's Lehre von den a priori gegebenen Formen der Anschauung ist ein sehr glücklicher und klarer Ausdruck des Sachverhältnisses; aber diese Formen müssen inhaltsleer und frei genug sein, um jeden Inhalt, der überhaupt in die betreffende Form der Wahrnehmung eintreten kann, aufzunehmen. Die Axiome der Geometrie aber beschränken die Anschauungsform des Raumes so, dass nicht mehr jeder denkbare Inhalt darin aufgenommen werden kann, wenn überhaupt Geometrie

---

[1] Fundatur igitur Geometria in praxi Mechanica, et nihil aliud est quam Mechanicae universalis pars illa, quae artem mensurandi accurate proponit ac demonstrat.

auf die wirkliche Welt anwendbar sein soll. Lassen wir sie fallen, so ist die Lehre von der Transcendentalität der Anschauungsform des Raumes ohne allen Anstoss. Hier ist Kant in seiner Kritik nicht kritisch genug gewesen; aber freilich handelte es sich dabei um Lehrsätze aus der Mathematik, und dies Stück kritischer Arbeit musste durch die Mathematiker erledigt werden.

DIE NEUERE ENTWICKELUNG VON FARADAY'S IDEEN ÜBER ELEKTRICITÄT.

Vortrag

zu

Faraday's Gedächtnissfeier gehalten vor der Chemischen Gesellschaft zu London am 5. April 1881.

Hochgeehrte Versammlung!

Ihrer ehrenvollen Aufforderung folgend soll ich heute auf derselben Stelle zu Ihnen reden, von welcher aus der grosse Naturforscher, dessen Gedächtniss wir feiern, so oft seine bewundernden Zuhörer durch Enthüllung ungeahnter Geheimnisse der Natur überrascht hat. Zuvörderst bitte ich um die Erlaubniss, meine heutigen Auseinandersetzungen auf diejenige Seite seiner Thätigkeit beschränken zu dürfen, mit der ich am besten durch eigene Untersuchungen und Beobachtungen bekannt bin, nämlich auf das Studium der Elektricitätslehre. In der That ist ja auch der grössere Theil von Faraday's eigenen Untersuchungen diesem Zweige der Physik zugewendet gewesen, und seine hervorragendsten Entdeckungen hat er in diesem Gebiete gemacht. Die Thatsachen, die er hier gefunden hat, sind allgemein bekannt; jedes Lehrbuch der Physik handelt von ihnen, jeder Studirende der Naturwissenschaften hat sie gesehen. Die Drehung der Polarisationsebene des Lichtes durch Magnetismus, die Erscheinungen des Diamagnetismus im Wismuth, die diëlektrische Polarisation der elektrischen Isolatoren, sind bekannte Dinge; jeder Physiker weiss das Voltameter zu brauchen, um elektrische Ströme zu messen, während inducirte Ströme das Telephon sprechen machen, gelähmte Muskeln wieder in Thätigkeit setzen und als Quelle des elektrischen Lichtes gebraucht werden. Als der erste Entdecker einer so zahlreichen, wichtigen und so überraschenden Reihe neuer Thatsachen hat Faraday in der That die allgemeinste Bewunderung und Anerkennung gefunden. Wer hätte auch seine Augen dagegen verschliessen können?

Anders verhielt es sich dagegen mit den Vorstellungen, die er sich über das innere Wesen dieser Vorgänge gebildet hatte, und die ihm den Weg zu seinen vielbewunderten Entdeckungen gewiesen. Sie wurden anfangs kaum verstanden, wenig beachtet und wohl meist als Wunderlichkeiten bei Seite geschoben. In der That wichen sie stark ab von den gewohnten Bahnen wissenschaftlicher Erklärungen und erst allmälig haben wir sie auch nur zu verstehen gelernt. Das wesentliche Ziel, was er hierbei verfolgte, bestand darin, dass er in seinen theoretischen Vorstellungen nur beobachtbare und beobachtete Thatsachen ausdrücken wollte mit sorgfältigster Vermeidung jeder Einmischung hypothetischer Elemente. Dieses Bestreben von seiner Seite war in der That auf einen wesentlichen Fortschritt in den Principien wissenschaftlicher Methodik hingerichtet, dessen Ziel es ist, die Naturwissenschaft von den letzten Ueberbleibseln der Metaphysik zu befreien. Faraday war nicht gerade der Erste und nicht der Einzige unter seinen Zeitgenossen, der dieser Richtung nachstrebte. Ich habe bei einer anderen Gelegenheit[1]) schon darauf aufmerksam gemacht, dass Goethe sich ein ähnliches Ideal für die Endziele naturwissenschaftlicher Auffassung gebildet hatte, und auch Alexander v. Humboldt suchte dasselbe zu verwirklichen. Aber so radical wie Faraday ist wohl keiner von den Zeitgenossen vorgegangen, und keiner hat dem neuen Princip eine so energische und so fruchtbare praktische Anwendung gegeben.

Nun führt aber jede tiefgreifende Veränderung der grundlegenden Principien und Voraussetzungen einer Wissenschaft nothwendig die Bildung neuer abstracter Begriffe und ungewohnter Vorstellungsverbindungen mit sich, in welche sich die zeitgenössischen Leser nur langsam einleben, wenn sie überhaupt geneigt sind, sich diese Mühe zu geben. Der Sinn einer neuen Abstraction kann erst dann als klar verstanden gelten, wenn die Art ihrer Anwendung auf die wesentlichsten Gruppen der Einzelfälle, die darunter zu ordnen sind, durchgedacht und richtig befunden ist. Neue Abstractionen in allgemeinen Sätzen zu definiren, so dass nicht Missverständnisse aller Art vorkommen könnten, ist meist sehr schwer. Dem Urheber eines solchen neuen Gedankens ist es dann meist viel schwerer herauszufinden, warum die Anderen ihn nicht verstehen, als ihm die Entdeckung der neuen Wahrheit war. In Faraday's Falle kam dazu, dass er der Sohn eines Schmiedes, dann als Buchbinderlehrling beschäftigt, nicht durch dieselbe Schule wissenschaftlicher Disciplinirung gegangen war, wie die Mehrzahl seiner Leser.

Seitdem die mathematische Interpretation von Faraday's

---

[1]) In meinem Vortrag über Goethe's naturwissenschaftliche Arbeiten Bd. I., S. 1 dieser Sammlung.

Sätzen durch Clerk Maxwell in den methodisch durchgearbeiteten Formen der Wissenschaft gegeben ist, sehen wir freilich, welch eine scharfe Bestimmtheit der Vorstellungen und welche genaue Folgerichtigkeit hinter Faraday's Worten verborgen ist, die seinen Zeitgenossen so unbestimmt und dunkel erschienen; und es ist im höchsten Grade merkwürdig zu sehen, eine wie grosse Zahl umfassender Theoreme, deren methodischer Beweis das Aufgebot der höchsten Kräfte der mathematischen Analysis erfordert, er durch eine Art innerer Anschauung mit instinctiver Sicherheit gefunden hat, ohne eine einzige mathematische Formel aufzustellen. Ich möchte Faraday's Zeitgenossen nicht deshalb herabsetzen, weil sie das verkannt haben; ich weiss selbst zu wohl, wie oft ich gesessen habe, hoffnungslos auf eine seiner Beschreibungen von Kraftlinien und von deren Zahl und Spannung starrend, oder den Sinn von Sätzen suchend, wo der galvanische Strom als eine Axe der Kraft bezeichnet wird, und Aehnliches mehr. Eine einzelne bemerkenswerthe Entdeckung kann natürlich auch durch einen glücklichen Zufall herbeigeführt werden und beweist noch nicht immer, dass der Gedankengang, durch den ihr Autor dazu geleitet worden ist, richtig, und dass er selbst ein ungewöhnlich begabter Mann sei. Es wäre aber gegen alle Gesetze der Wahrscheinlichkeit, dass eine zahlreiche Reihe der wichtigsten Entdeckungen, wie sie Faraday aufzuweisen hat, aus Vorstellungen entspringen könnte, die nicht wirklich eine richtige, wenn auch vielleicht noch tief verborgene Grundlage von Wahrheit in sich enthalten sollten. Wir werden auch in seinem Falle vielleicht daran denken müssen, dass die grossen Wohlthäter der Menschheit gerade für das Beste, was sie geleistet, nicht immer schon während ihres Lebens volle Anerkennung gefunden, und dass neue Ideen gewöhnlich desto langsamer sich Bahn brechen, je mehr wirklich Ursprüngliches sie enthalten, und je mehr sie umgestaltend auf die Art der wissenschaftlichen Thätigkeit zu wirken geeignet sind.

Obgleich viele von Faraday's elektrischen Untersuchungen sich mit anscheinend nebensächlichen und unwichtigen Dingen befassen, die übrigens alle mit derselben aufmerksamen Sorgfalt und Gewissenhaftigkeit behandelt werden: so kann man bei näherer Betrachtung doch immer ihren Zusammenhang mit zwei fundamentalen Problemen der Naturwissenschaft erkennen, deren eines das Wesen der gewöhnlich mit dem Namen der „physikalischen" bezeichneten Kräfte betrifft, d. h. der Kräfte, welche in die Entfernung wirken, das andere dagegen die chemischen Kräfte, welche nur in nächster Nähe von Molekel zu Molekel wirken, sowie das Verhältniss der letzteren Kräfte zu den ersteren.

Ich kann heute nur eine ganz kurze Schilderung des Standpunktes geben, welchen die Elektricitätslehre gegenwärtig in Bezug auf das erste der beiden Probleme erreicht hat. Die darüber geführten Discussionen sind noch nicht beendigt, die Meinungen gehen weit auseinander, obgleich, wie mir scheint, die Gründe für eine endliche Entscheidung schon erkennbar sind. Eine eingehendere Besprechung dieser Streitfragen würde uns tief in mathematische und mechanische Probleme verwickeln, und schliesslich könnte ich die Gründe pro et contra, sowie die Art der Entscheidung doch in einer kurzen öffentlichen Vorlesung nicht in der Weise auseinandersetzen, dass ich darauf rechnen dürfte, meine Zuhörer zu einer begründeten wissenschaftlichen Ueberzeugung zu führen. Ich kann daher über diese Seite meiner heutigen Aufgabe nur einen kurzen Bericht geben, der meinem eigenen Urtheile über die Sache gemäss abgefasst ist. Aber ich will dabei nicht verschweigen, dass einige Männer von grossen wissenschaftlichen Verdiensten, namentlich unter meinen eignen Landsleuten, noch nicht meiner Meinung sind.

Das grosse fundamentale Problem, welches Faraday wieder zur Discussion brachte, war die Frage, ob es Kräfte giebt, die unmittelbar und ohne Betheiligung eines dazwischen liegenden Mediums in die Ferne wirken. Während des vorigen und gegenwärtigen Jahrhunderts hatte die zwischen den Weltkörpern wirkende Gravitationskraft als das gemeinsame Vorbild für fast alle physikalischen Theorien gedient. Es ist bekannt, mit wie viel Vorsicht und wie zögernd Isaak Newton selbst diese seine Hypothese vortrug, welche bestimmt war, das erste grossartige und sieghafte Beispiel für die Fruchtbarkeit und die Macht wahrer wissenschaftlicher Methode zu werden. Später vergass man unter dem Eindruck des Erfolges die Bedenken, die bei Newton selbst und seinen Zeitgenossen noch so mächtig waren. Wir dürfen uns nicht wundern, dass Newton's Nachfolger zunächst versuchten, ähnliche Erfolge zu erreichen, indem sie sich bemühten, auch alle anderen physikalischen Vorgänge durch die Annahme von Fernkräften zu erklären. Die Phänomene, welche die in ihren Leitern ruhende Elektricität und der Magnetismus darbieten, schienen sogar eine besonders nahe Verwandtschaft mit denen der Gravitation darzubieten, da das von Coulomb gefundene

Gesetz, nach welchem die Wirkung der anziehenden und abstossenden Kräfte dieser Agentien mit steigender Entfernung abnimmt, nämlich umgekehrt proportional dem Quadrate des Abstands, in den drei genannten Fällen genau das gleiche ist.

Dann aber kam Oersted's Entdeckung über die Bewegungen, welche Magnete unter Einwirkung elektrischer Ströme ausführen. Die elektromagnetischen Kräfte, welche diese Bewegungen hervorrufen, haben einen sehr auffallenden und eigenthümlichen Charakter. Es schien nämlich, als ob dieselben einen einzelnen isolirten Pol eines Magneten fortdauernd im Kreise herumtreiben müssten, ohne Ende, ohne jemals ein Ziel zu erreichen, an welchem seine Bewegung endete. Nun ist es freilich nicht möglich, einen einzelnen Pol eines Magneten von dem entgegengesetzten zu trennen; indessen gelang es Ampère in der That, diese Kreisbewegung ohne Ende hervorzubringen, indem er einen Theil des Stromleiters mit dem Magneten beweglich machte.

Dieser Charakter der elektromagnetischen Kraft war der Ausgangspunkt für Faraday's Beschäftigung mit der Elektricität. Er sah, dass eine Bewegung von solcher Art nicht durch irgend eine Combination anziehender oder abstossender Kräfte hervorgebracht werden konnte, die von einem materiellen Punkt zum anderen wirkten. Es scheint ihn hierbei eine instinctive Vorahnung des Gesetzes von der Erhaltung der Kraft geleitet zu haben, wie sich eine solche bei vielen aufmerksamen Beobachtern von Naturprocessen entwickelt hatte, längst ehe Herr Pr. Joule diesem Gesetz scharfe wissenschaftliche Fassung gegeben und die wesentlichste Lücke in dem empirischen Beweise desselben ausgefüllt hatte. Wenn ein galvanischer Strom einen Magneten in der beschriebenen Weise in Bewegung setzen und mit steigender Geschwindigkeit vorwärts treiben kann: so muss nothwendig eine Rückwirkung des bewegten Magneten auf den Strom stattfinden, wodurch Stromeskraft verzehrt wird. Faraday stellte dem entsprechende Versuche an und fand die durch die Bewegung des Magneten erregten Ströme, welche man inducirte Ströme nennt. Er verfolgte deren Vorkommen durch alle die verschiedenen Bedingungen, unter denen sie entstehen können. Er fand, dass eine elektromotorische Kraft, die solche Ströme hervorzubringen strebt, überall und immer da auftritt, wo magnetische Kraft neu entsteht, anwächst oder schwindet. Daraus schloss er, dass jeder Theil des Raumes, in dem magnetische Kraft wirksam ist, sich in einem dauernd veränderten Zustande befindet, in einer Art von Spannung, welche in den ursprünglichen Zustand zurückzukehren strebt, sobald die magnetische Einwirkung aufhört, und dass jede Aenderung in diesem Zustande sich durch das Auftreten elektromotorischer Kräfte zu erkennen giebt. Diesen unbekannten hypothetischen Zustand des raumfüllenden Medium nannte er provisorisch den **elektrotonischen Zustand**, und war dann während einer langen Reihe von Jahren bemüht herauszufinden, was das Wesen dieses elektrotonischen Zustandes sei. Er entdeckte zuerst 1838 die **diëlektrische Polarisation**, welche in elektrischen Isolatoren eintritt, wenn sie elektrischen Anziehungskräften ausgesetzt werden. Solche Körper zeigen unter dem Einflusse elektrischer Anziehungskräfte ganz ähnliche Zeichen einer in ihren Molekeln zu Stande gekommenen elektrischen Vertheilung, wie sie weiches Eisen in Bezug auf Magnetisirung unter dem Einflusse magnetischer Kraft zeigt. Eilf Jahre später, 1849, war er endlich im Stande nachzuweisen, dass nicht nur Eisen und die verwandten Körper, sondern geradezu alle wägbaren Substanzen unter dem Einflusse hinreichend starker magnetischer Kraft deutlich erkennbare Spuren der Magnetisirung zeigen; ja die von ihm gleichzeitig entdeckten Erscheinungen des Diamagnetismus scheinen anzuzeigen, dass sogar der von allen wägbaren Massen geleerte Raum, beziehlich der in ihm noch enthaltene Lichtäther, magnetisirbar ist. In der That erklären sich die Erscheinungen des Diamagnetismus bei weitem am einfachsten und ungezwungensten, wenn man annimmt, dass diamagnetisch solche Körper sind, die weniger magnetisirbar sind, als das sie umgebende raumfüllende Medium. So waren nun wirklich wahrnehmbare Veränderungen nachgewiesen, die jenem theoretisch geforderten elektrotonischen Zustande entsprechen konnten, und nun ging Faraday daran, in seinem Kopfe eine Arbeit durchzuführen, die der Natur der Sache nach die eines grossen Mathematikers war, ohne dabei eine einzige mathematische Formel zu brauchen. Er machte sich klar, dass magnetisirte und diëlektrisch polarisirte Körper ein Bestreben haben müssten, sich in Richtung der sie durchziehenden Kraftlinien zusammenzuziehen, dagegen sich quer gegen die Richtung dieser Linien zu dehnen. Er erkannte dann mittels der wunderbar klaren und lebhaften Intuition, die er sich von diesen Vorgängen gebildet hatte, dass dieses System von Spannungen in der einen und Druck in den anderen Richtungen, welches den ganzen Raum rings um elektrisirte und magnetisirte oder von elektrischen Strömen durchflossene Körper durchsetzt, im Stande ist, alle Erscheinungen elektrischer, magnetischer und elektromagnetischer Anziehung, Abstossung und Induction zu erklären, ohne dass man überhaupt auf Kräfte zurückzugehen braucht, die unmittelbar in die Ferne wirken. Dies war der Theil seines Weges, wo so wenige ihm folgen konnten. Es war ein Clerk Maxwell nöthig, ein zweiter Mann von derselben Tiefe und Selbständigkeit der Einsicht, um in den normalen Formen des systematischen Denkens das grosse Gebäude auszuführen, dessen Plan Faraday in seinem Geiste entworfen hatte, welches er klar vor sich sah und welches er sich bemühte, seinen Zeitgenossen sichtbar zu machen.

Es wird kaum bestritten werden können, dass diese neue Theorie der elektrischen und magnetischen Erscheinungen, deren Urheber Faraday war und die von Maxwell ausgearbeitet worden ist, in sich selbst vollkommen consequent, in genauer und vollständiger Uebereinstimmung mit allen bekannten Beobachtungsthatsachen ist, und dass sie in keiner ihrer Forderungen in Widerspruch mit den fundamentalen Axiomen der Dynamik tritt, welche sich bisher als ausnahmslos gültige Gesetze für alle bekannten Naturerscheinungen erwiesen haben; ich meine besonders das Gesetz von der Erhaltung der Kraft und das Gesetz von der Gleichheit der Action und Reaction. Eine Bestätigung von ganz besonderer Wichtigkeit erhält die genannte Theorie noch dadurch, dass, wie Maxwell nachwies, genau dieselben Eigenschaften des imponderablen raumfüllenden Medium, welche ihm beigelegt werden mussten, um die Erscheinungen der Elektricität und des Magnetismus zu erklären, auch das Entstehen und die Verbreitung von elektrischen und magnetischen Oscillationen möglich machen, die wie Lichtschwingungen· quer gegen den Strahl gerichtet, mit der gleichen Geschwindigkeit, wie das Licht, sich fortpflanzen müssen. Elektricität, Magnetismus und Licht würden danach nur verschiedene Zustände und Bewegungen desselben Medium sein. Zu erwähnen ist, dass verschiedene Theile der Theorie des Lichts sich leichter und einfacher aus dieser neuen Hypothese herleiten lassen, als aus der älteren Form der Undulationstheorie von Huyghens, welche dem Lichtäther die Eigenschaften eines festelastischen Körpers zuschreibt.

Indessen haben die Anhänger unmittelbarer Wirkung in die Ferne noch nicht aufgehört, nach entsprechenden Lösungen des elektromagnetischen Problems zu suchen. Schon Ampère hatte die Bewegungskräfte, welche zwei von elektrischen Strömen durchflossene Drähte auf einander ausüben, in sehr geistreicher und findiger Weise auf anziehende und abstossende Fernkräfte zurückgeführt, die aber nicht als zwischen je zwei Punkten der Leiter wirkend dargestellt werden konnten, sondern als wirkend zwischen kleinsten Längenelementen der Leiter. Denn ihre Stärke musste in ziemlich verwickelter Weise als Function der Winkel dargestellt werden, welche die Richtung der beiden wirkenden Stromstücke theils mit ihrer gemeinsamen Verbindungslinie, theils mit einander bilden. Ampère selbst kannte die inducirten elektrischen Ströme noch nicht. Aber auch die Gesetze dieser letzteren konnten mit Hülfe seines Gesetzes abgeleitet werden, wenn man die von Faraday experimentell gefundene Regel benutzte, dass die durch Bewegung von Magneten oder Stromleitern inducirten Ströme immer dieser Bewegung widerstehen. Die allgemeine mathematische Formulirung des daraus herfliessenden Gesetzes für die Stärke der inducirten Ströme verdanken wir Herrn F. E. Neumann (in Königsberg). Auch dieses Gesetz, da es aus dem von Ampère abgeleitet war, ging nicht zurück auf Wirkungen von Punkt zu Punkt, sondern auf Wirkungen von Längenelementen der Stromleiter auf einander. Letztere sind verglichen mit ersteren natürlich immer noch als höchst zusammengesetzte Gebilde zu betrachten. Ich selbst habe verschiedene mathematische Abhandlungen über dieses unter dem Namen des Potentialgesetzes bekannt gewordene Neumann'sche Gesetz veröffentlicht, welches in etwas verallgemeinerter Form ausgesprochen, in viel einfacherer und viel umfassenderer Weise als Ampère's ursprüngliches Gesetz die sämmtlichen Erscheinungen geschlossener Ströme mit den Thatsachen übereinstimmend und quantitativ genau darstellte, wie sich ganz allgemein zeigen liess. Ueber die meist ausserordentlich schwachen elektrodynamischen Wirkungen ungeschlossener Ströme, d. h. solcher, die zur Ansammlung von Elektricität an einzelne Stellen der Leiter führen, war zur Zeit noch sehr wenig bekannt. Ich konnte nachweisen, dass auf diese Fälle angewendet, das Potentialgesetz wenigstens nirgends in Widerspruch mit den allgemeinen Axiomen der Mechanik führe. Darin lag meines Erachtens ein grosser und wesentlicher Vorzug des Neumann'schen Gesetzes allen anderen bekannt gewordenen Hypothesen über elektrische Fernkräfte gegenüber. Von Faraday's Annahmen unterschied es sich dadurch, dass es elektrodynamische Wirkungen nur den in den Leitern vorgehenden elektrischen Strömungen zuschreibt, und die diëlektrischen Ladungen, welche in den zwischen den Leitern liegenden Isolatoren entstehen, nicht als elektrodynamisch wirksam betrachtet.

Der Zweck meiner mathematischen Arbeiten in diesem Gebiete war gewesen zu finden, in welcher Richtung Versuche angestellt werden müssten, um zwischen den verschiedenen möglichen Theorien zu entscheiden. Es gelang mir, einen solchen Versuch über die Elektricität, die sich an der Oberfläche eines im magnetischen Felde rotirenden Leiters sammelt, auszuführen [1]).

Dieser Versuch entschied für Faraday, und liess sich mit dem Potentialgesetz nur durch die Annahme vereinigen, dass die in den Isolatoren zwischen zwei sich ladenden Leitern zu Stande kommende diëlektrische Polarisation eine elektrische Bewegung ist, die dem jene Leiterstücke ladenden Strome äquivalente Intensität und äquivalente elektrodynamische Wirkung hat.

Andere Physiker, und zwar Männer von hervorragender Bedeutung, haben versucht, die elektrodynamischen Erscheinungen aus der Annahme von Fernkräften herzuleiten, die zwischen je zwei Quantis der hypothetischen elektrischen Fluida wirken sollten, deren Intensität aber nicht allein von deren Entfernung, sondern auch von deren Geschwindigkeiten und Beschleunigungen abhängig sein sollte. Am meisten bekannt geworden ist unter dieser Classe von Theorien die von Herrn W. Weber (Göttingen); eine andere fand sich in den nachgelassenen Papieren des genialen Mathematikers Riemann, eine dritte ist kürzlich von Herrn Clausius (Bonn) veröffentlicht worden. Alle diese Theorien ergeben die Phänomene geschlossener Ströme vollkommen richtig und übereinstimmend, aber sie kommen andererseits alle in Widerspruch mit den allgemeinen Axiomen der Dynamik, wenn man sie auf ungeschlossene Ströme anwendet.

Die Weber'sche Hypothese lässt das Gleichgewicht der Elektricität als labil erscheinen in jedem Leiter von mässiger Ausdehnung nach drei Dimensionen und lässt es als möglich erscheinen, dass unendlich grosse Arbeitsäquivalente aus endlichen körperlichen Massen entwickelt werden können. Ich finde nicht, dass die Einwürfe, die in dieser Beziehung von den Herren W. Thomson und P. G. Tait vorgebracht und von mir selbst im

---

[1]) Poggendorff's Annalen Bd. 158, S. 87. — Meine wissenschaftliche Abhand. Bd. I. S. 774. Leipzig 1882.

Einzelnen durchgeführt wurden, durch die darüber geführte Polemik entkräftet worden sind. Es ist deshalb auch keiner der Vertheidiger des Weber'schen Gesetzes im Stande gewesen, brauchbare Gesetze für die Bewegung der Elektricität in körperlich ausgedehnten Leitern aus demselben abzuleiten, welche sich aus den anderen nicht mit demselben Fehler behafteten Gesetzen leicht ergeben. Die Hypothese von Riemann, welche dieser, wie bemerkt, nicht selbst veröffentlicht hat, leidet an demselben Fehler und ist gleichzeitig im Widerspruch mit Newton's Axiom von der Gleichheit der Action und Reaction. Die Hypothese von Herrn Clausius vermeidet den gegen die Weber'sche zu erhebenden Einwurf, aber nicht den zweiten, und ihr Autor hat selbst zugegeben, dass, um sie davon zu befreien, man ein raumfüllendes Medium annehmen müsste, zwischen welchem einerseits und den Elektricitäten andererseits die Kräfte wirksam werden müssten, die er annimmt. So werden wir auch von dieser Seite wieder auf die Mitwirkung eines Medium zurückgewiesen.

So möchte die gegenwärtige Entwicklung dieses Zweiges der Theorie kaum noch einen anderen Ausweg übrig lassen, als Faraday's Annahme und scheint demgemäss die Hoffnung auf die endliche Vereinigung der entgegengesetzten Ansichten unter dieser Hypothese nahe zu rücken. Faraday's Annahme ist nämlich zur Zeit die einzige, die mit allen beobachteten Thatsachen zusammenstimmt und die durch keine ihrer Folgerungen in Widerspruch mit den allgemeinen Grundsätzen der Dynamik tritt.

Clerk Maxwell hat diese Theorie wesentlich nur für die Wirkungen geschlossener leitender Kreise durchgeführt. Ich habe in den letzten Jahren mich auch mit den Folgerungen beschäftigt, die sich für nicht zum Kreise geschlossene Leiter ergeben, und habe mich schon überzeugt, dass die Theorie im Einklang ist mit den wenigen bisher in dieser Richtung gesammelten Thatsachen. Zu diesen rechne ich 1. die oscillatorische Entladung eines Condensators durch eine Drahtspirale; 2. meine eigenen Versuche über die elektrische Ladung der Oberfläche rotirender Leiter im magnetischen Felde; 3. Herrn Rowland's Beobachtungen über die elektromagnetische Wirkung rotirender Scheiben, die mit Elektricität einer Art beladen sind.

Die entscheidende Annahme, welche der Faraday'schen Theorie zu Grunde liegt und welche allen Widerstreit der verschiedenen Theorien hebt, ist die vorher schon bezeichnete, wonach in allen zwischen den Leitern liegenden Isolatoren, wenn die begrenzenden Leiter sich elektrisch laden, diëlektrische Polarisation entsteht und zwar in solcher Stärke, dass die mit der Herstellung dieses Zustandes verbundene Bewegung der Elektricitäten als eine äquivalente Fortsetzung des die Leiter ladenden elektrischen Stromes angesehen werden kann. Machen wir diese Annahme, so giebt es nur geschlossene Ströme und für geschlossene Ströme führen alle die verschiedenen genannten Theorien zu denselben Resultaten.

Wenn aber diese Annahme gemacht wird, so folgt auch weiter, dass die Wirkung der etwa noch angenommenen unmittelbaren Fernkräfte verschwinden muss gegen die der diëlektrischen und magnetischen Spannungen in den Isolatoren, beziehlich im raumfüllenden Aether.

Faraday's Hypothese setzt also das Zustandekommen bestimmter Veränderungen, magnetischer und diëlektrischer Polarisirung in den von elektrischen und magnetischen Kraftlinien durchzogenen Theilen des Raumes voraus, die wir wenigstens so weit direct beobachten können, als sich in verschiedenen Substanzen Differenzen ihrer Intensität zeigen. Daneben erscheinen die weiter gehenden Hypothesen, die wir uns etwa über das eigentliche Wesen der Elektricität und des Magnetismus bilden können, verhältnissmässig indifferent. Wir brauchen uns zunächst für keine derselben zu entscheiden. Faraday selbst vermied als echter Naturforscher so viel, wie möglich, irgend eine positive Behauptung über dies Problem hinzustellen, obgleich er andererseits seine Abneigung, an die Existenz zweier entgegengesetzter elektrischer Fluida zu glauben, nicht verhehlte.

Da ich nun aber zur Besprechung der **elektrochemischen Vorgänge** übergehen will, müssen wir wenigstens eine Uebereinkunft über die Ausdrucksweise treffen, in der ich Ihnen die Vorgänge darzustellen habe. Wir werden hauptsächlich von elektrischen Quantis zu reden haben, und deren Beziehungen lassen sich in der Sprache der alten dualistischen Theorie, wonach die beiden entgegengesetzten Elektricitäten zwei imponderable Flüssigkeiten sind, am leichtesten und bestimmtesten ausdrücken. Sie ist ausserdem die bekannteste Vorstellungsweise, und ich bitte deshalb um die Erlaubniss, in der Sprache dieser Theorie zu Ihnen reden zu dürfen. Uebrigens will ich versuchen, Faraday so gut, wie möglich, nachzuahmen, indem ich mich sorgfältig im Bereich der Thatsachen zu halten und zu vermeiden suchen werde, dass das, was in der Hypothese als kurz zusammenfassender Ausdruck der Erscheinungen bildlich ausgedrückt ist, unberechtigten Einfluss auf unsere Vorstellung von den Thatsachen gewinne. Wenn wir die beiden Elektricitäten als Substanzen von entgegengesetztem Zeichen darstellen, so ist dies eben nur ein kurzer Ausdruck derjenigen Thatsachen, welche zeigen, dass niemals eine Quantität positiver Elektricität auftritt oder verschwindet, ohne dass gleichzeitig und in unmittelbarer Nähe eine gleich grosse Quantität negativer Elektricität auftritt oder verschwindet. Jedes Quantum für sich ist unzerstörbar und unvermehrbar, wie eine Substanz; nur dadurch, dass es sich mit dem gleichen Quantum entgegengesetzter Elektricität vereinigt, verschwindet es wenigstens für unsere Wahrnehmung.

Der ursprüngliche Begriff einer Substanz ist wohl zu unterscheiden von dem der Materie oder eines Stoffes. Substanz ist nur, *quod substat*, was hinter den wechselnden Erscheinungen quantitativ unveränderlich bleibt und in diesem ältesten weiteren Sinne des Worts würden wir jedenfalls die beiden Elektricitäten Substanzen nennen können, selbst wenn sie nicht von stofflicher Natur wären.

Ich sehe sehr wohl ein, dass diese alte dualistische Hypothese eine recht verwickelte und künstliche Maschinerie zur Erklärung der Erscheinungen aufstellt, und dass die mathematische Sprache Clerk Maxwell's die Gesetze der Thatsachen einfach und genau richtig mit einem viel geringern Aufwand hypothetischer Annahmen ausdrückt. Aber um nachzuweisen, dass die Grösse, welche in Maxwell's Theorie die Quantität der Elektricität vertritt, die Unveränderlichkeit einer Substanz zeigen müsse, wäre eine vollständige Auseinandersetzung dieser Theorie nöthig, welche ohne Anwendung mathematischer Symbole nicht leicht zu geben und vielleicht auch nicht leicht zu verstehen wäre. Es ist wahrscheinlich auch in diesem Umstand der Grund zu suchen, warum sich die Maxwell'sche Theorie bisher noch so geringer Verbreitung in wissenschaftlichen Kreisen zu erfreuen hat.

Von den beiden älteren Theorien der Elektricität ziehe ich die dualistische vor, obgleich sie zwei imponderable Fluida statt eines solchen annimmt, weil sie die thatsächliche Symmetrie zwischen der positiven und negativen Seite der elektrischen Erscheinungen im Ausdrucke bewahrt. Dieser Symmetrie wegen behalte ich auch die gewöhnlich gemachte Annahme bei, dass in jeden ponderablen Träger der Elektricität immer so viel negative Elektricität eintritt, als positive austritt, und umgekehrt. In der

That kennen wir noch keine Thatsachen, die als eine Wirkung der Aenderung der gesammten neutralen Elektricität eines Körpers angesehen werden könnten. Zum Zwecke einer elektrochemischen Theorie, die wir zunächst zu verfolgen haben werden, ist auch die dualistische Hypothese viel geschickter als die unitarische, welche die Kräfte der negativen Elektricität direct der ponderablen Masse beilegt.

Ich gehe nun zu dem zweiten fundamentalen Problem über, dessen Aufhellung Faraday vorschwebte, nämlich dem **Zusammenhange zwischen elektrischen und chemischen Kräften.**

Schon ehe Faraday seine Arbeiten begann, hatte Berzelius eine elektrochemische Theorie aufgestellt und darin das Band gefunden, welches alle seiner Zeit bekannten chemischen Thatsachen in das umfassende System zu verknüpfen erlaubte, dessen Ausarbeitung das grosse Werk seines Lebens war. Sein Ausgangspunkt hierbei war die von Volta für die Metalle aufgestellte Spannungsreihe gewesen. Diese Reihe ist bekanntlich so geordnet, dass jedes Metall bei der Berührung mit jedem vorausgehenden sich negativ, mit jedem folgenden sich positiv ladet. Den Anfang oder das positive Ende der Reihe bilden die leicht verbrennlichen Metalle, das andere negative Ende dagegen die schwer oxydirbaren oder edlen Metalle. Je weiter zwei Metalle in der Reihe von einander entfernt sind, desto stärkere elektrische Ladungen nehmen sie in gegenseitiger Berührung an, und daraus folgt wieder, dass solche weit von einander abweichende Körper sich eben wegen dieser elektrischen Ladungen um so stärker anziehen und um so stärker bei molecularer Berührung an einander fest haften müssen. Dieselbe Fähigkeit, sich gegenseitig elektrisch zu erregen, schrieb Berzelius auch allen anderen Elementen zu; er ordnete sie dem entsprechend, wie Volta es mit den Metallen gethan, in eine Spannungsreihe, an deren positives Ende er Kalium, Natrium, Barium, Calcium und ähnliche basische Stoffe setzte, während am negativen Ende sich Sauerstoff, Chlor, Brom u. s. w. fanden. Zwei Atome von verschiedenen Elementarstoffen sollten bei ihrer Berührung sich elektrisch laden; indessen waren die Vorstellungen von Berzelius über die Vertheilungsweise der entgegengesetzten Elektricitäten in den Molekeln und die daraus gezogenen Folgerungen über die Grösse der Anziehungskräfte nicht besonders bestimmt oder klar, und möchten sich kaum mit den damals schon von Green und Gauss entwickelten allgemeinen Gesetzen der elektrischen Fernwirkungen vereinigen lassen. Ein wesentlicher Zug in seinen Vorstellungen war die später durch Faraday's Versuche widerlegte Voraussetzung, wonach die Menge der Elektricität, die sich in jedem der beiden verbundenen Atome ansammelte, von der Grösse ihres elektrochemischen Gegensatzes bedingt sein sollte. Davon sollte dann die verschiedene Stärke ihrer gegenseitigen Anziehung und somit die Grösse ihrer chemischen Verwandtschaft abhängen. Daraus ergab sich wiederum nothwendig seine Annahme, dass die chemischen Verbindungen überwiegend binär zusammengesetzt seien. Zwei Elementarstoffe, der eine als positiver, der andere als negativer Bestandtheil, konnten sich mit einander zu einer Verbindung erster Ordnung, einer Basis oder Säure vereinigen; zwei Verbindungen erster Ordnung wieder zu einer solchen zweiter Ordnung, einem Salze, wenn der positive Bestandtheil der Basis mit den gleichnamigen aber schwächer positiven der Säure noch neue Quanta Elektricität auswechselte. Andererseits liess Berzelius ein Atom eines positiven Elements sich nicht nur mit einem Atom eines negativen, sondern auch mit zwei, drei bis sieben solchen direct vereinigen. Es sind dies gerade diejenigen Annahmen in seiner Theorie, welche die neuere Chemie gänzlich verworfen hat. Dennoch liegt unverkennbar ein Kern von Wahrheit seinen Anschauungen zu Grunde. In der That haben die Chemiker, trotz aller Abweichungen des modernen Systems, nicht aufgehört, von positiven und negativen Bestandtheilen einer Verbindung zu sprechen. Es ist nicht zu verkennen, dass ein solcher Gegensatz der Eigenschaften, wie ihn Berzelius in dieser Theorie durchzuführen versuchte, wirklich besteht und zwischen den Endgliedern der Reihe sehr stark ausgesprochen ist, während er allerdings in den mittleren Gliedern weniger deutlich hervortritt; auch nicht, dass dieser Gegensatz eine wichtige Rolle in allen chemischen Vorgängen spielt, wenn er auch oft durch andere Nebeneinflüsse verdeckt und überwunden wird.

Die Vorgänge bei der Elektrolyse der chemischen Verbindungen erschienen natürlich auch Berzelius und seinen Anhängern als eine Hauptstütze der elektrochemischen Theorie. Als nun Faraday sich zur Untersuchung dieser Vorgänge wandte, stellte er sich eine sehr einfache Frage, eine solche, die billiger Weise jeder Chemiker, der über Elektrolyse theoretisirte, vor allen andern hätte zu beantworten suchen sollen. Es war die Frage nach der Quantität der Zersetzungsproducte, die durch einen elektrischen Strom von bestimmter Stärke in gegebener Zeit gewonnen werden konnten. Seine Versuche über diesen Punkt führten ihn sogleich zu dem höchst bedeutsamen Gesetz, welches unter seinem Namen bekannt geworden ist und welches er selbst als das Gesetz von der bestimmten elektrolytischen Wirkung (law of definite electrolytic action) bezeichnete.

Als er seine Versuchsreihen begann, waren weder Daniell's, noch Grove's constante galvanische Batterieelemente bekannt, man hatte keinerlei Mittel, hydroelektrische Ströme von constant bleibender Intensität herzustellen, und ebenso unentwickelt waren die Methoden, diese Intensität zu messen. Dies muss seinen Vorgängern zur Entschuldigung gereichen. Faraday selbst umging diese Schwierigkeit, indem er einen und denselben Strom gleichzeitig durch zwei oder mehrere Zersetzungszellen hinter einander gehen liess. Zuerst wies er nach, dass die Form und Grösse der Zelle, die Grösse der Oberflächen der zuleitenden Metallplatten und deren Abstand von einander ohne merklichen Einfluss auf den Betrag der Zersetzung sind. Zellen, die dieselbe zersetzbare Flüssigkeit zwischen Platten desselben Metalls enthielten, gaben immer dieselbe Menge der gleichen Zersetzungsproducte, wenn der gleiche galvanische Strom gleich lange Zeit durch sie hindurchgegangen war. Nachdem dies festgestellt war, verglich er Zellen, die verschiedene Elektrolyte enthielten, und fand, dass in ihnen chemisch genau äquivalente Mengen der verschiedenen Elemente entweder ausgeschieden oder in andere Verbindungen übergeführt wurden.

Faraday schloss daraus, dass ein bestimmtes Quantum Elektricität eine Zelle, die angesäuertes Wasser zwischen Platinelektroden enthält, nicht passiren kann, ohne an der negativen Elektrode eine entsprechende bestimmte Menge von Wasserstoff und an der positiven Elektrode die äquivalente Menge Sauerstoff frei zu machen, je ein Atom des letzteren auf je zwei Atome des ersteren. Wenn statt des Wasserstoffs irgend ein anderes Element, welches Wasserstoff in seinen Verbindungen ersetzen kann, in einer zweiten Zelle ausgeschieden wird, so geschieht dies in einer Menge, welche genau äquivalent ist dem gleichzeitig ausgeschiedenen Wasserstoff. Wenn wir diese Thatsachen von dem Standpunkte der modernen chemischen Valenztheorie ansehen, wonach die Atome verschiedener Elementarstoffe, je nach ihrem Valenzwerthe, entweder einem, oder zweien, dreien oder vier Atomen Wasserstoff äquivalent sind, so können wir Faraday's Gesetz so aussprechen, dass dieselbe Menge Elektricität, wenn sie durch irgend einen Elektrolyten fliesst, immer dieselbe Menge von Valenzwerthen an beiden Elektroden entweder frei macht, oder in andere Verbindungen überführt.

So scheidet z. B. derselbe Strom 2 H aus, oder 2 K, oder 2 Na, oder ein Ba, Ca oder Zn. Derselbe würde ein Cu aus Cuprisalzen, dagegen [Cu + Cu] aus Cuprosalzen scheiden.

Die einfachen oder zusammengesetzten Salzbildner, die sich an der andern Elektrode ausscheiden, sind natürlich der Menge des basischen Elements äquivalent, mit welchem sie vorher verbunden waren.

Nach den oben erwähnten theoretischen Ansichten von Berzelius hätten die Quanta entgegengesetzter Elektricitäten, die sich an der Verbindungsstelle zweier Atome anhäufen, mit der Stärke ihrer Verwandtschaft wachsen sollen. Faraday's Versuch zeigte, dass das Gegentheil der Fall war, wenigstens für diejenigen Mengen von Elektricität, die bei der elektrolytischen Zersetzung zum Vorschein kommen. Deren Betrag zeigte sich als gänzlich unabhängig von der Stärke der Verwandtschaft. Es war dies ein verhängnissvoller Schlag für die Theorie von Berzelius.

Seit jener Zeit haben unsere Versuchsmethoden und unsere Kenntnisse über die Gesetze der elektrischen Vorgänge gewaltige Fortschritte gemacht, und eine grosse Anzahl von Hindernissen ist entfernt, welche sich bei jedem Schritt vor Faraday's Füsse legten, und ihn ausserdem zwangen, fortdauernd gegen verwirrte Vorstellungen und unbegründete Theorien einzelner seiner Zeitgenossen zu kämpfen. Das ursprüngliche Voltameter Faraday's, womit er die Menge der bei der Wasserzersetzung entwickelten Gase maass, um dadurch die Intensität des galvanischen Stromes zu messen, ist durch das viel genauere Silber-Voltameter von Poggendorff ersetzt worden, in dem Silber aus einer Lösung seines salpetersauren Oxyds auf ein Platinstreifchen niedergeschlagen wird, wobei eine sehr genaue Wägung der abgeschiedenen Menge möglich wird. Wir haben jetzt Galvanometer, die nicht bloss das Vorhandensein eines galvanischen Stromes anzeigen, sondern auch seine Intensität, mag sie gross oder klein sein, sehr genau durch die Grösse der elektromagnetischen Wirkung mittels einer in wenig Secunden ausführbaren Beobachtung zu messen gestatten. Wir haben Elektrometer, wie das Quadrant-Elektrometer von Sir W. Thomson, mit dem man ein Hunderttheil von der

Spannungsdifferenz einer Daniell'schen Zelle messen kann; und wir können sagen, dass, je mehr die Untersuchungsmethoden verfeinert wurden, desto mehr die Richtigkeit und ausgedehnteste Giltigkeit von Faraday's Gesetz sich bestätigte.

Im Anfange brachten die Anhänger von Volta's Contacttheorie der galvanischen Wirkungen und von Berzelius' elektrochemischer Theorie mancherlei Einwände vor. Diese beruhten zum Theil darauf, dass die Empfindlichkeit der Galvanometer bald weit über diejenigen Grenzen der Feinheit hinausging, bis zu denen die chemische Analyse nachfolgen konnte. Dies wurde namentlich durch die Einführung von Nobili's astatischem Nadelpaar, von Schweigger's Multiplicator mit einer grossen Anzahl von Windungen eines sehr langen Kupferdrahtes und von Poggendorff's Ablesungsmethode der Bewegungen des Magneten mittels eines an ihm befestigten Spiegelchens erreicht. Mit unseren neuesten Galvanometern kann man noch ganz sicher und ohne Schwierigkeit Ströme beobachten, die ein oder anderthalb Jahrhunderte dauern müssten, um auch nur ein Milligramm Wasser zu zersetzen, die kleinste Menge, welche man bei chemischen Arbeiten noch abzuwägen pflegt. - Wenn solch ein Strom nur einige Secunden oder Minuten gedauert hat, so ist natürlich nicht die entfernteste Aussicht da, seine chemischen Erzeugnisse nachweisen zu können. Und selbst, wenn er viel länger dauern sollte, kann die winzige Menge Wasserstoff, die er zur negativen Elektrode geführt hat, wieder verschwinden, weil einige Spuren atmosphärischen Sauerstoffs in der Flüssigkeit aufgelöst sind. Unter solchen Umständen kann ein schwacher, aber am Galvanometer noch deutlich wahrnehmbarer Strom unbestimmt lange Zeit hindurch fliessen, ohne eine sichtbare Spur chemischer Zersetzung hervorzubringen. Ja selbst die galvanische Polarisation, welche sonst jede vorausgegangene Zersetzung zu verrathen pflegt, kann fehlen. Galvanische Polarisation nennt man bekanntlich einen veränderten Zustand der Metallplatten, welcher zurückbleibt, nachdem dieselben als Elektroden bei der Zersetzung eines Elektrolyten gebraucht worden sind; dadurch sind dieselben nunmehr fähig geworden, selbständig einen Strom zu erregen, auch wenn sie vor ihrem Gebrauche als Elektroden in die Flüssigkeit getaucht, sich als vollkommen gleichartig und galvanisch unthätig erwiesen. Die Ursache dieses Zustandes ist wahrscheinlich darin zu suchen, dass elektrisch geladene Molekeln des Elektrolyten durch den Strom zu den metallischen Elektrodenflächen hingeführt worden sind, und von diesen, die selbst wieder mit entgegengesetzter Elektricität geladen sind, durch elektrostatische Anziehung festgehalten werden. Dass wirklich chemische Bestandtheile des Elektrolyten an der Erzeugung galvanischer Polarisation mitbetheiligt sind, kann nicht wohl bezweifelt werden, da dieser Zustand auch durch rein chemische Mittel hervorgebracht und zerstört werden kann. So wird die durch elektrolytisch herangeführten Wasserstoff erzeugte Polarisation durch Einwirkung des atmosphärischen Sauerstoffs wieder zerstört. Verbindet man die polarisirten Platten, während sie in der Flüssigkeit stehen bleiben, ohne Batterie mittels eines Galvanometers, so geben sie, wie schon gesagt, einen Strom, der durch die Flüssigkeit in entgegengesetzter Richtung geht, als der polarisirende Strom hindurchging, und die Polarisation wieder aufhebt, weshalb er als der **depolarisirende** Strom bezeichnet werden kann.

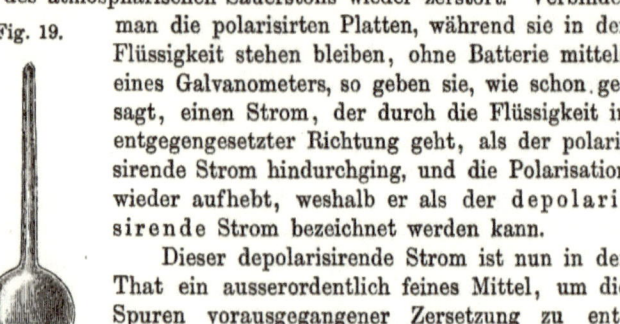

Fig. 19.

Dieser depolarisirende Strom ist nun in der That ein ausserordentlich feines Mittel, um die Spuren vorausgegangener Zersetzung zu entdecken. Aber selbst dies kann fehlschlagen, wenn die entstehende Polarisation durch die Zwischenkunft einer anderen chemischen Einwirkung zerstört wird, zum Beispiel durch aufgelösten atmosphärischen Sauerstoff. Um dies zu vermeiden, muss man feinere Versuche dieser Art in hermetisch verschlossenen Gefässen anstellen, aus denen alle Luft sorgfältig ausgetrieben ist.

Es ist mir neuerdings gelungen, dies in viel vollständigerer Weise als bisher mit Hülfe des in Fig. 19 abgebildeten und vollständig zugeschmolzenen Glasgefässes zu erreichen. Dasselbe enthält Wasser, säuerlich gemacht durch Schwefelsäure. Zwei Platindrähte b und c, welche in der Flüssigkeit frei enden, und ein dritter Platindraht, der im Innern des Gefässes mit einer Spirale aus Palladiumdraht verbunden ist, können als Elektroden gebraucht werden. Ehe die Röhre durch Zuschmelzen des oberen Endes verschlossen wurde, war sie mit einer Wasserluftpumpe verbunden und gleichzeitig wurde durch zwei Grove'sche Elemente Sauerstoff an den beiden Elektroden a und b entwickelt, während der entsprechende Wasserstoff vom Palladium occludirt wurde. In dieser Weise wurde die Flüssigkeit unter niederem Druck mit elektrolytischem Sauerstoff ausgewaschen und von allen anderen Gasen gereinigt. Nachdem dann die Röhre unter Fortdauer dieses Vorgangs zugeschmolzen war, verbinden sich die darin enthaltenen kleinen Mengen von Sauerstoff langsam mit dem Wasserstoff des Palladiums wieder zu Wasser. Spuren von Wasserstoff, die etwa noch in den Drähten b und c enthalten sind, können durch eine schwach elektromotorische Kraft, die man Tage lang zwischen b und c einerseits und a andererseits wirken lässt, allmälig in das Palladium hinübergetrieben werden. Ja selbst frische Mengen der elektrolytischen Gase, die man nach dem Zuschmelzen der Röhre etwa noch entwickelt haben sollte, können wieder durch längere Einwirkung eines Daniell'schen Elements beseitigt werden, welches Wasserstoff gegen das Palladium führt, wo es occludirt wird, und Sauerstoff zu den Drähten b und c, wo sich dieser mit Wasserstoff verbindet, so lange noch Spuren dieses Gases in der Flüssigkeit aufgelöst sind. Der Rest von gelöstem Sauerstoff verbindet sich schliesslich am Palladium mit dem occludirten Wasserstoff.

Ich habe mich überzeugt, dass man mit einem solchen Apparate die Polarisation beobachten kann, welche in wenigen Secunden ein Strom erzeugt, der ein Jahrhundert brauchen würde, um ein Milligramm Wasser zu zersetzen.

Aber selbst wenn das Auftreten der Polarisation von den Gegnern der strengen Gültigkeit des elektrolytischen Gesetzes nicht als ein hinreichender Beweis vorhergegangener Zersetzung anerkannt werden sollte, so ist es gegenwärtig nicht schwer, die Angaben eines guten Galvanometers auf absolutes Maass zu reduciren und den Betrag der Zersetzung zu berechnen, der nach Faraday's Gesetz zu erwarten ist, und schliesslich sich zu überzeugen, dass in allen den Fällen, wo keine Producte der Elektrolyse entdeckt werden können, deren Betrag in der That zu klein für die Hülfsmittel unserer chemischen Analyse war.

Fortführung der Ionen. Producte der Zersetzung können an den Elektroden nicht erscheinen, ohne dass Bewegungen der den Elektrolyten zusammensetzenden chemischen Elemente in der ganzen Länge der durch die Flüssigkeit führenden Strombahn eingetreten sind. Ueber diesen Punkt war die Mehrzahl von Faraday's Vorgängern schon einig, aber über die Art dieser Bewegung machten sie sich sehr verschiedene Vorstellungen. Faraday erkannte sogleich die Wichtigkeit dieser Frage und wandte sich wieder zum Versuch. Er füllte zwei Zellen mit derselben elektrolytischen Flüssigkeit und stellte zwischen beiden eine leitende Verbindung her durch einen mit eben derselben Flüssigkeit getränkten Docht aus Asbest, so dass er gesondert von einander die Quantität aller zu dem einen oder andern Ende der Leitung fortgeführten Bestandtheile der Flüssigkeit bestimmen konnte. Um die Richtung der Bewegung bestimmt zu bezeichnen, hat er bekanntlich eine sehr zweckmässige Terminologie eingeführt. Er bezeichnete die vom Strome fortgeführten Atome oder Atomgruppen mit dem griechischen Worte „Ion", d. h. das Wandernde, und indem er den Strom positiver Elektricität mit einem von den Bergen kommenden Wasserstrom verglich, fasste er unter dem Namen „Kation" (das Hinabwandernde) diejenigen Bestandtheile zusammen, die mit der positiven Elektricität sich bewegen, unter dem Namen „Anion" (das Hinaufwandernde) dagegen, die mit der negativen Elektricität fortgehen. Das Kation wandert zur Kathode, d. h. zu derjenigen Elektrode, zu der die $+ E$ der Flüssigkeit hinströmt, und das Anion zu Anode, von welcher dieselbe Elektricität in die Flüssigkeit einströmt. Die Kationen sind in der Regel in der chemischen Verbindung des Elektrolyten durch Wasserstoff ersetzbar, die Anionen sind einfache oder zusammengesetzte Halogene.

Diese Vorgänge sind namentlich durch Professor Hittorff zu Münster und Professor G. Wiedemann zu Leipzig eingehend und für eine grosse Anzahl elektrolytischer Processe untersucht worden. Sie fanden, dass gewöhnlich Anion und Kation mit verschiedener Geschwindigkeit durch die Flüssigkeit fortgeführt werden. Neuerdings hat für dieses Gebiet Professor F. Kohlrausch in Würzburg ein Gesetz von hervorragender Wichtigkeit entdeckt und nachgewiesen, dass nämlich in hinreichend verdünnten Lösungen von Salzen, einschliesslich der Hydrate von Säuren und kaustischen Alkalien, jedes Ion unter dem Einflusse gleichen Potentialgefälls, d. h. getrieben von gleich grosser elektrischer Kraft, sich mit einer ihm eigenthümlich zukommenden Geschwindigkeit fortbewegt, unabhängig davon, ob gleichzeitig andere Ionen sich in derselben oder in entgegengesetzter Richtung durch die Flüssigkeit fortbewegen.

Unter den Kationen hat Wasserstoff die grösste Geschwindigkeit der elektrolytischen Fortbewegung; dann folgen der Reihe nach Kalium, Ammonium, Silber, Natrium, ferner die zweiwerthigen Atome des Barium, Kupfer, Strontium, Calcium, Magnesium,

Zink; den letzteren nahe steht das einwerthige Lithium. Unter den Anionen ist Hydroxyl (OH) das erste, dann folgen die anderen einwerthigen Atome, Jod, Brom, Cyan, Chlor, die zusammengesetzten Halogene NO_3, ClO_3, die zweiwerthigen Halogene der Schwefelsäure und Kohlensäure, endlich Fluor und das Halogen der Essigsäure. Die einzige Ausnahme von der oben angegebenen Regel besteht darin, dass die Ionen, die an ein zweiwerthiges Ion entgegengesetzter Art gekettet sind, sich theilweise in der Flüssigkeit langsamer fortbewegen, als die, welche mit einem oder zwei einwerthigen verbunden sind. Die Erklärung hiervon könnte darin liegen, dass zum Beispiel bei der Elektrolyse der Schwefelsäure die Mehrzahl ihrer Atome SO_4H_2 in SO_4 und H_2 zerfallen, einige aber auch in SO_4H und H. Im letzeren Falle würden einige Wasserstoffatome mit dem Anion SO_4H rückwärts gehen und dadurch die mittlere Geschwindigkeit des zur Kathode wandernden Wasserstoffs vermindert erscheinen.

Wenn beide Ionen sich fortbewegen, so werden wir an jeder Elektrode als ausgeschieden vorfinden 1. denjenigen Theil des hier ausscheidenden Ion, der durch die Elektrolyse herangeführt ist, 2. einen zweiten Theil, der durch Fortführung des entgegengesetzten Ion isolirt worden ist. Der Gesammtbetrag der chemischen Bewegung in jedem Querschnitt der Flüssigkeit ist demzufolge gegeben durch die Summe der Aequivalente des Kation, die stromabwärts, und des Anion, die stromaufwärts hindurchgegangen sind, gerade so, wie in der dualistischen Theorie der Elektricität die gesammte durch einen Querschnitt des Leiters fliessende Elektricität berechnet werden muss als die Summe der positiven Elektricität, die vorwärts, und der negativen, die rückwärts hindurchfliesst.

Wir können nunmehr Faraday's Gesetz so aussprechen, dass durch jeden Querschnitt eines elektrischen Leiters wir immer äquivalente elektrische und chemische Bewegung haben. Genau dieselbe bestimmte Menge, sei es positiver, sei es negativer Elektricität bewegt sich mit jedem einwerthigen Ion, oder mit jedem Valenzwerth eines mehrwerthigen Ion, und begleitet es unzertrennlich bei allen Bewegungen, die dasselbe durch die Flüssigkeit macht. Diese Quantität können wir die elektrische Ladung des Ion nennen.

Ich bitte zu bemerken, dass wir bisher nur von beobachtbaren Erscheinungen gesprochen haben. Die Bewegung der Elektricität kann für den ganzen Querschnitt jedes Leiters gemessen und sogar für jedes verschwindend kleine Flächenelement im Innern des Leiters durch wohlbegründete theoretische Betrachtungen bestimmt werden. Dasselbe gilt für die Fortführung der chemischen Bestandtheile des Elektrolyten. Die Aequivalente der chemischen Elemente und die der entsprechenden elektrischen Quanta sind Zahlen, die durchaus nur beobachtbare gesetzliche Verhältnisse angeben. Dass die festen Verhältnisszahlen der chemischen Verbindungen auf der Präexistenz unzerstörbarer Atome beruhen, mag hypothetisch erscheinen; zur Zeit kennen wir aber noch keine hinreichend klare und entwickelte andere Theorie, die die Beobachtungsthatsachen der Chemie so einfach und folgerichtig zu erklären im Stande wäre, wie die atomistische Theorie der neueren Chemie.

Auf die elektrischen Vorgänge übertragen, führt diese Hypothese in Verbindung mit Faraday's Gesetz allerdings auf eine etwas überraschende Folgerung. Wenn wir Atome der chemischen Elemente annehmen, so können wir nicht umhin, weiter zu schliessen, dass auch die Elektricität, positive sowohl wie negative, in bestimmte elementare Quanta getheilt ist, die sich wie Atome der Elektricität verhalten. Jedes Ion muss, so lange es sich in der Flüssigkeit bewegt, mit je einem elektrischen Aequivalent für jeden seiner Valenzwerthe vereinigt bleiben. Nur an den Grenzflächen der Elektroden kann eine Trennung eintreten; wenn dort eine hinreichend grosse elektromotorische Kraft wirkt, dann können die Ionen ihre bisherige Elektricität abgeben und elektrisch neutral werden.

Dasselbe Atom kann in verschiedenen Verbindungen mit elektrischen Aequivalenten von entgegengesetztem Zeichen beladen sein. Schon Faraday hat den Schwefel als eines der Elemente bezeichnet, welches entweder als Anion oder als Kation auftreten kann. Er ist Anion in geschmolzenem Schwefelsilber, Kation vielleicht in concentrirter Schwefelsäure. Später wurde Faraday in letzterem Punkte zweifelhaft, da die Ausscheidung von Schwefel aus Schwefelsäure vielleicht auf einer secundären Zersetzung beruhen könnte. Das wirkliche Kation könnte Wasserstoff sein, welcher sich mit dem Sauerstoff der Säure vereinigen und den Schwefel aus der Verbindung herausdrängen könnte. Aber selbst, wenn dies der Fall wäre, müsste doch der sich mit Sauerstoff wieder verbindende Wasserstoff in dem neu gebildeten Wasser seine positive Ladung behalten und nur der elektrisch neutral ausscheidende Schwefel würde Aequivalente positiver Elektricität an die Kathode abgeben können. Er muss also in der Verbindung mit Sauerstoff in der That positive Ladung haben. Dieselbe Betrachtung kann auf eine grosse Anzahl anderer Beispiele angewendet werden. Jedes Atom, beziehlich jede Atomgruppe, die bei einer secundären Zersetzung für ein Ion substituirt werden kann, muss fähig sein, die frei werdenden Aequivalente der entsprechenden Elektricität abzugeben.

Wenn die vorher positiv geladenen Atome von Wasserstoff oder irgend einem anderen Kation aus ihrer Verbindung ausscheiden und sich gasförmig entwickeln, so ist das entwickelte Gas elektrisch neutral, d. h. es enthält nach der Ausdrucksweise der dualistischen Theorie gleiche Quanta positiver und negativer Elektricität. Entweder also ist jedes einzelne Atom elektrisch neutral, oder je ein Atom, welches positiv beladen bleibt, verbindet sich mit je einem Atom, welches seine positive Ladung mit einer negativen ausgetauscht hat. Diese letztere Annahme stimmt überein mit der aus Avogadro's Gesetz gezogenen Folgerung, dass die Molekeln des freien Wasserstoffs aus je zwei Atomen zusammengesetzt sind [1]).

Nun entsteht die Frage, ob die eben besprochenen Beziehungen zwischen Elektricität und chemischer Zusammensetzung, die wir aus dem Mechanismus der Elektrolyse hergeleitet haben, nur auf diejenige Klasse von Verbindungen einzuschränken sind, die wir als Elektrolyte kennen, oder nicht. Wenn es sich darum handelt, einen hinreichend starken galvanischen Strom hervorzubringen, so dass man genügende Mengen der elektrolytischen Producte zur Constatirung ihrer chemischen Natur ansammeln kann, ohne doch zu viel Wärme in dem Elektrolyten zu erzeugen, so müssen wir uns auf solche Substanzen beschränken, die dem elektrischen Strom keinen zu grossen Leitungswiderstand entgegensetzen. Aber selbst bei dem allergrössten Widerstande, wo die Bewegung der Ionen ausserordentlich langsam wird, und wir vielleicht Hunderte von Jahren brauchen würden, um erkennbare Spuren der Zersetzungsproducte zu sammeln, könnte doch der Vorgang der elektrolytischen Zersetzung mit allen seinen wesentlichen Merkmalen bestehen. In der That finden wir die allergrössten Verschiedenheiten des Leitungsvermögens in verschiedenen Flüssigkeiten. Für eine grosse Zahl derselben, bis zum destillirten

---

[1]) Molekeln, die aus je einem bivalenten Atome bestehen, wie die des Quecksilberdampfes, würden als beladen mit einem positiven und einem negativen Aequivalent E betrachtet werden können (1883).

Wasser und reinen Alkohol hinab, können wir den Durchgang des Stromes mit einem empfindlichen Galvanometer erkennen. Wenn wir uns aber zum Terpentinöl, Benzin und ähnlichen Substanzen wenden, so bleibt das Galvanometer unbewegt. Dennoch kann man erkennen, dass auch die letzteren Flüssigkeiten ein erkennbares Leitungsvermögen haben. Wenn man einen elektrisirten Conductor mit einer von zwei Elektroden verbindet, die in Terpentinöl stehen, und die andere mit der Erde, so erkennt man deutlich, dass der Leiter durch die Berührung mit dem Oel schneller seine Elektricität verliert, als wenn zwischen den beiden Elektroden nur Luft wäre.

Auch in diesem Falle dürfen wir die zurückbleibende Polarisation der Elektroden als ein Kennzeichen vorausgegangener Elektrolyse betrachten. Wenn man auf zwei homogene Platinelektroden in Terpentinöl eine Batterie von 8 Daniell 24 Stunden wirken lässt, dann die Batterie wegnimmt und die Elektroden mit einem Quadrantelektrometer verbindet, so wird man finden, dass die beiden Platinflächen sich nicht mehr gleich verhalten, sondern Sitz einer elektromotorischen Kraft geworden sind, welche die Nadel des Elektrometers ablenkt. Die Grösse dieser Polarisationskraft ist in einigen Beispielen von Herrn Picker im Berliner physikalischen Universitätslaboratorium bestimmt worden. Er hat z. B. gefunden, dass das Maximum der Polarisation im Alkohol um so kleiner ist, je weniger Wasser er enthält, und dass es im reinsten Alkohol, Aether und Terpentinöl ungefähr 0,3 Daniell, im Benzin aber 0,8 Daniell beträgt.

Ein anderes noch empfindlicheres Kennzeichen elektrolytischer Leitung besteht darin, dass Elektrolyte zwischen zwei verschiedene Metalle als Elektroden gebracht, auch ohne alle Temperaturdifferenzen elektromotorische Kräfte hervorrufen. Dies geschieht niemals bei der Verbindung bloss metallischer Leiter von gleicher Temperatur, überhaupt nicht bei Verbindungen solcher Leiter, welche die Elektricität leiten, ohne dadurch zersetzt zu werden. Zur Hervorrufung solcher elektromotorischer Kräfte können aber selbst eine grosse Menge fester Verbindungen dienen, obgleich sehr wenige unter ihnen hinreichend gut leiten, um dies am Galvanometer zu erkennen, und auch diese wenigen meist nur bei Temperaturen, die ihrem Schmelzpunkt ziemlich nahe liegen. Ich will nur an Zamboni's Säule erinnern, in der trockene Papierblättchen zwischen dünnsten Metallblättern eingeschaltet sind. Wenn man die Verbindung hinreichend lange bestehen lässt, so bewirken selbst Glas, Harz, Schellack, Paraffin, Schwefel, also die besten Isolatoren, die wir überhaupt kennen, genau dasselbe. Es ist fast unmöglich, die Quadranten eines empfindlichen Elektrometers vor dieser langsam auftretenden Ladung durch die isolirenden Stützen des Apparates zu schützen.

In den hier erwähnten Fällen könnte man allenfalls noch den Verdacht hegen, dass an dem isolirenden Körper eine dünne Schicht Feuchtigkeit längs seiner Oberfläche hafte, und dass diese den elektrolytischen Leiter bilde. Ich will Ihnen deshalb hier diese kleine Daniell'sche Zelle (Fig. 20) zeigen, von Herrn Dr. Giese[1]) construirt, in welcher diese Deutung ausgeschlossen ist, und Glas als elektrolytischer Leiter functionirt. Die innere Abtheilung enthält Kupfervitriollösung, in welche ein unten galvanisch verkupferter Platindraht a hineinreicht. Der umgebende äussere Hohlraum enthält eine Lösung von Zinkvitriol und etwas Zinkamalgam, in welches letztere ein zweiter eingeschmolzener Platindraht b reicht. Die Röhren c und d haben zur Einfüllung der Flüssigkeiten gedient, und sind nachher zugeschmolzen, so dass beide Flüssigkeiten vollkommen hermetisch verschlossen und durch die innere Glaswand vollkommen von einander getrennt sind. Aussen sind beide Pole ganz symmetrisch gebildet; mit der Luft ist nur eine geschlossene Glasfläche in Berührung, durch welche zwei Platindrähte treten. Am Elektrometer geprüft, zeigt der kleine Apparat genau dasselbe Verhalten, wie ein Daniell'sches Element, dessen Leitungswiderstand nur sehr gross ist, und dies würde nicht der Fall sein können, wenn die Scheidewand aus Glas nicht als elektrolytischer Leiter in Betracht käme; denn eine metallische Scheidewand würde die Wirkung einer solchen Zelle durch ihre Polarisation gänzlich aufheben.

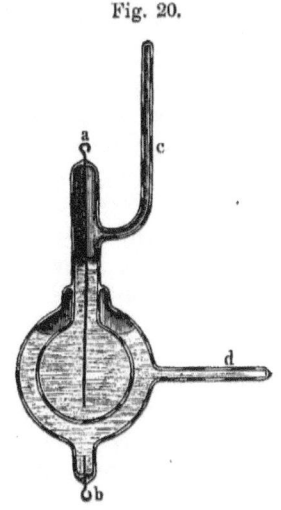

Fig. 20.

---

[1]) Wiedemann's Annalen Bd. 9, S. 205.

Diese Thatsachen zeigen also, dass elektrolytische Leitung durchaus nicht auf Salzlösungen und verdünnte Säuren beschränkt ist. Es wird indessen noch manche mühsame Untersuchung durchgeführt werden müssen, ehe man mit Bestimmtheit angeben kann, wie weit diese Art der Leitung verbreitet ist, und welches die Ionen in den verschiedenen Substanzen sind; darauf kann ich Ihnen heute noch keine positive Antwort geben. Mir kam es hier nur darauf an, Sie daran zu erinnern, dass die Fähigkeit eines Stoffes, durch elektrische Strömung zersetzt zu werden, durchaus nicht nothwendig mit einem kleinen Widerstande gegen den Durchgang der Elektricität verbunden ist. Die Substanzen mit gutem Leitungsvermögen bieten uns allerdings viel bequemere Bedingungen zum Studium dieser Vorgänge; was wir aber aus ihnen lernen, brauchen wir durchaus nicht auf die gewöhnlich gebrauchten elektrolytischen Flüssigkeiten zu beschränken.

Bis hierher haben wir uns nur mit den Bewegungen der wägbaren Massen sowohl, wie der elektrischen Quanta beschäftigt. Jetzt müssen wir auch nach den Kräften fragen, unter deren Einfluss diese Bewegungen zu Stande kommen. Auf den ersten Anblick muss es Jeden, der die gewaltige Macht der chemischen Kräfte und die grossen Beträge von Wärme und mechanischer Arbeit kennt, die sie hervorbringen können, verwundern, wie ausserordentlich klein andererseits die elektrische Anziehung an den Polen einer Batterie von 2 Daniells ist, die nichtsdestoweniger im Stande ist, Wasser zu zersetzen und dabei eine der mächtigsten chemischen Verwandtschaftskräfte zu überwältigen. Bei der Bildung von 1 kg Wasser aus Wasserstoff, der sich verbrennend mit Sauerstoff vereinigt, wird so viel Wärme erzeugt, dass diese durch eine Dampfmaschine in Arbeit verwandelt, dasselbe Gewicht auf eine Höhe von 1 600 000 m heben würde. Dagegen müssen wir die allerfeinsten elektromotorischen Apparate anwenden, um zu zeigen, dass ein Goldblättchen oder ein kleines Aluminiumblättchen, was an einem Coconfaden hängt, überhaupt nur durch die elektrische Anziehung der Batterie in Bewegung gesetzt wird. Die Lösung dieses Räthsels ergiebt sich aber, wenn wir die Quanta der Elektricität beachten, die mit den Atomen verbunden in Bewegung gesetzt werden.

Wenn wir das Quantum Elektricität, welches durch eine sehr kleine Menge Wasserstoff mitgeführt wird, nach seinen elektrostatischen Wirkungen messen, so ist es riesig gross. Faraday hat dies schon eingesehen, und in verschiedener Weise versucht, wenigstens eine annähernde Bestimmung dieser Grösse zu erreichen. Er zeigte, dass selbst die mächtigsten aus Leydener Flaschen zusammengesetzten Batterien, durch ein Voltameter entladen, kaum sichtbare Spuren von Gas geben. Gegenwärtig können wir schon ziemlich bestimmte Zahlen anführen. Das elektrochemische Aequivalent der elektromagnetischen Einheit des galvanischen Stromes (1 Weber) ist zuerst von R. Bunsen, neuerdings von mehreren anderen Physikern bestimmt worden. Später wurde dann die sehr schwierige Vergleichung der elektromagnetischen und elektrostatischen Wirkungen derselben Elektricitätsmenge durch Professor W. Weber ausgeführt. Eine zweite Bestimmung derselben Grösse gab Cl. Maxwell im Auftrage der British Association [1]). Dadurch hat sich ergeben, dass die beiden Elektricitäten, mit denen die Ionen von 1 mg Wasser beladen sind, wenn sie getrennt und auf zwei Kugeln, 1 km von einander entfernt, übertragen wären, eine Anziehungskraft zwischen beiden hervorbringen. müssten, die der Schwere von ungefähr 100 000 kg gleich wäre.

Vielleicht noch übersichtlicher wird dies, wenn wir die elektrische Anziehung in diesem Falle mit der Gravitation der ponderablen Träger der Elektricität vergleichen. Da beide Arten von Kräften nach dem gleichen Gesetze bei wachsender Entfernung der anziehenden Massen abnehmen, und beide der Grösse jedes der wirkenden Quanta proportional sind, so kann man die Vergleichung beider Kräfte unabhängig von der Entfernung und Masse machen. Wir finden, dass Wasserstoff und Sauerstoff des Wassers, wenn sie, ohne ihre elektrischen Ladungen zu verlieren, von einander getrennt werden könnten, eine Anziehung auf einander ausüben würden, gleich der Gravitation von Massen, die ihnen 400 000 Billionen Mal an Gewicht überlegen wären.

Bei unseren elektrometrischen Versuchen kommt eben in Betracht, dass die Gesammtkraft, die ein elektrisirter Körper auf einen anderen ausübt, proportional der Elektricitätsmenge sowohl des anziehenden, als auch der des angezogenen Körpers ist.

Obgleich also die Pole einer kleinen, aber zur Wasserzersetzung ausreichenden galvanischen Batterie auf die verhältnissmässig kleinen elektrischen Ladungen, wie wir sie mit unseren Elektrisirmaschinen hervorbringen, nur äusserst mässige Anzie-

---

[1]) Die Data für die folgende Rechnung siehe unten im Anhange I, am Schlusse dieser Vorlesung.

hungskräfte ausüben, so sind andererseits die Anziehungen derselben Pole auf die riesigen Ladungen der Atome von einem Milligramm Wasser gross genug, dass sie den mächtigsten chemischen Verwandtschaftskräften den Rang ablaufen können.

Soviel über die Grösse dieser Kräfte; jetzt wollen wir untersuchen, in welcher Weise die Bewegungen der wägbaren Molekeln durch sie beeinflusst werden. Hier sind zwei ganz verschiedene Fälle zu unterscheiden. Erstlich können wir fragen, welche Kräfte nöthig seien, um die Ionen in Vereinigung mit ihren elektrischen Ladungen durch das Innere der Flüssigkeit fortzutreiben, zweitens, welche Kräfte zur Trennung des Ions von seiner Ladung und seinen bisherigen chemischen Verbindungen gebraucht werden.

Am einfachsten ist der Fall, wo die leitende Flüssigkeit ringsum von isolirenden Wänden begrenzt ist. Dann kann keine Elektricität in sie ein- oder austreten; dennoch kann unter dem vertheilenden Einflusse benachbarter elektrisirter Körper positive Elektricität nach der einen, negative nach der entgegengesetzten Seite der flüssigen Masse getrieben werden. Bei diesem Vorgange, den man „elektrostatische Induction" nennt, verhalten sich flüssige Leiter ganz wie metallische. Es können sehr erhebliche Quantitäten Elektricität auf diese Weise längs den Oberflächen beider Leiter angesammelt werden, wenn diese Oberflächen an einzelnen Theilen einander sehr nahe kommen. Einen solchen Apparat, wo dies der Fall ist, nennt man einen elektrischen Condensator. Wir können elektrische Condensatoren bauen, in denen eine der Oberflächen von einer Flüssigkeit gebildet wird. Zur Ausführung des Volta'schen Fundamentalversuchs sind solche schon vielfach gebraucht worden. Dass die allerschwächsten elektrischen Kräfte in vollkommen regelmässiger Weise auch in solchen flüssigen Oberflächen elektrische Vertheilung hervorrufen, zeigt namentlich der zur Beobachtung der Luftelektricität von Sir W. Thomson eingeführte Tropfapparat. Es kann keine Frage sein, dass selbst elektromotorische Kräfte, kleiner als $\frac{1}{100}$ Daniell, die vollkommene Gleichgewichtsvertheilung der Elektricität in den ihnen unterworfenen flüssigen Leitern hervorrufen.

Uebrigens geschieht dies nicht nur bei gut leitenden Elektrolyten, sondern auch bei unseren verhältnissmässig besten Isolatoren; nur brauchen letztere längere Zeit. Aber auch solche laden sich, wie Herr Professor Wüllner gezeigt hat, schliesslich ganz so, wie Metalle an ihrer Stelle es augenblicklich gethan haben würden. Genau derselbe Vorgang tritt unter etwas abgeänderten Bedingungen und in etwas abgeänderter Erscheinungsweise ein, wenn wir die zwei Platinelektroden eines Voltameters mit nur einem Daniell'schen Element verbinden, dessen elektromotorische Kraft für sich zur Wasserzersetzung nicht ausreicht. In diesem Falle geben die Ionen der Flüssigkeit, die zu den Oberflächen der Elektroden geführt werden, ihre elektrischen Ladungen nicht ab. Der ganze Apparat verhält sich, wie zuerst von Sir W. Thomson hervorgehoben wurde, wie ein Condensator von ungeheurer Capacität. Es kommt dabei in Betracht, dass die Quantität Elektricität, die an zwei Condensatorflächen unter dem Einflusse einer constant bleibenden elektromotorischen Kraft sich ansammelt, umgekehrt proportional dem Abstande der Platten ist. Wenn wir diesen auf $\frac{1}{100}$ des früheren verkleinern, so nimmt der Condensator hundert Mal so viel Elektricität auf. Die Flächen des Platin aber und der ihm anliegenden Flüssigkeit haben nur noch moleculare Abstände. Wir dürfen also einen ungeheuer grossen Werth für die Capacität eines solchen Condensators erwarten. Gemessen wurde dieselbe durch die Herren Varley, F. Kohlrausch und Colley. Ich selbst überzeugte mich bei dahin gerichteten Versuchen, dass in der Flüssigkeit gelöste Luft den Werth erheblich vergrössern kann. Nachdem ich die letzten Spuren von Luft entfernt hatte, bekam ich einen Werth, etwas kleiner als der von Kohlrausch gefundene. Vertheilen wir den Gesammtwerth der Polarisation gleichmässig auf beide Platten, so ergiebt sich der Abstand zwischen den beiden Schichten positiver und negativer Elektricität auf den zehnmillionsten Theil (Kohlrausch $1/15000000$) eines Millimeters. Es ist dies annähernd dieselbe Grösse, welche sich auch in einigen anderen von Sir W. Thomson berechneten Fällen für den Wirkungskreis der Molecularkräfte ergeben hat.

Bei der hierdurch bedingten ungeheuern Capacität eines solchen Condensators wird die Menge Elektricität, welche zu seiner Ladung selbst bei schwachen elektromotorischen Kräften nöthig ist, bedeutend genug, dass sie merkliche Zeit zum Einströmen und Ausströmen braucht und durch ein Galvanometer angezeigt werden kann. Denselben Process, den ich hier Ladung des Condensators nenne, habe ich vorher als Entstehung galvanischer Polarisation an der metallischen Elektrode bezeichnet, indem ich dort das Hauptgewicht auf die Bewegung der Ionen, hier auf die der Elektricität legte. Aber beide sind, wie wir wissen, immer untrennbar verbunden.

Wenn man polarisirende und depolarisirende Ströme in einer luftleeren Zelle, wie Fig. 19, beobachtet, findet man sie mit vollkommener Regelmässigkeit selbst bei den schwächsten elektromotorischen Kräften bis zu 0,001 Daniell herab ablaufend, so dass die in den Condensator eintretende Elektricitätsmenge immer der angewendeten elektromotorischen Kraft proportional ist. Ich zweifle nicht, dass, wenn man grössere Platinplatten als Elektroden nimmt, man noch viel weiter wird gehen können. Wenn irgend eine chemische Kraft ausser der gegenseitigen Anziehung der elektrischen Ladungen bestände, die alle die Paare des Anion und Kation zusammenhielte, und deren Ueberwindung irgend einen kleinen Aufwand von Arbeit erforderte, so müsste sich eine untere Grenze finden lassen für die elektromotorischen Kräfte, die Polarisationsströme hervorbringen können. Bisher ist noch keine Erscheinung beobachtet worden, welche die Existenz einer solchen Grenze anzeigte, und wir müssen deshalb schliessen, dass keine andere Kraft der Loslösung der Ionen von einander widersteht, als allein die Anziehung ihrer elektrischen Ladungen. Diese letzteren können allerdings verhindern, dass sich Atome derselben Art, die einander abstossen, an der einen Stelle und dagegen entgegengesetzt geladene Atome, die jene anziehen und von ihnen angezogen werden würden, an einer andern Stelle sammeln können, so lange keine äussere Anziehungskraft einer solchen ungleichmässigen Vertheilung zu Hülfe kommt. Die elektrischen Kräfte werden also allerdings eine gleichmässige Vertheilung der entgegengesetzten Ionen durch die ganze Flüssigkeit zu unterhalten im Stande sein, so dass alle Theile derselben ebenso gut elektrisch, wie chemisch neutralisirt sind. Dagegen reichen dann auch die geringsten äusseren elektrischen Kräfte hin, die Gleichmässigkeit dieser Vertheilung zu stören.

Ganz im Gegentheil finden wir, dass bei der Trennung eines Ion von seiner elektrischen Ladung die elektrischen Kräfte der Batterie einem mächtigen Widerstande begegnen, dessen Ueberwindung einer höchst bedeutenden Arbeitsleistung entspricht. Der einfachste Fall ist der, wo die Ionen, indem sie ihre elektrischen Ladungen verlieren, auch gleichzeitig aus der Flüssigkeit scheiden, sei es als Gase, oder in der Form fester metallischer

Schichten, die sich, wie z. B. galvanoplastisches Kupfer, an die Elektrode anlegen. Nun ist bekannt, dass die chemische Verbindung zweier Elementarstoffe, die grosse Verwandtschaft zu einander haben, immer grosse Wärmemengen erzeugt, was einer grossen mechanischen Arbeitsleistung äquivalent ist. Im Gegentheil erfordert die Zersetzung der entstandenen chemischen Verbindung nun ihrerseits wieder einen entsprechenden Aufwand arbeitsfähiger Kräfte, weil dabei die Energie der bei Schliessung der Verbindung verloren gegangenen chemischen Arbeitskräfte wieder hergestellt wird. Sauerstoff und Wasserstoff, von einander getrennt, enthalten einen Vorrath von Energie; denn wenn wir sie mit einander zu Wasser verbrennen lassen, entwickeln sie eine grosse Wärmemenge. Im Wasser sind die beiden Elemente enthalten und ihre chemische Anziehungskraft besteht fort, indem sie sie fest vereinigt hält; aber dieselbe kann nunmehr keine Veränderung, keine positive Action mehr hervorbringen. Wir müssen die vereinigten Elemente in ihren ersten Zustand zurückführen, wir müssen sie von einander trennen und dazu eine Kraft anwenden, die ihrer Verwandtschaft überlegen ist, ehe wir ihnen die Fähigkeit wiedergeben, ihre erste Action zu erneuern. Die Wärmemenge, welche durch die chemische Verbindung hervorgebracht wird, ist wenigstens angenähert das Aequivalent der Arbeitsleistung der chemischen Kräfte, die in Wirksamkeit versetzt worden sind[1]). Derselbe Betrag von Arbeit muss andererseits aufgewendet werden, um die Verbindung zu trennen und die beiden Gase in den unverbundenen Zustand zurückzuführen. Ich habe die Grösse dieser Arbeitsleistung schon oben als ein gehobenes Gewicht berechnet.

Metalle, die sich mit Sauerstoff oder Halogenen vereinigen, bringen ebenfalls Wärme hervor; einige unter ihnen, wie Kalium, Natrium, Zink, sogar mehr als eine äquivalente Menge Wasserstoff; die weniger leicht oxydirbaren Metalle dagegen, wie Kupfer, Silber, Platina weniger. Wir finden dem entsprechend, dass Wärme entwickelt wird, wenn Zink das Kupfer aus seiner Verbindung mit dem zusammengesetzten Halogen der Schwefelsäure austreibt. Das ist der chemische Vorgang, der in den Daniell'schen Zellen vorgeht, und dieser Vorgang ist eben deshalb fähig, Wärme oder andere Arbeitsformen zu erzeugen.

---

[1]) Einschränkungen und nähere Bestimmungen dieses Satzes in meinen neueren Aufsätzen über Thermodynamik chemischer Vorgänge. Berliner Sitzungsber. 2. Febr. und 27. Juli 1882.

Wenn wir nun durch solch ein Element einen Strom erregen und durch irgend einen Leiter, sei er metallisch oder elektrolytisch, gehen lassen, so entwickelt er in diesem Wärme. Es war zuerst Dr. Joule, der durch Versuche nachwies, dass, wenn keine andere Arbeit durch den Strom geleistet wird, die gesammte in einem galvanischen Strome entwickelte Wärme genau gleich ist der Wärmemenge, die durch die gleichzeitig vorgegangenen chemischen Umsetzungen in der Batterie auch ohne den Strom erzeugt worden wäre. Aber diese Wärme wird nicht an der Oberfläche der Elektroden entwickelt, da, wo die chemischen Processe vor sich gehen, sondern sie wird in allen Theilen des Stromkreises, und zwar proportional dem galvanischen Widerstande jedes einzelnen Theiles entwickelt. Daraus ergiebt sich, dass die entwickelte Wärme nicht unmittelbar durch den chemischen Process, sondern durch die elektrische Bewegung entwickelt wird, und dass die chemische Arbeitskraft der Batterie zunächst dazu verwendet worden ist, die elektrische Bewegung in Gang zu setzen.

Um einen elektrischen Strom durch irgend einen Leiter dauernd zu unterhalten, ist in der That Verwendung eines bestimmten Betrages von Arbeit, sei es chemischer, sei es mechanischer, nöthig. Es müssen fortdauernd neue Vorräthe positiver Elektricität in das positive Ende des Leiters gegen die abstossende Kraft der dort angesammelten positiven Elektricität eingetrieben werden, negative Elektricität ebenso in das negative Ende.

Dies kann unter Anderem auch durch rein mechanische Kräfte gethan werden, z. B. mit einer gewöhnlichen Elektrisirmaschine, welche durch Reibung wirkt, oder mit einer Holtz'schen Maschine, die durch elektrostatische Induction wirkt, oder auch mit einer magnetelektrischen, die elektrodynamisch inducirte Ströme liefert. Wenn in den gewöhnlichen galvanischen Batterien chemische Kräfte dieselbe Arbeit verrichten, so bleibt der Betrag der durch sie zu leistenden Arbeit für gleiche Leistung doch immer derselbe.

Die Grösse dieser Arbeit ist, passende Maasseinheiten vorausgesetzt, gleich dem Product aus der durchgeflossenen Elektricitätsmenge und aus der Potentialdifferenz an den Enden der Leitung, welche letztere wieder mit der elektromotorischen Kraft der Batterie zusammenfällt. Da nun nach Faraday's Gesetz die Menge der chemischen Zersetzungsproducte der Elektricitätsmenge proportional ist, so muss die elektromotorische Kraft der

Batterie der Arbeit[1]) proportional sein, die durch die vorgegangenen Umsetzungen von je einem Aequivalent der betreffenden Stoffe gewonnen werden kann. Während in den Zellen einer galvanischen Batterie, die den Strom erregt, chemische Processe vor sich gehen müssen, welche Arbeit zu leisten im Stande sind, wird im Gegentheil in solchen Zellen, in denen bestehende chemische Verbindungen zerlegt werden, ein Theil der Arbeitskraft des Stromes verbraucht werden, um die entgegenstehenden chemischen Kräfte zu überwinden. Der Rest dieser Arbeitskraft erscheint als Wärme wieder, die gegen den Widerstand der Leitung entwickelt wird, oder er wird unter Umständen auch verbraucht, um Magnete in Bewegung zu setzen, beziehlich andere Arten von Arbeit zu leisten.

Dabei kommen nicht bloss die grossen Verwandtschaftskräfte der sich in festen Verhältnissen vereinigenden und trennenden Elemente in Betracht, sondern auch die kleineren molecularen Anziehungskräfte, welche das Wasser und andere Bestandtheile der Lösung auf deren Ionen ausüben, und selbst Einflüsse dieser Art, die zu schwach sind, um durch die calorimetrischen Methoden gefunden zu werden, können durch Messung der elektromotorischen Kräfte gemessen werden. Mir selbst ist es gelungen, aus der mechanischen Wärmetheorie den Einfluss zu berechnen, den die in einer Salzlösung enthaltene Wassermenge auf die elektromotorische Kraft hat. Die chemische Anziehung zwischen Salz und Wasser kann in diesem Falle durch die Verminderung der Dampfspannung über der Flüssigkeit gemessen werden, und die theoretischen Folgerungen sind für diesen Vorgang in sehr befriedigender Weise durch die Versuche von Herrn James Moser bestätigt worden[2]).

Bis hierher haben wir die Voraussetzung festgehalten, dass das Ion sich gleichzeitig mit seiner elektrischen Ladung von der Flüssigkeit trenne. Aber das Ion kann auch, nachdem es seine Elektricität an die Elektrode abgegeben hat, in der Flüssigkeit bleiben, und zwar nun in neutral elektrischem Zustande. Dies bringt kaum einen Unterschied in der elektromotorischen Kraft hervor. Wenn zum Beispiel an der Anode Chlor aus einer Verbindung ausscheidet, wird es zunächst in der Flüssigkeit aufgelöst bleiben;

---

[1]) Hier war im Original noch die entwickelte Wärme als volles Aequivalent der Arbeit betrachtet. S. die oben S. 305 citirten Aufsätze.
[2]) Wiedemann's Annalen. Bd. III. S. 201 bis 216 und 216 bis 219.

wenn die Lösung aber sich zu sättigen beginnt, oder wenn wir über der Flüssigkeit ein Vacuum machen, so wird sich das Gas in Blasen entwickeln. Die elektromotorische Kraft wird durch die beginnende Gasentwicklung nicht wesentlich verändert, so lange der Sättigungszustand der Flüssigkeit sich nicht ändert. Dasselbe gilt für alle anderen Gase, wenn sie sich auch nicht alle in derselben Menge wie Chlor auflösen können. Sie sehen an diesem Beispiele, dass die Verwandlung des negativ geladenen Chlors in elektrisch neutrales und nunmehr freies Chlor derjenige Process ist, der einen so grossen Aufwand von Arbeit fordert, selbst wenn die wägbare Masse seiner Atome nach wie vor in der Flüssigkeit bleibt.

Im Gegentheil, wenn die elektrische Ladung der Elektroden nicht stark genug ist, um den Ionen, die sich längs deren Oberfläche sammeln, ihre Elektricität zu entziehen, so wird das Kation an der Kathode und das Anion an der Anode festgehalten mit einer Kraft, die durch das Ausdehnungsbestreben der Gase nicht überwunden werden kann. Auch wenn man die Luft über der Flüssigkeit vollständig wegnimmt, giebt eine mit Wasserstoff polarisirte Kathode oder eine mit Sauerstoff polarisirte Anode nicht das kleinste Gasbläschen her. Erst wenn man die Potentialdifferenz der Elektroden so weit steigert, dass sie die elektrischen Ladungen der Ionen hinreichend kräftig anziehen, um sie zu sich hinüber zu reissen, werden die Ionen selbst frei, um anderen mechanischen Kräften zu folgen und die Elektrode zu verlassen, beziehlich sich als Gase zu entwickeln. Daraus folgt also, dass es nicht ihr wägbarer Theil ist, der von der Elektrode angezogen wird; dann müssten sie auch nach ihrer Entladung noch festhaften. Wir müssen vielmehr schliessen, dass sie nur, weil und so lange sie elektrisch geladen sind, zur entgegengesetzt geladenen Elektrode gezogen werden.

Je mehr die positiv geladene Oberfläche der Anode sich mit negativ geladenen Atomen des Anion deckt, und die der Kathode mit positiven des Kation, desto mehr vermindert sich die Anziehung, welche beide auf die im Innern der Flüssigkeit liegenden Ionen ausüben. Die Kraft dagegen, mit welcher die positive Elektricität eines Wasserstoffatoms der Grenzschicht gegen die Oberfläche des Metalls hingezogen wird, wächst in dem Maasse, als mehr negative Elektricität sich vor ihm im Metall, und mehr positive sich hinter ihm in der Wasserstoffschicht der Flüssigkeit condensatorisch ansammelt.

Diese Anziehungskraft, welche in einem geladenen Condensator auf die Einheit des elektrischen Quantum wirkt, was an der Innenseite einer der Ladungsschichten liegt, ist proportional der elektromotorischen Kraft, die den Condensator geladen hat, und umgekehrt proportional dem Abstande der geladenen beiden Grenzflächen. Wenn diese $\frac{1}{100}$ mm von einander entfernt sind, ist die Kraft 100 mal so gross, als wenn sie 1 mm Abstand haben. Steigen wir also zu Moleculardistanzen herab, wie wir sie aus der Capacität der polarisirten Elektroden berechnet haben, so wird die Kraft 10 Millionen Mal grösser, so dass unter diesen Umständen selbst eine mässige elektromotorische Kraft den mächtigen chemischen Kräften den Rang ablaufen kann, die jedes Atom mit seiner elektrischen Ladung verbinden und die Atome in der Flüssigkeit festhalten.

So würde man sich die Mechanik der Vorgänge zu denken haben, durch welche die elektrische Kraft an der Oberfläche der Elektroden entwickelt und allmälig so verstärkt wird, dass sie die mächtigsten chemischen Verwandtschaften, die wir kennen, überwinden kann. Wenn dies durch eine polarisirte Fläche geschehen kann, die nur die Rolle eines durch eine mässige elektromotorische Kraft geladenen Condensators spielt, können die ungeheuern elektrischen Ladungen von Anion und Kation dann wohl noch für einen unerheblichen und unwesentlichen Theil der chemischen Verwandtschaftskraft gehalten werden?

In einer Zersetzungszelle, wie wir sie zuletzt als Beispiel brauchten, widerstehen die Ionen äusseren Anziehungskräften, die sie von ihren elektrischen Ladungen zu trennen suchen. Kehren wir die Richtung des Stromes um, so gehen auch die elektrolytischen Processe in umgekehrter Richtung, und die elektrischen Kräfte der Ionen unterstützen den Strom. In einem Daniell'schen Elemente tritt neutrales Zink in die Lösung, wobei es nur $+ E$ mitnimmt, und was es von $- E$ hat, der Metallplatte zurücklässt, beziehlich es gegen $+ E$ austauscht. An der Kupferelektrode trennt sich das positiv geladene Kupfer der Lösung und setzt sich neutralisirt als galvanoplastische Schicht ab. Seinen Ueberschuss an positiver E giebt es an die Elektrode ab. Wir haben aber schon gesehen, dass, während dies in einem Daniell'schen Elemente vorgeht, dasselbe nach aussen hin Arbeit leistet. Daraus müssen wir schliessen, dass ein Aequivalent von $+ E$, das sich als Ladung mit einem Atom Zink vereinigt, grössere Arbeit leisten kann, als wenn es an ein Atom Kupfer tritt.

Wenn wir dies wieder in der Sprache der dualistischen Theorie ausdrücken und positive und negative Elektricität als zwei imponderable Substanzen behandeln wollen, so sind die besprochenen Vorgänge von solcher Art, als würden die Aequivalente von $+ E$ und $- E$ mit verschiedener Kraft von verschiedenen Atomen (vielleicht auch von den verschiedenen Verbindungsstellen eines einzelnen multivalenten Atoms) angezogen. Kalium, Natrium, Zink müssen starke Anziehung für $+ E$ haben, Sauerstoff, Chlor, Brom, Jod dagegen für $- E$.

Beobachten wir nun Wirkungen solcher Anziehung auch in anderen Fällen? Wir stossen hier auf die viel bestrittene Annahme Volta's, dass elektrische Spannungen durch die Berührung je zweier verschiedener Metalle hervorgerufen würden. Ueber die Richtigkeit der von Volta beschriebenen Thatsachen kann kein Zweifel mehr bestehen. Wenn wir zwischen einer Kupferplatte und einer Zinkplatte, die in sehr geringer Entfernung, gut isolirt durch Schellackstäbe getragen, wie Platten eines Condensators einander gegenüberstehen, für einen Augenblick metallische Verbindung herstellen, und sie dann von einander entfernen, so finden wir, dass sich das Kupfer negativ, das Zink positiv geladen hat. Dies ist gerade die Wirkung, welche wir zu erwarten hätten, wenn das Zink zur positiven Elektricität eine grössere Anziehungskraft hat, als das Kupfer, eine Anziehungskraft, die übrigens nicht, wie die von $+ E$ auf $- E$ in die Ferne, sondern nur in molecularen Abständen wirkt. Ich habe diese Erklärung von Volta's Versuch schon 1847 in meiner Abhandlung über Erhaltung der Kraft aufgestellt. Alle Thatsachen, welche man bei den verschiedensten Anordnungen rein metallischer Leiter von gleicher Temperatur beobachtet, sind damit in vollkommener Uebereinstimmung; namentlich ergiebt sich Volta's Gesetz der Spannungsreihe sogleich aus dieser Erklärung. Anziehungskräfte, wie die angenommenen, streben nothwendig einem Gleichgewichtszustande zu, und ein solcher tritt auch immer augenblicklich ein, so lange keine anderen Leiter, als gleich temperirte Metallstücke mit einander in Berührung treten. Dabei haben wir nie einen dauernden elektrischen Strom. Ganz anders ist der Vorgang, wenn elektrolytische Leiter sich einmischen. Diese zerfallen unter dem Einflusse der elektrischen Bewegung in ihre Bestandtheile, und in vielen solchen Fällen kann daher ein ruhender Gleichgewichtszustand erst zu Stande kommen, wenn die elektrolytische Umsetzung vollendet ist. Dieser Punkt ist schon von Faraday besonders hervorgehoben worden, als der wesentliche Unterschied zwischen den beiden Klassen von Leitern.

Volta's ursprüngliche Theorie war gerade hier unvollständig, weil ihm die elektrolytische Zersetzung noch nicht bekannt war. Seine eigene Auffassung der „Contactkraft" ist deshalb unleugbar in Widerspruch mit dem Gesetz von der Erhaltung der Kraft; und schon ehe dieses Gesetz klar definirt und als thatsächlich richtig erwiesen war, fühlten viele Chemiker und Physiker, unter ihnen auch Faraday, dass dies nicht die vollständige Erklärung sein könnte. Volta's Gegner strebten chemische Erklärungen auch für diejenigen Versuche zu geben, bei denen ausschliesslich metallische Leiter in Wechselwirkung treten. Sie könnten möglicher Weise durch den Sauerstoff der Luft oxydirt werden, und in der That würde die für die schwache elektrische Ladung erforderliche Oxydation so minimale Mengen in Anspruch nehmen, dass es hoffnungslos ist, sie durch chemische Methoden entdecken oder durch chemische Reinigung der umgebenden Gase, beziehlich Vacua, verhindern zu wollen. Thatsächlich können daher die Annahmen der sogenannten chemischen Theorie nicht widerlegt werden; aber sie giebt kaum mehr, als die unbestimmte Versicherung, dass hier vielleicht ein chemischer Process vorkomme, und wo ein solcher vorkommt, Elektricität sich zeigen könne; aber wie viel, welcher Art, bis zu welcher Spannung, alles dies blieb entweder gänzlich unbestimmt, oder für verschiedene Fälle wurden einander widersprechende Erklärungen angewendet. Namentlich ist es misslich für diese Theorie, dass in denjenigen Fällen, wo unzweifelhaft chemische Processe stattfinden und Elektricität erregen, nämlich bei Metallplatten, die in elektrolytische Flüssigkeiten getaucht sind, gerade die entgegengesetzte Art der Elektrisirung entsteht, als bei Volta's Fundamentalversuch. Dass elektrische und chemische Kräfte im Wesentlichen dieselben sind, nimmt auch die von mir ausgeführte Theorie an. Aber meines Erachtens genügt das Vorhandensein dieser Kräfte, welche bei ungehemmter Wirkung chemische Processe zu Stande bringen würden, die entsprechenden elektrischen Vertheilungen hervorzurufen, auch ehe die chemische Vereinigung eintritt. Dass immer ein fertiger chemischer Process vorausgehen, oder gar dauernd fortbestehen müsse, wo voltaische Ladungen sich finden, scheint mir eine unnöthige und unbewiesene Annahme zu sein, die ausserdem nichts wirklich erklärt.

Nun sind freilich die elektrischen Ladungen des Zinks und Kupfers bei Volta's Versuch äusserst schwach. Erst durch die höchst empfindlichen neueren Quadrantelektrometer von Sir W. Thomson sind sie sicher messbar geworden; aber warum hier die Wirkung so schwach ist, das ist leicht verständlich. Wenn man zwei ebene und gut polirte Platten von Zink und Kupfer in genaue Berührung bringt, wird die auf beiden Seiten der Grenzfläche angehäufte Elektricitätsmenge wahrscheinlich sehr gross sein. Aber man kann sie nicht wahrnehmen, ehe man die Platten nicht von einander getrennt hat. Die Ladung, welche sie nach der Trennung behalten, wird dann nur derjenigen entsprechen können, die sie in dem Augenblicke haben, wo der letzte Berührungspunkt zwischen ihnen schwindet. Dann sind alle anderen Theile ihrer Oberfläche schon in Entfernungen von einander, welche unendlich gross im Vergleich mit molecularen Entfernungen sind; und in den Metallen ist die Leitung der Elektricität so gut, dass das der augenblicklichen Lage entsprechende elektrische Gleichgewicht immer als nahehin vollständig hergestellt angesehen werden kann. Wenn diese Entladung der Platten während ihrer beginnenden Trennung vermieden werden soll, muss mindestens eine von ihnen isolirend sein. In diesem Falle erhalten wir in der That eine viel auffallendere Reihe von Erscheinungen, nämlich die der sogenannten Reibungselektricität. Die Reibung ist dabei wahrscheinlich nur das Mittel, um eine sehr enge Berührung zwischen den beiden Körpern hervorzubringen. Wenn deren beide Oberflächen sehr rein und frei von anhängender Luft sind, wie zum Beispiel in einer Geissler'schen Vacuumröhre, die einen Quecksilbertropfen enthält, so genügt die leiseste rollende Bewegung der beiden Körper an einander, um die elektrische Ladung zu entwickeln. Hier sind zwei Röhren so stark ausgepumpt, dass nur ganz mächtige elektrische Entladungen noch hindurch gehen und die Röhren leuchtend machen können. Die eine enthält eine kleine Menge Quecksilber, die andere die flüssige Legirung von Kalium und Natrium. In der ersteren ist das Metall sehr stark negativ gegen das Glas. Die Legirung dagegen entspricht dem positiven Ende der Spannungsreihe; doch zeigt sich auch hier das Glas noch positiver als das Metall, nur ist die Ladung viel schwächer als beim Quecksilber.

Faraday ist sehr oft darauf zurückgekommen und hat immer wieder seine Ueberzeugung ausgesprochen, dass die beiden unter dem Namen der chemischen Verwandtschaft und der Elektricität bekannten Naturkräfte durchaus identisch seien. Ich habe mich bemüht, Ihnen heute einen Ueberblick der Thatsachen vorzuführen und so viel, wie möglich, Hypothesen bei Seite zu lassen mit Ausnahme der Atomtheorie der modernen Chemie. Ich meine, die Thatsachen können darüber keinen Zweifel lassen, dass bei weitem die mächtigsten unter den chemischen Kräften elektrischen Ursprungs sind. Die Atome haften an ihren elektrischen Ladungen und die einander entgegengesetzten Ladungen wieder an einander; aber ich möchte nicht die Mitwirkung anderer Molecularkräfte ausschliessen, die unmittelbar von Atom zu Atom wirken. Mehrere unter unseren ersten Chemikern haben neuerdings angefangen, zwei Klassen von Verbindungen zu unterscheiden, nämlich die loseren molecularen Aggregate und die typischen Verbindungen; nur die letzteren sind mit ihren Valenzwerthen an einander geknüpft, nicht aber die ersteren.

Elektrolyte gehören durchaus zu den typischen Verbindungen. Wenn wir vorher aus den Thatsachen folgerten, dass jede Verbindungseinheit mit einem Aequivalent entweder von $+ E$ oder von $- E$ beladen ist, so können sie elektrisch neutrale Verbindungen nur herstellen, wo jede positiv beladene Einheit sich unter dem Einfluss der vorher berechneten gewaltigen Anziehungskraft mit je einer negativ beladenen Einheit verbindet. Sie sehen, daraus folgt dann unmittelbar, dass jede Verwandtschaftseinheit eines Atoms nothwendig mit einer und nur mit einer solchen Einheit eines anderen Atoms verknüpft sein muss. Dies ist in der That die wesentliche Behauptung der Valenztheorie der modernen Chemie, so weit sie sich auf die sogenannten gesättigten Verbindungen erstreckt. Die aus chemischen Gründen gezogene Folgerung, dass auch einfache Stoffe der Regel nach Molekeln haben, die aus je zwei Atomen zusammengesetzt sind, macht es wahrscheinlich, dass auch in diesen Fällen die elektrische Neutralisation durch die Verbindung von je zwei Atomen erreicht ist, deren jedes mit einem ganzen Aequivalent $+ E$, beziehlich $- E$ geladen ist, nicht durch Neutralisation jeder einzelnen Verbindungseinheit.

Ungesättigte Verbindungen mit einer geraden Anzahl unverbundener Valenzen würden in diese Theorie einzufügen sein durch die Annahme, dass die unverbundenen Einheiten mit gleichen und entgegengesetzten elektrischen Aequivalenten geladen seien. Ungesättigte Verbindungen mit nur einer unverbundenen Einheit, wenn sie nur bei hohen Temperaturen existiren, können angesehen werden als dissociirt durch die Gewalt der Wärmebewegung trotz ihrer elektrischen Anziehungen. Aber ein Beispiel bleibt allerdings übrig von einer Verbindung, die nach Avogadro's Gesetz selbst bei den niedrigsten Temperaturen als ungesättigt angesehen werden muss, nämlich Stickoxydgas (NO), eine Substanz, die übrigens noch viele andere ganz ungewöhnliche Eigenschaften zeigt, und bei der man die Erklärung von der Zukunft erhoffen muss[1]).

Uebrigens möchte ich hier nicht mehr in weitere Einzelheiten eintreten, vielleicht bin ich schon zu weit darin gegangen. Ich würde mich auch nicht so weit gewagt haben, wenn ich mich nicht durch Faraday's Autorität gestützt gefühlt hätte, der durch einen selten fehlenden Instinct für die Wahrheit geleitet worden ist. Ich meinte, das Beste, was ich zu seiner Gedächtnissfeier thun könnte, sei eben die Aufmerksamkeit derjenigen Männer, durch deren Thatkraft und Scharfsinn die Chemie ihre staunenswerthe neue Entwickelung erreicht hat, zurückzulenken auf die grossen Wissensschätze, die noch in den Werken jenes wunderbaren Geistes verborgen liegen. Ich bin nicht so eingehend mit der Chemie bekannt, dass ich mich sicher fühlte, genau die richtige Deutung gefunden zu haben, diejenige Deutung, welche Faraday selbst gegeben haben würde, wenn er mit dem Gesetze der Valenz bekannt gewesen wäre. Ohne dieses Gesetz konnte kaum eine folgerichtige und umfassende elektrochemische Theorie gegeben werden; auch versuchte Faraday nicht, eine solche zu geben. Es ist ebenso bezeichnend für einen Mann von hoher Intelligenz, zu sehen, wie er vermeidet, in seinen theoretischen Anschauungen weiter zu gehen, wo ihm die Thatsachen fehlen, als zu sehen, wie er vorwärts geht, wo er den Weg offen findet. Wir müssen Faraday hier in seiner vorsichtigen Zurückhaltung ebenso bewundern, wenn wir auch jetzt, auf seinen Schultern stehend und gefördert durch die bewundernswerthe Entwicklung der organischen Chemie, vielleicht weiter sehen mögen, als er. Ich werde meine heutige Bemühung als wohlbelohnt ansehen, wenn es mir gelungen ist, das Interesse der Chemiker an dem elektrochemischen Theil ihrer Wissenschaft neu belebt zu haben.

---

[1]) S. Anhang II, am Schlusse dieser Vorlesung.

Anhang.

I.

Berechnung der elektrostatischen Wirkung der elektrolytischen Ladungen von einem Milligramm Wasser.

(Zu S. 301.)

Nach den letzten sorgfältigen Messungen des elektrochemischen Aequivalents des Wassers, welche Professor F. Kohlrausch ausgeführt hat, zersetzt die von W. Weber definirte elektromagnetische Stromeinheit (= 0,1 Ampère) 0,009476 mg Wasser in der Secunde. Diese selbe Stromeinheit macht ungefähr 300 000 Millionen elektrostatische Einheiten durch jeden Querschnitt des Stromes während einer Secunde fliessen, von denen die eine Hälfte abwärts fliessende $+E$, die andere aufwärts fliessende $-E$ ist. W. Weber selbst gab 311 000, Cl. Maxwell 288 000 Millionen. Die elektrostatische Einheit der Elektricität, wie sie durch Gauss und W. Weber eingeführt wurde, ist diejenige Menge, welche eine ihr gleiche Quantität aus der Entfernung von 1 mm mit der Krafteinheit abstösst. Letztere wiederum ist diejenige Kraft, welche während einer Secunde auf 1 mg wirkend, ihm die Geschwindigkeit von 1 mm in der Secunde ertheilt. Die Schwere eines Milligramms ertheilt ihm in der Secunde eine Geschwindigkeit von 9809 mm. Folglich ist Weber's Krafteinheit $\frac{1}{9809}$ von der Schwere eines Milligramms.

Die Kraft F, mit welcher das elektrische Quantum $+E$, welches nach elektrostatischen Einheiten gemessen ist, das gleich grosse Quantum $-E$ aus der Entfernung r anzieht, durch die Schwere eines Gewichts gemessen, ist demnach:

$$F = \frac{E^2}{r^2} \cdot \frac{1\,\mathrm{mg}}{9809}.$$

Wenn wir unter E die Elektricität verstehen, die bei der Zersetzung von 1 mg Wasser jeder Elektrode zuströmt, so ist diese nach den oben angeführten Bestimmungen gleich 31,66 Billionen Einheiten, und wenn wir $r = 1$ km $= 1 000 000$ mm setzen, erhalten wir das im Text angegebene Resultat oder genauer 102180 kg [1]).

Vergleich mit der Gravitation.

Die Schwere eines Gewichts m ist die Anziehungskraft zwischen ihm und der Erdmasse, welche letztere so wirkt, als wäre sie ganz in dem Mittelpunkte der Erde vereinigt. Wenn wir mit h die mittlere Dichtigkeit der Erde, mit r ihren Radius bezeichnen, ist die Masse der Erde

$$\frac{4\pi}{3} \cdot r^3 \cdot h.$$

Wenn G die Anziehungskraft der Gravitation zwischen zwei Masseneinheiten in der Einheit der Entfernung ist, so ist die Anziehung der Masse m durch die irdische Schwere

$$gm = \frac{4\pi}{3} \cdot r \cdot h \cdot G \cdot m.$$

Nach der Definition des Meter ist

$$\frac{\pi}{2} r = 10^7 \text{ m} = 10^{10} \text{ mm}.$$

Ferner ist

$$h = 5{,}62 \text{ mg auf 1 cmm}.$$

Daher ist die Anziehung zwischen $\frac{8}{9}$ mg Sauerstoff und $\frac{1}{9}$ mg Wasserstoff, wie sie in 1 mg Wasser enthalten sind, in der Entfernung von 1 mm gleich

$$\frac{1}{9} \cdot \frac{8}{9} \cdot G = \frac{g}{27 \cdot h \cdot 10^{10}},$$

oder gleich dem Gewicht von

$$\frac{6{,}5917}{10^{13}} \text{ mg}.$$

---

[1]) Im Original ist nur die zugeführte, nicht die ganze angesammelte E berechnet. Aber die Anziehung hängt von der letzteren ab, welche doppelt so gross als die erstere ist. Danach sind auch die folgenden Zahlen geändert.

Die Anziehung der elektrischen Ladungen, welche oben für 1 km Entfernung berechnet ist, würde in 1 mm Entfernung sein gleich dem Gewicht von

$$102180 \cdot 10^{18} \text{ mg}.$$

Daraus folgt, dass, um durch die Gravitation wägbarer Massen bei gleicher gegenseitiger Lage die gleiche Anziehungskraft zu erhalten, diese 393 700 Billionen Mal grösser sein müssten, als die der genannten Bestandtheile des Wassers.

II.

Ueber ungesättigte Verbindungen (1883).

(Zu S. 314.)

Das Vorkommen ungesättigter Verbindungen liesse sich durch die Annahme erklären, dass gewisse Atome einzelne schwächere Valenzstellen haben, in denen die eine Art der Elektricität zwar kräftig festgehalten wird, die andere aber so wenig, dass sie auch ganz loslassen kann, wenn die andern Valenzen einen Ueberschuss gleichnamiger E zeigen. Der Stickstoff zeigt auch sonst bekanntlich wechselnde Valenzwerthe. Während er meistens dreiwerthig erscheint, muss man ihn in NH_4Cl und ähnlichen Verbindungen als fünfwerthig betrachten. Drei seiner Valenzen müssen kräftig $-E$ anziehen, eine vierte (nämlich für das vierte H im Salmiak) schwach. Drei dagegen müssen auch mässig starke Anziehung für $+E$ haben. Wenn nun drei bivalente Atome elektrisch neutralen Kupfers sich in Salpetersäure auflösen:

$$3\,Cu + 8\,NO_3H = 3\begin{bmatrix}NO_3\\NO_3\end{bmatrix}Cu + 4[H_2O] + 2[N.O],$$

so muss aller H positive Ladung behalten, und die 3 vorher negativen Valenzen vom Cu solche bekommen. Drei Aequivalente $-E$ werden also an die zwei Atome N O übergehen müssen, lassen sich aber nicht in zwei gleiche Hälften theilen. Das gesättigte Atom

$$O = N - N = O$$

haftet offenbar nicht zusammen, während das auch leicht zerfallende Stickstoffperoxyd eine etwas bessere Bindung zulässt:

$$\begin{array}{c} O - N - O \\ \overset{|}{O} - \overset{|}{N} - \overset{|}{O}. \end{array}$$

Nimmt man an, dass in der Hälfte der Atome $+E$ eine schwache Valenzstelle losgelassen hat, die nur $-E$ stark binden könnte, dass in der anderen Hälfte der Atome die betreffende Stelle $-E$ festhält, und jene losgelassene $+E$ als elektrostatische Ladung durch die genannte $-E$ gebunden wird, so wäre dies eine Vertheilung, in der jedes Atom neutral wäre, die eine Hälfte der Atome aber ein Aequivalent beider Elektricitäten mehr enthielte als die andere.

ÜBER DIE

ELEKTRISCHEN MAASSEINHEITEN

NACH DEN

BERATHUNGEN DES ELEKTRISCHEN CONGRESSES,

VERSAMMELT ZU PARIS 1881.

Vortrag,

gehalten im Elektrotechnischen Verein zu Berlin
im December 1881.

Die Elektrotechnik hat sich allmälig so weit entwickelt, dass sie jetzt ungeheure Kapitalien in Anspruch nimmt und eine ausserordentlich rege Industrie repräsentirt. Unter diesen Umständen kann es nicht fehlen, dass Streitfragen, welche dieselbe betreffen, vor die Gerichte kommen und sich die Nothwendigkeit fühlbar macht, die Sache gesetzlich zu ordnen, namentlich die Maasseinheiten festzustellen, auf die man bei solchen Entscheidungen zurückgehen kann. Wenn ein Fabrikant übernimmt, den Draht für eine Leitung zu liefern, so wird es wesentlich darauf ankommen, dass der Widerstand des Drahtes eine gewisse Grenze nicht übersteigt, und es kann zur gerichtlichen Entscheidung kommen, ob der Draht den Bedingungen des Contractes entspricht. Ebenso wird ein anderer Fabrikant, der die Anfertigung einer dynamo-elektrischen Maschine übernimmt, sich verpflichten müssen, dass die Maschine bei einer bestimmten Umlaufsgeschwindigkeit eine bestimmte elektromotorische Kraft hervorbringt; es wird also auf das Maass für die elektromotorische Kraft der Maschine ankommen. In anderen Fällen, z. B. bei der Legung von unterirdischen Kabeln, kommt es auf die elektrostatische Capacität der Kabel, also auf die Dicke ihrer isolirenden Hülle und auf deren elektrostatisches Inductionsvermögen an. Je grösser die Capacität ist, desto langsamer können die Zeichen gegeben werden; es wird auch da verlangt werden müssen, dass die elektrische Capacität eine Grenze habe; eine solche muss festgesetzt und es muss entschieden werden können, ob die Bedingungen eingehalten worden seien. Alles dieses wäre nicht nöthig, so lange ein Techniker Alles allein zu liefern hat; dann kann man vielleicht von ihm verlangen, dass die in anderer Weise zu messende Leistung, welche beabsichtigt ist, richtig zu Stande komme, sei es die Menge eines galvanoplastischen Niederschlages, oder die Schnelligkeit im Telegraphiren, die Stärke des Lichtes u. s. w.

Aber wenn verschiedene Fabrikanten, die nur einzelne Theile liefern, mit einander concurriren, so kann ein jeder nur verpflichtet werden auf die elektrische Leistung desjenigen Theiles des Apparates, welchen er liefert.

Es hat sich, wie es scheint, namentlich in England und in den englisch sprechenden Ländern herausgestellt, dass eine gesetzliche Ordnung nöthig wurde. Namentlich scheint dort schon eine grosse Verschiedenheit der Widerstandsmaasse, welche von verschiedenen Fabrikanten geliefert wurden, eingetreten zu sein. Dies bedingt nun auch Verlegenheiten für die Gerichte, welche eine Entscheidung treffen und den Verkehr sichern sollen. Wir waren in Deutschland verhältnissmässig noch in guter Lage, weil wir ein sehr genau ausführbares Maass für den Widerstand hatten, wie es von Herrn Dr. Werner Siemens vorgeschlagen war, und weil dessen Fabrik fast die einzige war, welche Widerstandsetalons in grösserer Menge geliefert hat. Darum ist es bei uns zu dergleichen Schwierigkeiten, wie in England, bisher noch nicht gekommen, und deshalb hat sich dort die Nothwendigkeit einer gesetzlichen Regelung viel mehr fühlbar gemacht als bei uns. Andererseits ist auch die Wissenschaft dabei nicht unbetheiligt, wenn es sich um Regelung dieser Angelegenheit handelt. Denn es werden auch die wissenschaftlichen Arbeiten ausserordentlich erleichtert, wenn man Instrumente benutzen kann, die fabrikmässig in grosser Menge gemacht werden. Theils lassen sich dann complicirtere Apparate in grösserer Anzahl von wissenschaftlichen Instituten anschaffen und benutzen, weil der Preis geringer wird; theils werden sie, wenn sie in grosser Zahl für technische Zwecke angefertigt werden, viel mehr controlirt, allmälig von ihren Fehlern befreit und verbessert. Damit wächst also die Vortrefflichkeit der Ausführung. So ist in diesem Falle die Wissenschaft sehr wesentlich daran mitbetheiligt, dass, wenn einmal gesetzliche Maasseinheiten festgestellt werden sollten für die Technik und für die praktische Rechtsprechung, sie auch so hergerichtet werden, dass sie der Wissenschaft möglichst gut dienen. Von den Wirkungen der Elektricität sind hauptsächlich die elektromagnetischen praktisch wichtig geworden, und es war daher natürlich, dass auf diese Wirkungen die Maasseinheit begründet wurde. Das Princip, um eine solche Maasseinheit zu bestimmen, welche stets in genauer Weise wieder gefunden werden kann, war ursprünglich von Gauss in Bezug auf den Magnetismus gegeben, und von seinem Mitarbeiter Wilhelm Weber auf das Gebiet der elektromagnetischen Erscheinungen übertragen worden. Die Grundlage, auf welche Weber diese Bestimmung gegründet hat, war das Ampère'sche Gesetz für die Wirkung von je zwei kurzen stromleitenden Drahtstücken auf einander. Wenn wir die mechanische Wirkung zweier Stromkreise auf einander berechnen wollen, deren verschiedene Theile sehr verschiedene Entfernung von einander und verschiedene Richtung gegen einander haben, so muss man jeden Draht in so kleine, kurze Theile getheilt denken, dass deren Länge noch als unbedeutend im Vergleich zu ihrer gegenseitigen Entfernung angesehen werden kann, und man muss dann die Wirkungen aller Theile des einen Drahts auf alle des andern addiren. Nun sagt die Ampère'sche Regel, dass man jeden der beiden in einem Paar solcher Drahtstücke fliessenden Ströme in zwei Componenten zu zerlegen hat, von denen eine in die Richtung ihrer Verbindungslinie fällt (deren Länge ich mit r bezeichnen will), die andere senkrecht dagegen. Dann kann man die Wirkung, welche diese beiden Stücke des Stromes auf einander ausüben, zurückführen auf diejenige, welche jede Componente des einen Stroms auf die parallel gerichtete des andern ausübt. Das quer zur Verbindungslinie gerichtete Paar wirkt anziehend, wenn beide Ströme gleich gerichtet sind, und die anziehende Kraft ist dann nach Ampère proportional der Stromstärke i des angezogenen Stromes, und der Länge des von ihm durchflossenen Drahtstückes l, ebenso aber auch der Stromstärke j des anziehenden Stromes und seiner Drahtlänge λ, dagegen umgekehrt proportional dem Quadrat der Entfernung r. Also wäre die Kraft proportional zu setzen der Grösse:

$$\frac{2\,ij\,.\,l\,.\,\lambda}{r\,.\,r}.$$

Den Factor 2 habe ich hinzugesetzt, um nicht auf die unnöthige Unterscheidung der elektromagnetischen und elektrodynamischen Maasseinheiten, wie sie von W. Weber definirt worden sind, eingehen zu müssen.

Wenn nun noch kein Maass bestimmt ist für die Messung der Stromstärke und alles noch willkürlich ist, so würde man das Maass für die Stromstärke auch so wählen können, dass jener Ausdruck nicht bloss proportional, sondern auch gleich der Grösse der Anziehungskraft k wird. Also:

$$k = 2\,ij \cdot \frac{l\,.\,\lambda}{r\,.\,r}.$$

Wenn man diese Ausdrücke gleichsetzt, so haben wir dadurch eine bestimmte Einheit für die Messung der beiden Stromstärken, die hier vorkommen, vorgeschrieben.

Das zweite oben erwähnte Paar von Componenten wirkt genau nach demselben Gesetz, nur ist der Factor 2 wegzulassen und die Kraft gleichgerichteter Ströme ist abstossend.

Wenn Sie nun beachten, dass der Factor $\frac{l.\lambda}{r.r}$ im Zähler und im Nenner das Product zweier Längen enthält, also sich auf einen Zahlenfactor reducirt, so sehen Sie, dass die obige Gleichung das Product zweier Stromstärken gleich einer Kraft setzt.

Nun pflegte man ursprünglich eine Kraft zu vergleichen mit der Schwere eines Gewichtes. Dann wäre sie zu setzen gleich der Grösse einer Masse, multiplicirt mit der Intensität der Schwere. Denn diese ist an den verschiedenen Theilen der Erde verschieden; an den Polen ist sie anders wie an dem Aequator. Das Gramm ist also nicht überall gleich schwer, und wenn man überall gleiches Maass haben will, so muss man das Maass der Masse multipliciren mit der Intensität der Schwere. Diese aber wird gemessen durch die Geschwindigkeit, welche ein frei fallender Körper in der ersten Secunde erlangt.

Eine Geschwindigkeit ist aber eine Länge, dividirt durch die Zeit, $\frac{l}{t}$. Hier handelt es sich um die Geschwindigkeit, welche in einer gewissen Zeit gewonnen worden ist. Wir müssen sie also noch einmal durch t dividiren, um die Grösse g zu bekommen, und so erhält man schliesslich das Resultat, dass ij eine Grösse gleicher Art wie eine Kraft, oder wie $\frac{m.l}{t.t}$ sei. Dieses Princip der Messung ist zuerst durchgeführt worden von W. Weber. Er hat versucht, wirkliche Ströme nach diesem Maasse zu definiren, zunächst mit der Tangentenbussole. In derselben lässt sich, wenn man die Einheit in der genannten Weise festsetzt, ebenso direct ein Ausdruck finden für die Grösse der magnetischen Kraft, welche der Strom hervorbringt. Diese wird gegeben für die Mitte des Kreises einer Tangentenbussole vom Radius r durch $\frac{2\pi.i}{r}$. Sie sehen also, die magnetische Wirkung von Drahtring und Spirale kann, wenn sie durchströmt wird von elektrischen Strömen, deren Intensität nach dem Gauss-Weber'-

325

schen Princip gemessen werden kann, direct berechnet werden. Um aber solche Messungen nach W. Weber's Vorgang mit der Tangentenbussole auszuführen, muss man die Stärke des Erdmagnetismus am Orte der Beobachtung im absoluten Maasse kennen. Wenn diese gegeben ist, so ist das Verhältniss zwischen der magnetischen Kraft des Stromes und der der Erde gleich der trigonometrischen Tangente des Winkels, um den die Magnetnadel abgelenkt ist. Wird dieser Winkel gemessen, so hat man Alles, was nöthig ist, um die Intensität des Stromes in Weber'schem Maasse zu berechnen. W. Weber selbst hat bei dieser Rechnung, nach dem Vorgang von Gauss, das Milligramm als Einheit der Masse, das Millimeter als die der Länge und die Secunde als Einheit der Zeit gebraucht.

Um Ihnen eine ungefähre Vorstellung von der Grösse des Stromes zu geben, der der Weber'schen Einheit entspricht, führe ich an, dass derselbe hervorgebracht wird durch einen Daniell, welcher in einem Kreise von 11,7 Siemens-Einheiten wirkt. Es ist also ein relativ schwacher Strom. Derselbe könnte auch weiter charakterisirt werden durch die Menge von Wasser, die er zersetzt in einer gegebenen Zeit. Solche Beobachtungen sind von verschiedenen Beobachtern gemacht worden, haben aber ziemlich wechselnde Resultate ergeben. Zuerst ist eine solche Bestimmung gemacht worden von Robert Bunsen. Diese ergab, dass ein Strom von der Weber-Einheit in einer Secunde 0,0092705 mg Wasser zersetzte. Der englische Physiker Joule fand bei einer ähnlichen Bestimmung 0,009239. Neuerdings hat Hr. F. Kohlrausch, mit Hülfe der Beobachtungsmittel des magnetischen Observatoriums in Göttingen, die Bestimmung sehr sorgfältig wiederholt und gefunden 0,009476. Die Uebereinstimmung ist nicht gerade sehr gut; überhaupt kranken alle diese elektromagnetischen Bestimmungen an der Veränderlichkeit des Erdmagnetismus. Dieser wechselt fortdauernd seine Richtung und Intensität, und durch die Tangentenbussole können wir nur das Verhältniss zwischen der Stromstärke und der Stärke des Erdmagnetismus bestimmen. Dazu kommt, dass nicht jeder Beobachter in einem eisenfrei gebauten magnetischen Observatorium arbeiten kann. In unseren Häusern und Laboratorien liegen überall unter den Fussböden und in den Wänden eiserne Schienen, welche magnetisch werden, so dass an verschiedenen Stellen desselben Hauses, ja selbst in verschiedenen Ecken desselben Zimmers, der Erdmagnetismus Abweichungen zeigt, die bis zu

10 Proc. steigen können. Die Bestimmung der Menge des zersetzten Wassers erfordert mindestens eine Viertelstunde Zeit, wenn die Zeitdauer des Versuches auch nur auf ein pro Mille genau bestimmt werden soll. Während dieser Zeit muss die Stromstärke möglichst constant gehalten werden, oder ihre kleinen Veränderungen müssen wenigstens fortwährend notirt werden. Aber auch der Erdmagnetismus ändert fortdauernd seinen Werth. Es ist also nicht genug, ihn einmal an dem bestimmten Orte bestimmt zu haben. Auch dies müsste während der Dauer des Versuches fortdauernd geschehen. Wenn man also nicht die Hülfsmittel eines vollständig eingerichteten magnetischen Observatoriums hat und nicht mehrere Beobachter gleichzeitig anstellen kann, von denen einer am Bifilarmagnetometer die Schwankungen des Erdmagnetismus verfolgt, während der andere die Ablenkung der Magnetnadel durch den galvanischen Strom aufschreibt, so kann man zu keiner grossen Genauigkeit gelangen.

Was die Namen der so bestimmten Maasse betrifft, so hatten wir in der wissenschaftlichen Sprache zunächst ihre Bezeichnungen durch Gewicht, Länge und Zeit in den Combinationen dieser Grössen, die die Rechnung ergeben hatte, beibehalten. Es wurde also gesagt, dass eine Stromstärke, die man beobachtet hat, gleich ist einer Zahl n; dann kam folgende Einheit

$$i = n \cdot \frac{\sqrt{mg \cdot mm}}{t},$$

dagegen eine elektromotorische Kraft:

$$a = n \cdot \frac{\sqrt{mg \cdot mm^3}}{t^2}.$$

Es ist unverkennbar äusserst unbequem, wenn man viel von so zusammengesetzten Einheiten zu reden oder zu schreiben hat. Die Beobachter liessen daher die Bezeichnung der Einheiten oft aus, nachdem sie sie anfangs in Worten angegeben hatten. Dann musste man die ganzen Bücher absuchen, um zu finden, was gemeint war, und war der Autor im Laufe seiner Abhandlung gar einmal von Milligrammen auf Gramme, oder von Millimetern auf Centimeter übergegangen, so war man den unangenehmsten Irrthümern ausgesetzt. Es empfahl sich in der That, wenn man viel von solchen Messungen der Stromstärke, oder der elektromotorischen Kraft, oder des Widerstandes zu reden hatte, dass man irgend welche neue Namen wählte, welche wohl definirte Einheiten dieser Art bezeichneten. Wie ich auseinander gesetzt habe, in Bezug auf die Messungen der Stromstärke hat man in Deutschland meistentheils nach der Weber'schen Einheit gerechnet, und zwar so, wie sie von ihm zuerst festgesetzt worden war, ausgedrückt durch Millimeter, Milligramm und Secunde.

Die Einheit des Widerstandes bestimmt sich im Gauss-Weber'schen System durch den Umstand, dass die Wärmeentwickelung in einem Drahte von dem Widerstande w in der Zeit t proportional ist dem Product $i.i.w.t$. Die Ursache dieser Wärmeentwickelung ist, dass ein Theil der Arbeitskraft bei der Bewegung der Elektricität, wie bei der schwerer Massen, verloren geht durch einen Process, der der Reibung ähnlich ist. Diese Wärmemenge ist also verlorene Arbeit und als solche zu messen. Wenn der Werth des Widerstandes noch nicht bestimmt ist, so lässt er sich nun so bestimmen, dass die Grösse $i.i.w.t$ nicht nur proportional, sondern gleich wird einer Arbeit. Diese aber wird dargestellt durch eine Kraft k, die längs eines bestimmten Weges wirkt, und gemessen durch das Product $k.l$. Wenn wir z. B. Arbeit durch ein gehobenes Gewicht messen, so ist sie gleich dem Product aus der Schwere des Gewichtes und der Hebungshöhe, letztere ist in diesem Falle die Länge des Weges. Sie sehen also, dass wir Arbeit gleich setzen können einer Kraft mal einer Länge. Nun ist im elektromagnetischen System das Product $i.i$ eine Kraft k und wenn also $i.i.w.t$ proportional einer Arbeit, d. h. einem Product kl sein soll, so ergiebt sich, dass $w = \dfrac{l}{t}$ das Maass des Widerstandes im elektromagnetischen System ist, also eine Geschwindigkeit. Auch die Inductionsströme kann man benutzen, um zu einem Maass des Widerstandes zu kommen. Das Resultat ist das gleiche; denn es sind diese Inductionsströme auch verlorene Arbeit, verloren für die elektrischen Kraftvorräthe, die aber hierbei übergeführt ist in mechanische Arbeitskraft. Der Erste, welcher eine Bestimmung des Widerstandes in dieser Weise gegeben hat, war unser Mitglied Prof. G. Kirchhoff, der schon im Jahre 1849 die ersten Bestimmungen nach dem Gauss-Weber'schen System angestellt hat. Um dieselbe Zeit hat M. H. Jacobi in Petersburg einen willkürlichen Draht anfertigen lassen und ihn als Widerstandseinheit, als den sogenannten Jacobi'schen Etalon, verbreiten lassen, damit die Physiker sich über die Widerstände verständigen könnten, die bei ihren Versuchen vorkamen.

Wenn wir nun die Weber'schen Maasseinheiten zu Grunde legen, so zeigt sich, dass eine solche Widerstandseinheit, wie die Siemens'sche, die bequem ist für praktische Zwecke, im Weber'schen Maass ausgedrückt auf die Anzahl von nahehin 10 000 Millionen Millimeter, dividirt durch eine Secunde, führt. Wenn man von Widerständen langer Telegraphenleitungen zu sprechen hätte, würde man bei diesen Zahlen mit unübersehbaren Reihen von Nullen zu thun haben. Andererseits zeigt sich, dass man bei der Berechnung der elektromotorischen Kräfte, wie man sie in der Praxis braucht, z. B. der eines Daniell, auf ähnliche riesige Zahlen kommt, wenn auch für die Bestimmungen der Stromstärke die Weber'sche Wahl nicht ungünstig war. Es war vor einer Reihe von Jahren, als die *British Association* die Aufgabe in die Hand nahm, eine Wahl von passenden Einheiten zu treffen und passende Namen dafür festzustellen. Es wurde zu dem Ende eine Commission ernannt, deren leitende Mitglieder die berühmten Physiker W. Thomson und Clerk Maxwell waren. Man entschied sich, die Einheiten aus dem metrischen Systeme zu nehmen, aber andere Vielfache des Meter und Unterabtheilungen des Gramm zu wählen, um die elektrischen Maasse in kleineren Zahlen auszudrücken. In dieser Beziehung hat in der That die *British Association* schliesslich eine sehr zweckmässige Wahl getroffen. Die französische Commission, welche das metrische System ursprünglich festgesetzt hat, definirte das Meter als den zehnmillionsten Theil des Meridianquadranten, der durch Paris geht. Man beschloss nun, dass für die elektrischen Messungen als Längeneinheit nicht mehr das Millimeter oder Centimeter benutzt werden sollte, sondern die dem genannten Erdquadranten nahe gleiche Länge von zehn Millionen Meter, dieselbe, welche ursprünglich benutzt worden ist, um das metrische System festzustellen. Nimmt man 10 000 000 m als die Längeneinheit an und dividirt diese durch die Secunde, so giebt das ein Maass des Widerstandes, das dem Siemens'schen ziemlich nahe kommt und von den Engländern mit dem Namen Ohm belegt worden ist. Dazu musste aber nun eine entsprechend verkleinerte Gewichtseinheit gewählt werden. Um das Verhältniss leicht zu behalten, merke man sich, dass die Längeneinheit 10^9 cm oder eine Milliarde Centimeter beträgt, und die Gewichtseinheit, welche hier statt des Gramms eintreten sollte, 10^{-9} cg oder 1 cg dividirt durch eine Milliarde. Nach diesen Feststellungen wird die Siemens'sche Widerstandseinheit nahezu gleich Eins. Die Siemens'sche Widerstandseinheit ist nach den Bestimmungen der *British Association* gleich 0,95302 Ohm, beide stehen also ungefähr im Verhältniss von 21:22. Andererseits zeigt sich dann, dass die Einheit der elektromotorischen Kraft, das Volt, nach der englischen Bezeichnung, bestimmt durch die genannten Längen- und Gewichtseinheiten, ungefähr gleich wird der elektromotorischen Kraft eines Daniell'schen Elements, gebaut mit Zinklösung; letztere ist nämlich gleich 1,09 Volt. Die elektromotorische Kraft ergiebt sich, wie schon vorher erwähnt, als das Product aus der Intensität mit dem Widerstand des Stromkreises. Volta war es, der die Existenz einer solchen Kraft zuerst nachwies, daher die Wahl seines Namens für diese Kraft sehr passend erscheint, ebenso wie die des Namens Ohm für das Widerstandsmaass, da Ohm den Einfluss des Widerstandes auf die Stromstärke zuerst richtig festgestellt hatte. Es war dies eine geschickte Wahl der Einheiten, die das metrische System darbietet, um in dem Gauss-Weber'schen Systeme Einheiten von praktischem Werthe zu gewinnen.

Theoretisch war dies Alles nun sehr schön und zweckmässig ausgesonnen, wenn es möglich war, nach diesem Systeme wirklich praktisch die Einheiten auch messend zu bestimmen. Nach den Ampère'schen und Neumann'schen Gesetzen für die elektromagnetischen Fernwirkungen und nach dem von Lenz und Joule gefundenen Gesetz für die Wärmeentwickelung im Stromkreise kann man die Anziehungen und Abstossungen der Stromleiter, die Grösse der Inductionsströme und den Arbeitsverlust durch Wärmeentwickelung in den Drahtleitungen unmittelbar berechnen, wenn die elektromotorischen Kräfte, die Stromintensitäten, die Widerstände nach den Maasseinheiten dieses Systems gemessen sind.

Von den Schwierigkeiten, die Stromeinheit praktisch zu bestimmen durch ihre chemische Wirkung, habe ich schon gesprochen; es zeigte sich, dass die absolute Bestimmung des Ohm und Volt um nichts leichter war. Es mussten sehr complicirte Apparate, zum Theil von grossen Dimensionen mit ungeheuren Massen von Drahtwindungen, erbaut werden, um die Bestimmungen machen zu können. Die Versuche sind hauptsächlich nach den Plänen und unter Leitung von Clerk Maxwell im Laboratorium der Universität Cambridge ausgeführt und Etalons des Ohm hergestellt worden; aber die Herstellung und Uebereinstimmung der verschiedenen Etalons ist nicht sehr weit gediehen.

Ich will Ihnen nur ein paar Zahlen von den verschiedenen Bestimmungen geben und dabei bemerken, dass die Siemens-Einheit viel leichter sehr genau zu bestimmen ist, und dass also die Schwankungen in den Zahlen nicht in der Bestimmung der Siemens-Einheit, sondern in der des Ohm zu suchen sind. So beträgt z. B. 1. der Werth, den die *British Association* gefunden hat, 1 Siemens = 0,95302 Ohm; 2. der Werth, den Prof. F. Kohlrausch gefunden hat, 0,9717 Ohm; 3. der Mittelwerth einer Reihe von Bestimmungen, die neuerdings Professor Fr. Weber in Zürich ausgeführt hat, 0,9550 Ohm[1]). Also schon in der zweiten Stelle sind Abweichungen von zwei Einheiten. Es hatte schon, ehe noch vom Elektrischen Congress die Rede war, Lord Rayleigh im Laboratorium der Universität Cambridge den Anfang gemacht, die Versuche zu wiederholen; er hatte auch die Rechnungen prüfen lassen und dabei gefunden, dass ein Rechenfehler vorgekommen war, der sogar einen noch bedeutenderen Einfluss hatte, als die Fehlerquellen experimenteller Art, so dass das Ohm vielleicht um 1 bis 2 Proc. falsch bestimmt war. Die älteste Bestimmung von Gustav Kirchhoff ist leider nur durch die Dimensionen eines Kupferdrahtes angegeben, unter der Voraussetzung, dass Kupfer immer ziemlich gleichen Widerstand darbietet, was, wie wir jetzt wissen, leider nicht der Fall ist.

Das war also der Zustand der Dinge, wie er sich auf der Grundlage der Gauss-Weber'schen Versuche entwickelt hatte. Inzwischen hatte Herr Werner Siemens den sehr dankenswerthen Schritt gethan, auf anderem Wege nach einem genau präcisirten Widerstand zu suchen, der mit verhältnissmässig viel einfacheren Apparaten und doch mit sehr grosser Genauigkeit hergestellt werden kann. Dadurch, dass ihm das gelungen ist mit seiner Quecksilbereinheit, hat er einen grossen Fortschritt in Bezug auf die Vergleichbarkeit elektrischer Messungen bewirkt. Die Siemens-Einheit hat die Möglichkeit für sich, zu jeder Zeit eine genaue Controle eintreten lassen zu können, welche leicht auszuführen ist. Die Quecksilbereinheit wird bestimmt durch den Widerstand eines Quecksilberfadens von 1 m Länge und von 1 qmm Querschnitt bei einer Temperatur von 0°. Quecksilber ist verhältnissmässig leicht in einem hohen Grade von Reinheit

---

[1]) Eine Uebersicht neuerer Bestimmungen s. in dem Zusatze am Schlusse dieses Vortrages.

zu beschaffen. Der Querschnitt der Röhre, die das Quecksilber enthält, kann durch Füllung derselben mit Quecksilber und Wägung leicht sehr genau bestimmt werden. Nun hat das Quecksilber als Widerstandsmaass den festen Metallen gegenüber den grossen Vorzug, dass es eine Flüssigkeit ist, die ihre molekulare Structur nicht verändern kann, während wir andererseits wissen, dass Drähte aus festen Metallen, wenn starke Ströme hindurchgehen, ihren Krystallisationszustand und dabei ihr Leitungsvermögen nicht unwesentlich verändern. Es sind diese Aenderungen noch verhältnissmässig wenig studirt, und wir wissen also z. B. noch nichts darüber, ob die Kupferdrähte, welche von der *British Association* als Etalons des Ohm verwendet worden sind, nicht ihre Structur merklich verändert haben oder verändern werden. Die *British Association* hat drei Drähte anfertigen lassen, die schon jetzt kleine Abweichungen von einander zu zeigen scheinen, und ausserdem sind von verschiedenen Ateliers ungenaue Copien angefertigt worden, so dass gegenwärtig schon eine ziemliche Verwirrung herrscht in Bezug auf die Widerstandseinheit in denjenigen Ländern, wo das Ohm angewandt wurde.

Das war die Lage der Sache, die der 1881 zu Paris abgehaltene elektrische Congress zu ordnen hatte; es war nicht zu verkennen, dass die englische Ausführung des ursprünglich deutschen Systems von Gauss und Weber ihre Vorzüge hat, wenn es möglich ist, sie wirklich genau auszuführen. Nun war es ein wesentliches Bedürfniss, zu erreichen, dass, wenn die beiden Ländergruppen nicht genau dasselbe Maass anwendeten, sie doch wenigstens Maasseinheiten gebrauchten, die durch einen blossen Zahlenfactor mit Sicherheit in einander umzurechnen sind. An das Siemens'sche System haben sich angeschlossen Oesterreich, zum Theil auch Russland und ein Theil der östlichen Länder, das englische System dagegen ist verbreitet nicht nur über England und die englisch sprechenden Länder, sondern auch über Frankreich. Da in den beiden Ländergruppen eine grosse Zahl von Widerstandsscalen hergestellt ist, die immerhin ein beträchtliches Capital von Arbeit und Geld repräsentiren, so ist nicht anzunehmen, dass diese so leicht weggeworfen werden, um ein anderes System einzuführen.

Was aber erreichbar schien, war, dass die Uebereinstimmung der Maasse bis auf eine leicht auszuführende Umrechnung durch einen Zahlenfactor möglich gemacht werde. Das Ohm ist nicht weit von der Siemens-Einheit entfernt, und ebenso wie wir mit Mark und Schilling ohne Schwierigkeit rechnen, die beide durch Goldwerthe bestimmt sind, ebenso leicht werden wir die Bezeichnungen Ohm und Siemens auf einander reduciren, wenn beide in Quecksilberlängen ausgedrückt sind.

Nun haben die englischen Physiker zugegeben, dass ihre Ohms nicht genau mit einander übereinstimmen, dass feste Metalle zu Etalons nicht zulässig seien, und sie haben demzufolge die Grundlage des Siemens'schen Maasssystems wenigstens insoweit acceptirt, dass der Congress beschliessen konnte, die Grösse des durch eine internationale Commission genauer als bisher festzustellenden Ohm sei durch die Länge einer Quecksilbersäule von 1 qmm Querschnitt, d. h. in Siemens'schen Einheiten, auszudrücken. Dass diejenigen, welche einmal das Ohm eingeführt haben, dabei stehen geblieben, dass sie dasselbe beibehalten und nur genauer bestimmen wollen als bisher, hat am Ende seine berechtigten Motive. Daneben aber wird auch Deutschland frei sein, seine Widerstandsmaasse auszudrücken in Quecksilberlängen von 1 qmm Querschnitt und so und so viel Meter Länge, d. h. in Siemens'schem Maasse. Die Reduction ist dann leicht und vollkommen sicher. Falls wir das Siemens-Maass beibehalten sollten, würde immerhin die von dem Congress einer internationalen Commission übertragene Bestimmung der genauen Länge des Ohm auch für uns den Vortheil haben, dass wir die genauen Werthe erhalten für die Berechnung der inducirten Ströme und für den Kraftverlust, den ein gegebener Strom erleidet, wenn er durch einen Widerstand von gegebener Länge fliesst. Das sind wichtige Punkte, welche die ganze elektrische Technik beherrschen und genau bestimmt werden müssen, wenn man sicher rechnen will. Die Bestimmung des Ohm ist eine Bestimmung der Grösse dieser Wirkungen und also wichtig auch für diejenigen Länder, in denen die Scalen der Siemens'schen Einheit verbreitet sind, und die deshalb vielleicht vorziehen, bei dieser zu bleiben. Wir haben hier in Deutschland die Schwierigkeiten ungenauer Maasse noch wenig gefühlt, weil unsere Etalons aus einer und derselben und zwar sehr gewissenhaft geleiteten Fabrik kommen. Ich kann in dieser Beziehung ja auch mein Zeugniss ablegen, da hier im physikalischen Laboratorium die Studirenden, welche sich in physikalischen Arbeiten üben, Widerstände zu vergleichen haben; ich lege ihnen immer Siemens-Etalons vor, um sie controliren zu lassen, ob diejenigen Abtheilungen, welche gleich sein sollen, auch wirklich

333

gleich sind. Da findet sich dann selbst in den grossen Abtheilungen von 100 oder 1000 Einheiten selten ein Fehler, der über ein Hundertstel der Einheit hinausgeht. Wir haben somit schon ein sehr gutes, praktisch bewährtes Messungssystem, und es ist die Frage, ob wir uns entschliessen werden, es zu verlassen, um zu einem anderen, dessen genaue Ausführbarkeit erst noch erprobt werden muss, überzugehen. Uebrigens hat sich, wie sich nicht leugnen lässt, die Einführung der kurz zusammenfassenden Namen, welche die *British Association* eingeführt hat, offenbar sehr gut bewährt. Es ist dadurch eine grosse Kürze und Bestimmtheit der Sprache gewonnen, und es handelte sich jetzt nur noch darum, dieses System von Namen noch etwas zu erweitern und von Zweideutigkeiten zu befreien.

Die *British Association* hatte ursprünglich nur das Ohm und als Maass der elektromotorischen Kraft, das Volt, festgestellt und benannt. Sie hatte dagegen keinen besonderen Namen für die Einheit der Stromstärke vorgeschlagen, da für diese schon Weber's Bestimmung da war und diese nicht übereinstimmte mit der Einheit: $i = \dfrac{\text{Volt}}{\text{Ohm}}$. Letztere ist nach der deutschen Bestimmung gleich zehn Weber-Einheiten, die auf Millimeter und Milligramm bezogen sind. Inzwischen hatten die englischen Elektriker das Bedürfniss gefühlt, für die Stromstärke ein besonderes Wort zu haben und angefangen, den Namen Weber auch für die englische Einheit zu gebrauchen. So hatten wir also zwei Weber-Einheiten, von denen die englische zehn mal so gross war als die deutsche. Das ist nun eine ganze Zeit lang so gegangen; englische Angaben gingen in deutsche Bücher über und deutsche in englische, die bald die eine, bald die andere Einheit meinten, wodurch schliesslich eine gründliche Confusion entstand. Gerade dadurch, dass die *British Association* vermieden hatte, den Namen Weber zu gebrauchen, war es verhältnissmässig schwer herauszubringen, was dabei eigentlich vorgegangen war. Ich selbst habe es erst vor zwei Jahren bemerkt und meine Schüler darauf aufmerksam gemacht. Es ist durchaus nöthig, den Namen Weber von dieser Zweideutigkeit zu befreien. Da Weber definirt hatte, was unter Stromstärke zu verstehen sei, und in den meisten deutschen Arbeiten diese, verbunden mit der Siemens-Einheit, sowie das Product von beiden als Einheit der elektromotorischen Kraft gebraucht wurde, so haben wir darauf bestanden, dass der Name Weber in seiner ursprünglichen Bedeutung stehen blieb, und dass für die englische Stromeinheit ein neuer Name eingeführt wurde, und dazu hat man Ampère gewählt. Dieser soll bezeichnen den Strom, der von einem Volt erregt wird bei dem Widerstande eines Ohm. Dann fanden die englischen Physiker es wünschenswerth, für die Einheit der Quantität der Elektricität einen Namen zu finden; leider hatten sie den Namen Faraday schon vergeben, indem sie das Maass der elektrostatischen Capacität mit Farad bezeichnet hatten. Sie haben deshalb den Namen Coulomb gewählt, der selbst allerdings elektrische Quanta nur durch ihre elektrostatischen, niemals durch ihre elektromagnetischen Wirkungen gemessen hat. Es ist demnach ein Coulomb gleich der Quantität Elektricität, die den Querschnitt eines Drahtes bei der Stromstärke eines Ampère in einer Secunde durchfliesst, und andererseits ist auch ein Coulomb gleich der Quantität Elektricität, welche ein Condensator von der Capacität eines Farad unter der elektromotorischen Kraft eines Volt aufnimmt. Letztere Bestimmung definirt das Farad. Also:

$$\text{Coulomb} = \text{Ampère} \times \text{Secunde}$$
$$= \text{Volt} \times \text{Farad}.$$
$$\text{Volt} = \text{Ampère} \times \text{Ohm}.$$

Es lässt sich nicht leugnen, dass in vielen Beziehungen die Anwendung der einfach bezeichnenden Namen, welche gewählt sind für passende Grössen, eine grosse Erleichterung gewährt. So wird, wenn es sich um Quantitäten handelt, die Ladung einer Leydener Batterie, eines Condensators oder eines unterirdischen Kabels durch Coulombs zu messen sein, ebenso die Grösse eines momentanen Inductionsstromes oder die Elektricitätsmenge, welche von 1 mg Wasserstoff mitgeführt wird, wenn es sich ausscheidet an einer Platinplatte. Es ergiebt 1 mg Wasserstoff 97 Coulomb. Schliesslich, wenn die Bestimmung des Ohm durch die neue internationale Commission vollendet sein wird, wird es immer noch von der deutschen Regierung abhängen, welches System sie ihren gesetzlichen Bestimmungen zu Grunde legen will. Wie ihre Wahl ausfällt, für die technischen und wissenschaftlichen Anwendungen sind die wesentlichen Vortheile eines guten Maasssystems gesichert. Diejenigen, welche mit diesen Elektricitätseinheiten zu rechnen haben, werden fast alle mit dem Gebrauch der Logarithmentafeln bekannt sein, und es wird ihnen nicht darauf ankommen, ob sie einen Factor an der einen oder anderen Stelle der Rechnung einzufügen haben. Aber wichtig ist es, dass die Sache so weit geführt wird, dass die verschiedenen Länder sich über ihre Maasse werden verständigen können mit Hülfe genau festgestellter Zahlenfactoren, und insofern sind auch wir dabei betheiligt, dass in denjenigen Ländern, die nach Ohms rechnen, wenigstens ein fester Werth desselben eingeführt wird und in möglichste Uebereinstimmung mit der theoretischen Definition gebracht wird. Es wird auch für uns dadurch die Berechnung elektrischer Fernwirkungen, Inductions- oder magnetischer Wirkungen sicherer und genauer gemacht. Der Congress hat erreicht, was unter diesen Umständen zu erreichen war, es musste eben ein Compromiss bleiben; aber dadurch, dass wir gestrebt haben, alle sachlichen Verschiedenheiten auf eine Verschiedenheit von Zahlenfactoren zurückzuführen, die leicht anzuwenden sind, wird die Möglichkeit vollkommener Verständigung zwischen den civilisirten Ländern herbeigeführt, selbst wenn diejenigen, welche das Siemens-System eingeführt haben, Bedenken tragen sollten, dasselbe fallen zu lassen.

Zusatz

Den internationalen Conferenzen, welche in Paris im October 1882 und im April 1884 zusammentraten, wurden eine Reihe neuer Arbeiten vorgelegt über die Bestimmung des Ohm in Werthen der Siemens'schen Quecksilbereinheit ausgedrückt. Ich gebe unten eine von Gryll Adams gemachte Zusammenstellung dieser Werthe. Es ergiebt sich daraus schon eine ziemlich weitgehende Uebereinstimmung; wenn auch die von der Conferenz im Jahre 1882 geforderte Genauigkeit von 1 pro Mille durch die Mehrzahl der Beobachter noch nicht erreicht ist. Die diesjährige Conferenz (1884) betrachtete die Uebereinstimmung jedoch als ausreichend, um zur Feststellung des „legalen Ohm" für die technischen Zwecke zu schreiten, und beantragte den Werth festzusetzen:

1 Ohm = 1,060 Quecksilbereinheit.

Die noch bestehenden Abweichungen fallen in die Grenzen der Temperaturcorrectionen; und Scalen, welche nach der so festgesetzten Einheit getheilt sind, werden nur einer andern Bestimmung für die Normaltemperatur ihrer Gültigkeit bedürfen, um das genaue theoretische Ohm zu repräsentiren.

Tafel der von verschiedenen Beobachtern gefundenen Werthe des Ohm ausgedrückt in Quecksilbereinheiten.

Jahr	Beobachter	Werth des Ohm	Methode
1881	Rayleigh und Schuster	1,0598	Der British Association.
1882	Rayleigh	1,0628	ebenso.
1882	H. Weber	1,0614	dieselbe modificirt.

Jahr	Beobachter	Werth des Ohm	Methode
1874	F. Kohlrausch	1,0591	W. Weber's erste Methode.
1884	Mascart	1,0632	ebenso.
1884	G. Wiedemann	1,0619	ebenso mit dem grossen in Leipzig von Weber selbst construirten Apparate.
1878	Rowland	1,0579	Kirchhoff's Methode, modificirt.
1882	Glazebrook	1,0630	ebenso.
1884	Mascart	1,0632	ebenso.
1884	F. Weber	1,0537	ebenso.
1884	Roiti	1,0590	Roiti.
1873	Lorenz	1,0710	Lorenz.
1884	Lorenz	1,0619	ebenso.
1883	Rayleigh	1,0624	dieselbe modificirt.
1884	Lenz	1,0613	dieselbe.
1882	Dorn	1,0546	W. Weber's Dämpfungsmethode.
1883	Wild	1,0568	dieselbe.
1884	F. Weber	1,0526	dieselbe.
1866	Joule	1,0623	Wärmeentwicklung.
	Mittel	1,0604	

KRITISCHES.

Induction und Deduction.

Vorrede

zum

zweiten Theile des ersten Bandes der Uebersetzung von W. Thomson's und Tait's „Treatise on Natural Philosophy".

Seitdem die Uebersetzung des ersten Theiles dieses Bandes veröffentlicht wurde, ist sowohl die ganze wissenschaftliche Richtung desselben, als insbesondere auch eine Reihe einzelner Stellen daraus von Herrn J. C. F. Zöllner in seinem Buche „Ueber die Natur der Kometen" einer mehr als lebhaften Kritik unterzogen worden. Auslassungen gegen die persönlichen Eigenschaften der englischen Autoren oder meiner selbst zu beantworten, halte ich nicht für nöthig. Auf eine Kritik wissenschaftlicher Sätze und Principien zu erwiedern, habe ich der Regel nach nur dann für nöthig gehalten, wenn neue Thatsachen beizubringen oder Missverständnisse aufzuklären waren, in der Erwartung, dass, wenn alle Data gegeben sind, die wissenschaftlichen Fachgenossen schliesslich sich ihr Urtheil zu bilden wissen auch ohne die weitläufigen Auseinandersetzungen oder sophistischen Künste der streitenden Gegner. Wäre das vorliegende Handbuch nur für reif ausgebildete Sachverständige bestimmt, so hätte der Zöllner'sche Angriff unbeantwortet bleiben können. Es ist aber auch wesentlich für Lernende berechnet, und da jüngere Leser durch die überaus grosse Zuversichtlichkeit und den Ton sittlicher Entrüstung, in welchem unser Kritiker seine Meinungen vorzutragen sich berechtigt glaubt, vielleicht irre gemacht werden könnten, halte ich es für nützlich, die gegen die beiden englischen Autoren gerichteten sachlichen Einwendungen so weit zu beantworten, als nöthig ist, damit der Leser sich durch eigene Ueberlegung zurecht zu finden wisse.

Unter den Naturforschern, welche ihr Streben vorzugsweise darauf gerichtet haben, die Naturwissenschaft von allen metaphysischen Erschleichungen und von allen willkürlichen Hypothesen zu reinigen, sie im Gegentheil immer mehr zum reinen und treuen Ausdruck der Gesetze der Thatsachen zu machen, nimmt Sir W. Thomson eine der ersten Stellen ein, und er hat gerade dieses Ziel vom Anfange seiner wissenschaftlichen Laufbahn an in bewusster Weise verfolgt. Eben dies erscheint mir als ein Hauptverdienst des vorliegenden Buches, während es in Herrn Zöllner's Augen seinen fundamentalen Mangel bildet. Letzterer möchte statt der „inductiven" Methode der Naturforscher eine überwiegend „deductive" eingeführt sehen. Wir alle haben bisher das inductive Verfahren gebraucht, um neue Gesetze, beziehlich Hypothesen, zu finden, das deductive, um deren Consequenzen zum Zwecke ihrer Verificirung zu entwickeln. Eine deutliche Auseinandersetzung, wodurch sich sein neues Verfahren von dem allgemein eingehaltenen unterscheiden solle, finde ich in Herrn Zöllner's Buche nicht. Dem von ihm in Aussicht genommenen letzten Ziele nach läuft es auf Schopenhauer'sche Metaphysik hinaus. Die Gestirne sollen sich einander lieben und hassen, Lust und Unlust empfinden und sich so zu bewegen streben, wie es diesen Empfindungen entspricht. Ja in verschwommener Nachahmung des Gesetzes der kleinsten Wirkung wird (S. 326, 327) der Schopenhauer'sche Pessimismus, welcher diese Welt zwar für die beste unter den möglichen Welten, aber für schlechter als gar keine erklärt, zu einem angeblich allgemeingültigen Principe von der kleinsten Summe der Unlust formulirt, und dieses als oberstes Gesetz der Welt, der lebenden wie der leblosen, proclamirt.

Dass nun ein Mann, dessen Geist auf solchen Wegen wandelt, in der Methode des Thomson-Tait'schen Buches das gerade Gegentheil des richtigen Weges, oder dessen, was er selbst dafür hält, erblickt, ist natürlich; dass er den Grund des Widerspruchs in allen möglichen persönlichen Schwächen der Gegner, nicht aber da sucht, wo er wirklich steckt, entspricht ganz der intoleranten Weise, in der Anhänger von metaphysischen Glaubensartikeln ihre Gegner zu behandeln pflegen, um sich und der Welt die Schwäche ihres eigenen Standpunktes zu verhüllen. Herr Zöllner ist überzeugt, „dass es der Mehrzahl unter den heutigen Vertretern der exacten Wissenschaften an einer klar bewussten Kenntniss der ersten Principien der Erkenntnisstheorie gebreche." (S. VIII.) Dies sucht er durch Nachweisung angeblicher grober Denkfehler bei mehreren von ihnen zu erhärten.

Dazu müssen zunächst die Herren Thomson und Tait herhalten. Diese haben ihrer Ueberzeugung betreffs des richtigen Gebrauchs der naturwissenschaftlichen Hypothesen in den Paragraphen 381 bis 385 des vorliegenden Buches Ausdruck gegeben. Sie tadeln in Paragraph 385 Hypothesen, die sich zu weit von den beobachtbaren Thatsachen entfernen, und wählen als Beispiele für den nachtheiligen Einfluss derselben natürlich nur solche, welche durch ausgedehnte Verbreitung und die Autorität ihrer Urheber wirklich einflussreich geworden sind. In dieser Beziehung stellen sie das von unserem Landsmanne W. Weber aufgestellte Gesetz der elektrischen Fernwirkung in gleiche Linie mit der von J. Newton physikalisch durchgearbeiteten Emissionstheorie des Lichtes. Diese Nebeneinanderstellung zeigt am besten, dass die englischen Autoren Nichts beabsichtigten, was ein gesund gebliebenes deutsches Nationalgefühl verletzen müsste. Wir sind, denke ich, in Deutschland noch nicht dahin gekommen und werden hoffentlich nie dahin kommen, dass Hypothesen, wenn sie auch von einem noch so hochverdienten Manne aufgestellt worden sind, nicht kritisirt werden dürften. Sollte es aber wirklich jemals dahin kommen, dann würden Herr Zöllner und seine metaphysischen Freunde in der That das Recht haben, über den Untergang der deutschen Naturwissenschaft zu klagen, beziehlich zu triumphiren. Eine Hypothese aufgestellt zu haben, welche bei weiterer Entwickelung der Wissenschaft sich als unzulässig erweist, ist für Niemanden ein Tadel, ebensowenig als es für Jemanden, der in gänzlich unbekannter Gegend sich seinen Weg suchen muss, ein Vorwurf ist, trotz aller Aufmerksamkeit und Ueberlegung, die er verwendet hat, einmal fehlgegangen zu sein. Auch ist weiter klar, dass derjenige, der eine Hypothese, welche die Geister einer grossen Menge von wissenschaftlichen Männern gefangen genommen hat, für falsch hält, demnächst urtheilen muss, dass dieselbe zeitweilig schädlich und hemmend für die Entwickelung der Wissenschaft sei, und er wird berechtigt sein, dies auszusprechen, wenn ihm die Aufgabe zufällt, nach seiner besten Ueberzeugung den Lernenden über den Weg, den er einzuschlagen habe, zu berathen.

Unter den Gründen, welche Herr W. Thomson für die Unzulässigkeit der Weber'schen Hypothese anführt, ist auch der, dass sie dem Gesetz von der Erhaltung der Kraft widerspreche. Dieselbe Behauptung war auch ich genöthigt, etwas später in einer im Jahre 1870 veröffentlichten Arbeit[1]) aufzustellen. Herr Zöllner hat nun auf die Autorität von Herrn C. Neumann hin angenommen, diese Behauptung sei falsch. Ihm erscheint im Gegentheil das Weber'sche Gesetz ebenfalls ein Universalgesetz aller Kräfte der Natur zu sein (wie sich diese verschiedenen Universalgesetze mit einander vertragen, bleibt unerörtert), und er verwendet 20 Seiten seiner Einleitung dazu, um seiner Entrüstung über die intellectuelle und moralische Stumpfheit derjenigen, die es antasten, Luft zu machen. Herr Zöllner wird seitdem wohl begriffen haben, dass es mindestens unvorsichtig ist, nur auf die Autorität eines der Gegner gestützt einem wissenschaftlichen Streite mit Schmähreden gegen die andere Partei assistiren zu wollen, abgesehen davon, dass man auf solche Weise zur Entscheidung des Streites gar Nichts, zur Verbitterung desselben vielleicht sehr viel beiträgt. Herr C. Neumann war selbst Partei in dieser Sache; die Theorie der elektrodynamischen Wirkungen, welche er selbst damals festhielt, wurde von meinen Einwänden mitgetroffen. Er hat seitdem diese Theorie fallen lassen. Er selbst, wie Herr W. Weber, haben des letzteren ursprüngliche Theorie halten zu können geglaubt, wenn sie die Mitwirkung molecularer Kräfte für sehr genäherte elektrische Massen hinzunähmen. Ich habe dann in meiner zweiten Abhandlung zur Theorie der Elektrodynamik[2]) nachgewiesen, dass die Annahme von Molecularkräften den Leck in der Weber'schen Theorie nicht zustopft. Inzwischen hat Herr C. Neumann selbst, noch ehe er von meinem zweiten Aufsatze Kenntniss erhielt, die Begründung der Elektrodynamik auf das Weber'sche Gesetz aufgegeben, und ein neues Gesetz dafür zu construiren gesucht.

Hierbei möchte ich, gegenüber der Betonung der deductiven Methode durch unsere Gegner, an dieses Beispiel noch folgende Bemerkung knüpfen. Nach der bisherigen Ansicht der besseren Naturforscher war die deductive Methode nicht bloss berechtigt, sondern sogar gefordert, wenn es sich darum handelte, die Zulässigkeit einer Hypothese zu prüfen. Jede berechtigte Hypothese

---

[1]) Ueber die Bewegungsgleichungen der Elektricität für ruhende leitende Körper. Borchardt, Journal für Mathematik. Bd. 72.
[2]) Genanntes Journal, Bd. 75.

ist der Versuch, ein neues allgemeineres Gesetz aufzustellen, welches mehr Thatsachen unter sich begreift, als bisher beobachtet sind. Die Prüfung derselben besteht nun darin, dass wir alle Folgerungen, welche aus ihr herfliessen, uns zu entwickeln suchen, namentlich diejenigen, welche mit beobachtbaren Thatsachen zu vergleichen sind. Also wäre es meines Erachtens die erste Pflicht derjenigen gewesen, welche die Weber'sche Hypothese vertheidigen wollten, unter Anderem nachzusehen, ob diese Hypothese die allergemeinste Thatsache erklären kann, die nämlich, dass die Elektricität, wenn keine elektromotorischen Kräfte auf sie einwirken, in allen elektrischen Leitern in Ruhe bleibt und also fähig ist, in stabilem Gleichgewichte zu beharren. Wenn die Weber'sche Hypothese das Gegentheil ergiebt, wie ich nachzuweisen gesucht habe, so war zunächst nach einer solchen Modification derselben zu suchen, welche stabiles Gleichgewicht in den grössten wie in den kleinsten Leitern möglich machte. Nach meiner Ansicht wäre dies ein richtiges und durch die deductive Methode gefordertes Verfahren gewesen, nicht aber Halt zu machen, wenn man merkt, dass man auf unbequeme Folgerungen kommt, und sich damit zu entschuldigen, dass die richtigen Differentialgleichungen für die Bewegung der Elektricität aus dem Weber'schen Gesetz eben noch nicht gefunden seien. Und wenn ein Anderer sich dieser Mühe unterzieht, so sollte Jemand, der sich für einen Vertreter der deductiven Methode κατ' ἐξοχὴν hält, ihm Beifall spenden, statt ihn der Impietät zu bezichtigen, selbst wenn die Ergebnisse der Untersuchung sich als unbequem für den Icarusflug der Speculation herausstellen sollten.

Da Herr Zöllner sich nicht für einen Mathematiker ausgiebt, im Gegentheil uns auf Seite 426 und 427 seines Buches belehrt, dass zu häufige Anwendung der Mathematik die bewusste Verstandesthätigkeit verkümmern mache und ein bequemes Mittel zur Befriedigung der Eitelkeit sei, ausserdem an vielen Stellen, immer wiederholt, seine Geringschätzung denen ausspricht, die seine Speculationen durch Nachweis von Fehlern im Differentiiren und Integriren zu widerlegen glaubten: so dürfen wir betreffs des Weber'schen Gesetzes nicht zu strenge mit ihm rechten. Freilich sollte billiger Weise Jemand, der die Freiheit für sich in Anspruch nimmt, unsicher in der Mathematik sein zu dürfen, nicht über Dinge absprechen wollen, die nur durch mathematische Untersuchungen entschieden werden können. Seine Kometentheorie, die man doch wohl als ein nach seiner Meinung muster-

gültiges Beispiel davon ansehen soll, wie die rechte Methode zu
verfahren habe, giebt überdies andere viel populärere Beispiele
derselben eigenthümlichen Art von Anwendung oder Nichtanwendung der Deduction, Beispiele, deren Besprechung für eine andere
passendere Gelegenheit vorbehalten werden mag.

Es bleibt noch sein Ausfall gegen die Autoren dieses Buches
wegen der Emissionstheorie des Lichtes zu besprechen. Sie sagen,
eine solche Theorie wäre höchstens dann zu rechtfertigen gewesen, wenn ein Lichtkörperchen wirklich gesehen und untersucht
worden wäre. Herr Zöllner findet in dieser Forderung „nicht
„etwa nur eine physikalische, sondern sogar eine leicht zu entdeckende logische Unmöglichkeit. In der That, wenn in uns
„erst durch die Berührung der Lichtkörperchen mit unseren
„Nerven die Empfindung des Lichtes erzeugt wird, — so ist es
„offenbar unmöglich, ein solches Lichtkörperchen, bevor es
„unseren Sehnerven berührt oder afficirt hat, überhaupt durch
„das Auge wahrzunehmen." Darauf folgen dann Declamationen
über grobe Denkfehler, absoluten Nonsens u. s. w. Letzterer
ist hier wirklich vorhanden; aber er steckt nicht in dem, was
die englischen Autoren gesagt, sondern in dem, was ihr Angreifer
in ihre Worte hineininterpretirt hat. Muss ich einem Manne,
der so viel sicherer in den Elementen der Erkenntnisstheorie
zu sein glaubt, als seine Gegner, noch erst auseinandersetzen,
dass ein Object sehen, im Sinne der Emanationstheorie, heisst,
die Lichtkörperchen in das Auge aufnehmen und empfinden, die
von jenem Objecte abgeprallt sind? Nun ist aber nichts
von einer logischen Unmöglichkeit oder Widerspruch gegen die
Grundlagen der Theorie in der Annahme zu finden, dass ein
ruhendes Lichtkörperchen — sie ruhen ja, sobald sie von dunkeln
Körpern absorbirt sind — andere gegenstossende zurückwerfe,
für die es dadurch Radiationscentrum wird und demnächst als
Ausstrahlungspunkt dieser Radiation gesehen werde. Ob und
wie ein solcher Vorgang zur Beobachtung zu bringen ist, wäre
im Sinne der englischen Autoren natürlich Sache desjenigen, der
die Existenz der Lichtkörperchen direct beweisen wollte. Man
mag über die Strenge und Zweckmässigkeit dieser Anforderung
denken, was man will, ein logischer Widerspruch liegt nicht darin,
und gerade auf einen solchen käme es an, um das zu beweisen,
was Herr Zöllner beweisen möchte.

Einen weiteren Einwurf von ähnlichem wissenschaftlichen
Werthe will ich noch erwähnen, weil er sich auf Sir W. Thomson

bezieht, wenn auch nicht auf eine Stelle dieses Buches. Es betrifft die Frage über die Möglichkeit, dass organische Keime in den Meteorsteinen vorkommen und den kühl gewordenen Weltkörpern zugeführt werden. Herr W. Thomson hatte diese Ansicht in seiner Eröffnungsrede der britischen Naturforscherversammlung zu Edinburg im Herbst 1871 als „nicht unwissenschaftlich" bezeichnet. Auch hier muss ich mich, wenn darin ein Irrthum liegt, als Mitirrender melden. Ich hatte dieselbe Ansicht als eine mögliche Erklärungsweise der Uebertragung von Organismen durch die Welträume sogar noch etwas früher als Herr W. Thomson in einem im Frühling desselben Jahres zu Heidelberg und Cöln gehaltenen, aber noch nicht veröffentlichten Vortrage erwähnt[1]). Ich kann nicht dagegen rechten, wenn Jemand diese Hypothese für unwahrscheinlich im höchsten oder allerhöchsten Grade halten will. Aber es erscheint mir ein vollkommen richtiges wissenschaftliches Verfahren zu sein, wenn alle unsere Bemühungen scheitern, Organismen aus lebloser Substanz sich erzeugen zu lassen, dass wir fragen, ob überhaupt das Leben je entstanden, ob es nicht eben so alt, wie die Materie sei, und ob nicht seine Keime von einem Weltkörper zum anderen herübergetragen sich überall entwickelt hätten, wo sie günstigen Boden gefunden.

Herrn Zöllner's angebliche physikalische Gegengründe sind von sehr geringem Gewicht. Er erinnert an die Erhitzung der Meteorsteine und fügt hinzu (S. XXVI): „Wenn daher jener mit „Organismen bedeckte Meteorstein auch beim Zertrümmern seines „Mutterkörpers mit heiler Haut davon gekommen wäre und nicht „an der allgemeinen Temperaturerhöhung Theil genommen hätte, „so musste er doch nothwendig erst die Erdatmosphäre passirt „haben, ehe er sich seiner Organismen zur Bevölkerung der Erde „entledigen konnte."

Nun wissen wir erstens aus häufig wiederholten Beobachtungen, dass die grösseren Meteorsteine bei ihrem Fall durch die Atmosphäre sich nur in ihrer äussersten Schicht erhitzen, im Innern aber kalt oder sogar sehr kalt bleiben. Alle Keime also, die etwa in Spalten derselben steckten, wären vor Verbrennung in der Erdatmosphäre geschützt. Aber auch die oberflächlich gelagerten würden doch wohl, wenn sie in die allerhöchsten und dünnsten Schichten der Erdatmosphäre geriethen, längst durch den gewaltigen Luftzug herabgeblasen sein, ehe der Stein in

---

[1]) Ueber die Entstehung des Planetensystems. Siehe S. 91 dieses Bandes.

dichtere Theile der Gasmasse gelangt, wo die Compression gross genug wird, um merkliche Wärme zu erzeugen. Und was andererseits den Zusammenstoss zweier Weltkörper betrifft, wie ihn Thomson annimmt, so werden die ersten Folgen davon gewaltige mechanische Bewegungen sein, und erst in dem Maasse, als diese durch Reibung vernichtet werden, entsteht Wärme. Wir wissen nicht, ob das Stunden, oder Tage, oder Wochen dauern würde. Die Bruchstücke, welche im ersten Moment mit planetarischer Geschwindigkeit fortgeschleudert sind, können also ohne alle Wärmeentwickelung davon kommen. Ich halte es nicht einmal für unmöglich, dass ein durch hohe Schichten der Atmosphäre eines Weltkörpers fliegender Stein, oder Steinschwarm einen Ballen Luft mit sich hinausschleudert und fortnimmt, der unverbrannte Keime enthält.

Wie gesagt, möchte ich alle diese Möglichkeiten noch nicht für Wahrscheinlichkeiten ausgeben. Es sind nur Fragen, deren Existenz und Tragweite wir im Auge behalten müssen, damit sie vorkommenden Falls durch wirkliche Beobachtungen oder Schlussfolgerungen aus solchen gelöst werden können.

Herr Zöllner versteigt sich dann zu folgenden zwei Sätzen (S. XXVIII und XXIX):

„Dass die Naturforscher heute noch einen so ungemeinen „Werth auf den inductiven Beweis der generatio aequivoca, „legen, ist das deutlichste Zeichen, wie wenig sie sich mit den „ersten Principien der Erkenntnisstheorie vertraut gemacht „haben."

und ferner:

„Ebenso drückt die Hypothese von der generatio aequi„voca, — — nichts anderes als die Bedingung für die Be„greiflichkeit der Natur nach dem Causalitätsgesetze aus."

Hier haben wir den echten Metaphysiker. Einer angeblichen Denknothwendigkeit gegenüber blickt er hochmüthig auf die, welche sich um Erforschung der Thatsachen bemühen, herab. Ist es schon vergessen, wie viel Unheil dieses Verfahren in den früheren Entwickelungsperioden der Naturwissenschaften angerichtet hat? Und was ist die logische Basis dieses erhabenen Standpunktes? Die richtige Alternative ist offenbar:

„Organisches Leben hat entweder zu irgend einer Zeit angefangen zu bestehen, oder es besteht von Ewigkeit."

Herr Zöllner lässt den zweiten Theil dieser Disjunction einfach weg, oder glaubt ihn durch einige kurz zuvor angeführte flüchtige physikalische Betrachtungen beseitigt zu haben, die durchaus nicht entscheidend sind. Demgemäss ist seine Conclusio, welche die erste Hälfte der oben aufgestellten Disjunction affirmirt, entweder gar nicht bewiesen, oder nur mittelst eines Minor, der auf physikalische Gründe (und zwar ungenügende) gestützt ist. Also ist die Conclusio keineswegs, wie Herr Zöllner glaubt, ein Satz von logischer Nothwendigkeit, sondern höchstens eine unsichere Folgerung aus physikalischen Betrachtungen.

Dies ist, was Herr Zöllner auf dem Gebiete der wissenschaftlichen Fragen gegen die Autoren dieses Handbuchs einzuwenden hat[1]). Anklagen, von genau demselben Gewichte, gegen andere Naturforscher mit derselben Zuversicht auf die eigene Unfehlbarkeit und mit demselben schnellfertigen Absprechen über die intellectuellen und moralischen Eigenschaften des Gegners erhoben, finden sich in Herrn Zöllner's Buche noch in grosser Anzahl vor. Einen anderen Theil dieser Beispiele zu besprechen, wird sich noch eine andere Gelegenheit finden. Wenn ich eine Nutzanwendung, die uns hier interessirt, vorausnehmen darf, so ist es die, dass die strenge Disciplin der inductiven Methode, das treue Festhalten an den Thatsachen, welches die Naturwissenschaften gross gemacht hat, für den aufmerksamen und urtheilsfähigen Leser durch keine theoretischen Gründe wirksamer und beredter vertheidigt werden kann, als durch das praktische Beispiel, welches das Zöllner'sche Buch für die Consequenzen der entgegengesetzten, angeblich deductiven, speculirenden Methode giebt, um so mehr als Herr Zöllner unzweifelhaft ein talentvoller und kenntnissreicher Mann ist, der einst, ehe er in die Metaphysik verfiel, hoffnungsreiche Arbeiten lieferte, und noch jetzt, wo er auf dem Boden der Wirklichkeit festgehalten wird, z. B. bei der Construction optischer Instrumente und der Ermittelung optischer Methoden, Scharfsinn und Erfindungsgabe zeigt.

Berlin, December 1873.

---

[1]) Auf dem Gebiete der persönlichen Fragen muss ich bezüglich der die Principien der Spektralanalyse betreffenden Prioritätsreclamation, mit welcher Herr W. Thomson für Herrn Stokes gegen Herrn Kirchhoff aufgetreten ist, mich auf die Seite des Letztgenannten stellen in voller Anerkennung der Gründe, die er selbst geltend gemacht hat.

Ueber das Streben
nach
Popularisirung der Wissenschaft.

Vorrede
zu der

Uebersetzung von Herrn Tyndall's „Fragments of Science"
1874.

Wenn auch mein Namen auf dem Titel dieses Bandes übersetzter Tyndall'scher Schriften[1]) nicht mehr als der des Herausgebers erscheint, so habe ich doch dieselbe Hilfe wie bei früheren Bänden zu leisten mich bemüht; das heisst, ich habe die Uebersetzung betreffs der sachlich richtigen Wiedergabe des naturwissenschaftlichen Inhalts durchgesehen und, wo es nothwendig erschien, zu bessern gesucht. Ich habe meine Mitwirkung trotz grosser Ueberhäufung mit anderen amtlichen und wissenschaftlichen Arbeiten nicht zurückziehen mögen, einmal, weil ich die Verbreitung gelungener populärer Darstellungen der wichtigeren und durchgebildeteren Theile der Naturwissenschaft für ein nützliches Werk halte, und dann weil Angriffe gegen Herrn Tyndall erfolgt waren, deren Berechtigung ich vielleicht anzuerkennen geschienen hätte, wenn ich meine Hilfe bei der Herausgabe des gegenwärtigen Bandes versagt hätte. Das wollte ich um so weniger, als vielleicht gerade der Umstand, dass ich selbst an der Verbreitung seiner Bücher in Deutschland mitgewirkt habe, diese Angriffe hervorgerufen, oder wenigstens erheblich verbittert haben mag.

---

[1]) Wissenschaftliche Fragmente. Braunschweig 1874.

Was den zuerst angeführten Grund betrifft, so halte ich das auch in Deutschlands gebildeteren Kreisen erwachende und sich immer lebhafter äussernde Verlangen nach naturwissenschaftlicher Belehrung nicht bloss für ein Haschen nach einer neuen Art von Amüsement oder für leere und fruchtlose Neugier, sondern für ein wohlberechtigtes geistiges Bedürfniss, welches mit den wichtigsten Triebfedern der gegenwärtigen geistigen Entwickelungsvorgänge eng zusammenhängt. Nicht dadurch allein, dass sie gewaltige Naturkräfte den Zwecken des Menschen unterworfen und uns eine Fülle neuer Hilfsmittel zu Gebote gestellt haben, sind die Naturwissenschaften von dem allererheblichsten Einfluss auf die Gestaltung des gesellschaftlichen, industriellen und politischen Lebens der civilisirten Nationen geworden; und doch wäre schon diese Art ihrer Wirkungen wichtig genug, dass der Staatsmann, Historiker und Philosoph eben so gut wie der Techniker und Kaufmann wenigstens an den praktisch gewordenen Ergebnissen derselben nicht theilnamlos vorübergehen kann. Viel tiefer gehend noch und weiter tragend, wenn auch viel langsamer sich entfaltend ist eine andere Seite ihrer Wirkungen, nämlich ihr Einfluss auf die Richtung des geistigen Fortschreitens der Menschheit. Es ist schon oft gesagt und auch wohl den Naturwissenschaften als Schuld angerechnet worden, dass durch sie ein Zwiespalt in die Geistesbildung der modernen Menschheit gekommen sei, der früher nicht bestand. In der That ist Wahrheit in dieser Aussage. Ein Zwiespalt macht sich fühlbar; ein solcher wird aber durch jeden grossen neuen Fortschritt der geistigen Entwickelung hervorgerufen werden müssen, sobald das Neue eine Macht geworden ist und es sich darum handelt, seine berechtigten Ansprüche gegen die berechtigten des Alten abzugrenzen.

Der bisherige Bildungsgang der civilisirten Nationen hat seinen Mittelpunkt im Studium der Sprache gehabt. Die Sprache ist das grosse Werkzeug, durch dessen Besitz sich der Mensch von den Thieren am Wesentlichsten unterscheidet, durch dessen Gebrauch es ihm möglich wird, die Erfahrungen und Kenntnisse der gleichzeitig lebenden Individuen, wie die der vergangenen Generationen, jedem Einzelnen zur Verfügung zu stellen, ohne welches ein Jeder, wie das Thier, auf seinen Instinkt und seine eigene einzelne Erfahrung beschränkt bleiben würde. Dass also Ausbildung der Sprache einst die erste und nothwendigste Arbeit der heranwachsenden Volksstämme war, so wie noch jetzt die möglichst verfeinerte Ausbildung ihres Verständnisses und ihres Gebrauchs die Hauptaufgabe der Erziehung jedes einzelnen Individuum ist und immer bleiben wird, versteht sich von selbst. Ganz besonders eng knüpft sich die Cultur der modernen europäischen Nationen geschichtlich an das Studium der classischen Ueberlieferungen, und dadurch unmittelbar an das Sprachstudium an. Mit dem Sprachstudium hing zusammen das Studium der Denkformen, die sich in der Sprache ausprägen. Logik und Grammatik, das heisst nach der ursprünglichen Bedeutung dieser Wörter, die Kunst zu sprechen und die Kunst zu schreiben, beide im höchsten Sinne genommen, waren daher die natürlichen Angelpunkte der bisherigen geistigen Bildung.

Wenn nun auch die Sprache das Mittel ist, die einmal erkannte Wahrheit zu überliefern und zu bewahren, so dürfen wir doch nicht vergessen, dass ihr Studium Nichts davon lehrt, wie neue Wahrheit zu finden sei. Dem entsprechend zeigt die Logik wohl, wie aus dem allgemeinen Satze, der den Major eines Schlusses bildet, Folgerungen zu ziehen seien; wo aber ein solcher Satz herkomme, darüber weiss sie nichts zu berichten. Wer sich von seiner Wahrheit selbständig überzeugen will, der muss umgekehrt mit der Kenntniss der Einzelfälle beginnen, die unter das Gesetz gehören, und die später, wenn dieses festgestellt ist, freilich auch als Folgerungen aus dem Gesetze aufgefasst werden können. Nur wenn die Kenntniss des Gesetzes eine überlieferte ist, geht sie wirklich der der Kenntniss der Folgerungen voraus, und in solchem Falle gewinnen dann die Vorschriften der alten formalen Logik ihre unverkennbare praktische Bedeutung.

Alle diese Studien führen uns also nicht selbst an die eigentliche Quelle des Wissens, stellen uns nicht der Wirklichkeit gegenüber, von der wir zu wissen verlangen. Es liegt sogar eine unverkennbare Gefahr darin, dass dem Einzelnen vorzugsweise solches Wissen überliefert wird, von dessen Ursprung er keine eigene Anschauung hat. Die vergleichende Mythologie und die Kritik der metaphysischen Systeme wissen viel davon zu erzählen, wie bildlicher Wortausdruck später in eigentlicher Bedeutung genommen und als uranfängliche geheimnissvolle Weisheit gepriesen worden ist.

Also bei aller Anerkennung der gar nicht hoch genug zu schätzenden Bedeutung, welche die fein durchgearbeitete Kunst, das erworbene Wissen Anderen zu überliefern, und wiederum von Anderen solche Ueberlieferung zu empfangen, für die geistige

Entwickelung des Menschengeschlechts hat und bei aller Anerkennung der Wichtigkeit, welche der Inhalt der classischen Schriften für die Ausbildung des sittlichen und ästhetischen Gefühls, für die Entwickelung einer anschaulichen Kenntniss menschlicher Empfindungen, Vorstellungskreise, Culturzustände hat, müssen wir doch hervorheben, dass ein wichtiges Moment dem ausschliesslich literarisch-logischen Bildungswege abgeht, das ist die methodische Schulung derjenigen Thätigkeit, durch welche wir das ungeordnete, vom wilden Zufall scheinbar mehr als von Vernunft beherrschte Material, was in der wirklichen Welt uns entgegentritt, dem ordnenden Begriffe unterwerfen und dadurch auch zum sprachlichen Ausdrucke fähig machen. Eine solche Kunst der Beobachtung und des Versuchs finden wir bis jetzt wenigstens fast nur in den Naturwissenschaften methodisch entwickelt; vorläufig scheint die Hoffnung, dass auch die Psychologie der Individuen und der Völker, nebst den auf sie zu basirenden praktischen Wissenschaften der Erziehung, der gesellschaftlichen und staatlichen Ordnung zum gleichen Ziele gelangen werde, sich nur auf eine ferne Zukunft richten zu dürfen.

Diese neue Aufgabe, von der naturwissenschaftlichen Forschung auf neuen Wegen verfolgt, hat schnell genug neue, in ihrer Art unerhörte Erfolge als Beweise dafür gegeben, welcher Leistungen das menschliche Denken fähig ist, wo dasselbe den ganzen Weg von den Thatsachen bis zur vollendeten Kenntniss des Gesetzes unter günstigen Bedingungen seiner selbst bewusst, und selbst alles prüfend zurücklegen kann. Die einfacheren Verhältnisse namentlich der unorganischen Natur erlauben eine so eindringende und genaue Kenntniss ihrer Gesetze zu erlangen, eine so weit reichende Deduction der aus diesen fliessenden Folgerungen auszuführen, und diese wiederum durch so genaue Vergleichung mit der Wirklichkeit zu prüfen und zu bewahrheiten, dass mit der systematischen Entfaltung solcher Begriffsbildungen (zum Beispiel mit der Herleitung der astronomischen Erscheinungen aus dem Gesetze der Gravitation) kaum ein anderes menschliches Gedankengebäude in Bezug auf Folgerichtigkeit, Sicherheit, Genauigkeit und Fruchtbarkeit zugleich möchte verglichen werden können.

Ich erinnere an diese Verhältnisse hier nur, um hervorzuheben, in welchem Sinne die Naturwissenschaften ein neues und wesentliches Element der menschlichen Bildung von unzerstörbarer Bedeutung auch für alle weitere Entwickelung derselben in der Zukunft sind, und dass eine volle Bildung des einzelnen Menschen, wie der Nationen nicht mehr ohne eine Vereinigung der bisherigen literarisch-logischen und der neuen naturwissenschaftlichen Richtung möglich sein wird.

Nun ist die Mehrzahl der Gebildeten bisher nur auf dem alten Wege unterrichtet worden und ist fast gar nicht in Berührung mit der naturwissenschaftlichen Gedankenarbeit gekommen, höchstens ein wenig mit der Mathematik. Männer von diesem Bildungsgange sind es vorzugsweise, die unsere Staaten lenken, unsere Kinder erziehen, Ehrfurcht vor der sittlichen Ordnung aufrecht halten, und die Schätze des Wissens und der Weisheit unserer Vorfahren aufbewahren. Dieselben sind es nun auch, welche die Aenderungen im Gange der Bildung der neu aufwachsenden Generationen organisiren müssen, wo solche Aenderungen nöthig sind. Sie müssen dazu ermuthigt oder gedrängt werden durch die öffentliche Meinung der urtheilsfähigen Classen des ganzen Volkes, der Männer, wie der Frauen.

Abgesehen also vom natürlichen Drange jedes warmherzigen Menschen zu dem, was er als wahr und richtig erkannt hat, auch andere hinzuleiten, wird für jeden Freund der Naturwissenschaften ein mächtiges Motiv, sich an solcher Arbeit zu betheiligen, in der Ueberlegung liegen, dass die Weiterentwickelung dieser Wissenschaften selbst, die Entfaltung ihres Einflusses auf die menschliche Bildung, und, insofern sie ein nothwendiges Element dieser Bildung sind, sogar die Gesundheit der weiteren geistigen Entwickelung des Volkes davon abhängt, dass den gebildeten Classen Einsicht in die Art und die Erfolge der naturwissenschaftlichen Forschung so weit gegeben wird, als es ohne eigene eingehende Beschäftigung mit diesen Fächern überhaupt möglich ist.

Dass übrigens das Bedürfniss nach einer solchen Einsicht auch von denen gefühlt wird, welche unter überwiegend sprachlichem und literarischem Unterricht aufgewachsen sind, zeigt die grosse Menge populärer naturwissenschaftlicher Bücher, welche alljährlich erscheinen, und der Eifer, mit dem allgemein verständliche Vorlesungen naturwissenschaftlichen Inhalts besucht werden.

Es liegt aber in der Natur der Sache, dass der wesentliche Theil dieses Bedürfnisses, der tiefen Lage seiner Wurzeln entsprechend, nicht leicht zu befriedigen ist. Zwar, was die Wissenschaft als feststehendes Resultat einmal abgesetzt und fertig durchgearbeitet hat, das kann auch von verständigen Compilatoren zusammengestellt und in die passende Form gebracht werden, so dass es ohne weitere Vorkenntnisse des Lesers bei einiger Ausdauer und Geduld von diesem verstanden werden mag. Aber eine solche auf die thatsächlichen Ergebnisse beschränkte Kenntniss ist nicht eigentlich das, um was es sich handelt. Ja solche Bücher lenken bei bester Absicht leicht in falsche Bahnen. Sollen sie nicht ermüden, so müssen sie die Aufmerksamkeit des Lesers meist durch Anhäufung von Curiositäten festzuhalten suchen, wodurch das Bild von der Wissenschaft ein ganz falsches wird; man fühlt das oft heraus, wenn man die Leser von dem erzählen hört, was ihnen wichtig erschien. Dabei tritt noch die Schwierigkeit hinzu, dass das Buch nur Wortbeschreibungen, höchstens mehr oder weniger unvollkommene Abbildungen von den Dingen und Vorgängen, die es behandelt, geben kann, und dass die Einbildungskraft des Lesers dadurch fortdauernd einer viel stärkeren Anstrengung bei viel ungenügenderen Resultaten unterworfen wird, als die des Forschers oder Schülers, der in Sammlungen und Laboratorien die lebendige Wirklichkeit der Dinge vor sich sieht. Ein Theil der letztgenannten Schwierigkeiten ist in populären Vorlesungen wohl zu beseitigen, wenn wenigstens einige Objecte oder Versuche gezeigt werden können (wozu in Deutschland freilich die Gelegenheit bis jetzt meist sehr beschränkt ist).

Mir scheint aber, dass nicht sowohl Kenntnisse der Ergebnisse naturwissenschaftlicher Forschungen an sich dasjenige ist, was die verständigsten und gebildetsten unter den Laien suchen, als vielmehr eine Anschauung von der geistigen Thätigkeit des Naturforschers, von der Eigenthümlichkeit seines wissenschaftlichen Verfahrens, von den Zielen, denen er zustrebt, von den neuen Aussichten, welche seine Arbeit für die grossen Räthselfragen der menschlichen Existenz bietet. Von diesem allem ist in den eigentlich wissenschaftlichen Abhandlungen unseres Gebietes kaum je die Rede; im Gegentheil, die strenge Disciplin der exacten Methode bringt es mit sich, dass in den mustergiltigen Arbeiten nur immer von sicher Ermitteltem gesprochen wird, oder höchstens von Hypothesen, gleichsam Fragestellungen an die weitere Forschung, für welche eine sichere Antwort zu finden durch die nächsten Schritte der Untersuchung möglich erscheint. Eine natürliche Vorsicht gebietet in dieser Beziehung grosse Strenge. Denn ob ein Mann der Wissenschaft sagt: „Ich weiss" oder „Ich vermuthe", dass etwas so sei, gilt dem grösseren Theile selbst der unterrichteteren Leser ziemlich gleich; sie fragen nur nach dem Resultat und der Autorität, von der es gestützt wird, nicht nach der Begründung oder den Zweifeln. Es ist also nicht zu verwundern, wenn die ernsten Forscher sich das Vertrauen ihrer Leser auf das, was sie als wahr versichern zu können meinen, nicht gern selbst erschüttern, indem sie Vermuthungen von zweifelhafter Richtigkeit vortragen. Diese mögen noch so wahrscheinlich sein, und mögen mit noch so grosser Vorsicht und noch so sorgfältiger Verwahrung ausgesprochen werden, sie setzen ihren Urheber immer der Gefahr ärgerlicher Missdeutungen aus, denen auszuweichen leichter ist als Stand zu halten.

Auch ist nicht zu verkennen, dass die besondere Disciplin des wissenschaftlichen Denkens, welche zur möglichst abstracten und scharfen Fassung der neugefundenen Begriffe und Gesetze, zur Läuterung von allen Zufälligkeiten der sinnlichen Erscheinungsweise nöthig ist, so wie das damit verbundene Verweilen und Einleben in einen dem allgemeinen Interesse fernliegenden Gedankenkreis nicht gerade günstige Vorbereitungen für eine allgemein fassliche Darlegung der gewonnenen Einsichten vor Zuhörern sind, die einer ähnlichen Disciplin nicht unterlegen haben. Für diese Aufgabe ist vielmehr ein gewisses künstlerisches Talent der Darstellung, eine gewisse Art von Beredsamkeit nothwendig. Der Vortragende oder Schreibende muss allgemein zugängliche Anschauungen finden, mittelst deren er neue Vorstellungen in möglichst sinnlicher Lebendigkeit hervorzurufen und an diesen dann auch die abstracten Sätze, die er verständlich machen will, concretes Leben gewinnen zu lassen weiss. Es ist dies eine fast entgegengesetzte Behandlungsweise des Stoffs, als in den wissenschaftlichen Abhandlungen, und es ist leicht erklärlich, dass sich selten Männer finden, die zu beiderlei Art geistiger Arbeit gleich geschickt sind.

Durch alle diese Verhältnisse wird eine Art von Schranke aufgerichtet zwischen den Männern der Wissenschaft und den Laien, welche von ihnen Belehrung und Führung gewinnen möchten. Dass viele, und zwar zum Theil gerade die tüchtigsten, unter den Forschern die genannten Eigenschaften und Eigenthümlichkeiten des gelehrten Arbeitens haben, ist natürlich und wird in jedem einzelnen Falle gern und leicht entschuldigt werden. Verwahrung einlegen muss ich hier nur gegen die Verkehrung dieses

Verhältnisses, als wenn die genannten Mängel nothwendig wären oder gar einen Vorzug ausmachten.

Die Compilatoren können in solchen Richtungen nicht helfen, wo die originalen Denker versäumt oder gescheut haben sich auszusprechen. Um so mehr ist es, wie ich meine, bei dieser Sachlage ein Glück, wenn sich unter denen, welche die volle Befähigung zu selbständiger wissenschaftlicher Arbeit erwiesen haben, auch einmal ein Mann wie Tyndall findet, voll Enthusiasmus für die Aufgabe, die neu errungenen Einsichten und Anschauungen seiner Wissenschaft auf breite Kreise des Volkes wirken zu machen, und dabei ausgerüstet mit den anderen Eigenschaften, welche die Thätigkeit für jenen Zweck erfordert, mit Beredsamkeit und der Gabe anschaulicher Darstellung.

In England besteht die Sitte der populären naturwissenschaftlichen Vorlesungen seit viel längerer Zeit als in Deutschland. Bei der von der unserigen ganz abweichenden Einrichtung der englischen Universitäten sind dort viel Wenigere im Stande, wissenschaftliche Arbeiten und wissenschaftlichen Unterricht für regelrecht vorbereitete Schüler als einzigen Lebensberuf zu betreiben. Das macht meistens für den Einzelnen die Vertiefung in einen besonderen Studienkreis viel schwieriger; das Genie freilich bricht überall durch dieses und andere Hindernisse. Dasselbe Verhältniss hat aber auch andererseits eine engere Berührung der Arbeiter für die Wissenschaft mit allen anderen Kreisen ihres Volkes unterhalten, und dazu getrieben, für die Möglichkeit des Unterrichts der nicht regelrecht vorgebildeten Schüler ausgiebiger zu sorgen. Während dies in Deutschland bisher nur ganz vereinzelt geschah, sind für den gleichen Zweck in England längst feste, gut ausgestattete Institute gegründet worden. Unter diesen steht in erster Linie die Royal Institution in London. „Königlich" heisst sie nur, weil König Georg III. das Patronat derselben übernahm, übrigens ist sie durch Privatmittel gegründet und wird durch solche unterhalten. Dieses Institut hat ein eigenes Gebäude, mit einer grossen naturwissenschaftlichen Bibliothek, Hörsaal, Sammlung physikalischer und chemischer Instrumente, Laboratorium u. s. w. Ein Professor der Physik und einer der Chemie (zur Zeit die Herren Tyndall und Frankland) sind regelmässig dort angestellt. Die Vorlesungen sind theils einzelne, welche (Freitags Abends) nur vor Mitgliedern der Gesellschaft oder eingeführten Gästen gehalten werden, und meist die Mittheilung neuer wissenschaftlicher Ergebnisse zum Zwecke haben, theils werden Curse von 6 bis 12 Vorträgen über einzelne Capitel der Wissenschaft, hauptsächlich, doch nicht ausschliesslich, der Naturwissenschaft gehalten. Zu letzteren hat Jeder Zutritt, der das Eintrittsgeld erlegt. Die Vortragenden sind theils die Professoren der Anstalt, die verpflichtet sind, jährlich einen solchen Cursus zu halten, theils englische oder auch auswärtige Gelehrte, welche dazu eingeladen werden. Namentlich in den beiden Umständen, dass dort Curse von einer mässigen Anzahl zusammenhängender Vorlesungen gehalten werden können, und dass dies in einem zu Demonstrationen und Versuchen jeder Art wohl eingerichteten Locale geschieht, liegt ein ausserordentlich grosser Vorzug vor der in Deutschland überwiegenden Gewohnheit, dass jeder Vortragende nur eine Vorlesung hält.

Nun ist begreiflich, dass während der 70 Jahre, wo dies besteht, und unter so viel günstigeren äusseren Bedingungen sich das Publicum seine Vortragenden und die Vortragenden ihr Publicum viel besser ausgebildet haben, als dies bisher in Deutschland der Fall sein konnte. Die Royal Institution hat unter ihren Professoren zwei Namen ersten Ranges gehabt, Humphrey Davy und Faraday, welche hieran mitgearbeitet haben. Gegenwärtig wird Herr Tyndall in England, wie in den Vereinigten Staaten, wegen seines besonderen Talents zur populären Darstellung wissenschaftlicher Themata besonders hoch geschätzt. Jemand, der in sich die Begabung und die Kraft fühlt, in einer bestimmten Richtung an der geistigen Entwickelung der Menschheit mitzuarbeiten, pflegt auch Freude an einer solchen Thätigkeit und an ihrem Erfolge zu haben und ist bereit, ihr einen guten Theil seiner Zeit und seiner Arbeitskraft zu widmen. Das ist bei Herrn Tyndall entschieden der Fall; deshalb ist er seiner Stelle an der Royal Institution treu geblieben, obgleich ihm andere ehrenvolle Stellen angeboten wurden. Aber es wäre eine ganz falsche Vorstellung von ihm, wollte man ihn nur als geschickten populären Redner betrachten, denn der grössere Theil seiner Thätigkeit ist immer der wissenschaftlichen Forschung gewidmet geblieben, und wir verdanken ihm eine Reihe, zum Theil höchst origineller und bedeutsamer physikalischer und physikalisch-chemischer Untersuchungen und Entdeckungen.

Dies sind im Wesentlichen die Gründe, welche mich urtheilen liessen, dass die Verbreitung der Tyndall'schen populären Schriften in Deutschland zur Befriedigung eines wirklichen und nicht ganz leicht zu befriedigenden geistigen Bedürfnisses der

gegenwärtigen Entwickelungsepoche beitragen würde. Der Erfolg, namentlich des Buches über die Wärme, scheint mir diese Erwartungen, welche Herr Wiedemann und ich bei der Herausgabe hegten, durchaus bestätigt zu haben. Von Männern sehr verschiedener Lebensberufe habe ich unaufgefordert den Nutzen rühmen hören, den ihnen das Buch gebracht habe.
Der vorliegende neue Band enthält mannigfaltigere Vorlesungen bei verschiedenen Veranlassungen entstanden, theils eigene neue Entdeckungen des Verfassers darstellend, theils seine Ideen über Methode der naturwissenschaftlichen Forschungen auseinandersetzend oder an Beispielen erläuternd, theils die Beziehungen des naturwissenschaftlichen Wissens zu anderen Gebieten menschlicher Geistesthätigkeit besprechend. Für die Eigenart des Verfassers ist der Aufsatz über wissenschaftlichen Gebrauch der Einbildungskraft besonders bezeichnend. Es giebt zwei Wege, den gesetzlichen Zusammenhang der Natur aufzusuchen, den der abstracten Begriffe und den einer reichen experimentirenden Erfahrung. Der erstere Weg führt schliesslich mittelst der mathematischen Analyse zur genauen quantitativen Kenntniss der Phänomene; aber er lässt sich nur beschreiben, wo der zweite schon das Gebiet einigermaassen aufgeschlossen, d. h. eine inductive Kenntniss der Gesetze mindestens für einige Gruppen der dahin gehörigen Erscheinungen gegeben hat, und es sich nur noch um Prüfung und Reinigung der schon gefundenen Gesetze, um den Uebergang von ihnen zu den letzten und allgemeinsten Gesetzen des betreffenden Gebietes und um die vollständige Entfaltung von deren Consequenzen handelt. Der andere Weg führt zu einer reichen Kenntniss des Verhaltens der Naturkörper und Naturkräfte, bei welcher zunächst das Gesetzliche nur in der Form, wie es die Künstler auffassen, in sinnlich lebendiger Anschauung des Typus seiner Wirksamkeit erkannt wird, um sich dann später in die reine Form des Begriffs herauszuarbeiten. Ganz von einander lösen lassen sich beide Seiten der Thätigkeit des Physikers niemals, wenn auch die Verschiedenheit der individuellen Begabung den Einen geschickter zur mathematischen Deduction, den Andern zur inductiven Thätigkeit des Experimentirens macht. Löst sich aber der Erstere ganz von der sinnlichen Anschauung ab, so geräth er in Gefahr, mit grosser Mühe Luftschlösser auf unhaltbare Fundamente zu bauen, und die Stellen nicht zu finden, an denen er die Uebereinstimmung seiner Deductionen mit der Wirklichkeit bewahrheiten kann; dagegen

würde der Letztere das eigentliche Ziel der Wissenschaft aus den Augen verlieren, wenn er nicht darauf hinarbeitete, seine Anschauungen schliesslich in die präcise Form des Begriffs überzuführen.

Die erste Entdeckung bisher unbekannter Naturgesetze, das ist also neuer Gleichförmigkeiten in dem Ablaufe anscheinend unzusammenhängender Vorgänge, ist eine Sache des Witzes (dies Wort in seiner weitesten Bedeutung genommen) und wird fast immer nur durch die Vergleichung reicher sinnlicher Anschauungen gelingen; die Vervollständigung und Reinigung des Gefundenen fällt nachher der deductiven Arbeit der begrifflichen und zwar vorzugsweise mathematischen Analyse anheim, da es sich schliesslich immer um Gleichheit von Quantis handelt.

Herr Tyndall ist nun überwiegend Experimentator; er bildet sich seine Verallgemeinerungen auf dem Wege der auf reiche Erfahrung gestützten Anschauung des Spiels der Naturkräfte, und überträgt, was er gesehen, hier auf die grössten, dort auf die kleinsten Raumverhältnisse, wie er dies in der vorhergenannten Vorlesung beschreibt. Es ist eine falsche Unterstellung, wenn man das, was er mit Einbildungskraft (Imagination) bezeichnet, als Phantasterei auslegen will. Es ist ganz das Gegentheil gemeint, reiche erfahrungsmässige Anschauung. In dieser Art zu arbeiten liegt auch offenbar der Grund für die Anschaulichkeit seiner Vorträge über physikalische Vorgänge, so wie für seine Erfolge als populärer Redner.

Uns Deutschen steht Herr Tyndall überdies näher, als viele andere seiner Landsleute dadurch, dass er einen Theil seiner Studien in Deutschland (hauptsächlich in Marburg) vollendet hat. Seine Liebe für die deutsche Literatur und Wissenschaft bekundet sich immer wieder in seinen Büchern. Seine Dankbarkeit hat er auch dadurch bethätigt, dass er manche Lanze gebrochen hat, um den Leistungen continentaler Forscher, Robert Mayer's, Kirchhoff's die gebührende Anerkennung in seinem Vaterlande zu verschaffen. Er kämpft im Augenblick wieder für die Gletscheruntersuchungen der Schweizer Rendu, Agassiz, Desor. Dieselbe Dankbarkeit documentirt sich in der Stiftung, die er am Schlusse seiner in Amerika mit dem ungeheuersten Beifalle gehaltenen Vorlesungscurse aus dem Ueberschuss seiner Einnahmen gemacht hat. Er bestimmt diesen dazu, dass davon „zwei amerikanische Studirende, welche entschiedenes Talent für Physik zeigen, und ihren Entschluss erklären, der Arbeit für diese

Wissenschaft ihr Leben zu widmen, unterhalten oder unterstützt werden an solchen europäischen Universitäten, welche nach Ansicht der Verwalter der Stiftung am geeignetsten für diesen Zweck erscheinen".

„Mein Wunsch würde sein, dass jeder dieser Studirenden vier Jahre an einer deutschen Universität zubrächte, von denen drei für seinen Unterricht, eines auf selbständige Untersuchungen verwendet würde [1])."

Um so mehr finde ich es zu bedauern, dass gerade Herr Tyndall in Deutschland von einem Angriffe getroffen worden ist, der gleichsam im Namen des deutschen Nationalgefühls gegen das Eindringen fremdländischer wissenschaftlicher Richtungen vollführt wird, der dabei einen Ton so leidenschaftlicher Bitterkeit an sich trägt und vom Wissenschaftlichen sich so tief in das Persönliche verirrt, wie es in der naturwissenschaftlichen Literatur bisher glücklicher Weise kaum vorgekommen war. Dieser Angriff ist in Herrn J. C. F. Zöllner's Buch über die Natur der Kometen enthalten. Seine Quelle, so weit diese aus wissenschaftlichen Differenzen sich herleitet, ist eine philosophische, der Gegensatz gegen die inductive Methode der Naturwissenschaften, die von Baco zuerst methodisch formulirt und von seinen Landsleuten am frühesten und consequentesten befolgt worden ist. Uebrigens ist dies ein alter Streitpunkt, aus dem schon manche Bäche bitterer Polemik geflossen sind.

Herrn Zöllner's Polemik wendet sich nicht nur gegen Tyndall, sondern gegen die Ausländer überhaupt, und namentlich gegen die Engländer. Ich habe schon Gelegenheit gehabt, in der Vorrede zu dem kürzlich erschienenen zweiten Theil der Uebersetzung von W. Thomson's und P. G. Tait's Treatise on Natural Philosophy (Handbuch der theoretischen Physik) die Art des wissenschaftlichen Gegensatzes und der angewendeten Polemik zu besprechen.

Herr Zöllner möchte die „deductive" Methode, welche er selbst in seinen astrophysischen Speculationen befolgt oder wenigstens zu befolgen beabsichtigt, als die urgermanische empfehlen, und Deutschlands geistigen Horizont durch eine chinesische Mauer gegen die inductive Methode des Auslandes abschliessen. Er sagt viel böse Dinge über das wissenschaftliche Treiben Englands. Er scheut sich nicht in dieser gegenwärtigen Zeit, wo Faraday

---

[1]) The Popular Science Monthly 1873.

erst wenige Jahre todt, und die ganze geistige Atmosphäre Europas von Darwin's Ideen durchdrungen und aufgeregt ist, die englische Wissenschaft für altersschwach und absterbend, für vergiftet und vergiftend zu erklären.

Allerdings habe ich keine Besorgniss, dass ein Aufruf, in dieser Richtung an das deutsche Nationalgefühl gerichtet, irgend welchen Erfolg haben werde, während das grosse Blatt der Geschichte, welches das Jahr 1870 aufgeschlagen hat, das gerade Gegentheil mit feurigen Zungen predigt. Aber ich kann nicht verkennen, dass auch abgesehen von den einzelnen Auswüchsen der Polemik des genannten Kritikers, die wissenschaftliche Richtung seines Angriffs eine gewisse verführende Kraft gerade für die Leserkreise haben könnte, auf deren Interesse die Tyndall'schen Bücher zählen müssen.

Die Naturwissenschaften haben genau in dem Maasse reichere und schnellere Fortschritte gemacht als sie sich dem Einflusse der angeblichen Deductionen a priori entzogen haben. In unserem Vaterlande ist dies am spätesten, dann aber auch am entschiedensten geschehen, und namentlich die deutsche Physiologie kann Zeugniss für die Tragweite und Bedeutung dieser Entscheidung geben. Es ist dies aber geschehen im Kampf gegen die letzten grossen Systeme metaphysischer Speculation, die die Erwartungen und das Interesse des gebildeten Theils der Nation auf das Höchste gespannt und gefesselt hatten, im Kampfe gegen die Auffassung, als ob nur das reine Denken die einer hohen Sinnesweise entsprechende Arbeit sei, das Sammeln der Erfahrungsthatsachen dagegen niedrig und gemein.

Indem ich den Namen der Metaphysik hier auf diejenige vermeintliche Wissenschaft beschränke, deren Zweck es ist, durch reines Denken Aufschlüsse über die letzten Principien des Zusammenhanges der Welt zu gewinnen, möchte ich mich nur dagegen verwahren, dass das, was ich gegen die Metaphysik sage, auf die Philosophie überhaupt bezogen werde. Mir scheint, dass nichts der Philosophie so verhängnissvoll geworden ist, als ihre immer wiederholte Verwechselung mit der Metaphysik. Letztere hat der ersteren gegenüber etwa dieselbe Rolle gespielt, wie die Astrologie neben der Astronomie. Die Metaphysik war es, welche hauptsächlich die Augen des grossen Haufens der wissenschaftlichen Dilettanten auf die Philosophie hingerichtet und ihr Schaaren von Schülern und Anhängern zugeführt hat, freilich vielfach solche, die ihr mehr schadeten, als die erbittertsten

Gegner hätten thun können. Es war die täuschende Hoffnung, auf einem verhältnissmässig schnellen und mühelosen Wege Einsicht in den tiefsten Zusammenhang der Dinge und das Wesen des menschlichen Geistes, in die Vergangenheit und Zukunft der Welt erlangen zu können, worin das aufregende Interesse beruhte, das so Viele dem Studium der Philosophie zuführte, ebenso wie die Hoffnung, Vorhersagungen für die Zukunft zu gewinnen, ehemals der Astronomie Ansehen und Unterstützung verschaffte. Was die Philosophie uns bisher lehren kann, oder bei fortgesetztem Studium der einschlagenden Thatsachen uns einst wird lehren können, ist zwar vom höchsten Interesse für den wissenschaftlichen Denker, der das Instrument, mit dem er arbeitet, nämlich das menschliche Erkenntnissvermögen, nach seiner Leistungsfähigkeit genau kennen lernen muss; von eben so grossem Interesse für den Geistlichen, den Staatsmann, den Gesetzgeber, den Künstler, welche die ideellen Bedürfnisse des menschlichen Geistes praktisch zu befriedigen bemüht sind. Aber zur Befriedigung dilettantischer Wissbegier oder, was noch mehr in Betracht kommt, menschlicher Eigenliebe werden diese strengen und abstracten Studien wohl auch in Zukunft nur geringe und schwer zu hebende Ausbeute liefern, gerade so, wie die mathematische Mechanik des Planetensystems und die Störungsrechnungen trotz ihrer bewunderungswürdigen systematischen Vollendung viel weniger populär sind, als es die astrologische Afterweisheit alter Zeit gewesen ist.

Dass das Interesse an den berechtigten Aufgaben der Philosophie in der Menschheit nie dauernd auslöschen kann, ist selbstverständlich, wenn sie sich auch vielleicht für halbe Jahrhunderte von solchen Studien misstrauisch abwenden mag, nachdem man ihren Wissenshunger mit Opium statt mit Brot zu stillen versucht hat. Und wenn dann das natürliche Bedürfniss sich wieder geltend macht, wie es gegenwärtig bei uns zu geschehen scheint, so thun diejenigen der Wissenschaft offenbar den allerschlechtesten Dienst, welche den alten Taumel mit neuen Dosen Opium wieder zu erregen bereit stehen. Deren sind leider hinreichend Viele auch jetzt da, wenn sie auch in gutem Glauben, dass sie Brot reichen, handeln mögen, und ich kann nicht umhin, Herrn Zöllner in die Zahl derselben zu rechnen.

Zwar hat die neuere Metaphysik die kühnen und durch ihre Kühnheit imponirenden Pläne, das System alles Wissenswerthen aus dem reinen Denken zu entwickeln, aufgegeben. Man ist bereit, grosse Massen von Material aus den Erfahrungswissenschaften aufzunehmen und Hypothesen zu machen, deren Natur als solche anerkannt wird. Dagegen soll freilich eine gewisse Reihe von a priorischen Sätzen stehen bleiben, zu denen Herr Zöllner zum Beispiel das Gesetz der Gravitation und das Bestehen der Generatio aequivoca rechnet.

Vielleicht mag mancher der Leser, welcher den Naturwissenschaften fremd gegenüber steht und in seinem Herzen einen Rest von Hoffnung auf die einstige Erfüllung der kühnen Ideale eines grossen speculativen Systems bewahrt hat, deshalb geneigt sein, Herrn Zöllner's Darstellungen der Principien naturwissenschaftlicher Methode und der Geschichte naturwissenschaftlicher Entdeckungen Glauben zu schenken.

Das würde die Hoffnung auf eine endliche Versöhnung des Zwiespalts in unserer jetzigen Bildung nur hinausrücken. Auf das Einzelne einzugehen fehlt hier der Platz; ich muss mich hier auf die Bitte beschränken, jenen Darstellungen nicht ohne Kritik vertrauen zu wollen, und hoffe, dass Männer, welche an wissenschaftliche Strenge gewöhnt sind, auch wo sie mit dem sachlichen Inhalt nicht vertraut sind, zu unterscheiden wissen werden, wo solche Strenge vorhanden ist, und wo sie mangelt.

Ich wollte, wie anfangs gesagt, auch nicht den Schein auf mich laden, dass ich die gegen Herrn Tyndall gerichteten Angriffe billigte, weil ich sie für ungerecht halte. Herr Zöllner hat das Recht, eine Begründung dieser Behauptung von mir zu verlangen, mit der ich die Leser dieser Vorrede, die von dem Buche über die Natur der Kometen vielleicht nichts wissen, hier nicht behelligen will, und die ich deshalb in eine kritische Beilage an den Schluss des Bandes verwiesen habe. Dorthin bitte ich auch solche Leser Tyndall'scher Schriften sich zu wenden, welche das Zöllner'sche Buch gesehen haben, und ohne selbst eingehende physikalische Studien machen zu können, sich doch ein einigermaassen begründetes Urtheil über das Vertrauen, was sie beiden Schriftstellern schenken dürfen, zu bilden wünschen.

Kritische Beilage

zu der vorausgehenden Vorrede.

Zöllner contra Tyndall.

Da Herr Tyndall für uns nur als wissenschaftlicher Schriftsteller in Betracht kommt, so ist die Hauptfrage die, ob sein Kritiker irgend welche erhebliche Irrthümer oder Leichtfertigkeiten in den von ihm hingestellten wissenschaftlichen Sätzen nachzuweisen im Stande ist. Aber trotzdem ein ganzer Abschnitt des Buches mit 70 Seiten Text und weitläuftigen psychologischen Erörterungen seiner Verurtheilung gewidmet ist, und ausserdem noch viele entsprechende Behauptungen, die durch das ganze Buch zerstreut sind, habe ich von Einwänden gegen die wissenschaftlichen Sätze des englischen Autors nichts weiter gefunden, als was gegen eine von ihm vorgeschlagene neue Hypothese über die Natur der Kometenschweife gesagt ist, die einen Anhang zum letzten Capitel des Buches über die Wärme (dritte Auflage) bildet. Herr Tyndall hatte interessante neue Thatsachen entdeckt, die in dem genannten Capitel beschrieben sind. Sonnenstrahlen, welche durch gewisse sehr verdünnte Dämpfe kohlenstoffhaltiger Substanzen gehen, zersetzen diese, so dass feinste flüssige Theilchen sich ausscheiden, und einen höchst durchsichtigen Nebel bilden, der beleuchtet von Sonnenlicht ein ähnliches Ansehen und ähnliche Erscheinungen der Polarisation des Lichts zeigt, wie sie an den Schweifen der Kometen beobachtet sind. Herr Tyndall nennt diese durch chemisch wirkende (actinische) Strahlen ausgeschiedenen Nebel **actinische Wolken**, und stellte sich die Frage, ob nicht die Kometenschweife, deren Erscheinungen in vieler Beziehung noch räthselhaft sind, actinische Wolken sein könnten.

Da er selbst nicht Astronom ist, so benutzte er die Gelegenheit eines Vortrags in der Philosophical Society in Cambridge, zu der einige der bedeutenderen englischen Astronomen gehören, seine Gedanken darüber vorzutragen und fand gute Aufnahme oder wenigstens keinen entschiedenen Widerspruch. Dies veranlasste ihn, einen kurzen Abriss jenes Vortrags auch als Anhang zu dem betreffenden Capitel der Wärmelehre abdrucken zu lassen. Uebrigens trägt er diese seine Ansicht durchaus nur als eine **mögliche** Anwendung der gefundenen Thatsachen vor, als eine **Hypothese**, von der er glaube, „dass sie einen Keim von Wahrheit enthalte".

Da sich Herr Tyndall hierbei nirgends für einen Kenner der astronomischen Verhältnisse ausgiebt, im Gegentheil berichtet, dass er Rath von Astronomen zu gewinnen gesucht habe, so muss ich gestehen, könnte ich sein Verfahren nicht tadelnswerth finden, selbst wenn sich herausstellen sollte, dass seine Hypothese sich mit manchen an älteren und neueren Kometen gemachten **astronomischen** Erfahrungen nicht vereinigen lasse. Jemand, der sich mit diesem Gegenstande eingehend beschäftigt, die astronomische Literatur durchstudirt, oder selbst Kometen beobachtet hat, möchte vielleicht augenblicklich im Stande gewesen sein zu erklären, dass und warum Tyndall's Erklärung den am Himmel beobachteten Thatsachen gegenüber nicht ausreiche, ohne dass man dem Physiker, der nur als solcher eine ihm plausibel erscheinende, auf neu entdeckte Thatsachen gestützte Hypothese vorträgt, daraus billiger Weise einen schweren Vorwurf machen dürfte. Nur in dem Falle würde er einen solchen verdienen, wenn er Widersprüche und nachweisbar unrichtige Sätze in dem **physikalischen** Theile seiner Theorie vorgetragen hätte. Dies hat Herr Zöllner allerdings in diesem Falle nachzuweisen gesucht; ich muss aber behaupten, dass ihm dieser Nachweis misslungen ist.

Die Tyndall'sche Hypothese ist, dass der Schweif der Kometen nicht, wie es Olbers und Bessel angenommen hatten, aus Theilchen bestehe, die von dem Kometen ausströmten, sondern dass diese an Ort und Stelle, wo sie sichtbar würden, durch die actinischen Strahlen der Sonne aus den Dämpfen einer in höchst geringer Menge durch den Weltraum verbreiteten Substanz solcher Art, wie er sie in den erwähnten Versuchen gebraucht hatte, niedergeschlagen seien. Die Möglichkeit eines solchen Niederschlags erklärt er durch die weitere Annahme, dass der Kern des Kometen von einer Dunsthülle umgeben sei (die übrigens selbst das Material für actinische Wolkenbildung enthalten muss), welche die wärmenden Strahlen der Sonne in stärkerem Maasse absorbire, als die actinischen.

Wenn man nun, erstaunt über die strenge Verurtheilung von Herrn Tyndall's wissenschaftlichem und sittlichem Charakter, wozu die Berechtigung hauptsächlich aus seiner Kometentheorie hergeleitet werden soll, nachsieht, was sein Gegner eigentlich an dieser zu tadeln hat, so findet man zunächst (S. 171 und an mehreren anderen Stellen) die Behauptung, schon im Voraus sei die Tyndall'sche Theorie durch Olbers' und Bessel's Arbeiten widerlegt. „Denn das für eine physische Theorie der Kometen „wesentliche Resultat jener beiden Arbeiten reducirt sich einfach „auf den Inhalt des folgenden Satzes: Die Dunsthüllen und „Schweife der Kometen bestehen aus discreten Thei-„len, welche sich unter dem Einfluss der Repulsiv-„kraft der Sonne und des Kernes nach bekannten „mechanischen Gesetzen bewegen." Nun liegt es in der Natur der Sache, dass die genannten beiden Astronomen besten Falls nichts anderes bewiesen haben können als dieses: „Die Dunsthüllen und Schweife der Kometen zeigen eine Form und Lage, wie sie entstehen würde, wenn diese Hüllen aus discreten Theilchen gebildet wären, welche u. s. w." Das kann doch offenbar Niemanden hindern, die Frage zu stellen, ob nicht auch durch eine andere Voraussetzung die Form und Lage der Schweife erklärt werden könne! Von den Beobachtungsthatsachen beabsichtigt Herr Tyndall keine zu leugnen; dass aber die Schweiftheilchen des Kometen vom Kerne ausgeströmt seien, ist nicht Beobachtungsthatsache, sondern Hypothese. Ich will gar nicht leugnen, dass auch ich Bessel's Hypothese für einen glücklichen Griff halte und für diejenige, welche unter allen bisher aufgestellten Hypothesen über die Kometenschweife am meisten geleistet hat. Aber man vergesse doch nicht, dass über ihre Uebereinstimmung mit den Thatsachen auch ein Deutscher, der als Anhänger jener Hypothese und als sachverständiger und selbständiger Beobachter jedenfalls Vertrauen verdient, nämlich Herr Winnecke, sich nur mit der vorsichtigsten Zurückhaltung (s. Zöllner, Ueber die Natur der Kometen. S. 272) ausdrückt.

Von Jemandem, der in der Erkenntnisstheorie sich selbst einigen der ausgezeichnetsten Naturforschern so überlegen dünkt, wie es Herr Zöllner thut, hätten wir eine sorgfältigere Scheidung dessen, was bewiesen, und dessen, was nur Hypothese ist, wohl erwarten dürfen.

Obgleich Herr Zöllner anfangs erklärt hat, dass nach den Arbeiten von Bessel eine Widerlegung der Tyndall'schen Hypothese nicht nöthig sei, hat er doch auch eine solche zu geben versucht, um sie zu einer „moralischen Vivisection" zu benutzen, wie er selbst sein Verfahren zu bezeichnen liebt. Ich übergehe eine etwas pedantische Berechnung, welche darthun soll, dass Tyndall vier Hypothesen gemacht habe, um zwei Thatsachen zu erklären, gegen welche Rechnung sich mancherlei einwenden liesse, auf die indessen der Leser schwerlich viel Gewicht legen wird. Die Hauptsache ist, dass von diesen vier Hypothesen, wenn Tyndall sie wirklich gemacht hätte, oder zu Gunsten seiner Theorie machen müsste, gewisse Punkte der dritten, und die vierte allerdings physikalisch unzulässig sein würden.

In Bezug auf die dritte Hypothese, wonach die calorischen Strahlen stärker als die actinischen in der hypothetischen Dunsthülle des Kometenkopfes absorbirt werden, klagt Herr Zöllner den englischen Autor an, übersehen zu haben, dass die actinisch wirksamen Strahlen, wo sie eine Wirkung ausübten, nothwendig ebenfalls absorbirt werden müssten. Hätte sich Herr Zöllner, ehe er das Messer zur Vivisection anzusetzen eilte, wenigstens die Mühe genommen, das Capitel des Buches durchzulesen, welches die von seinem Opfer neu entdeckten Erscheinungen beschreibt, und als dessen Anhang die darauf gebaute Kometentheorie abgedruckt ist, so würde er gefunden haben, wie Herr Tyndall in §. 744 dieses Capitels die fragliche Absorption selbst beobachtet und durch Versuche nachgewiesen hat!

Ausserdem hat Letzterer gar nicht behauptet, dass die kurzwelligen actinischen Strahlen die Dunsthülle des Kometenkopfes ganz unvermindert durchliefen, sondern nur, dass sie weniger absorbirt würden, als die langwelligen calorischen Strahlen. Dass übrigens viele Dünste calorische Strahlen selbst bei hohen Verdünnungsgraden ausserordentlich stark absorbiren, hat er anderweitig in mannigfaltig abgeänderten Versuchen gezeigt.

Dadurch erledigt sich nun auch die angebliche vierte Hypothese, die Herr Zöllner aufzählt, es müsse sich nämlich „der „actinischen Wirkung des Lichts gegenüber Kern- und Halb„schatten eines absorbirenden Mediums umgekehrt wie jeder

„anderen Wirkung des Lichts gegenüber verhalten, die von In-„tensitätsunterschieden abhängig ist." Er behauptet dies, weil in den Kometenschweifen nicht der Kernschatten den dichtesten Nebel enthält, sondern dessen Umfang, wo der Halbschatten liegt. Sobald aber die Dunsthülle die actinischen Strahlen überhaupt absorbirt, wenn auch weniger als die dunkeln Wärmestrahlen, so könnten dennoch beide Arten von Strahlen vollständig absorbirt sein, ehe sie die Dunsthülle längs eines ihrer Durchmesser durchstrahlt hätten, und würde alsdann der Niederschlag in dem Centrum des Schattens fehlen, wie es in der Regel der Fall ist.

Jedenfalls muss ich behaupten, dass die physikalischen Annahmen der Tyndall'schen Hypothese in keiner Weise als unsinnig oder unzulässig bezeichnet werden können, und also auch in keiner Weise das Recht geben, den wissenschaftlichen Charakter der Arbeiten ihres Autors zu verdächtigen; im Gegentheil scheint mir unzweifelhaft, dass eine solche Hypothese wohl im Stande wäre, das Auftreten von nebligen Massen zu erklären, die in Form und Lage den Schweifen mancher Kometen ziemlich ähnlich wären, und wie diese einen rundlichen Kopf und kegelförmigen Schweif, letzteren am Umfang heller als in der Mitte hätten. Aber, dass diese nebligen Schattenkegel eine strenge Confrontation mit allen beobachteten Kometen oder genauen Abbildungen derselben aushalten würden, scheint auch mir zweifelhaft. Ich selbst möchte daher keineswegs die Tyndall'sche Hypothese als besonders wahrscheinlich empfehlen. Herr Zöllner hat immerhin einige Punkte angerührt, die zwar nicht die Unsinnigkeit oder Unmöglichkeit derselben erweisen, aber doch Zweifel gegen ihre Wahrscheinlichkeit erregen. Nämlich, erstens müsste die Nebelhülle des Kometen in ihren Hauptumrissen die Form der absorbirenden Dunsthülle des Kerns und ihres Schattenkegels haben. Wenn man nun genaue Abbildungen von Kometen, wie sie auch Herr Zöllner in seinem Buche zusammengestellt hat, betrachtet, so sind in der That manche dabei, die man sich nicht als Schattenkegel einer ihren vorderen Theil ausfüllenden Dunstmasse vorstellen kann. Bald sind die Schweife zu stark seitwärts gerichtet, bald anfangs schmal und in grösserer Entfernung sich fächerförmig entfaltend u. s. w. Ich halte es für unwahrscheinlich, dass solche Formen durch irgend welche Annahmen über verschiedene Stärke der Absorption für die verschiedenen Theile des Sonnenspectrums in verschiedenen Theilen jener Dunsthülle und der actinischen Wolke erklärt werden könnten. Aber definitiv entscheiden kann darüber vielleicht erst eine genaue mathematische Discussion des Ganges der Lichtstrahlen.

Zweitens steht die physikalische Annahme, dass die actinischen Strahlen von den niederzuschlagenden Dämpfen, die sie schon auf dem Wege von der Sonne bis zum Kometen passirt haben, erst da absorbirt werden, wo der Mangel an calorischen das Entstehen des Niederschlags erlaubt, und nicht schon vorher, so viel ich weiss, ohne Analogie unter den bisher beobachteten physikalischen Thatsachen da, und ist mit der übrigens sehr wahrscheinlichen Theorie des Mitschwingens der Molekeln bei den Erregungen durch Lichtoscillationen schwer zu vereinigen. Ich würde mich also ohne den thatsächlichen Nachweis, dass dieses Verhältniss bei irdischen Körpern vorkommt, bedenken jene Annahme zu machen. Indessen ist Herr Tyndall unter den Physikern Europas bei Weitem der beste Kenner gerade dieser Verhältnisse, und er wird am besten im Stande sein, herauszufinden, ob so etwas möglich ist. Auch diese Annahme mag für unwahrscheinlich erklärt werden; unmöglich oder widersinnig kann man sie nicht nennen. Wenn nun gegen den sachlichen Inhalt der langen Reihe von wissenschaftlichen Arbeiten und populären Darstellungen, die Herr Tyndall veröffentlicht hat, nichts weiter vorzubringen ist, als dass er bei einem gelegentlichen astronomischen Excurse nicht die Kenntnisse eines Astronomen gezeigt haben mag, so scheint mir, ist kein Recht da, ihm den Vorwurf wissenschaftlicher Leichtfertigkeit ins Gesicht zu werfen; wenigstens Herr Zöllner würde sehr wohl gethan haben, ehe er es that, an die Parabel vom Splitter und vom Balken zu denken.

Was dann den zweiten Hauptvorwurf betrifft, nämlich den der Eitelkeit, so sind dabei glücklicher Weise keine langen Auseinandersetzungen nöthig, da der Leser in den Tyndall'schen Büchern die Corpora delicti vor sich hat, und vollkommen im Stande ist, sich selbst ein Urtheil zu bilden. Ich glaube, dass Herr Tyndall demselben ruhig entgegen sehen kann.

Uebrigens ist es unmöglich einen Gelehrten, einen Schriftsteller oder überhaupt irgend einen Mann, der für ideelle Zwecke arbeitet, vor dem Vorwurf der Eitelkeit solchen Leuten gegenüber zu schützen, die kein Verständniss für jene Zwecke haben. So ist auch Herrn Zöllner's Hauptbeweis für die Eitelkeit des englischen Autors immer wieder der Umstand, dass dieser populäre Vorlesungen hält, und zwar oft und gern, und dass er dabei grossen Beifall findet. Nach Herrn Zöllner's Ansicht kann sich ein Mann, der zu originaler wissenschaftlicher Arbeit fähig ist, jener Beschäftigung aus keinem anderen Beweggrunde als aus Sucht nach Ruhm oder nach Gelde hingeben, und der Beifall, den der Redner etwa findet, muss nach der Vorstellung unseres Kritikers unwiderstehlich moralische Verderbniss herbeiführen.

Ich will durchaus nicht leugnen, dass hier eine Gefahr besteht, und populäre Vorlesungen, namentlich vor einem Publicum, was noch nicht viele gehört hat, von geschickten Phrasenmachern leicht zu persönlichen Zwecken missbraucht werden können. Aber abusus non tollit usum, und ich kann auch hier den Beweis a priori, von der Möglichkeit schlimmer Wirkungen auf ihre Wirklichkeit, nicht zulassen.

In der That hat sich Herr Zöllner bemüht, den Beweis auch a posteriori durch zwei Beispiele aus Herrn Tyndall's Büchern zu vervollständigen (auf Seite LV der Einleitung und Seite 224). Die eine dieser Stellen kommt in der Gedenkschrift auf Faraday vor, bei der Beschreibung von Tyndall's letztem Zusammentreffen mit seinem grossen Vorgänger und Freunde kurz vor dessen Tode: „Es war mein Streben und mein Wunsch, „die Stelle Schiller's bei diesem Goethe einzunehmen: und „er war zu Zeiten so freudig und kräftig, körperlich so rüstig „und geistig so klar, dass mir oft der Gedanke kam, auch er „werde, wie Goethe, den jüngeren Mann überleben."

Unsere Väter und Grossväter pflegten, wenn sie von ihren Freundschaften redeten, sich wohl gelegentlich mit Orestes und Pylades zu vergleichen. Es ist ihnen dabei schwerlich je in den Sinn gekommen, sich damit auch die übrigen Eigenschaften gepriesener Heroen beilegen zu wollen. Wenn also Herr Tyndall sich und seinen älteren Freund, als zwei in gleicher geistiger Arbeit eng verbundene Männer in Bezug auf das frühere Sterben des einen oder andern mit den beiden deutschen Dichtern vergleicht, so scheint mir dies noch nicht im Entferntesten die Deutung zu berechtigen, als wolle er für sich selbst damit die geistige Bedeutung Schiller's in Anspruch nehmen. Ausserdem ist zu bemerken, dass wir einen Dichter, der in fremder Sprache geschrieben hat, zwar bis zu einem gewissen Grade verstehen und bewundern können, aber doch kaum je ein so unmittelbares Gefühl seiner Grösse haben werden, wie die, welche seine Sprache reden. Dies sind so nahe liegende und einfache Ueberlegungen, dass ich mich geschämt haben würde, sie etwa in einer Anmerkung zu der betreffenden Stelle den Lesern der Uebersetzung, die ich mir als verständige Leute vorgestellt habe, aufzutischen. Herr Zöllner freilich behauptet: „Wenn man solche Stellen „kritiklos in deutschen Uebersetzungen wiedergiebt, so verletzt „man dadurch den gesunden Sinn unseres Volkes, und gewöhnt „es an die Betrachtung von Reden und Handlungen einer bis „zur Carricatur getriebenen Eitelkeit, wie sie nur als Krankheits-„symptome bei einem Volke auftreten können, welches, von der „Höhe des Newton'schen Zeitalters gesunken, mit Riesenschritten „seinem wissenschaftlichen Verfalle entgegeneilt u. s. w."

Das zweite Beispiel ist aus dem Originale des vorliegenden Bandes entnommen, und betrifft den Bericht über die spiritistische Sitzung (Seite 550 bis 564), welcher Herr Tyndall beigewohnt hat. Ich setze Herrn Zöllner's Darstellung derselben wörtlich hierher, sie ist zu charakteristisch für die Art der Polemik, welche er seinen Gegnern gegenüber für erlaubt hält. „In seinem neuen „Buche — beschreibt Professor Tyndall — seine persönliche „Theilnahme am Tischrücken und Geisterklopfen. Die „Geister werden gefragt, unter welchem Namen Herr Tyndall „in der himmlischen Welt bekannt sei. Um das Pochen der „Klopfgeister aber besser beobachten zu können, kriecht Professor „Tyndall unter den Tisch, an welchem sich die übrige Gesell-„schaft der Tischrücker befindet. In dieser unbequemen Position „verharrt Herr Tyndall mehr als eine Viertelstunde. Endlich „werden die Geister wieder gesprächig und bezeichnen Herrn „Tyndall als den „„Dichter der Wissenschaft"". Mit „Rücksicht auf die obige Kniescene meinen die Geister jedenfalls „Schiller."

„Selbstzufrieden kriecht Professor Tyndall wieder aus sei-„nem Versteck unter dem Tische hervor und ruft triumphirend „aus: „„Das also ist das Resultat eines von einem Manne der „Wissenschaften ausgeführten Versuchs, um einen Blick in diese „geisterhaften Phänomene zu thun!"" "

Sollte man nicht meinen, wenn man diesen Bericht liest, Herr Tyndall glaube an die Existenz der Klopfgeister und an deren höhere Einsicht, er sei stolz auf die von ihnen vorgebrachte Prophezeiung. Und ich weiss, dass dies der Eindruck gewesen ist, den diese Stelle des Zöllner'schen Buches auf Naturforscher gemacht hat, die den Originaltext nicht kannten, und verwundert fragten, was man davon denken solle. Hier ist kein Wort davon erwähnt, dass Tyndall eine Reihe von Thatsachen anführt, die keinen Zweifel darüber lassen, wie einer der anwesenden Herren und ohne Zweifel auch das „Medium" wissentlich betrügen, dass das Klopfen aufhört, so lange er selbst unter dem Tische sitzt, und Alles genau beobachten kann, dass die andere Gesellschaft aus kritiklos Gläubigen besteht u. s. w. Wenn also Herr Tyndall schliesslich berichtet, wie diese Menschen, die er als Betrüger erkannt und dem Leser geschildert hat, ihn dadurch zu ködern suchen, dass er als der „Poet of Science" verkündet wird, so kann er dies doch in keiner anderen denkbaren Absicht beigebracht haben, als um die plumpe und unverschämte Art der Schmeichelei zu charakterisiren, mit der diese Wunderthäter sich ihre Gläubigen zu fangen suchen![1])

So viel über diese Anklagen gegen Herrn Tyndall. Was dem Einen Recht ist, ist dem Andern billig. Herr Zöllner hat die ausgesprochene Absicht gehabt, durch seine Kritik das Vertrauen auf Herrn Tyndall's wissenschaftlichen Charakter zu zerstören. Dass er nicht sehr bedenklich in der Wahl seiner Angriffsmittel war, wird das Vorausgehende gezeigt haben.

Ich kann unter diesen Umständen die Bemerkungen nicht zurückhalten, die sich mir aufdrängten, da ich bei dieser Gelegenheit Herrn Zöllner's eigene Kometentheorie durchzusehen gezwungen war.

Derselbe schliesst sich im Wesentlichen der von Bessel aufgestellten Hypothese an, wonach die Kometenschweife aus Theilchen träger Masse bestehen, die vom Körper des Kometen sich ablösen und von der Sonne abgestossen und fortgetrieben werden. Schon Bessel hat die Vermuthung ausgesprochen, die abstossende Kraft könnte elektrischer Natur sein. Herrn Zöllner's Bestreben ist, eine plausible Hypothese über die Quelle der Elektrisirung aufzustellen und nachzuweisen, dass die von ihm angenommenen elektrischen Kräfte zureichen, um die ungeheuren Geschwindigkeiten hervorzubringen, welche man nach der Bessel'schen Hypothese der Schweifmaterie zuschreiben muss.

---

[1]) (Zusatz 1884). Dies ist, wie in der Vorrede bemerkt, geschrieben, ehe Herr Zöllner sich selbst als Gläubigen des Spiritismus bekannt hatte. Nun hätte er später doch eigentlich Herrn Tyndall als legitimirt durch überirdische Intelligenz anerkennen sollen. Ich habe nie verstanden, wie er seinen Glauben an die Echtheit der Klopfgeister mit der fortgesetzten Polemik gegen Tyndall verbinden konnte.

Die Kometen sind nach ihm flüssige Massen, deren Dunsthülle sich unter dem Einfluss der Sonnenwärme „durch einen permanenten Verdampfungs- und Siedeprocess in Form von Blasenentwickelung aus dem Innern von Flüssigkeit erzeugt" (Seite 112). Nicht aber der Process des Verdampfens soll die Elektricität entwickeln, sondern, wie ganz besonders hervorgehoben wird, nur das mechanische Zerreissen von Flüssigkeitstheilchen. Als Belege werden dann eine Reihe Beobachtungen (genommen aus Riess' Lehre von der Reibungselektricität) angeführt, die von verschiedenen Beobachtern an dem Wasserstaube, der sich von Wasserfällen und Wasserstrudeln losgelöst hat, gemacht wurden.

Wenn nun tropfbares Wasser von tropfbarem Wasser sich trennt, also Gleich von Gleich, warum soll denn dieser Theil positiv und jener negativ elektrisch werden? Bei dem grossen Gewicht, was Herr Zöllner auf vermeintliche logische Fehler der von ihm Angegriffenen legt, muss ich darauf aufmerksam machen, dass diese seine eigene Annahme einen viel entschiedeneren logischen Fehler enthält, als alle die sind, welche ihr Autor bei seinen Gegnern zu entdecken glaubt, indem dieselbe offen den Satz vom zureichenden Grunde verletzt.

In den von Riess citirten Beispielen fehlt es nun allerdings nicht an zureichenden Gründen ganz anderer Art für die Elektrisirung des Wassers, die eine so unlogische Hypothese, wie sie Herr Zöllner hinstellt, vollkommen unnöthig machen. Theile des fallenden Wassers werden gegen die Felsen gepeitscht und durch Reibung oder einen der Reibung ähnlichen Process elektrisirt. Wie wirksam ein solcher sei, zeigt die gewaltige Wirkung von Faraday's Dampfelektrisirmaschine, welche nachweisbar davon herrührt, dass dem Dampf beigemischte Wassertröpfchen gegen das Metall der Ausgangsöffnung geschleudert werden. Zweitens wirkt auf zerstäubendes Wasser die atmosphärische Elektricität vertheilend ein, die losgelösten Tropfen sind isolirt und führen die aufgenommene Elektricität mit fort nach Orten, wo die vertheilende Wirkung der atmosphärischen Elektricität eine andere ist, und die Elektricität des Tropfens ganz oder zum Theil als freie wirkt.

Dass dies letztere nicht nur Hypothese, sondern ein wirklich stattfindender Vorgang sei, zeigt Herrn W. Thomson's Waterdropping collector, ein Instrument, wo durch abtropfendes Wasser die vertheilende Wirkung, sei es der atmosphärischen, sei es anderer benachbarter Elektricität an der Stelle, wo die Tropfen abreissen, gemessen wird. Der Gebrauch dieses Instruments zeigt überdies, wenn dies zu zeigen noch nöthig sein sollte, dass das blosse Abreissen eines Tropfens von einem Wasserstrahl keine mit den empfindlichsten elektrischen Messwerkzeugen wahrnehmbare Spur von Elektricität hervorbringt, und gerade Herr W. Thomson ist es gewesen, der die bedeutendsten Fortschritte in Bezug auf die Empfindlichkeit und Brauchbarkeit der Elektrometer gemacht hat. Im Gegentheil sind die allerschwächsten äusseren elektrischen Einwirkungen auf die sich lösenden Wassertropfen durch die Elektrisirung ihrer selbst und des Gefässes, aus dem sie kommen, leicht zu erkennen. Wäre Herr Zöllner gegen sich selbst eben so streng in seinen Anforderungen über Kenntniss der Literatur, wie er es gegen die Engländer ist, so würde er diese wichtigen Arbeiten, welche sein Thema unmittelbar berühren, wohl besser gekannt haben.

Wir dürfen also wohl behaupten, dass Herrn Zöllner's Hypothese über die Quelle der Kometenelektricität **logisch unzulässig**, und **factisch unrichtig** ist.

Dann folgt Seite 114 eine Erklärung des Eigenlichts der Kometen. „Denken wir uns die Zahl der feinen Wassertheilchen „bei gleicher Dichtigkeit der Elektricität an ihrer Oberfläche in „demselben Verhältnisse vergrössert, als die Masse jedes einzelnen „sich verkleinert, so kann die Dicke der elektrisch leuchtenden „Schicht bei constanter Masse des Wassergehalts ausserordentlich „vergrössert, und dadurch die Helligkeit beträchtlich erhöht wer„den u. s. w."

Jeder Physiker wird sich vielleicht sträuben, diese Stelle so zu verstehen, wie sie schliesslich verstanden werden muss, wenn sie irgend einen Sinn haben soll. Ich finde keine andere Deutung, als die: Herr Zöllner hält die einen elektrisirten Wassertropfen überziehende elektrische Schicht für ein leuchtendes Fluidum. Jede einzelne Schicht dieser Art ist freilich nach seiner Meinung zu schwach leuchtend; wenn aber viele hinter einander liegen bei hinreichender Zertheilung der Wasserstäubchen, dann wird das Licht sichtbar! Wir haben bisher wohl gewusst, dass Elektricität, welche durch Gase oder Dämpfe **strömend sich bewegt**, ihre Leiter glühend und leuchtend macht. Aber für ihre Strömung durch die Dämpfe des Kometenschweifes hin ist es offenbar ganz gleichgiltig, ob sie von wenigen oder vielen Wassertheilchen ausgegangen ist. Ausserdem ist es nothwendiges Erforderniss der vorgetragenen Theorie, dass die Elektricität an den Theilchen, seien es Tropfen oder Dünste, die sie forttreiben soll, haftet, ohne sie verlassen zu können. Die Meinung aber, dass die an einem elektrisirten Tropfen haftende elektrische Schicht irgend welchen, noch so schwachen Grad des Leuchtens haben könne, ist ein Verstoss gegen das Gesetz von der Erhaltung der Kraft; denn Licht aussenden, heisst Arbeitsäquivalente ausgeben. Und das Gesetz von der Erhaltung der Kraft betrachtet Herr Zöllner doch an anderen Stellen seines Buches als richtig, wenigstens wo er es den von ihm Angegriffenen gegenüber glaubt anwenden zu können.

Dann folgt (S. 121 bis 124) die Rechnung, welche die Hauptschwierigkeit der Bessel'schen Kometentheorie beseitigen und zeigen soll, dass selbst so mässige elektrische Kräfte, wie sie die Elektricität unserer Atmosphäre erzeugt, die ungeheuren Geschwindigkeiten der Kometenschweife hervorbringen können, deren Theilchen einem schon von Newton beobachteten Beispiele zufolge in zwei Tagen 60 Millionen Meilen durchlaufen mussten, wenn der Schweif überhaupt aus solchen, vom Kometen ausströmenden Theilchen zusammengesetzt war. Herr Zöllner unternimmt es zu erweisen, „dass es vollkommen genügt der „Sonnenoberfläche selbst quantitativ nur diejenigen elektrischen „Eigenschaften beizulegen, welche man durch directe Beob„achtungen an der Erdoberfläche nachzuweisen im Stande ist."

Zu dem Ende wird eine absolute Messung der Luftelektricität benutzt, welche Herr Hankel an einem heitern Nachmittag auf einem Felde bei Leipzig angestellt hat. „Als Einheiten der „Länge, Masse und Zeit nimmt Hankel das Millimeter, das „Milligramm und die Secunde an." Und nach Herrn Zöllner's Angabe hat er „die Intensität der Luftelektricität nach absolutem „Maasse gemessen und in den angegebenen Einheiten gefunden „$\varepsilon_1 = 70\,930$, d. h. die bewegende Kraft der Luftelektricität war „an jenem Nachmittag so gross, dass einer kleinen Kugel von „der Masse eines Milligrammes unter dem Einflusse dieser Kraft „in einer Secunde eine mehr als 7 Mal grössere Beschleunigung, „als durch die Schwere ($g = 9809$) ertheilt werden konnte."

Was Herr Hankel wirklich gemessen hat, hat derselbe vollkommen klar auseinandergesetzt. Sein Resultat[1]) ist, dass die elektrische Anziehungskraft, welche die Luftelektricität an jenem

---

[1]) Abhandlung der mathematisch-physikalischen Classe der Königl. Sächsischen Gesellschaft der Wissenschaft, Bd. III, S. 593.

Tage in der Nähe der Erde ausübte, eben so gross war, wie die, welche eine Kugel, geladen mit 70 930 Einheiten positiver Elektricität in der Entfernung von einem Meter (!!) ausübt. Da ein Meter gleich 1000 Millimeter ist, die elektrische Kraft umgekehrt dem Quadrat der Entfernung abnimmt, und 1000 Mal 1000 gleich einer Million ist, so hatte die elektrische Kraft an jenem Beobachtungstage den von Herrn Zöllner angegebenen Werth, aber **dividirt durch eine Million**! Hätten also die Grundlagen der Zöllner'schen Rechnung überhaupt einen richtigen Sinn, so würde das Resultat nicht das sein, dass eine Kugel von $1/_{100}$ Milligramm unter den Bedingungen, die er annimmt, in zwei Tagen einen Weg von mehr als 70 Millionen Meilen zurücklegte, sondern dass sie überhaupt auf der Sonne liegen bleiben würde, da ihre Schwere dann immer noch 39 000 Mal grösser wäre als die elektrische Abstossungskraft[1]!

Ich muss aber noch weiter gehen, und behaupten, dass die Grundlagen der Zöllner'schen Rechnung gar keinen physikalisch richtigen Sinn haben, und auf einem vollständigen Missverständniss dessen beruhen, was Herr Hankel beobachtet hat. Dieser hat allerdings das Milligramm, das Millimeter und die Secunde als die Maasseinheiten seiner Messung zu Grunde gelegt; aber die von ihm gefundene elektrische Kraft ist nicht die, welche **auf ein Milligramm schwerer Masse** (Luft in der Zöllner'schen Rechnung) wirkt, sondern es ist diejenige, welche auf **die Einheit des elektrischen Quantum wirkt**. Diese Einheit des elektrischen Quantum ist aber ganz etwas Anderes als das Milligramm, obgleich sie in der von Hankel recipirten Gauss'schen Definition mit einer Beziehung auf das Milligramm festgestellt wird. Sie ist nämlich definirt als dasjenige Quantum von Elektricität, welches in der Einheit der Entfernung (1 Millimeter) das gleiche Quantum mit der Einheit der Kraft abstösst, das heisst mit derjenigen Kraft, welche einem Milligramm schwerer Masse in der Einheit der Zeit (Secunde) die Einheit der Geschwindigkeit (1 Millimeter per Secunde) ertheilt. Die ganze Rechnung, welche Herr Zöllner angestellt hat, würde, abgesehen von dem gerügten Rechnungsfehler, also überhaupt einen Sinn nur dann haben, wenn Herrn Hankel's Versuche gezeigt hätten, dass jedes Milligramm Luft mit der Einheit des

---

[1] Nämlich nach den Ansätzen von Zöllner auf S. 123 ist die Schwere auf der Sonne 274 m, die elektrische Kraft 7093 m.

elektrischen Quantum beladen gewesen sei. Davon ist aber nicht im Entferntesten die Rede, ja die ganze Beobachtung ist überhaupt gar nicht geeignet irgend welche Elektrisirung der Luft anzuzeigen. Die wirksame Elektricität kann vielmehr ganz und gar dem Erdboden angehört haben, oder vielleicht auch theilweise den Wolken und den verschiedenen Schichten der Atmosphäre; darüber lehrt die Hankel'sche Beobachtung absolut nichts. Nur über die Elektrisirung der Erdoberfläche und der an ihr liegenden leitenden Körper lehrt sie etwas. Am Erdboden selbst musste jede Kreisfläche von 4 Millimeter Durchmesser ein elektrisches Quantum enthalten, welches jenem oben angegebenen Werthe der Kraft gleich war, nämlich (unter Verbesserung des Rechnungsfehlers) 0,07093. Ein Leiter also, der sich von dem so elektrisirten Boden loslöst, könnte elektrisirt sein, und wenn Herr Zöllner diesen Weg, welcher physikalisch berechtigt gewesen wäre, eingeschlagen hätte, so würde er mit Hilfe seines Rechnungsfehlers sogar noch viel staunenswerthere Resultate erhalten haben, als nach der von ihm beliebten Weise.

Ich gebe es auf zu errathen, in Folge welcher Gedankenverbindung Herr Zöllner in das Volumen von einem Milligramm Luft später nur noch $1/100$ Milligramm zu setzen sich erlaubt, als ob nicht die Luft, sondern die Raumvolumina elektrisch geladen wären.

Unser Kritiker hat später eingesehen, dass etwas in seiner Rechnung nicht in Ordnung war; er erkennt an[1]), dass der erlangte Werth mit „Berücksichtigung einer hierbei willkürlich „vorausgesetzten Constanten noch ausserordentlich reducirt wer„den muss." Diese „Constante" (!) meint offenbar den Betrag der Ladung jedes Milligramms oder $1/100$ Milligramms Luft, bestehend in einer Million elektrostatischer Einheiten. Wir wollen die Folgerungen aus dieser allerdings vollkommen „willkürlichen" Voraussetzung nicht weiter untersuchen, und nicht fragen, was geschehen würde, wenn jedes Milligramm Luft seine Nachbarn mit einer Kraft, grösser als die Schwere von tausend Kilogramm, abstiesse. Diese Entschuldigung könnte sonst für Herrn Zöllner am Ende verhängnissvoller werden, als wenn er sich entschlossen hätte frei zu gestehen, er habe bei Ausführung sei-

---

[1]) Berichte der Königl. Sächsischen Gesellschaft der Wissenschaft, 1. Juli 1872.

ner Rechnung das Milligramm mit der elektrostatischen Einheit verwechselt. Auch würde das einem Manne, der Anderen gegenüber von so Catonischer Strenge ist, jedenfalls besser angestanden haben, als Ausreden zu machen, die nur Staub aufwirbeln können.

Aehnliche Rechnungsfehler müssen Herrn Zöllner schon öfter begegnet sein; denn er spottet an einigen Stellen seines Buches derer, die den Flug seiner philosophischen Gedanken durch Nachweis von Rechnungsfehlern zu lähmen bemüht wären. Ein besonderes Capitel ist auch gegen die Mathematik gerichtet, welche er ebenfalls als ein Mittel zur Befriedigung der Eitelkeit und zur Abstumpfung des Denkens verdächtigen möchte. Vielleicht überzeugt ihn das vorliegende Beispiel, dass in Bezug auf die Schärfe der Begriffe doch noch Manches von den Mathematikern zu lernen wäre.

Schliesslich ist noch zu erwähnen, dass Herr Zöllner von den Kometen sich Theilchen loslösen lässt, die immer mit derselben Art von Elektricität negativ geladen sind. Dies muss für den einzelnen Kometen Monate lang dauern und die losgelösten Theilchen müssen Billionen von Cubikmeilen des Weltraumes neblig machen. Die nächstliegende Frage jedes Physikers würde sein, wo in diesem Falle die positive Elektricität bleibt. Diese Frage hat Herr Zöllner gar nicht der Mühe werth gehalten auch nur zu erwähnen. Und doch möchte gerade dieser Punkt die ernsthaftesten Schwierigkeiten machen, wenn man die Deduction der Consequenzen einer elektrischen Theorie der Kometenschweife wirklich bis zu Ende führen und nicht da aufhören wollte, wo die Folgerungen anfangen unbequem zu werden.

Ich glaube nicht, dass ich Herrn Zöllner Unrecht thue, wenn ich mein Urtheil dahin zusammenfasse, dass, was in der von ihm vorgetragenen Kometentheorie als richtig und zulässig erscheint, von Bessel herrührt, oder wie der Satz, dass für sehr kleine Massen bei gleichbleibender Dichtigkeit oder bei gleichbleibendem Potential ihrer Elektrisirung die Schwere den elektrischen Abstossungen gegenüber wirkungslos wird, so unmittelbar an Bessel's Annahmen sich anschliesst, dass Jeder, der die physikalischen Verhältnisse sich zu überlegen begann, nicht umhin konnte es zu finden. Was aber Herr Zöllner ausserdem zur Bessel'schen Theorie hinzugethan hat, ist zweifellos falsch. Uebrigens wird die hier gegebene kleine Blumenlese aus wenigen Seiten seines Buches wohl genügen, um dem Leser zu zeigen, was man von der neuen „deductiven Methode" bei solchen Aufgaben zu erwarten hat, wo es nicht bloss auf geistreiches Plänkeln im Nebellande der Phantasie, sondern auf strenge wissenschaftliche Arbeit ankommt. Diese Beispiele legen um so schlimmeres Zeugniss gegen die Methode ab, die zu ihnen geführt hat, als ihr Autor keineswegs guter Anlagen und Kenntnisse entbehrt, und häufig genug, wo ihn sein Hang zu hastiger Speculation nicht verführte, verdienstliche Arbeiten geliefert hat.

Ebenfalls im SEVERUS Verlag erhältlich:

Hermann von Helmholtz
Reden und Vorträge Bd 1.
Mit einem Vorwort von Sergei Bobrovskyi
SEVERUS 2010 / 13,5x21,5 / 372 S. / 29,50 Euro
ISBN 978-3-942382-16-8

Arthur von Oettingen
Die Schule der Physik
SEVERUS 2010 / 13,5X21,5 / 640 S. / 49 Euro
ISBN 078-3-942382-18-2

Ferdinand Braun
Drahtlose Telegraphie durch Wasser und Luft
SEVERUS 2010 / 12x19 / 72 S. / 29,50 Euro
ISBN 978-3-942382-02-1

Ernst Mach
Principien der Wärmelehre
SEVERUS 2010 / 13,5x21,5 / 492 S. / 49,50 Euro
ISBN 978-3-942382-06-9

Eugen Goldstein
Canalstrahlen
SEVERUS 2010 / 12x19 / 92 S. / 29,50 Euro
ISBN 978-3-942382-08-3

www.ingramcontent.com/pod-product-compliance
Lightning Source LLC
Chambersburg PA
CBHW031605210526
45464CB00004B/1432